中国通信学会普及与教育工作委员会推荐教材

21世纪高职高专电子信息类规划教材
21 Shiji Gaozhi Gaozhuan Dianzi Xinxilei Guihua Jiaocai

通信工程
勘察设计与概预算

杨光 马敏 杜庆波 主编

人民邮电出版社
北京

图书在版编目（CIP）数据

通信工程勘察设计与概预算 / 杨光，马敏，杜庆波主编. — 北京 : 人民邮电出版社，2013.9
21世纪高职高专电子信息类规划教材
ISBN 978-7-115-31627-1

Ⅰ. ①通… Ⅱ. ①杨… ②马… ③杜… Ⅲ. ①通信工程－设计－高等职业教育－教材②通信工程－概算编制－高等职业教育－教材③通信工程－预算编制－高等职业教育－教材 Ⅳ. ①TN91

中国版本图书馆CIP数据核字(2013)第135568号

内 容 提 要

本书是根据通信类高职高专教育的培养目标和教学需要编写的。全书从初学者的角度出发，系统地介绍了通信工程建设项目管理、通信工程勘察、通信工程设计以及通信工程概预算这4大部分内容。

本书既有基本知识点，满足读者理论知识的需求，又注重实际技能的培养。通过系统的实训将基本理论知识与实际应用有机结合起来。而且为了使读者在学习知识时能够通过本书达到“一看就会，一会就练，一练就用”的目的，在编写的过程中，特别注重采用形象直观的图片、图表及典型实例来配合文字叙述的方式。

本书内容系统、全面，概念清晰，并配有工程设计实例，易学易懂，简单实用，可作为通信类高职高专院校通信工程、通信工程管理等专业教材，也可作为通信工程设计人员的培训教材，以及从事通信建设工程规划、设计、施工和监理人员的参考用书。

◆ 主　编　杨　光　马　敏　杜庆波
责任编辑　武恩玉
责任印制　彭志环　杨林杰

◆ 人民邮电出版社出版发行　北京市崇文区夕照寺街14号
邮编　100061　电子邮件　315@ptpress.com.cn
网址　http://www.ptpress.com.cn
北京天宇星印刷厂印刷

◆ 开本：787×1092　1/16
印张：19.5　2013年9月第1版
字数：514千字　2025年2月北京第20次印刷

定价：45.00元

读者服务热线：(010)67170985　印装质量热线：(010)67129223
反盗版热线：(010)67171154

前　言

随着我国经济的快速发展和社会信息化程度的不断加深，我国通信相关产业得到了非常快速的发展，未来通信的发展趋势就是要网络化，即要将各种网络设备、终端设备通过传输链路连接、构建、融合为一体的功能强大的通信网络，而这个网络构建过程是离不开通信工程建设的，尤其是随着我国电信运营商重组的完成和 3 种制式第三代移动通信运营牌照的发放，通信工程建设必将迎来一个新的高潮。现在全国每年通信工程建设项目不断增多，引发了通信行业对工程勘查设计与概预算人才的巨大需求。正是在这种大环境下，全国具有通信专业的高职院校看到了通信行业对工程勘察设计人才的缺口和供需不足，为了与通信企业人才需求接轨，也为了能为各级各类通信建设工程公司、规划设计院、通信监理公司培养更多优秀工程设计人才，很多高职院校都开始筹备开设通信工程设计这方面的课程，因此急需一本适合的教材供教学使用。

本书依据通信类高职教育的人才培养目标，针对通信建设工程的特点而编制，目的是要突出高职高专教育理论够用、注重实践的特点。本书内容包括通信工程建设项目管理、通信工程勘察、设计和概预算 4 大部分，共分 9 章内容讲解。

第 1 章主要介绍通信工程建设项目管理与工程造价的基本知识。第 2 章主要介绍通信工程勘察，勘察是通信工程建设过程中首先做的一项重要工作，本章再分为工程查勘和施工图测量两个部分介绍，分别详细介绍了各种工程查勘方法、测量方法和测量工具的使用。第 3 章是本书重点，主要介绍通信工程设计的概念与作用、设计文件的组成和格式，并根据施工方法的不同，详细介绍了各种工程设计的原则、内容和具体方法。第 4 章主要介绍通信工程制图的总体要求、制图的基本原则以及通信工程制图的统一规定和制图符号使用规则等。第 5 章到第 8 章也是本书的重点，主要介绍通信工程概预算，2008 年工信部出版了最新通信建设工程概算、预算编制办法和一套预算定额和费用定额，原 95 版定额将在工程设计中逐渐被淘汰，本书为了适应企业最新工程概预算编制要求，均采用 08 版定额介绍。具体如下：第 5 章主要介绍通信建设工程概预算概念及工程定额，包括：通信工程概预算定义、作用、通信建设工程概预算定额的作用与构成等；第 6 章主要介绍通信建设工程费用的构成、各种费用的相关定额与计算规则；第 7 章主要介绍通信线路和通信设备安装工程的工程量的计算规则和计算方法；第 8 章主要介绍通信建设工程概预算文件的编制方法，通过通信线路工程和通信设备安装工程编制预算文件实例，系统地学习概预算文件的编制程序和方法。第 9 章主要给出两个工程设计实例，通过两个完整的设计文件，让学生全面掌握工程设计的方法和设计文件的编写流程。

本书由杨光编写第 1 章～第 4 章及第 9 章，由马敏编写第 5 章～第 8 章，由杜庆波教授依据多年丰富的现场工作经验和教学经验，对全书的编写提供专业技术指导。全书以实用为原则，严格参照信息产业部颁发的相关通信行业标准和文件，并且充分考虑到高职高专学生的学习特点，采用理论教学和实训相结合的编排方法，每一章都安排有专题实训内容，适合在教学中采用案例教学和一体化教学方法，增强学生的理解与实践能力。

本书在编写过程中参考了同专业的相关书籍和文献资料，并得到了部分设计、施工单位及有关技术人员的大力支持和帮助，在此表示感谢。

由于编者水平有限，书中难免有错误或不妥之处，敬请广大读者批评指正。

编　者

2013 年 2 月

目　录

第 1 章

通信工程建设项目管理与工程造价

1.1 通信工程建设基本概念

1.1.1 通信建设工程概述

自改革开放以来，我国已逐步认识到通信技术对促进经济发展建设的重要性，并逐步形成用信息技术改造传统产业，以信息化带动工业化，实现整个国民经济跨越式发展的战略思想。在此背景下，几十年来，通信技术飞速发展，为了不断加快国家经济建设进程和提高劳动人民的物质文化生活水平，就需要有计划、有目的地投入一定的人力、财力和物力，通过勘察、设计、施工以及设备购置等活动，将先进的通信技术转化为现实生产力，而整个实施过程就是通信建设工程。

凡是电信部门的房屋、管道、构筑物的建造、设备安装，线路建筑，仪器、工具、用具的购置，车辆的购置，软件的开发，某些通信设施和房屋的租赁，以及由此构成的新建、改建、扩建、迁建和恢复工程，都属于通信建设工程范畴。

1.1.2 通信建设工程的特点

通信建设工程具有如下特点：

（1）电信具有全程全网联合作业的特点，在工程建设中必须满足统一的网络组织原则，统一的技术标准，解决工程建设中各个组成部分的协调配套，以期获得最大的综合通信能力，更好地发挥投资效益。

（2）通信技术发展很快，更新换代加速，新技术、新业务层出不穷。在建设中坚持高起点、新技术的方针，采用新设备，发展新业务，提高网络新技术含量，最大限度地提高劳动生产率和服务水平。

（3）点多、线长、面广。通信是社会的基础设施，在信息时代，为了满足各方面的需要，凡有人类活动的地方，就有通信设施。工程建设项目数量多，分布在全国各地，规模大小悬殊。较大的跨省线路工程，全程达数千千米，有的还要经过地形复杂、地理条件恶劣的地段，工地十分分散，工程建设难度大。

（4）通信建设多是对原有通信网的扩充与完善，也是对原有通信网的调整与改造，因此必须处理好新建工程与原有通信设施的关系，处理好新旧技术的衔接和兼容，并保证原有运行业务不能中断。

1.1.3 通信建设工程类别划分

为加强通信建设管理，规范建设市场行为，确保通信建设工程质量，原邮电部［1995］945号文件发布《通信建设工程类别划分标准》，将通信建设工程分别按建设项目、单项工程划分为一类工程、二类工程、三类工程、四类工程。该工程类别划分标准是与设计、施工单位资格等级挂钩的，不同资格等级的设计、施工单位承担相应类别工程的设计施工任务。如甲级设计单位、一级施工企业可以承担各类工程的设计、施工任务，乙级设计单位、二级施工企业可以承担二、三、四类工程的设计、施工任务，以此类推，其他资格等级的设计施工单位承担相应设计施工任务。原则上不允许级别低的设计单位或施工企业承建高级别的工程。如特殊情况需越级承担时，应向设计、施工单位资质管理主管部门办理申报手续，经批准后才可承担。

1. 按建设项目划分

（1）符合下列条件之一者为一类工程：

① 大、中型项目或投资在5000万元以上的通信工程项目；

② 省际通信工程项目；

③ 投资在2000万元以上的部定通信工程项目。

（2）符合下列条件之一者为二类工程：

① 投资在2000万元以下的部定通信工程项目；

② 省内通信干线工程项目；

③ 投资在2000万元以上的省定通信工程项目。

（3）符合下列条件之一者为三类工程：

① 投资在2000万元以下的省定通信工程项目；

② 投资在500万元以上的通信工程项目；

③ 地市局工程项目。

（4）符合下列条件之一者为四类工程：

① 县局工程项目；

② 其他小型项目。

2. 按单项工程划分

（1）通信线路工程类别划分见表1-1。

表1-1 通信线路工程类别

序号	项目名称	一类工程	二类工程	三类工程	四类工程
1	长途干线	省际	省内	本地网	
2	海缆	50km以上	50km以下		
3	市话线路		中继光缆或20000门以上市话主干线路	局间中继电缆线路或20000门以下市话主干线路	市话配线工程或4000门以下线路工程

续表

序 号	项目名称	一类工程	二类工程	三类工程	四类工程
4	有线电视网		省会及地市级城市有线电视网线路工程	县以下有线电视网线路工程	
5	建筑楼综合布线工程		10000m^2 以上建筑物综合布线工程	5000m^2 以上建筑物综合布线工程	5000m^2 以下建筑物综合布线工程
6	通信管道工程		48 孔以上	24 孔以上	24 孔以下

（2）通信设备安装工程类别划分见表 1-2。

表 1-2　通信设备安装工程类别

序 号	项目名称	一类工程	二类工程	三类工程	四类工程
1	市话交换	4 万门以上	4 万门以下，1 万门以上	1 万门以下，4000 门以上	4000 门以下
2	长途交换	2500 路端以上	2500 路端以下	500 路端以下	
3	通信干线传输及终端	省际	省内	本地网	
4	移动通信及无线寻呼	省会局移动通信	地市局移动通信	无线寻呼设备工程	
5	卫星地球站	C 频段天线直径 10m 以上及 ku 频段天线直径 5m 以上	C 频段天线直径 10m 以下及 ku 频段天线直径 5m 以下		
6	天线铁塔		铁塔高度 100m 以上	铁塔高度 100m 以下	
7	数据网、分组交换网等非话务业务	省际	省会局以下		
8	电源	一类工程配套电源	二类工程配套电源	三类工程配套电源	四类工程配套电源

注：1．新业务发展按相对应的等级套用。

2．本标准中×××以上不包括×××本身，×××以下包括×××本身。

1.1.4 建设工程质量的定义

建设工程质量有狭义和广义两种涵义。狭义的建设工程质量概念可以用一句话来概括，就是工程符合为业主一定需要而规定的技术条件的性能综合，即其技术性能。随着现代化生产技术的发展以及市场经济的形成，人们对质量的认识逐步深化。广义的建设工程质量是指在国家现行的有关法律、法规、技术标准、设计文件和合同中对工程的安全、适用、经济、美观等特性的综合要求。此外，还包括建设工程对环境、社会的影响，以及建设全过程各个方面的工作质量和管理质量。

1.2 建设项目

1.2.1 建设项目的概念

建设项目是指按一个总体设计进行建设，经济上实行统一核算，行政上有独立的组织形式并实行统一管理且具有法人资格的建设单位。例如一个通信局所等。凡属于一个总体设计中分期分批进行建设的主体工程和附属配套工程、综合利用工程等都应作为一个建设项目。

单项工程是指具有单独的设计文件，建成后能够独立发挥生产能力或效益的工程。例如一个通信局所包含的通信管道工程、通信设备安装工程、通信线路工程等。

单位工程是指具有独立的设计，可以独立组织施工，但不可以独立发挥生产能力或效益的工程。单位工程是单项工程的组成部分。一个单位工程包含若干个分部、分项工程。例如，土方、基础等。

一个建设项目一般可以包括一个或若干个单项工程，建设项目示意图如图 1-1 所示。例如：建设一座通信局 4 万门所中所包含的各单项工程的总和称为一个建设项目。

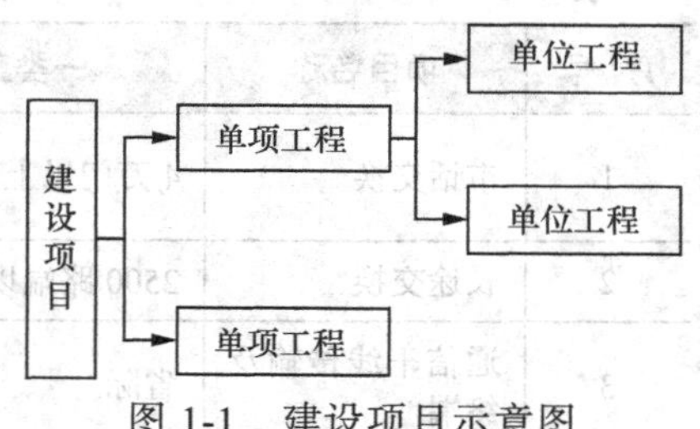

图 1-1　建设项目示意图

1.2.2 建设项目的分类

为了加强建设项目管理，正确反映建设项目的内容及规模，可从不同标准、角度对建设项目进行分类，如图 1-2 所示。

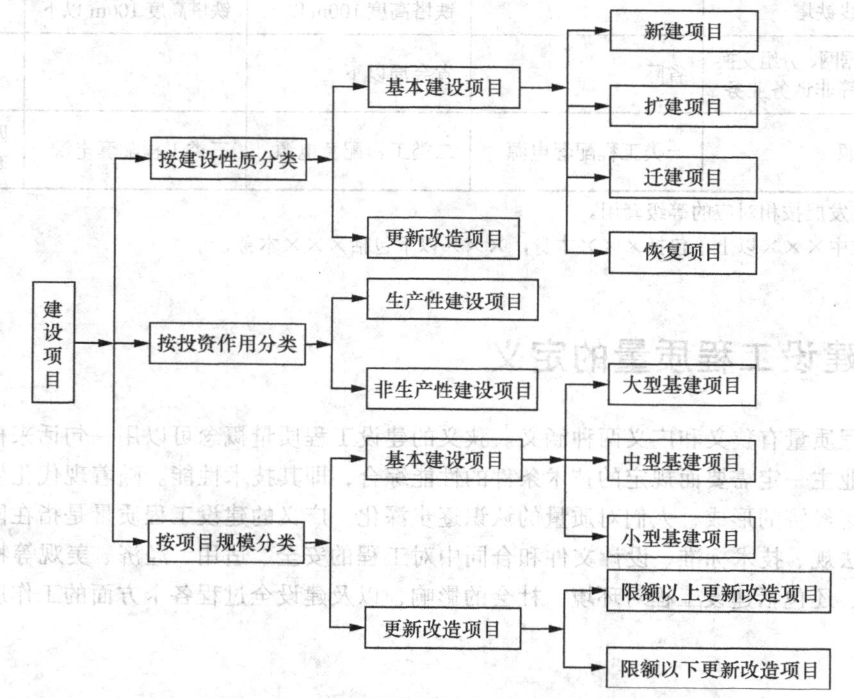

图 1-2　建设项目分类示意图

1. 按建设性质分类

建设项目按其建设性质不同，可划分成基本建设项目和更新改造项目两大类。

（1）基本建设项目。

基本建设项目简称基建项目，是投资建设用于进行以扩大生产能力或增加工程效益为主要目的的新建、扩建工程及有关工作。具体包括以下几个方面：

① 新建项目。新建项目是指以技术、经济和社会发展为目的，从无到有的建设项目。现有企业、事业和行政单位一般不应有新建项目，如新增加的固定资产价值超过原有全部固定资产价值 3 倍以上时，才可算新建项目。

② 扩建项目。扩建项目是指企业为扩大生产能力或新增效益而增建的生产车间或工程项目，以及事业和行政单位增建业务用房等。

③ 迁建项目。迁建项目是指现有企、事业单位为改变生产布局或出于环境保护等其他特殊要求，搬迁到其他地点的建设项目。

④ 恢复项目。恢复项目是指原固定资产因自然灾害或人为灾害等原因已全部或部分报废，需要投资重新建设的项目。

（2）更新改造项目。

更新改造项目是指建设资金用于对企、事业单位原有设施进行技术改造或固定资产更新，以及相应配套的辅助性生产、生活福利等工程和有关工作。更新改造项目一般包括挖潜工程、节能工程、安全工程、环境工程等。更新改造措施应以掌握专款专用，少搞土建，不搞外延为原则进行。

2. 按投资作用分类

建设项目按其投资在国民经济各部门中的作用，分为生产性建设项目和非生产性建设项目。

（1）生产性建设项目。

生产性建设项目是指直接用于物质生产或直接为物质生产服务的建设项目，主要包括以下 4 个方面：

① 工业建设。包括工业国防和能源建设。

② 农业建设。包括农、林、牧、水利建设。

③ 基础设施建设。包括交通、邮电、通信建设、地质普查、勘探建设、建筑业建设等。

④ 商业建设。包括商业、饮食、营销、仓储、综合技术服务事业的建设。

（2）非生产性建设项目。

非生产性建设项目包括用于满足人民物质和文化、福利需要的建设和非物质生产部门的建设，主要包括以下 4 个方面：

① 办公用房。包括各级国家党政机关、社会团体、企业管理机关的办公用房。

② 居住建筑。包括住宅、公寓、别墅。

③ 公共建筑。包括科学、教育、文化艺术、广播电视、卫生、体育、社会福利事业、公用事业、咨询服务、宗教、金融、保险等建设。

④ 其他建设。不属于上述各类的其他非生产性建设。

3. 按项目规模分类

按照国家规定的标准，基本建设项目可划分为大型、中型、小型三类；更新改造项目可划分为限额以上和限额以下两类。对于不同等级标准的建设项目，国家规定的审批机关和报建程序也不尽相同。针对通信固定资产投资计划项目规模，各类项目可作如下具体划分：

（1）基建大中型项目。

基建大中型项目包括长度在 500km 以上的跨省、区长途通信电缆、光缆；长度在 1000km 以上的跨省、区长途通信微波；总投资在5000万元以上的其他基本建设项目。

（2）基建小型项目。

基建小型项目是指建设规模或计划总投资在大中型以下的基本建设项目。

（3）更新改造限额以上项目。

更新改造限额以上项目是指限额在5000万元以上的更新改造项目。

（4）更新改造限额以下项目。

更新改造限额以下项目即统计中的更新改造其他项目，是指计划投资在5000万元以下的更新改造项目。

1.2.3 通信建设工程项目划分

通信工程可按不同的通信专业分为9大建设项目，每个建设项目又可分为多个单项工程，初步设计概算和施工图预算应按单项工程编制。通信建设工程项目的划分见表1-3。

表1-3 通信建设单项工程项目划分表

建设项目	单项工程名称	备　注
通信线路工程	1. ××光、电缆线路工程 2. ××水底光、电缆工程（包括水线房建筑及设备安装） 3. ××用户线路工程（包括主干及配线光、电缆、交接及配线设备、集线器、杆路等） 4. ××综合布线系统工程	进局及中继光（电）缆工程可按每个城市作为一个单项工程
通信管道建设工程	通信管道建设工程	
通信传输设备安装工程	1. ××数字复用设备及光、电设备安装工程 2. ××中继设备、光放设备安装工程	
微波通信设备安装工程	××微波通信设备安装工程（包括天线、馈线）	
卫星通信设备安装工程	××地球站通信设备安装工程（包括天线、馈线）	
移动通信设备安装工程	1. ××移动控制中心设备安装工程 2. 基站设备安装工程（包括天线、馈线） 3. 分布系统设备安装工程	
通信交换设备安装工程	××通信交换设备安装工程	
数据通信设备安装工程	××数据通信设备安装工程	
供电设备安装工程	××电源设备安装工程（包括专用高压供电线路工程）	

1.3 通信工程建设基本程序

1.3.1 基本建设程序

建设程序是指建设项目从设想、选择、评估、决策、设计、施工到竣工验收、投入生产整个建设过程中，各项工作必须遵循的先后顺序的法则，是按照自然规律和经济规律管理基本建设的根本原则。建设项目各步骤、各环节之间紧密相连、不可分割，其顺序有先后、协调配合，不能互相代替和相互颠倒。

基本建设程序是指基本建设全过程中各项工作所必须遵循的先后顺序，即建设项目从立项决策、工程实施到验收投产的全过程合乎科学规律的工作顺序。一个建设工程本身就是一个复杂的社会系统工程，需要进行多方面的工作，因此要有充分的准备和严格的行为规范。科学的基本建设程序是基本建设过程及其规律性的反映。这种规律与基本建设自身所具有的技术经济特点有着密切的关系，违反了这个规律，就会受到历史的惩罚。

1.3.2　基本建设程序的作用

通信工程基本建设程序是从事通信建设工程管理和质量监督管理人员必须掌握的基本功。通信工程建设项目按照基本建设程序进行，对于保证建设工程质量起到两方面作用：

（1）基本建设程序使工程建设建立在可靠的可行性研究、勘察、设计工作的基础上。

（2）基本建设程序使政府的监督管理能够得到落实，从而保证建设工程质量。

1.3.3　基本建设程序的内容

通信工程的大中型和限额以上的建设项目从建设前期工作到建设、投产要经过立项、实施和验收投产 3 个阶段，8 个步骤，即：提出项目建议书、项目可行性研究、编制计划任务书、编制设计文件、设备采购、施工招标或施工委托、施工、交工验收（初验、总验）、投产运营。任何通信工程项目建设都应遵循基本建设程序。通信工程基本建设程序如图 1-3 所示。

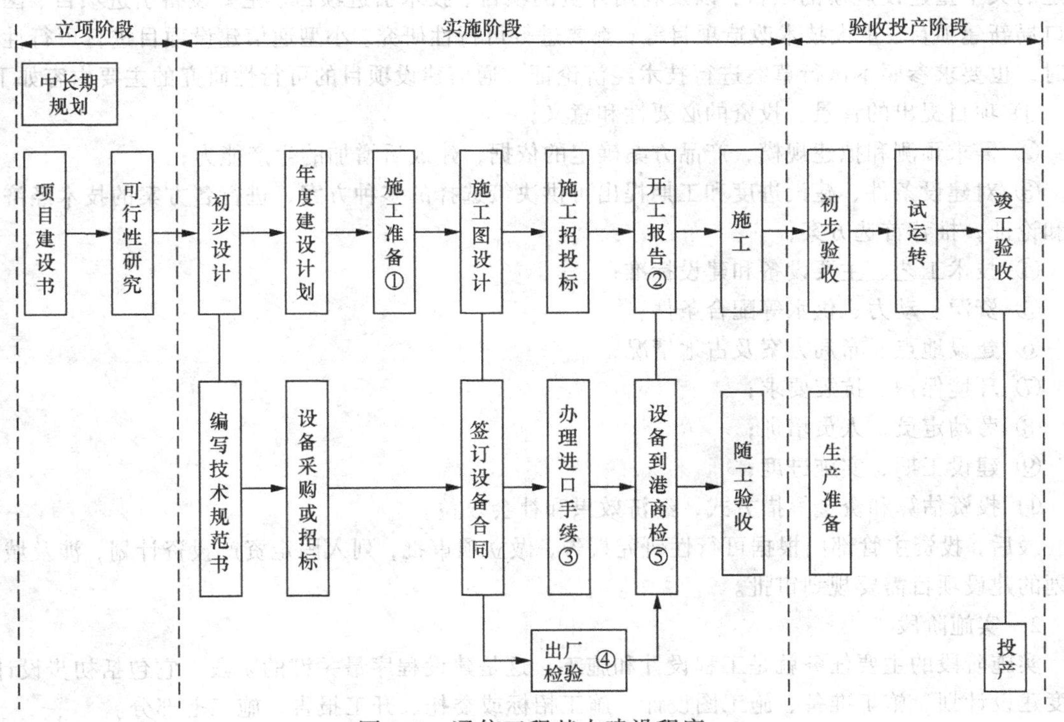

图 1-3　通信工程基本建设程序

各阶段的具体工作内容如下。

1. 立项阶段

立项阶段是通信工程建设的第一阶段，主要工作包括项目建议书和可行性研究。

（1）项目建议书。

项目建议书是工程建设程序中最初阶段的工作，是投资决策前拟定该工程项目的轮廓设想，是选择建设项目的依据，它为开展后续工作——可行性研究、选址、联系协作配合条件、签订意向协议提供依据。它主要从宏观上衡量项目建设的必要性，并初步分析建设的可能性。主要内容包括：

① 项目提出的必要性和依据；

② 拟建规模和建设地点的初步设想；

③ 建设条件的初步分析：项目的必要性、技术和经济的可行性；

④ 投资估算和资金筹措的设想；

⑤ 经济效果和投资效益的估计；

⑥ 对项目做出初步决策。

凡列入中长期计划或建设前的工作计划的项目，应该有批准的项目建议书。

（2）可行性研究。

可行性研究是指在决定一个建设项目之前，事先对拟建项目在工程技术和经济上是否合理和可行进行全面分析、论证和方案比较，推荐最佳方案，为决策提供科学依据。它是对拟建项目在决策前进行方案比较、技术经济论证的一种科学分析方法，是基本建设前期工作的重要组成部分。根据原邮电部拟订的《邮电通信建设项目可行性研究编制内容试行草案》的规定，凡是达到国家规定的大中型建设规模的项目，以及利用外资的项目、技术引进项目、主要设备引进项目、国际出口局新建项目、重大技术改造项目等，都要进行可行性研究。小型通信建设项目进行可行性研究时，也要求参照本试行草案进行技术经济论证。通信建设项目的可行性研究的主要内容如下：

① 项目提出的背景、投资的必要性和意义；

② 需求预测和拟建规模，产品方案确定的依据，建成后增加的生产能力；

③ 对建设条件、建设进度和工期提出可供决策选择的多种方案，进行各方案的技术经济比较和论证，推荐首选方案；

④ 技术工艺、主要设备和建设标准；

⑤ 资源、动力、供水等配合条件；

⑥ 建设地点、布局方案及占地情况；

⑦ 环境保护、抗震要求；

⑧ 劳动定员、人员培训；

⑨ 建设工期、实施进度；

⑩ 投资估算和资金筹措方式，经济效果和社会效益。

最后，投资主管部门根据可行性研究报告，做立项审批，列入固定资产投资计划，涉及城区规划的建设项目需要规划审批。

2. 实施阶段

实施阶段的主要任务就是工程设计和施工，这是建设程序最关键的阶段。它包括初步设计、年度建设计划、施工准备、施工图设计、施工招标或委托、开工报告、施工七部分。

根据通信工程建设的规模、性质等情况的不同，可将工程设计计划分为几个阶段。一般通信建设项目设计按初步设计和施工图设计两个阶段进行，称为“两阶段设计”；对于通信技术上较为复杂的，采用新通信设备和新技术项目，可增加技术设计阶段，按初步设计、技术设计、施工图设计 3 个阶段进行，称为“三阶段设计”；对于规模较小，技术成熟，或套用标准的通信工程项目，可直接做施工图设计，称为“一阶段设计”。

（1）初步设计。

初步设计是根据批准的可行性研究报告，以及有关的设计标准、规范，并通过现场勘察工作取得可靠的设计基础资料和业务预测数据后，由建设单位委托具备相应资质的勘察设计单位进行编制的。初步设计的主要任务是确定项目的建设方案，制定技术指标，对主要设备和材料进行选型比较和提出主要设备、材料的清单、编制工程项目的总概算。对改建、扩建工程，还需要提出原有设施的利用情况。在初步设计文件中，应对主要设计方案及重大技术措施等通过技术经济分析来进行多方案比较论证，并写明未采用方案的扼要情况及采用方案的选定理由。

（2）年度计划安排。

建设单位根据批准的初步设计和投资概算，经过资金、物资、设计、施工能力等的综合平衡后，做出年度计划安排。年度计划中包括通信基本建设拨款计划、设备和主要材料（采购）储备贷款计划、工期组织配合计划等内容。此外，年度计划中还应包括单个工程项目的年度投资进度计划。

经批准的年度建设项目计划是进行基本建设拨款或贷款的主要依据，是编制保证工程项目总进度要求的重要文件。

（3）施工准备。

施工准备是通信基本建设程序中的重要环节，是衔接基本建设和生产的桥梁。建设单位根据通信建设项目或单项工程的技术特点，适时组成管理机构，做好工程实施的各项准备工作，包括落实各项报批手续。

（4）施工图设计。

建设单位委托设计单位进行施工图设计。施工图设计文件是控制建筑安装工程造价的重要文件，是办理价款结算和考核工程成本的依据，应根据批准的初步设计文件和主要通信设备订货合同进行编制。施工图设计是初步设计（或技术设计）的完善和补充，是施工的依据，一般由文字说明、图纸和预算三部分组成。在施工图设计过程中，设计人员在对现场进行详细勘察的基础上，对初步设计做必要的修正，绘制施工详图，标明通信线路和通信设备的结构尺寸、安装设备的配置关系和布线，明确施工工艺要求，编制施工图预算，以必要的文字说明表达意图，指导施工。施工图设计应全面贯彻初步设计的各项重大决策，其内容的详尽程度应能满足指导施工的需要，施工图设计所编制的施工图预算原则上不得突破初步设计概算。

施工图设计的深度应满足设备、材料的定货，施工图预算的编制，设备安装工艺及其他施工技术要求等。

（5）施工招投标。

建设单位应依照《中华人民共和国招标投标法》和《通信建设项目招标投标管理暂行规定》来进行公开或邀请形式招标，选定技术好、管理水平高、信誉可靠且报价合理、具有相应通信工程施工等级资质的中标通信工程施工企业。在明确拟建通信建设工程的技术、质量和工期要求的基础上，建设单位与中标单位签订施工承包合同，明确各自应承担的责任与义务，依法组成合作关系。

（6）开工报告。

建设单位应在落实了年度资金拨款、通信设备和主要材料供货方及确定了工程管理组织形式并与承包商签订施工承包合同后，在建设工程开工前一个月向主管部门提出开工报告。

（7）施工。

施工阶段是建设工程实物质量的形成阶段，勘察、设计工作质量均要在这一阶段得以实现。

施工就是按照施工图的要求，把建设项目的建筑物和构筑物建造起来，同时把设备安装调试完好的过程。施工单位是建设市场的重要责任主体之一，它的能力和行为对建设工程的施工质量起关键作用。施工承包单位应根据施工合同条款、批准的施工图设计文件和工前策划的施工组织设计文件组织进行施工，在确保通信工程施工质量、工期、成本、安全等目标的前提下，满足通信施工项目竣工验收规范和设计文件的要求。

施工单位必须建立、健全施工质量的检验制度，严格遵循合理的施工顺序，在施工过程中，对隐蔽工程在每一道工序完成后，应由建设单位委派的监理工程师或随工代表进行随工验收，验收合格后才能进行下一道工序，最后待完工并自验合格后方可提交“交（完）工报告”。

3. 验收投产阶段

为了充分保证通信系统工程的施工质量，凡新建、扩建、改建的通信工程建设项目结束后，必须组织竣工验收才能投产使用。这个阶段的主要内容包括初步验收、试运转和竣工验收 3 个方面。竣工验收是工程建设最后一道程序，是建设投资成果转入生产或使用的标志，也是全面考核投资效益、验收工程设计和施工质量的重要环节，应坚持“百年大计，质量第一”的原则，认真搞好工程竣工验收。

（1）初步验收。

除小型建设项目外，建设项目在竣工验收前，应先组织初步验收。初步验收由建设单位组织设计、施工、监理、维护等部门参加。初步验收前，施工单位按有关规定，整理好文件、技术资料以及向建设单位提出交工报告。初步验收时，应严格检查工程质量，审查施工单位提交的竣工技术文件和技术资料，对发现的问题提出处理意见，并组织有关的责任单位落实解决。

（2）试运转。

初步验收合格后，由建设单位或项目法人组织工程的试运转。试运转由供货厂商、设计、施工和使用部门参加，对设备性能、设计和施工质量以及系统指标等方面进行全面考核，试运转期间如发现质量问题，由相关责任单位负责免费返修。

（3）竣工验收。

上级主管部门或建设单位在确认建设工程具备验收条件后，即可正式组织竣工验收。由主管部门、建设、设计、施工、工程监理、维护使用、质量监督等相关单位组成验收委员会或验收小组，负责审查竣工报告和初步决算以及工程档案。工程质量监督单位宣读对工程质量评定意见，讨论通过验收结论，颁发验收证书。只有建设工程经验收合格后，方可交付使用。

1.4　通信建设工程主要参建单位及其责任和义务

1.4.1　通信建设工程主要参建单位

在通信工程建设过程中，从事工程建设活动的责任主体主要有建设单位、勘察单位、设计单位、施工单位和监理单位五大部门。

1. 建设单位

建设单位是建设工程的投资人，也称“业主”、“项目法人”。建设单位是工程建设项目建设过程的总负责方，拥有确定建设项目的规模、功能、外观、选用材料设备、按照国家法律、法规规定选择承包单位的权力。建设单位可以是法人或自然人，是建设工程的重要责任主体，在整个活动中属于主导地位。

2. 勘察单位

勘察单位是指经过建设行政部门的资质审查，从事工程测量、水文地质工程等工作的工程建设责任主体。勘察单位依据建设项目的目标，编制建设项目所需的勘察设计文件，提供相关服务和咨询。

3. 设计单位

设计单位是指经过建设行政主管部门的资质审查，从事建设工程可行性研究、建设工程设计、工程咨询等工作的工程建设责任主体。按照现行的资质管理办法，通信工程设计分为甲、乙、丙 3 个级别，甲级设计单位承担通信工程设计项目不受限制，乙级、丙级设计单位只能在其资质等级许可的范围内承担通信建设工程项目的设计活动。在通信建设工程领域，由于勘察设计密切相关，一般勘察与设计可为同一单位。

4. 施工单位

施工单位是指经过建设行政主管部门的资质审查，从事建筑工程、线路管道及设备安装工程施工承包的工程建设责任主体。按照现行的资质管理办法，通信工程施工企业资质等级分为一级、二级、三级和四级。施工企业在依法取得资质等级证书后，方可在其资质等级许可的范围内从事通信建设活动。

5. 监理单位

监理单位是指经过建设行政主管部门的资质审查，依法取得资质证书承担监理业务的工程建设责任主体。通信工程监理单位依据资质等级划分标准分为甲、乙、丙 3 个级别，监理单位依法取得资质等级证书后，在建设单位委托的范围内对建设工程进行监督管理。

1.4.2 主要参建单位的责任和义务

1. 建设单位的责任和义务

（1）严格执行基本建设程序，特别是在建设过程中坚持先勘察设计再施工的原则。

（2）应将工程发包给具有相应资质等级的设计、施工、监理单位，严禁把工程肢解发包。

（3）依法对工程项目的勘察设计、施工、监理以及与工程有关的重要设备、材料等的采购进行招标。

（4）严禁明示或暗示勘察设计单位、施工单位、监理单位违反工程建设强制性标准，降低工程质量。

（5）严禁使用未经审查批准的设计文件。

（6）严禁对发生的重大通信工程质量事故隐瞒不报、谎报或拖延报告期的情况。

（7）对必须实行监理的建设项目应认真执行监理。

（8）应按规定办理建设项目的工程质量监督手续。

2. 勘察设计单位的责任和义务

（1）承揽的工程勘察设计任务应与本单位的资质等级相符。

（2）应建立企业的质量保证体系，质量责任制必须落实。

（3）主要项目负责人执业资格证书应与承担任务相符。

（4）图纸及设计变更、勘察、设计人员签字盖章等手续应齐全。

（5）必须按照通信工程建设强制性标准条文进行勘察设计，并对勘察设计的质量负责。

（6）除有特殊要求，设计单位不得指定工程用材料、设备的供应商。

（7）严禁转包、违法分包工程勘察设计的行为。

3. 施工单位的责任和义务

（1）所承揽的通信工程应与本企业的资质等级相符，项目经理应与中标书中相一致，有施工承包手续。

（2）应建立企业的质量保证体系，质量责任制必须落实。

（3）严禁将承包的工程转包或违法分包。

（4）项目经理、技术负责人、施工管理负责人等管理人员配套，具有相应的资格。

（5）应有经过批准的施工组织设计或施工方案，并能贯彻执行。

（6）按照工程设计文件和工程建设标准强制性条文施工，不得随意降低工程质量标准。

（7）应按有关规定进行各种检测，对工程施工中出现的质量事故应按要求及时、如实上报和认真处理。

4. 监理单位的责任和义务

（1）监理的工程项目应有监理委托手续。

（2）监理单位的资质等级证书、监理人员资格证书应与承担的工程业务相符。

（3）工程项目的监理机构应配备相应专业人员并落实责任制。

（4）对所监理的工程项目应制订监理规划和监理实施细则，并按照监理规划及监理实施细则进行监理。

（5）现场监理采用旁站、巡视和平行检验等形式。

（6）应按照工程建设标准强制性条文及规范、设计进行监理，对分部工程或工序及时进行验收签证。

（7）对现场发现使用不合格材料、设备的现象和发生的质量事故，应及时督促、配合责任单位调查处理。

（8）严禁转让工程监理业务的行为。

1.5 通信工程设计的地位及参建单位对设计的要求

1.5.1 工程设计在建设中的地位和作用

工程设计是具体实现技术与经济对立统一的过程。拟建项目一经决策确定后，设计就成了工程建设和控制工程造价的关键。设计工作处于工程前期的重要阶段，设计阶段的失误就意味着重大失误，因此设计的准确性就显得尤为重要。工程设计是建设项目进行全面规划和具体描绘实施意图的过程，是工程建设的灵魂，是科学技术转化为生产力的纽带，是处理技术与经济的关键性环节，是控制工程造价的重点阶段。设计是否经济合理，对控制工程造价具有十分重要的意义。

1.5.2 工程建设参建单位对设计的要求

1. 建设单位对设计的要求

（1）技术先进、经济合理、安全适用、全程全网。

（2）做详细、全面地设计、勘察，进行多方案比选。处理好局部与整体、近期与远期、采用新技术与挖潜之间的关系。

建设单位要求做工程设计的人员应熟悉工程建设规范、标准；了解设计合同的要求；理解建设单位的意图；掌握相关专业工程现状。

2. 施工单位对设计的要求

（1）设计应准确无误地指导施工。

（2）设计的各种方法、方式在施工中应体现可实施性。

（3）图纸设计尺寸规范、准确无误。

（4）明确原有、本期、今后扩容各阶段工程的关系。

（5）预算的器材、主要材料不缺不漏。

（6）定额计算准确。

3. 维护单位对设计的要求

（1）设计时应征求维护单位的意见。

（2）设计时处理好相关专业及原有、本期、扩容工程之间关系。

（3）所做设计应安全、便于维护，做到机房安排合理、布线合理、维护仪表、工具配备合理。

维护单位要求设计人员应熟悉各类工程对机房的工艺要求；了解相关配套专业的需求；具有一定的工程经验。

4. 管理部门对设计的要求

（1）所做设计应达到工程质量验收标准。

（2）设计文件能成为工程竣工依据。

（3）设计文件能作为工程原始资料，可供查阅。

（4）设计文件规范、预算准确。

1.6 通信工程造价

1.6.1 工程造价的含义

工程造价，如果从投资者即业主的角度来定义，它是指建设一项工程预期开支或实际开支的全部固定资产投资费用，也就是一项工程通过建设形成相应的固定资产、无形资产所需用一次性费用的总和。如果从市场的角度来定义，工程造价就是指工程价格，即为建成一项工程，预计或实际在土地市场、设备市场、技术劳务市场以及承包市场等交易活动中所形成的建筑安装工程的价格和建设工程总价格。通常把工程造价的第二种含义只认定为是工程承发包价格，它是在建筑市场通过招投标，由需求主体投资者和供给主体建筑商共同认可的价格。

通信工程造价是指进行某项通信工程建设所花费的全部费用，即该工程项目有计划地进行固定资产再生产和形成资产的过程中，其流动资金的一次性费用总和。主要由设备工器具购置投资、建筑安装工程投资和工程建设其他投资组成。

1.6.2 建设工程造价的确定

工程造价的确定与工程建设阶段性工作深度相适应，具体如下。

（1）项目建议书阶段：编制初步投资估算，经主管部门批准，作为拟建项目列入国家中长期计划和开展前期工作的控制造价。

（2）可行性研究阶段：编制投资估算，经主管部门批准，即为该项目计划投资控制造价。

（3）初步设计阶段：编制初步设计总概算，经主管部门批准，即为控制拟建项目工程造价的最高限额。对初步设计阶段，通过建设招投标签订承包合同协议的，其合同价也应在最高限价（总概算）相应的范围内。

（4）施工图设计阶段：编制施工图预算，用以核实施工图阶段造价是否超过批准的初步设计概算。经承发包双方共同确认，主管部门审查通过的预算即为结算工程价款的依据。

（5）施工准备阶段：编制招标工程的标底，通过合同谈判，确定工程承包合同价格。

（6）建设施工阶段：依据施工图预算、合同价格，编制资金施工计划，作为工程价款支付、确定工程结算价的计划目标。

1.6.3 建设工程造价的计价特征

1. 单件性计价

由于每个建设项目所处的地理位置、地形地貌、水文气候条件以及采用的工程标准、材料供应等都有其具体的特点和要求，需要采用单独的适合其工程本身的施工方法和组织形式。这种建设项目的单个性导致了建设工程造价的千差万别，因此每个工程必须单独计算其造价。

2. 多次性计价

建设项目一般比较复杂，未知因素多，建设周期长，规模大，造价高，因此很难一次确定其价格，必须根据项目的进展情况，由粗到细、由浅入深的确定工程造价，通常涉及以下几个过程：

（1）投资估算。是指在项目建议书和可行性研究阶段通过编制估算文件测算和确定的工程造价。投资估算是建设项目进行决策、筹集资金和合理控制造价的主要依据。

（2）概算造价。是指在初步设计阶段，根据设计意图，通过编制工程概算文件预先测算和确定的工程造价。与投资估算造价相比，概算造价的准确性有所提高，但受估算造价的控制。概算造价一般又可分为：建设项目概算总造价、各个单项工程概算综合造价、各单位工程概算造价。

（3）修正概算造价。是指在技术设计阶段，根据技术设计的要求，通过编制修正概算文件预先测算和确定的工程造价。修正概算是对初步设计阶段的概算造价的修正和调整，比概算造价准确，但受概算造价控制。

（4）预算造价。是指在施工图设计阶段，根据施工图纸，通过编制预算文件预先测算和确定的工程造价。它比概算造价或修正概算造价更为详尽和准确，但同样要受前一阶段工程造价的控制。

（5）合同价。是指在工程招投标阶段，通过签订总承包合同、建筑安装工程承包合同、设备材料采购合同，以及技术和咨询服务合同所确定的价格。

（6）结算价。是指在工程竣工验收阶段，按合同调价范围和调价方法，对实际发生的工程量增减、设备和材料价差等进行调整后计算和确定的价格，反映的是工程项目实际造价。

（7）决算价。是指工程竣工决算阶段，以实物数量和货币指标为计量单位，综合反应竣工项目从筹建开始到项目竣工交付使用为止的全部建设费用。决算价一般是由建设单位编制，上报相关主管部门审查。

3. 分解、组合计价

当建设项目的规模比较大时，在计价时一般采用逐步分解的方式，即单项工程、单位工程、分部工程和分项工程等，以便于用适量的计量单位计算并测定和计算工程基本构成要素。分项计价后，逐步汇总就可形成各部分造价。

4. 计价方法的多样性

工程的多次计价各有不相同的计价依据，每次计价的精确度要求也各不相同，由此决定了计价方法的多样性。

5. 计价依据的复杂性

由于影响造价的因素多，决定了计价依据的复杂性。计价依据主要可分为以下 7 个方面：

（1）设备和工程量计算依据。包括项目建议书、可行性研究报告、设计文件等。

（2）人工、材料、机械等实物消耗量计算依据。包括投资估算指标、概算定额、预算定额等。

（3）工程单价计算依据。包括人工单价、材料价格、材料运杂费、机械台班费等。

（4）设备单价计算依据。包括设备原价、设备运杂费、进口设备关税等。

（5）措施费、间接费和工程建设其他费用计算依据。主要是相关的费用定额和指标。

（6）政府规定的税、费。

（7）物价指数和工程造价指数。

1.6.4 建设工程造价控制

所谓工程造价控制就是指行为主体为保证在变化的条件下实现其目标，按照事先拟定的计划和标准，通过采用各种方法，对被控对象在实施中发生的各种实际值与计划值进行对比、检查、监督、引导和纠正的过程。工程造价控制的要素包括人力、物力、财力、信息、技术、组织和时间等，控制的状态是动态控制。造价控制包括 3 个步骤：即确定目标标准、检查实施状态和纠正偏差。控制全过程分为 3 个阶段：即事前控制、事中控制和事后控制。事前控制主要进行风险预测，采取相应的防范措施。熟悉项目设计图纸和设计要求，分析项目价格构成因素，事前分析费用最易突破的环节，从而明确投资控制的重点。事中控制主要是定期检查与对照费用支付情况，定期或不定期对项目费用超支或节约情况作出分析，并提出改进方案，完善信息制度，掌握国家调价范围和幅度。事后控制主要是审核项目结算书，公正地处理索赔。3 个阶段应以事前控制为主，即在项目投入阶段就开始，可以起到事半功倍的作用。

1. 各建设阶段对建设工程项目造价的影响

建设工程项目造价控制贯穿整个建设过程中，但每个阶段对建设工程项目造价的影响是不同的。据统计，设计准备阶段对建设项目经济的影响达到 95%～100%，初步设计阶段为 75%～95%，施工图设计阶段为 25%～35%，施工阶段只有 10%，如图 1-4 所示。因此，在设计准备阶段和设计阶段对建设工程项目造价进行控制有重要意义。

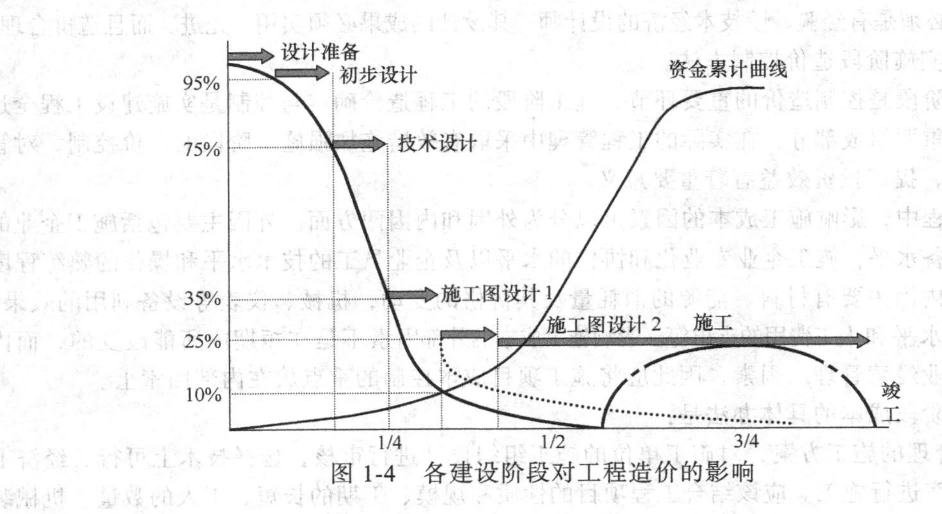

图 1-4　各建设阶段对工程造价的影响

2. 建设工程造价控制思路

首先，确定各种目标值，在建设实施过程中阶段性地收集完成目标的实际数据，将实际数据与计划值比较，若出现较大偏差时采取纠正措施，以确保目标值的实现。其次，工程造价的有效控制是以合理确定为基础，有效控制为核心，它是贯穿于建设工程全过程的控制。在投资决策阶段、设计阶段、建设工程发包阶段和建设实施阶段，把建设工程造价控制在批准的造价限额以内，随时纠正发生的偏差，以保证管理目标的实现，以求合理使用人力、物力、财力，取得较好的投资效益和社会效益。要有效地控制工程造价，应从组织、技术、经济、合同与信息管理等多方面采取措施，其中，技术与经济相结合是控制工程造价最为有效的手段。要通过技术比较、经济分析和效果评价，正确处理技术先进与经济合理两者之间的对立统一关系，力求在技术先进条件下的经济合理，在经济合理基础上的技术先进，把控制工程造价观念渗透到设计和施工措施中去。最后，要立足于事先控制，即主动控制，尽可能地减少以至避免目标值与实际值的偏离。也就是说，工程造价控制不仅要反映投资决策，反映设计、发包和施工被动地控制，更要主动地影响投资决策，影响设计、发包和施工。

3. 建设工程造价控制方法

（1）设计阶段造价控制方法。

以往，人们在建设工程中普遍忽视前期工作阶段的造价控制，而把主要精力放在施工阶段，这只能是被动控制。要有效地控制工程造价，必须把重点转移到前期阶段上来。从图 1-4 可以看到，影响建设工程造价的主要阶段是设计阶段，它对控制建设工程项目造价起着决定性的作用。在设计阶段主要从以下几个方面进行造价控制。

① 实行设计方案招标或方案竞选

设计招标有利于竞争和设计方案的选择，通过招标选择设计方案的范围扩大，从而保证设计的先进性、合理性、准确性。设计招标还有利于控制项目建设投资，缩短设计周期，降低设计费，通过设计招标评定出技术先进、功能全面、结构合理、安全适用、满足建筑节能及环境要求、经济实用、造型美观的设计方案。

② 推行限额设计

限额设计是将整个项目按设施部位或功能的不同，分为若干单元，设计人员根据限定的额度进行方案筛选与设计，它能有效地控制整个工程的造价，可以促使设计单位改善管理，优化结构，提高设计水平，真正做到用最小的投入取得最大的产出。为使限额设计达到预期目的，应该做到参与设计人员必须是有经验、懂技术经济的设计师，其设计的成果必须实用、先进，而且造价合理。

（2）工程实施阶段造价控制方法。

工程实施阶段是控制造价的重要环节，施工阶段的工程造价确定与控制是实施建设工程全过程造价控制的重要组成部分，在实际的工程管理中采取有效措施加强施工阶段的造价控制，对管理好有效资金，提高投资效益有着重要意义。

在整个工程中，影响施工成本的因素可以分为外因和内因两方面。外因主要包括施工企业的规模和技术装备水平，施工企业专业化和协作的水平以及企业员工的技术水平和操作的熟练程度等几个方面。内因主要有材料、能源的消耗量及其价格的变动，机械、仪表等设备利用的效果、工程施工质量水平和人工费用的支出等。影响施工成本的外部因素不是在短期内所能改变的，而内部因素属于企业经营管理的因素，因此应将施工项目成本控制的重点放在内部因素上。

控制施工阶段成本的具体办法是：

① 选择合理的施工方案，对施工单位的施工组织设计进行审核，选择技术上可行、经济上合理的施工方案进行施工。应该结合工程项目的性质和规模、工期的长短、工人的数量、机械装

备、材料供应情况、运输、地质、气候条件等各项具体的技术经济条件，对承建单位指定的施工组织设计、施工方案、施工进度计划进行优化，最后选定最合理利用人力、物力、财力、资源的方案。

② 加强图纸会审，及时发现问题和解决问题。把签证变更提前出具，防止窝工返工现象发生。

③ 合理控制材料使用，加强现场管理，认真核算材料用量，完善材料节约措施，确保在材料使用上降低成本。由于材料费在整个工程造价中所占比例很大，因此材料成本计划非常重要。在材料控制时，不但要对材料进行理论用量的控制，而且还要有损耗量控制，以督促施工队设法节约材料，降低成本。另外，材料费控制还应加强对材料的计划管理，即要满足工程对材料的需求，同时又要避免大量材料长时间置于施工现场不用，从而造成材料保管费、银行利息的增加及材料损耗增大。

④ 合理计划，加速周转，加强培训，充分利用，及时认真保养现有机械、仪表等设备，考虑其时间价值，要合理安排施工机械，力争使机械设备能够连续作业。对于暂不用或已完成任务的施工机械要及时组织退场，或调剂其他的施工段落、工地，以减少机械费的支出，从而提高其完好率和利用率，减少不必要的开支，降低工程成本开支。

⑤ 提高施工质量水平。质量成本是指控制项目质量的成本与处理项目故障（即返修）的成本之和。保证施工质量的控制成本包括预防成本和鉴定成本两部分，其开支水平与质量水平成正比关系，即工程质量越高，鉴定成本和预防成本就越大。质量不合格而必须进行翻修的故障成本包括内部故障成本和外部故障成本，其损失费用与质量水平成反比关系，即工程质量越高，故障成本就越低。所以，工程项目的施工质量控制应把握好度，以保证工程质量满足合同要求为控制点。

⑥ 合理控制人工费用支出。人工费的成本应以施工定额为依据编制。在编制人工费计划时，应结合施工组织设计，合理安排人员进、退场的时间，避免窝工现象。在施工过程中，人力资源控制的关键在于施工人员的使用上，应充分调动施工人员的积极性，提高劳动生产率。因此要严格控制无定额用工，减少辅助人员，提高工效，降低劳务成本。对于无定额依据的计时工（如环保、安保、文明施工等项目的用工），可采用包工的方式进行控制。

1.7 工程项目招投标

1.7.1 招投标的含义

工程项目招标是指业主率先提出工程的条件和要求，发布招标广告吸引或直接邀请众多投标人参加投标并按照规定格式从中选择承包商的行为。

工程项目投标是指投标人在同意招标人拟定好的招标文件的前提下，对招标项目提出自己的报价和相应条件，通过竞争努力被招标人选中的行为。

招投标过程的主要参与者是招标人和投标人。招标人是指依照招标投标法的规定提出招标项目、进行招标的法人或其他组织。投标人是指响应投标、参加投标竞争的法人或其他组织。根据招投标法，自然人不能成为工程建设项目的投标人。除招标人和投标人以外，建设工程项目招投标的参与人还包括招标代理机构，主要从事招标代理业务并提供相关服务的社会中介组织；评标委员会由招标人的代表和有关技术、经济方面的专家组成，也包括负责评标事宜的机构等。

1.7.2 招投标的目的和作用

1. 工程项目招投标的目的

工程项目招投标的目的是为计划建设的工程项目选择合适的承包人，将工程项目或其中部分工作委托完成，承包人通过投标竞争获得可研、勘察、设计、施工等任务，从而完成工程建设并实现盈利。

2. 工程项目招投标的作用

招投标是竞争的一种具体方式，是竞争机制的具体运用，它作为一种有规范、有约束的竞争活动，具有以下几个作用：

（1）确立了竞争的规范准则，有利于开展公平竞争；

（2）扩展了竞争范围，可以使业主更充分地获得市场利益；

（3）有利于引进先进技术和管理经验；

（4）促进业主做好工程前期工作；

（5）最大限度地避免了人为因素的干扰；

（6）有利于施工方在竞争中不断完善自己。

1.7.3 招投标的基本内容

（1）为了保证工程建设项目招标投标活动在规范有序的环境中进行，信息产业部发布了《通信建设项目招标投标管理暂行规定》和《通信建设项目招标投标管理实施细则》，此外，信息产业部等七部委还联合发布了《工程建设项目施工招标投标办法》。文件要求建设项目达到下列标准之一的，必须进行工程项目招标：

① 施工发包单项合同估算价在200万元人民币及以上；

② 重要设备、材料等货物的采购，单项合同估算价在100万元人民币及以上；

③ 勘察、设计、监理等服务的采购，单项合同估算价在50万元人民币及以上；

④ 单项合同估算价低于前三项规定的标准，但项目总投资额在3000万元人民币及以上；

⑤ 使用国际组织或外国政府贷款、援助资金的项目，除提供贷款或资金方有合法的特殊要求外，也应当进行招标。

（2）招标方式。

① 公开招标。是指招标人以招标公告的方式邀请不特定的法人或者其他组织投标。由于采用这种招标方式时的投标者众多，而且技术、经济实力参差不齐，一般招标方在正式招标以前，会采用资格预审的方式来审查潜在投标人，从而最终确定有资格的正式投标人。对于国务院发展计划部门确定的国家重点建设项目和各省、自治区、直辖市人民政府确定的地方重点建设项目，以及全部使用国有资金投资或者国有资金投资占控股或者主导地位的工程建设项目，应当公开招标。

② 邀请招标。是指招标人以投标邀请书的方式邀请特定的法人或者其他组织投标。邀请招标的特点在于邀请，也就是将拟参加投标的潜在投标人限定在一定的范围内，根据招投标法的规定，被邀请招标的投标人不能少于一个。

有下列情形之一的，经批准可以进行邀请招标：项目技术复杂或有特殊要求，只有少量几家潜在投标人可供选择的；受自然地域环境限制的；涉及国家安全、国家秘密或者抢险救灾，适宜招标但不宜公开招标的；拟公开招标的费用与项目的价值相比不值得的；法律、法规规定不宜公开招标的。

（3）招标步骤。

通信建设项目招标工作的实施步骤依次为：招标准备，主要办理招标项目的各种建设手续，组建招标机构或办理委托代理招标手续；发布招标公告和资格预审公告，或发招标邀请函；编制招标文件；资格审查；发售招标文件；接受投标人递送投标文件；开标；评标、定标；招标人和中标人签订合同。

（4）通信建设项目招标可以按建设项目招标，也可以按单项工程招标。自行招标人或招标代理机构应当确认招标项目的初步设计已经批准，具有满足施工招标的设计图纸和有关文件，建设资金已经落实，开工手续齐全后，方可开展招标活动。

（5）招标人对公开招标的建设项目可以采用资格预审的方式，择优选择部分潜在投标人作为预期的投标人。但资格条件、审查方式应符合公开、公平、公正的原则。资格审查内容应包括：投标人的财务状况、技术实施能力、资质等级及综合实力、以往经验及业绩、经营信誉。

（6）参与通信建设项目投标竞争的投标人必须具备的条件包括：参与勘察设计、施工、系统集成、用户管线建设，监理投标的投标人应当是经信息产业部或省通信管理局审查同意，并持有与招标项目相适应的资质等级。投标文件中有违背国家法律、法规、政策，不利于公平竞争和贬低其他投标人内容的，应作废标处理，招标人不得接受其投标。

（7）通信建设项目招标可以设置标底。标底应当由具有自行招标资格或有设计、咨询、招标代理等资格的单位编制，且必须符合国家有关规定。标底必须按招标文件的标底内容编制，标底价格由成本、利润、税金组成。标底应作为评价的标准之一。

（8）参与通信建设项目招标投标活动的各方当事人及其他利害关系人有权利和义务对通信建设项目招标投标活动中的违法、违规行为向信息产业部或省、自治区、直辖市通信管理局举报和投诉。举报和投诉应列举违法、违规的事实，信息产业部或省、自治区、直辖市通信管理局应当在接到举报、投诉后30日内完成对举报、投诉内容的调查，并将调查结果通知投诉人。

（9）投标人的资格要求。

按照招投标法的规定，投标人必须是响应招标、参加投标竞争的法人或者其他组织。投标人应具备承担招标项目的能力，投标人应符合的资质等级条件为施工总承包、专业承包或劳务分包，投标人应具有招标条件要求的资质证书，并为独立的法人实体，承担过类似建设项目的相关工作，并有良好的工作业绩和履约纪录，财产状况良好，没有财产被接管、破产或其他关、停、并、转状态，在最近 3 年没有参与骗取合同以及其他经济方面的严重违法行为，近几年有较好的安全纪录，投标当年内没有发生重大质量和特大安全事故。

1.8 工程价款结算与竣工决算

1.8.1 工程价款结算

工程价款结算是指施工单位对所承包的工程在施工过程中，依据实际完成的工程量，按照施工单位与建设单位签订的工程承包合同中规定的工程造价、工程开工日期、竣工日期、材料供应方式、工程价款结算方式，还有施工进度计划、施工图预算及国家关于工程结算的有关规定，向建设单位收取工程价款的一项经济活动。工程价款结算，对于施工单位及时取得流动资金、加速资金周转、保证施工正常进行、缩短工期、使施工单位取得应得利益等，都具有非常重要的意义。

1．工程价款的主要结算方式

（1）按月结算。

按月结算即实行旬末或月中预支部分工程款，月终结算，竣工后清算的方法。年度竣工的工程，在年终进行工程盘点，办理年度结算。我国现行建筑安装工程价款结算中，相当一部分实行这种按月结算。

（2）分段结算。

分段结算即当年开工，当年不能竣工的单项或单位工程，按照工程进度将工程划分为若干个施工阶段，按阶段进行工程价款结算。分段结算可以按月预支工程款，分段的划分标准由各部门、自治区、直辖市、计划单列市规定。

（3）竣工后一次结算。

建设项目或单项工程全部建筑安装工程建设在12个月以内，或者工程承包合同价值在100万元以下的，可以实行工程价款按每月月中预支，竣工后一次结算。

（4）目标结款方式。

目标结款方式即在工程合同中，将承包工程的内容分解成不同的控制界面，以业主验收控制界面作为支付工程价款的前提条件。也就是说，将合同中的工程内容分解成不同的验收单元，当承包商完成单元工程内容并经业主（或其委托人）验收后，业主支付构成单元工程内容的工程价款。

目标结款方式下，承包商要想获得工程价款，必须按照合同约定的质量标准完成界面内的工程内容，要想尽早获得工程价款，承包商必须充分发挥自己的组织实施能力，在保证质量前提下，加快施工进度。这意味着承包商拖延工期时，则业主推迟付款，增加承包商的财务费用和运营成本，降低承包商的收益，客观上使承包商因延迟工期而遭受损失。同样，当承包商积极组织施工，提前完成控制界面内的工程内容，则承包商可提前获得工程价款，增加承包收益，客观上承包商因提前工期而增加了有效利润。同时，因承包商在界面内质量达不到合同约定的标准而业主不预验收，承包商也会因此而遭受损失。可见，目标结款方式实质上是运用合同手段、财务手段对工程的完成进行主动控制。

目标结款方式中，对控制界面的设定应明确描述，便于量化和质量控制，同时要适应项目资金的供应周期和支付频率。

2．工程价款结算的基本原则

（1）通信建设工程价款的结算，应以国家和信息产业部发布的各种预算定额、费用定额和批准的设计文件为依据。

（2）通信工程发包单位和承包单位应根据批准的计划，设计文件和概、预算或中标通知书的内容签订工程合同。在工程合同中明确工程的名称、工程造价、开工日期、竣工日期、材料供应方式、工程价款的结算事项以及双方权利、义务等内容。

（3）工程价款结算必须符合国家政策和有关法律、法规，严格按建设单位和施工单位签订施工合同规定办理。

（4）施工单位应缴或代缴的营业税及缴税地点应按国家财政部、国家税务局的规定办理。

（5）有关房屋土建工程价款的结算，应按土建工程所在地的地方有关规定办理。

（6）工程承包、发包双方应严格履行合同，工程结算中如发生经济纠纷，应协商解决，也可向双方主管部门或国家仲裁机关申请解决或向法院起诉。

3. 工程预付款

通信工程一般采用包工包料、包工不包料、包工包部分材料 3 种形式，目前大多数工程采用的是包工不包料的形式。其预付款方式如下：

（1）采用包工包料方式承包时，可按合同总价值的 60%以内控制预付款。

（2）包工不包料或包工包部分材料时，应根据工程的性质控制预付款，通信管道工程预付款不超过合同总价值的 40%，通信线路工程不超过合同总价值的 30%，通信设备工程不超过合同总价值的 20%。

（3）地上、地下障碍物处理及各种赔偿不得作为承包内容。

（4）预付款应在合同生效后十天内，由业主向承包商拨付。

4. 通信建设工程价款结算的有关规定

（1）建设单位应根据施工单位编报的进度日报表或按季度编报的工程价款按季度拨付，拨付至合同总价值的 95%为止，其余剩余款应在工程竣工验收后结清，建设单位接到施工单位报表后的十天内应按规定拨付。

（2）工程价款结算的时限要求如下：按合同交工验收后十天以内，由施工单位编报工程结算，建设单位接到施工单位的工程价款结算文件后十五天内审核完毕，送有关单位复审，建设单位接到复审后的工程价款结算文件后，十五天内付清工程总价款。

（3）建设单位对工程价款有争议时，应在时限要求内通知施工单位，并就争议进行协商。建设单位与施工单位要协商工程保修费用，保修费用由建设单位在合同总价款中扣留，待保修期满后，将金额保修款或保修后剩余的保修款拨给施工单位。保修款一般不超过合同总价的 5%。

（4）凡施工承包合同中明确规定按合同价款一次包死时，原则上工程价款不予调整，但由于自然灾害、国家计划调整、政策性调价和设计变更引起的增减，使工程造价超过合同价值 2%以上时，双方可进行合同的调整。

（5）凡施工承包合同中规定按施工图预算承包的工程，施工中由于自然灾害造成的损失、国家统一调价及设计变更追加减的费用，结算时应按实际结算。

（6）由于建设单位的原因造成的停工，应根据双方签证按实结算，停工损失由建设单位全部承担。计算办法最高值为损失的人工工日 × 工日单价 ×（1 + 现场管理费率），工期顺延。由于施工单位原因造成的停工、窝工，全部损失由施工单位负担，工期不得顺延。

（7）施工期间，建设单位委托施工单位承担了合同规定之外的工作，建设单位应付给费用。有定额的按定额计算，没定额的按实际发生付给劳务费。

（8）材料、设备工器具购置费中的采购保管费应按以下方法处理：工程采用按施工图预算总承包或包工包料时，采购保管费由施工单位全额收取。工程采用包工不包料时，采购保管费由施工单位最多收取 50%。

（9）根据国家建设部发布的工程保修办法的精神，通信建设工程的保修期限为六个月。保修期间由于施工单位的原因造成的质量缺陷，应由施工单位无偿修复。

（10）工程价款结算文件应包括工程价款结算编制说明和工程价款结算表格。工程价款编制说明的内容应包括：工程结算总价款、工程价款结算依据、工程价款增减的主要原因。

5. 工程价款结算的内容

（1）按照工程承包合同或协议办理预付工程备料款。工程备料款是建设单位按规定（一般在工程开工前 7 天）拨付给承包单位的备料周转金。工程预付备料款的额度有两种确定方法。

① 在合同条件中约定。建设单位根据工程的特点、工期长短、市场行情、供求规律等因素，招标时在合同条件中约定工程预付款的百分比。这种方法容易操作，在工程不大的情况下采用。

② 根据主要材料（含构件等）占年度承包工程总价的比重、材料储备定额天数和年度施工天数等因素，通过下面的公式确定：

$$预付备料款=\frac{年度施工产值\times 主要材料比重（\%）}{年度施工天数}\times 材料储备定额天数$$

$$预付备料款比率=\frac{预付备料款}{年度施工产度}\times 100\%$$

材料储备定额天数由当地材料供应的在途天数、加工天数、整理天数、供应间隔天数、保险天数等因素决定。

建筑工程预付款一般不超过当年建筑工程量的 30%，安装工程不超过当年安装工程造价的 10%。材料比重较多的安装工程预付款比例可适当提高，但最多不超过 15%，具体数额由双方协商确定。

（2）按照双方确定的结算方式开列施工作业计划和工程价款预支单，办理工程预备款。

（3）月末（或阶段完成）呈报已完工程月（或阶段）报表和工程价款结算单，同时按规定抵押工程备料款和预付工程款，办理工程款结算。

随着工程进度的推进，原已支付的预付款应以抵扣的方式予以陆续扣回，竣工前全部扣清。由建设单位和施工单位通过洽商用合同的形式予以确定，采用等比率或等额扣款的方式。

① 工程备料款起扣点以未施工工程尚需的主要材料及构件的价值相当于工程预付款数额为原则。

可按下式计算：$T=P-\frac{M}{N}$

T——起扣点，即工程预付款开始扣回时所累计完成工程金额，又称已完工程造价；

P——工程合同总额；　　　　　　M——工程预付款数额；

N——主要材料、构件所占比重。

② 应扣工程备料款数额。

第一次扣还数额：$b_1=\left(\sum B_i-B\right)\times K$

式中：$\sum B_i$——累计完成建筑安装工作量之和；

B——累计工作量起扣点；

K——材料比例。

第二次及以后各次扣还的金额：$b_i=B_i\times K$

式中的 Bi——第 i 次扣还时当次结算完成的建筑安装工作量。

（4）年终已完成工程、未完工程盘点和年终结算。

（5）工程竣工时，编写工程竣工书，办理工程竣工结算。所谓工程竣工结算是指工程竣工验收报告经建设单位认可后 28 天，施工单位向建设单位递交竣工结算报告及完整的结算资料，双方按照协议书约定的合同价款及专用条款约定的合同价款调整内容，进行工程竣工结算。

6. 工程价款结算的程序

（1）施工单位根据施工图预算和月（阶段）度施工作业计划，填报“工程款预支账单”。

（2）送交监理工程师或建设单位审查、签证并办理预支拨款。

（3）待月（阶段）终时，施工单位根据已完合格工程的工程量按预算定额或合同约定的其他报价方式进行报价，当月或阶段的所有变更及索赔的款项也包含在内，填报“工程款结算账单”，向监理工程师提出付款申请。

（4）监理工程师审核，若支付价款在合同规定的权限之内，可直接签字付款，否则签发付款证书，并上报建设单位。

（5）建设单位签证，按合同规定的时间支付结算款。结算时，应将月中预支的部分工程款额抵作工程价款。

1.8.2 竣工决算

1. 竣工决算概念

竣工决算是由建设单位在工程建设项目竣工验收后，按照国家有关规定在新建、扩建和改建工程建设项目竣工验收阶段组织有关部门，以竣工结算等资料为依据进行投资控制的经济技术文件。它反映了整个建设项目从筹建到竣工交付使用为止的全部建设费用，是建设单位进行投资效益分析的依据，由建设单位财务及有关部门进行编制，体现了建设项目的实际价值和投资效果。

竣工决算是竣工验收报告的重要组成部分，它包含建筑安装工程费、设备工器具购置费、预备费、工程建设其他费用和投资方向调节税支出等费用，是包括建设项目从筹建到项目竣工交付使用为止的全部建设费用、建设成果和财务情况的总结性文件。

2. 竣工决算内容

（1）竣工决算报告说明书。它主要反映竣工工程建设成果和经验，是对竣工决算报表进行分析和补充说明的文件，是全面考核分析工程投资与造价的书面总结。其具体内容如下：

① 建设项目概况，它是对工程总的评价，一般从进度、质量、安全、造价及施工方面进行分析说明。

② 资金来源及运用等财务分析。

③ 基本建设收入、投资包干结余、竣工结余资金的上交分配情况。

④ 各项经济技术指标的分析。

⑤ 工程建设的经验及项目管理和财务管理工作以及竣工财务决算中待解决的问题。

⑥ 决算与概算的差异和原有分析。

⑦ 需要说明的其他事项。

（2）竣工财务决算报表。按照建设项目的规模，可以分为大、中型建设项目竣工财务决算报表和小型建设项目竣工财务决算报表。

① 大、中型建设项目竣工财务决算报表。它主要包括建设项目竣工财务决算审批表；大、中型建设项目概况表；大、中型建设项目竣工财务决算表；大、中型建设项目交付使用资产总表。

② 小型建设项目竣工财务决算报表。它主要包括建设项目竣工财务决算审批表；竣工财务决算总表；建设项目交付使用资产明细表。

（3）建设工程竣工图。对于竣工图，须作以下说明：

① 凡按图纸竣工没有变动的，由施工单位在原施工图上加盖“竣工图”标志后，即作为竣工图。

② 在施工过程中，虽有一般性设计变更，但能将原施工图加以修改补充作为竣工图的，可不重新绘制，由施工单位负责在原施工图上注明修改部分，并附以设计变更通知单和施工说明，加盖“竣工图”标志后，作为竣工图。

③ 凡结构形式改变、施工工艺改变、平面布置改变、项目改变以及有其他重大改变，不宜再在原施工图上修改、补充时，应重新绘制改变后的竣工图。施工单位负责在新图上加盖“竣工图”标志，并附以有关记录和说明，作为竣工图。

④ 最后，为了满足竣工验收和竣工决算需要，还应绘制反映竣工工程全部内容的工程设计平面示意图。

（4）工程造价比较分析。分析的主要内容包括核对主要实物工程量，考核主要材料消耗量以及考核建设单位管理费、建筑安装工程费和间接费的取费标准。

3. 竣工决算的作用

竣工决算是建设各方考核工程经济活动的主要依据，有以下几个方面的作用：

（1）竣工决算是检查基本建设投资计划、设计概算执行情况和考核投资效果的依据。

（2）竣工决算是竣工验收报告的重要组成部分，是办理交付使用财产的依据，也是核定新增固定资产和流动资金价值并登记入账的依据。

（3）竣工决算是综合反映竣工项目的建设成果和财务情况，总结提高财务管理水平的重要资料。

（4）竣工决算是通信工程基本建设技术经济档案，为通信建设工程概预算定额修订提供资料和依据。

（5）竣工决算是工程造价积累的基础资料之一。

4. 竣工决算的编制

（1）竣工决算的编制依据。

对于通信工程建设项目，凡竣工验收以前，应当根据竣工图表和交工验收有关文件资料编制竣工决算。编制竣工决算应当依据以下原始资料和文件：

① 经国家或各级主管部门批准的可行性研究报告、投资估算书、设计文件以及概预算或调整概预算文件。

② 建设单位编制的招标文件、标底（如果有）及与施工单位签订的施工承包合同文件。

③ 建设单位与各有关单位签订的征地拆迁以及安置赔偿合同、勘察设计合同、监理合同、贷款合同、供货合同以及其他经济合同和结算凭证等。

④ 设计变更记录、施工记录或施工签证单及其他施工发生的费用记录。

⑤ 建设单位管理费使用有关凭证。

⑥ 设计、监理、施工三方签认的工程计量支付凭证。

⑦ 设备、材料调价文件和调价记录。

⑧ 有关的财务核算制度、办法以及其他有关资料、凭证等。

（2）竣工决算的编制要求。

① 按照规定组织竣工验收，保证竣工决算的及时性。

② 积累、整理竣工项目资料，保证竣工决算的完整性。

③ 清理、核对各项账目，保证竣工决算的正确性。

④ 按照规定，竣工决算应在竣工项目办理验收交付手续后一个月内编好，并上报主管部门。

（3）竣工决算的编制步骤。

竣工决算的编制，一般应在该工程已编好工程竣工图表文件，交工验收并达到合格以上后，才能进行竣工决算的编制工作。编制步骤如下：

① 收集、整理和分析有关竣工图表资料，凡作为工程结算的各种工程量，应进行必要核对，竣工图资料应符合国家《基本建设项目档案资料管理暂行规定》的要求。

② 审查施工过程中的各种变更设计，各项财务、债务和结余物资以及索赔处理等有无不符合规定之处，签证手续是否齐全，做到有据可依。

③ 摘取各种实物量、财务数据等资料，填写各种相应竣工决算报表。

④ 编制建设工程竣工决算说明。

⑤ 做好工程造价对比分析。

⑥ 清理、装订好竣工图。

⑦ 上报主管部门审查。

本章小结

1. 建设项目是指按一个总体设计进行建设，经济上实行统一核算，行政上有独立的组织形式并实行统一管理的建设单位。凡属于一个总体设计中分期分批进行的主体工程和附属配套工程、综合利用工程等，都应作为一个建设项目。一个建设项目一般可以包括一个或若干个单项工程。

2. 基本建设程序是指基本建设全过程中各项工作所必须遵循的先后顺序，即建设项目从立项决策、工程实施到验收投产的全过程合乎科学规律的工作顺序。在通信工程建设过程中，必须严格按照建设程序来执行实施。

3. 通信工程建设流程要经过立项阶段、实施阶段和验收投产阶段。立项阶段是通信工程建设的第一阶段，包括项目建议书、可行性研究；实施阶段包括初步设计、年度建设计划、施工准备、施工图设计、施工招投标、开工报告、施工 7 个部分；验收投产阶段包括初步验收、试运转和竣工验收 3 个方面。

4. 根据工程项目的规模、性质等情况的不同，通信工程设计可分为三阶段设计、两阶段设计和一阶段设计。三阶段设计包括初步设计、技术设计、施工图设计 3 个阶段；两阶段设计包括初步设计和施工图设计两个阶段；一阶段设计直接进入施工图设计阶段。

5. 在通信工程建设过程中，从事建设工程活动的工程建设责任主体主要有建设单位、勘察单位、设计单位、施工单位和监理单位五大部门。建设单位是建设工程的投资人，是工程建设项目建设过程的总负责方；勘察单位主要负责工程建设勘察及提供相关服务和咨询；设计单位主要从事建设工程可行性研究、建设工程设计、工程咨询等工作；施工单位主要从事建筑工程、线路管道及设备安装工程的施工；监理单位主要承担工程建设的监理工作。

6. 通信工程造价是指进行某项通信工程建设所花费的全部费用，即该工程项目有计划地进行固定资产再生产和形成资产的过程中，其流动资金的一次性费用总和。主要由设备工器具购置投资、建筑安装工程投资和工程建设其他投资组成。

7. 工程造价控制就是指行为主体为保证在变化的条件下实现其目标，按照事先拟定的计划和标准，通过采用各种方法，对被控对象在实施中发生的各种实际值与计划值进行对比、检查、监督、引导和纠正的过程。全过程控制分为 3 个阶段：即事前控制、事中控制和事后控制，3 个阶段应以事前控制为主。

8. 工程价款结算是指施工单位对所承包的工程在施工过程中，依据实际完成的工程量，按照施工单位与建设单位签订的工程承包合同中规定的工程造价、工程开工日期、竣工日期、材料供应方式、工程价款结算方式，还有施工进度计划、施工图预算及国家关于工程结算的有关规定向建设单位收取工程价款的一项经济活动。工程价款的主要结算方式有按月结算、分段结算、竣工后一次结算、目标结款方式、结算双方约定的其他结算方式。

9. 竣工决算是由建设单位在工程建设项目竣工验收后，按照国家有关规定在新建、扩建和改建工程建设项目竣工验收阶段组织有关部门，以竣工结算等资料为依据进行投资控制的经济技术文件。

10. 竣工决算与竣工结算的区别：①编制单位不同。竣工决算由建设单位财务部门进行编制，竣工结算由施工单位的财务部门进行编制。②编制内容不同。竣工决算包括建设项目从筹建开始到项目竣工交付生产（使用、营运）为止的全部建设费用，最终反映的是工程项目的全部投资。竣工结算包括施工单位承担施工的建筑安装工程全部费用，它与所完成的建筑安装工程量及单位工程造价一致，最终反映施工单位在本工程项目中所完成的产值。③作用不同。竣工决算反映竣工项目的建设成果，作为办理交付验收的依据，是竣工验收的重要组成部分。竣工结算为竣工决算提供基础资料，作为建设单位和施工单位核对和结算工程价款的依据，是最终确定项目建筑安装施工产值和实物工程量完成情况的基础材料之一。

习题与思考题

一、名词解释

1. 建设项目　2. 单项工程　3. 基本建设项目　4. 施工图设计　5. 工程造价　6. 工程造价控制　7. 工程项目招标　8. 工程项目投标　9. 工程价款结算

二、填空题

1. 大中型和限额以上通信工程建设项目从建设前期工作到建设、投产要经过______、______、______ 3 个阶段。

2. 对于大型、特殊工程项目或技术上复杂的项目，可按______、______、______ 3 个阶段进行，称为“三阶段设计”。

3. 初步设计是根据批准的______，以及有关的______、______，并通过现场勘察工作取得可靠的设计基础资料后进行编制的。

4. 对于规模较小、技术成熟或套用标准的通信工程项目，可直接做______设计，称为“一阶段设计”。

5. 验收投产阶段的主要内容包括______、______和______ 3个方面。

6. 在通信工程建设过程中，从事建设工程活动的工程建设责任主体主要有______、______、______和______五大部门。

7. 对建设工程项目造价的影响最大的是在______阶段和______阶段。

8. 工程价款结算时，按合同交工验收后______天以内，由施工单位编报工程结算，建设单位接到施工单位的工程价款结算文件后，______天内审核完毕，送有关单位复审，建设单位接到复审后的工程价款结算文件后，______天内付清工程总价款。

三、选择题

1. 投资在（　　）万元以上的省定通信工程项目可以划分为二类工程。

A. 100　　B. 1000　　C. 2000　　D. 5000

2. 当施工发包单项合同估算价在（　　）万元人民币及以上时，必须进行工程项目招标。

A. 50　　B. 100　　C. 150　　D. 200

3. 工程承包合同价值在 100 万元以下的，可以采用（　　）方式结算。

A. 按月结算　　B. 分段结算

C. 竣工后一次结算　　D. 目标结款

4. 下列有关建设项目竣工决算的表述中，不正确的是（　　）。

A. 建设项目竣工决算是建设单位在新建、改建和扩建工程建设项目竣工验收阶段编制的

B. 竣工决算是以实物数量和货币指标为计量单位的

C. 竣工决算综合反映了竣工项目从筹建开始到项目竣工交付使用为止的全部建设费用

D. 竣工决算是反映建设项目预期造价的文件

5. 若建设项目比较复杂，未知因素多，建设周期长，规模大，造价高，很难一次确定其价格，这时可以采用（　　）方式确定工程造价。

A. 单件性计价　　B. 多次性计价

C. 分解、组合计价　　D. 以上都可以

6. 采用包工包料方式承包通信工程时，可按合同总价值的（　　）以内控制预付款。

A. 60%　　B. 30%　　C. 50%　　D. 40%

7. 根据国家建设部发布的工程加上保修办法的精神，通信工程建设实行保修的期限为（　　）。

A. 三个月　　B. 六个月　　C. 十个月　　D. 一年

四、简答题

1. 通信建设工程的特点。
2. 工程造价的计价特征。
3. 建设工程造价控制方法。
4. 工程项目招投标的作用。
5. 竣工决算的作用。
6. 画图说明基本建设程序。

第 2 章

通信工程勘察

2.1 概述

1. 工程勘察的概念

工程勘察是运用多种科学技术方法，通过现场测量、测试、观察、勘探、试验、鉴定等手段，查明工程建设项目地点的地形、地貌、土质、水文等自然条件，搜集工程设计所需要的各种业务、技术、经济以及社会等有关资料，在全面调查研究的基础上，结合初步拟定的工程设计方案，进行认真的分析、研究、综合评价等工作。

2. 工程勘察的目的

工程勘察的目的是为设计和施工提供可靠的依据，包括工程可行性研究报告查勘、工程方案查勘、初步设计查勘、施工图测量等内容。在现场勘察中，如果发现与设计任务书有较大出入的问题，应上报原下达任务书的单位重新审定，并在设计中特别加以论证说明。勘察主要侧重于项目可行性的了解；应多方案一起进行，并积极征询分建设单位、各相关部门的意见，注意近期与远期、局部与整体的发展情况，收集配套工程与设施的相关资料。

3. 工程勘察的内容

通信工程勘察包括查勘和测量两个工序，根据工程规模大小，可分为方案查勘、初步设计查勘和现场测量 3 个阶段。对建设规模较大、技术较复杂的工程，需要首先进行方案查勘；对于二阶段设计的工程，应根据设计任务书的要求，在初步设计查勘后进行测量；对于一阶段设计，则查勘和测量同时进行。

2.2 通信工程查勘

2.2.1 查勘前准备工作

（1）研究设计任务书或可行性报告的内容与要求，了解工程概况和要求，明确工程任务和范围，如工程性质，规模大小，建设理由，近、远期规划等。

（2）收集与工程有关的文件、图纸和资料。一项工程的资料收集工作将贯穿勘察设计的全过程，主要资料应在查勘前和查勘中收集齐全。为避免和其他部门发生冲突，或造成不必要的损失，应提前向相关单位和部门调查、了解、收集相关其他建设方面的资料，并争取他们的支持和配合。相关部门为：计委、建委、电信、铁路、交通、电力、水利、农田、气象、燃化、冶金工业、地质、广播电台、军事等部门。对改扩建工程，还应收集原有工程资料。

（3）制定查勘计划。根据设计任务书和所收集的资料，对工程概貌勾出一个粗略的方案，作为制定查勘计划的依据。在 1：50000 地形图上初步标出拟定的通信路由方案，初步拟定无人站站址的设置地点，并测量标出相关位置。

（4）人员组织。查勘小组应由设计、建设维护、施工等单位组成，人员多少视工程规模大小而定。

（5）准备查勘工具。可根据不同查勘任务准备不同的工具，一般通用工具有：望远镜、测距仪、地阻测试仪、罗盘仪、皮尺、绳尺（地链）、标杆、随带式图板、工具袋等，以及查勘时所需要的表格、纸张、文具等。

2.2.2 明确查勘任务

（1）选定线路与沿线城镇、公路、铁路、河流、水库、桥梁等地形地物的相对位置，选定进入城区内所占用街道的位置，选定在特殊地段的线路敷设具体位置。

（2）配合通信、电力土建专业人员，根据设计任务书的要求选定站址，并商定有关站的总平面布置，以及线缆的进线方式和走向位置。

（3）拟定有人段内各项系统的配置方案，拟定无人站的具体位置、无人站的建筑结构和施工工艺要求，确定中继设备的供电方式和业务联络方式。

（4）根据地形自然条件，首先拟定线路的敷设方式，然后由敷设方式确定各地段所使用的线缆规格和型号。

（5）拟定线路上需要防雷、防蚀、防强电、防洪、防鼠及机械损伤的地段和防护措施。

（6）拟定维护段、巡房、水线房的位置，提出维护工具、仪表及交通工具的配置，结合监控报警系统，提出维护工作的安排意见。

（7）对于穿越铁路、公路、重要河道、大堤、路肩以及进入市区等处的线路，应协同建设单位与相关主管单位协商线路需要穿越的地点保护措施及进局路由。

2.2.3 硅芯管道查勘

1. 总体要求

（1）勘察前，先由设计负责人对全程路由分段进行熟悉，确定大致路由和测量分界点，随后按人员安排表分组测量。

（2）对选定的路由进行详细测量，对障碍需要提出具体的处理办法，并在现场使用仪器在指定点打桩做标记。标桩和油漆记号在现场标志必须醒目易找，符号正确，距离准确。

（3）查勘定标确定的路由位置必须和现场有关各种地下管线，在平面上和立面上相互间不受任何影响，力求达到各自行业规范的技术标准。对路由上的主要障碍，如是否过大桥、大河、涵洞、铁路等进行合理的处理，并就处理这些障碍的赔补等问题征求当地建设方的意见。

（4）对在管道中心线两侧，各边 6～12m 周边的地面上下一切设施状况进行测量，如：地面的树木、广告牌、消防栓、信号箱、车站、路程桩、花台等及燃气井盖、自来水盖、下水道盖、化粪池盖、其他通信井盖等，都要分别作距离、大小尺寸测量，绘制管道平面图。对地下部分要测量埋深、地下管线规格程式数量、横穿各类管道上下情况及相互距离，了解水源流向、污染程度。询问或测量当地标高，根据土石情况、水位情况，测绘管道纵断面图。

（5）查勘时，应认真统计管道占用绿化带面积，砍伐移栽树木，估计各段土石比例，开挖各种路面数据，摆摊设点迁移方案，迁改其他管网地点、数量及措施等。

（6）尽量不要在已建管道中开孔。

（7）查勘完毕后，向建设方汇报，形成查勘纪要报设计院存档。

2. 管道查勘前的准备

勘察前，应搜集好管道路由上的高程图以及道路综合管网图，也就是道路平面带状图、纵剖图和横断图。

地下各种管线的断面、埋深以及外护层材料结构都有各自的规范，相互之间差异很大。通信管道设计时，除了到规划、市政部门调查、核实有关情况之外，还应向政府相关部门和沿途相关厂矿单位调查了解有关情况，作为确定管道建筑位置、保护措施和工程费用的重要依据。

需要调查的情况包括城市建设近远期总体规划、道路、桥梁、涵洞扩建改造计划，地下管网市话的建设和履行计划，电厂电站和化工厂有关情况，地下水位和冰冻层深度，政府赔补费用标准以及其他有关方面的情况。

3. 钉桩要求

（1）直线段，每 200～300m 钉桩。

（2）一些比较大的障碍（过河流、塘）需要增设障碍桩。

（3）人手孔处、转角处需要三点定位。拐弯处需要测量转向角，转角一般不大于 30°，当大于 30° 时，应当考虑增设人手孔。

4. 障碍处理

（1）对于过桥、河、沟、塘等主要障碍，应采用截留挖沟、微控定向钻等与其他方式相结合的处理办法，过村庄采用铺砖。

（2）障碍小于 50m 的情况下，一般不考虑在障碍两端增设人孔，也不改换管材，采用事先敷设 120/136PE 管的方式通过，以减少工程造价，缩短工期。对于较大障碍，可以考虑两端增设人（手）孔。

（3）查勘完成后，可采用表格形式，将查勘遇到的障碍及处理方式标注清楚，表格格式可参照表 2-1。

表 2-1 障碍处理记录表

序　号	障碍名称	处理方式	备　注
1	落差地形	上下护坎	微型障碍
2	斜坡地形	护坡	小型
3	土路、小型公路，可开挖路面	××路面破复	微型
4	干线公路，高速、铁路	微控定向钻	大型
5	水沟、渠，小型水塘（20m）	截流挖沟	小型
6	县城	铺砖，破路	小型
7	通航河流，大型水塘（40m）	微控定向钻	大型
8	其他	直埋查勘方式处理	

5. 勘察纪要

在对通信管道工程勘察完以后，要写出详细的勘察纪要，内容包括勘察单位、勘察时间、勘察人员、被勘察工程所处设计阶段、工程建设规模以及其他相关事宜的说明等内容。具体勘察纪要格式如下所示。

××××公司×××工程

施工图设计勘察纪要

根据××××××工程的设计委托，××设计院传输线路测量组于×月×日～×月×日在××××公司相关人员×××、×××的密切配合下，对本期需建设的项目进行了施工图查勘设计，本工程建设方案和批复的建设方案完全一致（若有差别应说明原因），本工程建设规模见下表：

建设规模统计表

序号	段落名	新建硅芯管	主要障碍	沿靠道路	障碍处理方式
		×孔（m）	（名称）		
1	××－××				微控定向钻×m
2	××－××				护坡保护×m
3	××－××				护坎保护×m
4	××－××				铺水泥砂浆带×m
5					截流挖沟×m
6					
	合计				

（注：具体网络结构见附图）

其他相关事宜：

1. 本工程管道衔接××、××等××个局站；
2. 管线沿途赔补费按×××元/km 计列，特殊赔补另计；
3. 管线沿途路由取证工作应尽早落实，以免影响工程进度；
4. 其他需要说明的问题：

（1）

（2）

5. ××公司相关意见：

公司　　　　　　　　　　　　　　　　　　　　　　　××设计院

××××年　月　日　　　　　　　　　　　　　　　××××年　月　日

2.2.4 管道线路查勘

1. 硅芯管管道线路查勘要求

（1）定位、测量每个标石长度，同时记录每个人手孔至相邻标石的段长。

（2）在草图上具体区分人手孔是人孔还是手孔，同时要求尽量能够区分人手孔尺寸。

（3）目前硅芯管内穿放光缆的具体情况，光缆接头的人手孔内的接头布放情况，包括布放几个接头以及在人手孔哪一侧，预留光缆的盘放情况。

（4）记录线路需要过特殊障碍点的人手孔位置。

（5）打开每个人手孔，记录硅芯管的子管的颜色，并且了解哪一种颜色管为本期使用。

（6）记录积水情况，确定本工程是否需要抽水。

2. 城区管道查勘要求

（1）记录管道路由及人手孔间段长、人手孔位置。

（2）打开每个人手孔，记录管孔断面图、管孔占位图。如管道两侧人手孔断面不一致，要求绘出。

（3）本期线路敷设在哪一个管孔。

（4）对合建管道，应着重注意管位情况，一定要弄清建设方的管孔情况。

（5）本期管道是否新放子管，如果新放，则确定放在哪个管孔内；如果不新放，则标注本期工程需要放的子管。

（6）记录积水情况，确定本工程是否需要抽水。

（7）记录人手孔内已有的线路接头情况，以及线路预留盘放情况。

2.2.5 架空杆路查勘

1. 查勘内容

与建设单位核定总体建设方案后，确定查勘内容，包括：

（1）通信网络结构；

（2）建设段落、连接站址数；

（3）基本杆高；

（4）线路容量的选择；

（5）支线线路连接方案；

（6）主要障碍的处理方式；

（7）明确基本杆距、拉线程式的选择原则，拉线上把中把固定方式等。

2. 查勘要求

（1）总体要求。

① 根据已确定的建设方案，会同建设方、公路、规划、城建等部门拟定杆路路由，了解沿线地形、地貌、建筑设施等情况。

② 平坦及直线段落可用测距仪测量长度，拐角处钉桩，段落内部存在主要障碍时，如过河流、水塘、公路等，则需要增设障碍桩，并需测量障碍离桩的位置以及障碍宽度，以方便今后排列杆子时能避开障碍。

③ 拐弯较多及地形复杂段落采用拖地链方式测量。

④ 在拟定的路由上，如遇到穿越公路、铁路、涵洞时，要求绘出涵洞的立面图，标明线路的安装位置。

⑤ 测出线路跨越河流、公路等处跨距，并根据跨距、公路路面高度、河流最高水位等确定特殊杆位的杆高，并在勘察草图中注明跨越档、飞线段落正辅吊线程式、拉线设置规格与位置。

⑥ 对杆路沿线与电力线或其他通信线等发生交越时，应提出本线路与电力线等交越的保护

方案。

（2）钉桩要求。

① 直线段，每 200～300m 定桩。

② 一些比较大的障碍，如过河流、塘，需要增设障碍桩。

③ 终端杆、转角杆处需要三点定位。拐弯处需要测量转向角，转角小于 45° 时，新设单股拉线；大于 45° 时，应分设顶头拉线。

（3）记录要求。

勘察过程中，要求记录路由方向、拐弯角度、道路路名、离路距离、周围建筑环境，以及地理地貌、其他运营商线路、电力线、河流桥梁名称、地名、道路坡度等。此外，对于沿线遇到的主要障碍，如辅助吊线过河、钢管过桥、顶管过路、过铁路、高速公路、涵洞等，要绘出相应的平面图和侧面图，必要时应与建设方沟通，确定保护方式。

2.2.6 基站查勘

1. 准备查勘工具

在对基站机房进行查勘时，需要准备以下查勘工具：

（1）站表，用来提供基站名称、地址等基本信息；

（2）GPS，用来读取基站经纬度；

（3）指北针，用来提供机房、铁塔的方位；

（4）卷尺，用来测量机房尺寸、铁塔位置等；

（5）相机，用来记录局部难点与周围环境；

（6）地图，用来方便尽快找到基站。

2. 基站机房内查勘要点

（1）机房应具备适当的面积，便于扩容和引入 3G 系统。

（2）机房净高应保证至少比最高设备高度高出 20cm，否则难以走线。

（3）有线缆相连的设备间要保证有走线架连通。

（4）信号线与电力线之间尽可能减少交叉，尽可能避免馈线在室内拐大角度弯。

（5）要预留设备维护、人员走动的空间。

（6）新开馈孔时，应注意室外情况，避开梁、柱。

（7）若在机房中有下水管，要做隔板封起来，避免漏水。

（8）自建隔板上不能使用壁挂设备。

（9）要注意空调外机的安装位置，以免发生建设纠纷。

3. 基站电源查勘要点

（1）基站交流电可通过铠装电缆，采用地埋或架空方式引入机房，交流引入容量一般为 15～20kW。

（2）基站机房内应设置交流配电屏或交流配电箱，内置浪涌保护器（SPD），负责基站内的所有负荷，包括开关电源、空调、照明、墙壁插座等的电源分配。

（3）交流配电屏或交流配电箱的容量应根据引电方式和基站位置确定，多用 400A 或 630A 的进线容量。

（4）市电供应可设置稳压器或采用专用变压器。

（5）基站机房的直流供电系统可按图 2-1 所示进行配置。

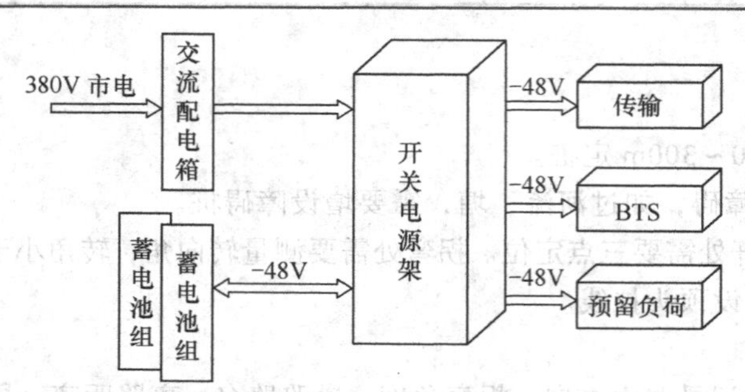

图 2-1　基站机房直流供电系统组成

（6）基站开关电源应是综合的小容量电源，具有电源 LVD 功能，当一次下电时，应脱离非重要设备，如 BTS 等；二次下电时，应脱离重要设备，如蓄电池组、传输设备等。

（7）开关电源整流模块数量按 N+1 冗余方式配置。

4. 基站防雷接地系统查勘要点

（1）对于接地引入方式的，室外天馈部分可根据安装位置选用自建地网、楼顶避雷带或利用已有地网方式，机房室内接地根据具体情况可选用自建地网、利用大楼主钢筋或大楼内总地排方式。

（2）自建地网时，要求当基站所在地区土壤电阻率低于 700Ω · m 时，基站地网的工频接地电阻值宜控制在 10Ω以内；当基站所在地区的土壤电阻率高于 700Ω · m 时，可不对基站的工频接地电阻予以限制，此时地网的等效半径应大于 20m，并在地网四周敷设 20 ~ 30m 的水平接地体。在做接地体时，注意应调查清楚地下相关管线结构情况。

（3）自建落地塔地网时，应设置为封闭环形带，且利用塔基地桩内两根以上主钢筋作为其垂直接地体。若安装为楼顶塔，应与楼顶避雷带就近不少于 2 处焊接连通，一定要保证连接点的数量和分散性，以利于分散引流雷。

（4）利用铁塔安装天馈线时，应在铁塔顶部平台处、馈线离开塔身至天桥转弯处上方 0.5 ~ 1m 范围内、进入机房入口处外侧采用三点接地方式，当单根馈线长度超过 60m 时，还应在中间增加一处接地点，如图 2-2 所示的 A、B、C、D 四点。

（5）馈线进入机房后，与基站收发信机连接前应安装馈线避雷器，以防天馈线引入的感应雷，避雷器接地端子应与室外的接地排（EGB）相连，如图 2-3 所示。

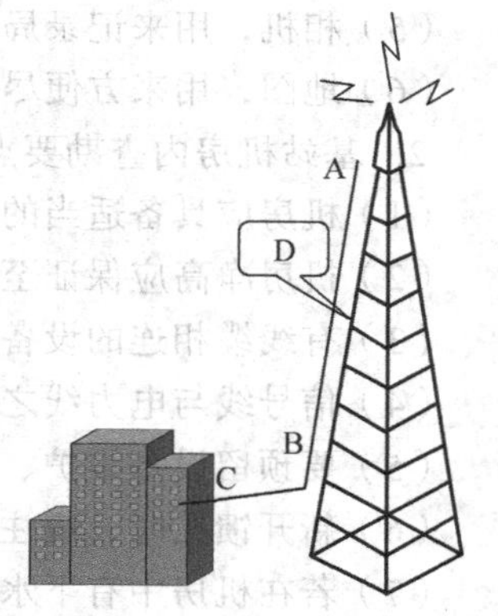

图 2-2　天馈线的防雷接地

（a）馈线避雷器

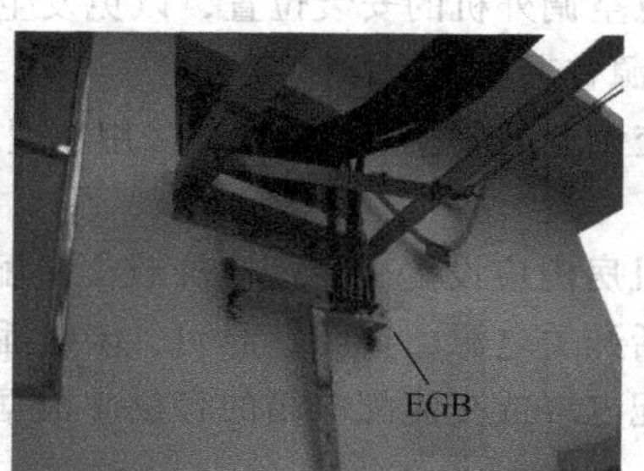

（b）室外的接地排（EGB）

图 2-3　馈线进入机房前的防雷接地

（6）基站机房内采用汇流排进行防雷接地。汇流排由铜排组成，安装在设备上方走线架的一侧，室内设备与接地汇流排用 35mm^2 线直接连接，主走线架应每隔 4m 接一次地，如图 2-4 所示。

图 2-4　机房内防雷与接地

（7）通常自建地网在室内有两个出土点，通过铜铁转换排与 95mm^2 电源线将汇流排与出土的接地扁钢连接起来。

2.3　施工图测量

查勘工作结束后，应进行施工图测量，它实际上是与现场设计的结合过程，是施工用图的具体测绘工作，设计过程中很大一部分问题需在测量时解决。通过测量，使线路的路由位置、安装工艺、各项防护措施进一步具体化，为编制工程预算提供编制依据。施工测量的准确性和可靠性直接影响到工程的安全、质量、投资、施工维护等。

2.3.1　测量准备

1. 人员准备

测量人员一般分为 5 个大组，即大旗组、测距组、测绘组、测防组及对外调查联系组。应根据测量规模和难度，配备相应人员，定制日程进度，具体人员配备表可参照表 2-2。

表 2-2　　施工图测量人员配备表

序号	工作内容	技术人员	技工	普工	备注
1	大旗组		1	2	人员可视具体情况适度增减
2	测距组：等级和障碍处理	1			
	前链、后杆、传标杆		1	2	
	钉标桩		1	1	
3	测绘组	1	1	1	
4	测防组		1	1	
5	对外调查联系组		1		
	合计	2	6	7	

2. 资料及工具准备

为了保证测量工作能够顺利开展，测量之前要准备好相关资料并配备好工具，具体准备内容如下。

（1）基础资料的准备，包括初步设计文件、沿线各地区地图、本期通信线路网络路由示意图、电话簿、通信线路安装设计规范。

（2）测量工具及辅助工具，常用到的工具包括红白大旗及附件、标桩、经纬仪、标尺、绳尺、水准仪、测距仪、地链、指南针、望远镜、皮尺、砍刀、指南针、望远镜、榔头、手锯、红黑漆等。

（3）记录工具，包括记录板、卷纸或 A4 纸、铅笔、橡皮、黑笔、红笔。

（4）通信工具，如对讲机、手机。

此外，由于通信线路的测量工作多在户外进行，因此在测量时还要做好必要的安全保护措施，如带好帽子、手套、解放鞋、外伤药物、口罩、护肤霜、雨伞等。

2.3.2 测量分工

每组都有自己明确的工作任务和工作要求。

1. 大旗组

（1）工作任务。

① 负责通信线路敷设的具体位置。

② 大旗插定后，在 1∶50000 的地形图上进行标注。

③ 发现新修公路、高压输电线、水利及其他重要建筑设施时，应在 1∶50000 地形图上补充绘入。

（2）工作内容。

① 与初步设计路由偏离不大，不影响协议文件规定，允许适当调整路由，使其更为合理和便于施工维护。

② 发现路由不妥时，应返工重测，个别特殊地段可测量两个方案，作技术经济比较。

③ 注意穿越河流、铁路、输电线等的交越位置，注意与电力杆的隔距要求。

④ 与军事目标及重要建筑设施的隔距应符合初步设计要求。

⑤ 大旗位置选择在路由转弯点或高坡点，直线段较长时，中间增补 1～2 面大旗。

2. 测距组

（1）工作任务。

① 负责路由长度的准确性，配合大旗组用花杆定线定位、量距离、钉标桩，登记累积距离，登记工程量和对障碍的处理方法，确定 S 弯预留量。

② 负责路由测量长度的准确性。

（2）工作内容。

① 采取措施保证丈量长度的准确性，要求：

a. 至少每三天，用钢尺核对测绳长度一次；

b. 遇上、下坡，沟坎和需要 S 形上、下的地段，测绳要随地形与线缆的布放形态一致；

c. 先由拉后链的技工将每测档距离写在标桩上。负责登记、钉标桩、测绘组的工作人员到达每一标桩点时，都要进行检查，对有怀疑的可进行复量，并在工作过程中相互核对，发现差错随时更正。

② 登记和障碍处理的工作内容。

a. 编写标桩编号。以累计距离作为标桩编号，一般只写百以下三位数。

b. 登记过河、沟渠、沟坎的高度、深度、长度，穿越铁路、公路的保护民房，靠近坟墓、树木、房屋、电杆等的距离，各项防护加固措施和工程量。

c. 确定 S 弯预留和预留量。

③ 钉标桩。

a. 登记各测档内的土质、距离。

b. 在线路的终点、转弯点、水线起止点以及直线段每 100m 处钉一个标桩。

3. 测绘组

（1）工作任务。

主要负责现场测绘图纸，保证图纸的完整性与准确性，经整理后作为施工图纸。

（2）工作内容。

与测距组合作，共同完成如下工作内容：

① 丈量通信线路与孤立大树、电杆、房屋、坟堆等的距离。

② 测定山坡路由中坡度大于 20° 的地段。

③ 在路由转弯点、穿越河流、铁路、公路处以及直线段每隔 1km 左右的地方进行三角定标。

④ 测绘通信线路穿越铁路、公路干线、堤坝的平面断面图。

⑤ 绘制线路引入局（站）进线室、机房内的布缆路由及安装图。

⑥ 绘制线路引入无人再生中继站的布缆路由及安装图。

⑦ 测绘市区新建管道的平面、断面图，原有管道路由及主要人孔展开图。

⑧ 绘制线路附挂桥上安装图。

⑨ 绘制架空线路施工图，包括：配杆高、定拉线程式、定杆位和拉线地锚位置，登记杆上设备安装内容。

4. 测防组

（1）工作任务。

配合测距组、测绘组提出防雷、防蚀的意见，了解接地装置设置处的土壤电阻率的有关情况，并对其进行测量。

（2）工作内容。

① 抽测土壤 PH 值。

② 对土壤电阻率进行测试，包括：

a. 平原地区每 1km 测 ρ_2 值一处，每 2km 测 ρ_{10} 值一处；

b. 山区土壤电阻率有明显变化的地方每 1km 测 ρ_2 和 ρ_{10} 值各一处；

c. 需要安装防雷接地的地点。

注：ρ_2 指的是 2m 深处土壤电阻率；ρ_{10} 指的是 10m 深处土壤电阻率。

5. 对外调查联系组

（1）工作任务。

进入现场作详细的调查工作，以解决初步设计中所留的问题。

（2）工作内容。

① 签订协议。

② 请当地领导去现场。

③ 洽谈赔偿问题。

④ 了解并联系施工时住宿、工具机械和材料囤放及沿途可能提供劳力的情况。

2.4 工程测量方法

2.4.1 直线定线

在距离测量时，得到的结果必须是直线距离，一般测量的距离都比整尺要长，当测量的距离超过一个整尺段时，一次不能量完，需要在直线方向上标定一些点，这项工作就叫直线定线。直线定线的方法有目测定线和经纬仪定线。

1. 目测定线

目测定线是通信工程勘察测量中常用的一种定线方法，当对定线精度要求不高时，可以采用此方法。定线方法如图 2-5 所示。设 *A*、*B* 两点互相通视，要在 *A*、*B* 两点的直线上标出分段点 1、2 点。先在 *A*、*B* 两点竖立标杆，甲站在 *A* 点标杆后约 1m 处，同侧观测 *A*、*B* 杆，构成视线，指挥乙在分段点 2 点左右移动标杆，直到甲从 *A* 点沿标杆的同一侧看到 *A*、2、*B* 三只标杆成一条线为止。两点间定线一般应由远到近，即先定 2 点，再定 1 点。

图 2-5 目测定线

2. 经纬仪定线

经纬仪定线主要用于精密量距，如图 2-6 所示。设 *A*、*B* 两点互相通视，将经纬仪放置在 *A* 点，用望远镜纵丝瞄准 *B* 点，制动照准部，上下转到望远镜，指挥在两点间某一点上助手，左右移动测钎，直到测钎与望远镜纵丝重合。

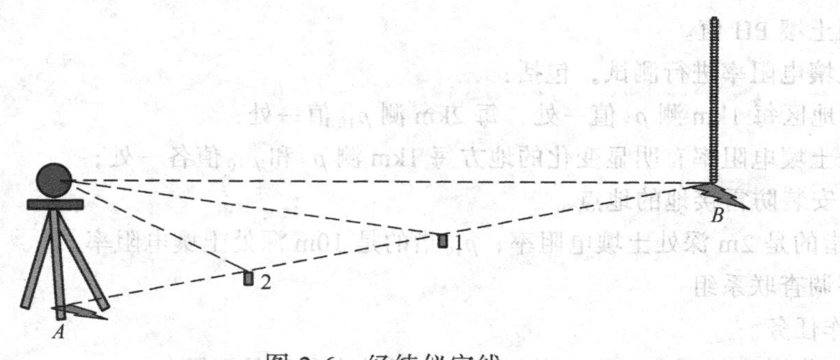

图 2-6 经纬仪定线

2.4.2 钢尺量距

1. 所用工具

钢尺量距是通信工程测量中对距离测量的一种最基本的方法，所用的工具有钢卷尺和皮尺，分别如图 2-7 和图 2-8 所示，此外还会用到花杆、测钎、垂球等辅助工具，如图 2-9 所示。

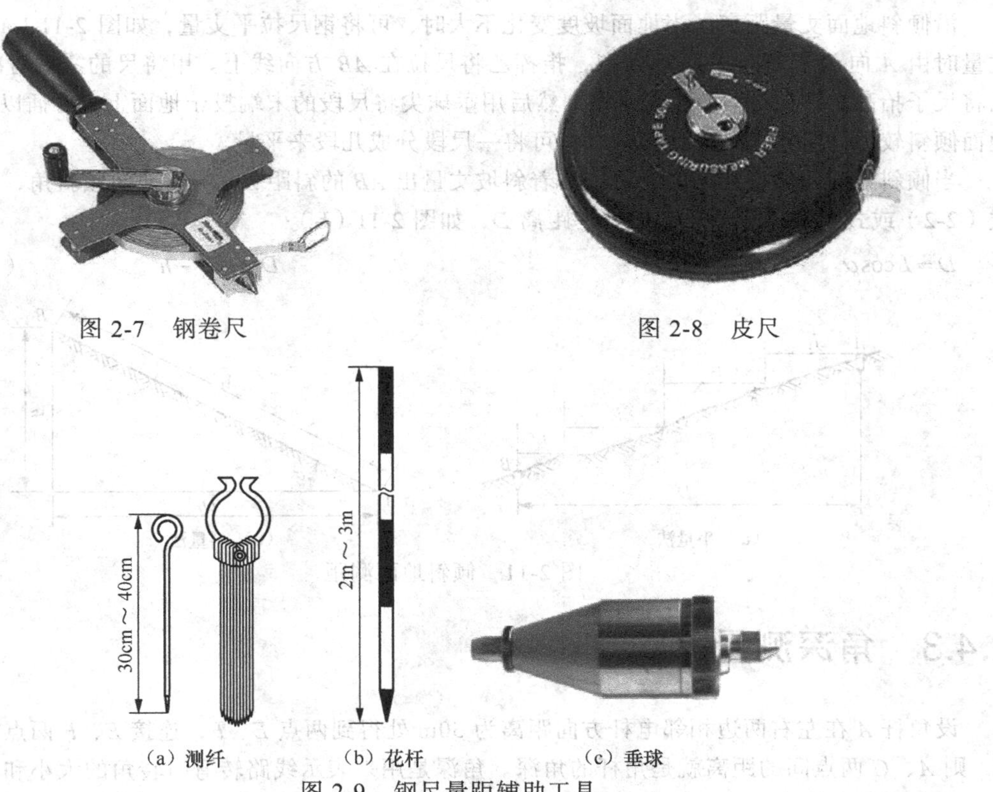

图 2-7　钢卷尺

图 2-8　皮尺

（a）测纤　（b）花杆　（c）垂球

图 2-9　钢尺量距辅助工具

2. 量矩方法

（1）平坦地面测距。

当被测地面较为平坦时，可沿地面从起点开始以整尺长度逐段丈量，最后加上不足整尺段的余长，具体方法如图 2-10 所示。前尺员在前尺定点，后尺员从 A 点起记录所测量段数，并读取末段尺子的读数，最后可用式（2-1）计算出 A、B 两点间的水平距离。

$$D = n \times l + q \tag{2-1}$$

其中：D——A、B 两点直线的总长度；

n——尺段数；

l——尺子长度；

q——不足一尺的余数。

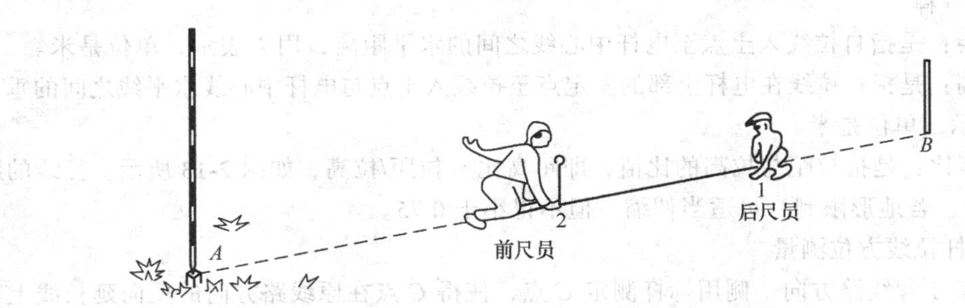

图 2-10　平坦地面测距

（2）倾斜地面测距。

沿倾斜地面丈量距离，当地面坡度变化不大时，可将钢尺拉平丈量，如图 2-11（a）所示，丈量时由 *A* 向 *B* 进行，甲立于 *A* 点，指挥乙将尺拉在 *AB* 方向线上。甲将尺的零端对准 *A* 点，乙将尺子抬高，并且目估使尺子水平，然后用垂球尖将尺段的末端投于地面上，再插以测钎。若地面倾斜较大，将钢尺抬平有困难时，可将一尺段分成几段来平量。

当倾斜地面的坡度均匀时，可以沿着斜坡丈量出 *AB* 的斜距 *L*，测出地面倾斜角，然后利用式（2-2）或式（2-3）计算 *AB* 的水平距离 *D*，如图 2-11（b）。

$$D = L\cos\alpha \qquad (2\text{-}2) \qquad\qquad D = \sqrt{L^2 - h^2} \qquad (2\text{-}3)$$

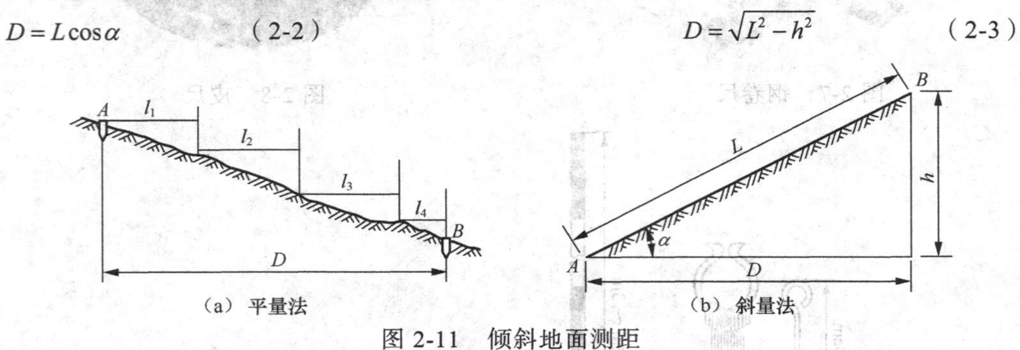

图 2-11　倾斜地面测距

2.4.3　角深测量

设角杆 *A* 在左右两边相邻电杆方向距离为 50m 处得到两点 *E*、*F*，连接 *E*、*F* 两点得到中点 *G*，则 *A*、*G* 两点间的距离就是角杆的角深。角深是用来表示线路转弯时转角的大小和程度的，内角越大，角深越小；内角越小，角深越大。

在实际角深的测量中，常用一种简单的测量方法，即从 *A* 点出发，在 *AE*、*AF* 两边上各取 5m 距离得到 *AB* 和 *AC*，在 *B*、*C* 两点连线上取中点 *D*，测出 *AD* 距离，再根据相似三角形各边成比例的关系，得到 $\frac{AD}{AG} = \frac{AB}{AE} = \frac{5}{50} = \frac{1}{10}$，所以角深 *AG*=10*AD*，如图 2-12 所示。

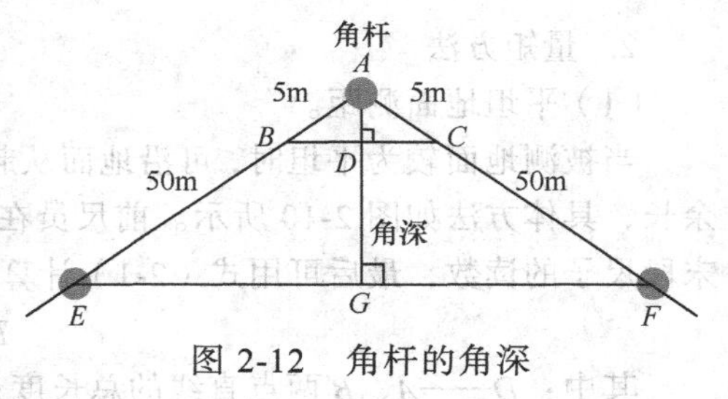

图 2-12　角杆的角深

2.4.4　拉线定位

1. 名词解释

（1）拉距：是指自拉线入土点至电杆中心线之间的水平距离，用 *L* 表示，单位是米。

（2）拉高：是指自拉线在电杆上部的固定点至拉线入土点与电杆中心线水平线之间的垂直高度，用 *H* 表示，单位是米。

（3）距高比：是指拉距与拉高的比值，即距高比 = 拉距/拉高，如图 2-13 所示。拉线的距高比一般取作 1，若地形限制，可适当伸缩，但不得小于 0.75。

2. 终端杆拉线方位测量

在终端杆 *A* 背线路方向一侧用标杆测定 *C* 点，使得 *C* 点在原线路方向的反向延长线上，则 *AC* 方向为终端杆 *A* 的拉线方向，再在 *AC* 方向上根据拉线距高比，确定 *D* 点为拉线的入土点，如图 2-14 所示。

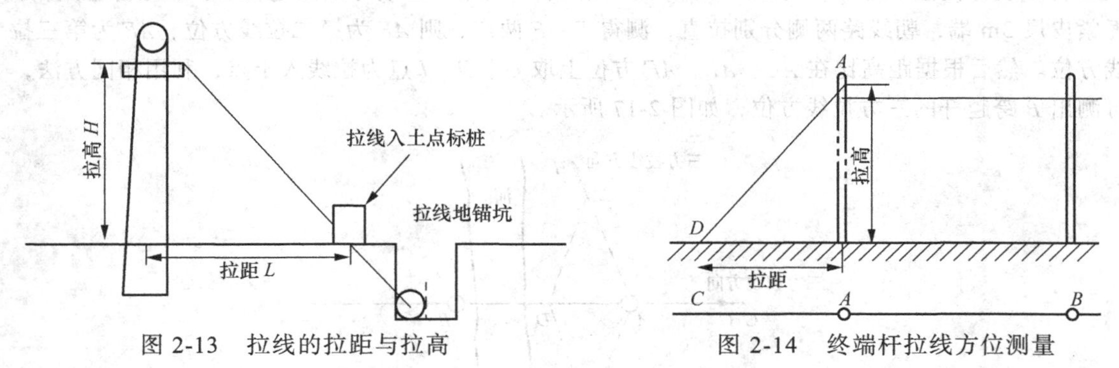

图 2-13　拉线的拉距与拉高　　图 2-14　终端杆拉线方位测量

3．角杆拉线方位测量

角杆承受较大的内角平分线方向的不平衡张力，为抵消这一不平衡张力，防止电杆倾倒，必须在角杆内角平分线的反侧延长线上加设拉线，使之稳固竖立。确定角杆拉线方位的方法是在角杆 *O* 两侧直线路由上分别取点 *B*、*C*，使得 $OB = OC$，然后按测量角深的方法确定角深 *OD*，在 *OD* 的反向延长线上得到 *A* 点，则 *OA* 方向即为角杆 *O* 的拉线方向，再根据拉线距高比，在 *AD* 方向上确定 *E* 点为拉线的入土点，如图 2-15 所示。

4．双方拉线方位测量

双方拉线也称为抗风拉线，它装设在线路电杆的两侧，与线路方向垂直。正常气候下，双方拉线并不发挥作用，只有当大风从线路侧面吹过来，对杆线产生风压，其迎风一侧的一条拉线才发挥抗风作用。具体测量方法如下：

在电杆 *A* 的两侧线路上取点 *E*、*F*，使 $AE = AF = 3\text{m}$，使用皮尺将 0 端和 10m 端分别固定在 *E*、*F* 点。用手抓住皮尺 5m 端朝线路两侧拉紧，分别测得 *B*、*C* 两点，则 *AB*、*AC* 是电杆 *A* 的双方拉线方位，然后根据距高比在 *AB*、*AC* 方位上取 *G*、*H* 点为拉线的入土点，如图 2-16 所示。

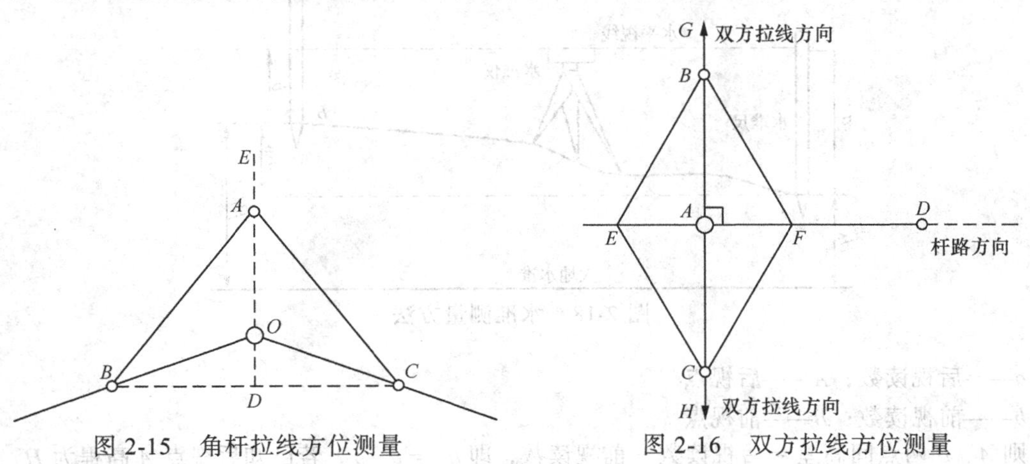

图 2-15　角杆拉线方位测量　　图 2-16　双方拉线方位测量

5．三方拉线方位的测定

由于线路跨越河流等地段，杆距较长或因电杆竖立位置土质松软，电杆承受张力较大，为了使得电杆稳固竖立，须对电杆进行三方拉线的装设。三方拉线方位互成 120°，其中一根与长杆距反方向，另两根和线路方位成 60°。具体测量方法如下：先测定电杆 *A* 的顺档拉线位置，它须装在顺线方向跨越档的反侧，即在跨越杆 *A* 的反向线路上取点 *C*，则 *AC* 为第一拉线方向，然后

在 A 杆顺线方向上取点 D，使 AD=3m，取一皮尺将 0 端和 6m 端分别固定在 A、D 两点上，用手捏紧皮尺 3m 端，朝线路两侧分别拉直，测得 E、F 两点，则 AE 为第二拉线方位，AF 为第三拉线方位。然后根据距高比在 AC、AE、AF 方位上取 G、H、I 点为拉线入土点，利用相同方法，可测出 B 跨越杆的三方拉线方位，如图 2-17 所示。

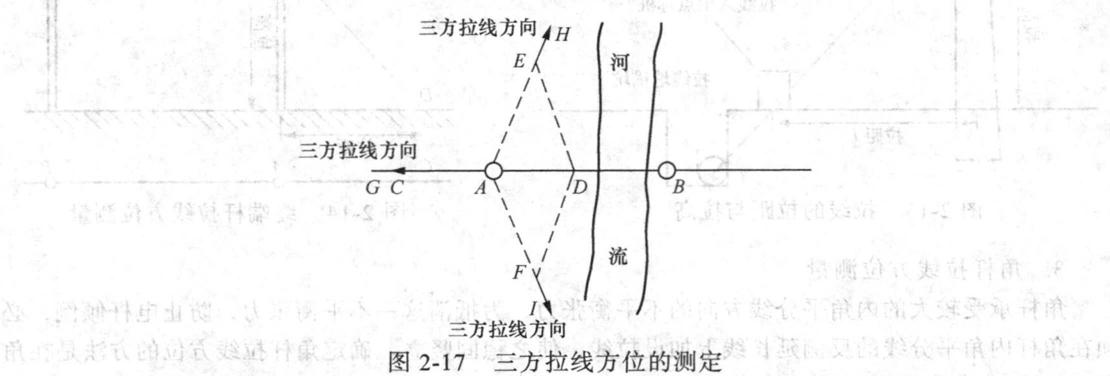

图 2-17　三方拉线方位的测定

2.4.5　高程测量

1. 测量方法

在通信工程建设中进行高程测量主要用水准测量的方法，水准测量是高程测量中精度最高、应用最广的一种测量方法，其原理是利用水准仪提供的“水平视线”，测量两点间高差，从而由已知点高程推算出未知点高程。

测量方法如图 2-18 所示，设：

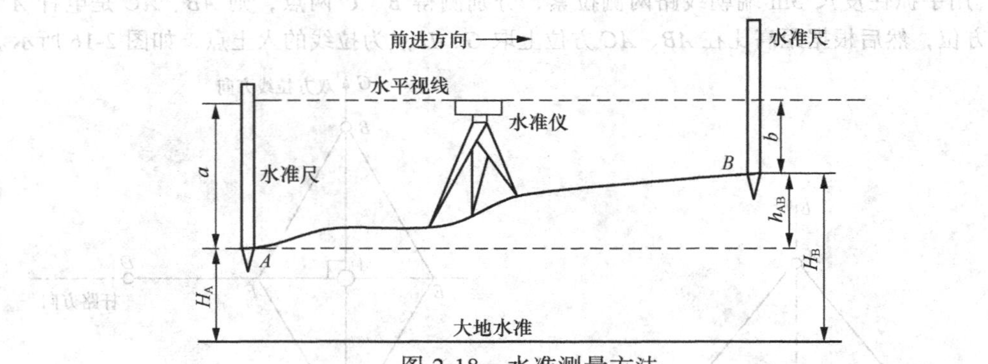

图 2-18　水准测量方法

a——后视读数；A——后视点

b——前视读数；B——前视点

则 A、B 两点间高差 = 后视读数 − 前视读数，即 $h_{AB}=a-b$，若已知后视点 A 高程为 H_A，则可得前视点 B 的高程 = 后视点高程 + 后视读数 − 前视读数，即 $H_B=H_A+h_{AB}=H_A+a-b$。

2. 管道高程测量要求及注意事项

在新建管道时，需要对管道高程进行测量，测量时，应先在管道沿线上每隔 400 ~ 500m 处测出一临时水准点，作为核对高程和施工时底沟抄平之用，以保证施工质量。在测量中，测点一般以 60 ~ 80m 为宜，可视气候条件考虑增减。

管道高程测量通常应测绘如下几点：

（1）人手孔中心及距离人手孔中心各 5m 处；

（2）自人手孔中心起每隔 20 ~ 30m 的各点；

（3）坡度转换及高程突然变化各点；

（4）与其他大型障碍物的交越点。

高程测量时，各测点的距离可用皮尺量得，并钉设标桩，测量时应注意以下事项。

（1）每个水准点选定后要核对两次，以免发生差错而大量返工。

（2）选定的临时水准点应位于管道的同侧或易于寻找的地方。

（3）水准仪应安放在安全并易于观察的地方。水准支好后，观察者不应离开仪器。

（4）观察时，切勿用手扶仪器或三角架。

（5）不得将未放入箱内的仪器扛在肩上，移动仪器时，仪器与人体的角度不应大于 30°。

2.4.6　角度测量

在通信工程勘察中，有时还需要确定新建局站点的具体位置、无线基站扇区的方位角、架挂天线的俯仰角以及线路、人手孔拐角的位置等，这就需要通过角度测量来获得所需数据。角度测量分为水平角测量与竖直角测量。水平角是指地面上一点至两目标方向线在水平面上投影的夹角，取值范围为 0° ~ 360°，水平角测量用于确定测点的平面位置。竖直角是指在同一竖直面内，测量站点对某一目标方向的观测视线与水平线所夹角度，取值范围为 0° ~ 90°，竖直角测量用于测定高差或将倾斜距离转化成水平距离。目标方向线在水平线以上时，竖直角称为仰角，以正值表示；在水平线以下时，竖直角称为俯角，以负值表示。

2.5　常用测量工具的使用

2.5.1　测距轮

测距轮又称手推式测距仪，它分为机械测距轮和电子测距轮两种，如图 2-19 所示。它能准确地测量出地面两点之间直线或弧线的距离长度，由于该测距仪具有量程大、测量速度快、小巧轻便、操作简单、便于携带、效率高、对测量环境要求不高，适用于在山坡、草地、崎岖不平路面等各种地面条件下测量等优点，在通信工程勘察中，尤其是户外长距离勘测中被广泛使用。

（a）机械测距轮

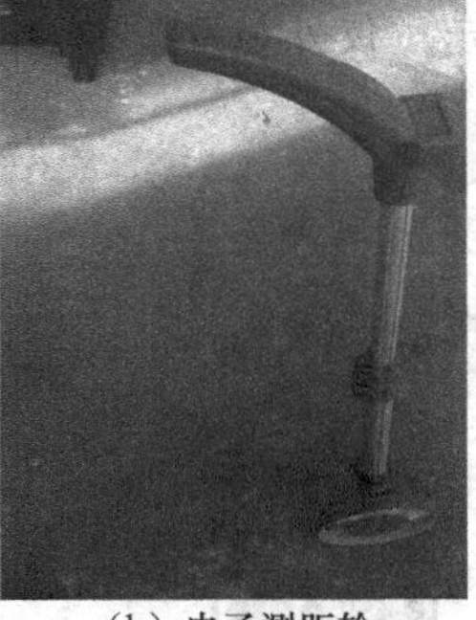

（b）电子测距轮

图 2-19　手推式测距仪

使用测距轮测距，只需单人操作，测量时，首先按一下测距轮旁边的记数器复位按钮，使其清零，然后握住测距轮手柄，推动测距轮沿测量路线行走，测距轮的圆周长为 1m，测距轮每走过一圈，计数器自动转动一数字，前进时计数增加，后退时减少。电子测距仪采用液晶直接显示，读数更方便，每前进 1m，液晶显示器跳动一个数字，显示屏内置发光装置易于晚间使用。

2.5.2 GPS 定位仪测距

GPS 全球定位系统是具有在海、陆、空进行全方位实时三维导航与定位能力的新一代卫星导航与定位系统。GPS 主要由空间卫星星座、地面监控站及用户设备 3 部分构成，空间卫星星座由 21 颗工作卫星和 3 颗在轨备用卫星组成，GPS 地面监控站主要由分布在全球的一个主控站、3 个注入站和 5 个监测站组成，用户设备由 GPS 接收机、数据处理软件及其终端设备等组成。GPS 的基本定位原理是卫星不间断地发送自身的星历参数和时间信息，用户接收到这些信息后，经过计算求出接收机的三维位置、三维方向以及运动速度和时间信息。它具有全天候、高精度、自动化、高效益、功能多、应用广等显著特点，在通信工程线路及局站点的勘察中被广泛使用。

1. GPS 定位仪在通信勘察中的主要应用

手持式 GPS 定位仪在通信局站点的规划勘察中用作测量所在点的经纬度和海拔高度，计算当前点到导航点的方位角、距离和所走的里程等参数。在通信线路勘察中，可以用来记录存储线路起点、拐点、主要障碍点以及终点的经纬度，然后利用软件生成航线图，并由航线图推导出线路起点—拐点—障碍点—终点之间各段距离，从而得知全程路由总长度。

2. 常用名称解释

（1）定位。GPS 接收机通过接收卫星数据，解算出当前所处的位置。

（2）导航。GPS 接收机实时地计算出目的地的方位、距离和预计到达时间等信息，从而引导使用者向目的地行进。

（3）航点。GPS 接收机中所有用户存储的位置点都可以称为航点。

（4）航线。依次经过若干航点由使用者自行编辑的行进路线。

（5）航迹。使用者已经行进过路线的轨迹。航迹是以点的形式储存在 GPS 接收机中的，因此又称为航迹点。

3. “小博士”手持 GPS 定位仪

目前市场上适用于各种用途的 GPS 定位仪品种繁多，下面以“小博士”手持 GPS 定位仪为例，介绍它的使用方法。

（1）按键及功能。

“小博士”手持 GPS 定位仪外观及按键如图 2-20 所示，各按键功能如下。

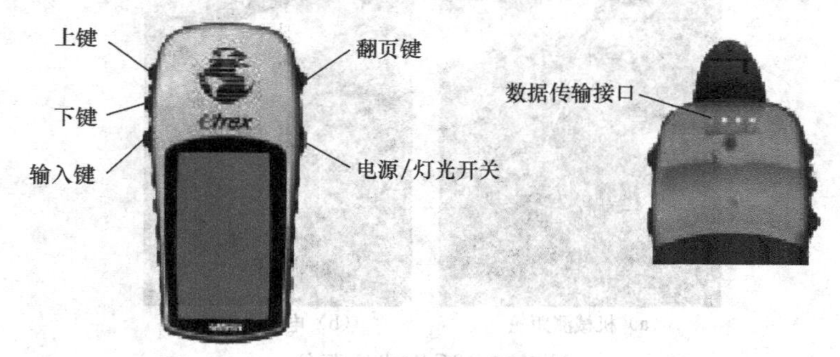

图 2-20 “小博士”手持 GPS 定位仪外观图

① 翻页键：按动此键将循环显示各个主页面或从某种操作中退出到主页面。

② 电源键：持续按住此键将开机或关机，短时间按下此键将打开或关闭背景光。

③ 上下键：在各页面或菜单中，上下移动光标；在卫星状态页面中，调节屏幕显示对比度；在航迹导航页面中，放大或缩小比例尺；在罗盘导航页面中，查看各种数据。

④ 输入键：激活光标所在选项；确认菜单选项；在可以进行输入操作的地方输入数据。

（2）功能菜单。

“小博士”的功能菜单页面如图 2-21 所示，通过菜单操作可以实现对 GPS 接收机的各项功能操作及设置，各功能如下。

① 存点：将当前位置存储为航点。

② 航点：已存储在机器中的航点列表，可以在此查询或编辑各航点以及使用已存储的航点导航。

③ 航线：用已存储的航点编辑成航线，从而使用航线导航。

④ 航迹：自动记录已经走过的路线，并可以计算出该路线所围的面积。

⑤ 设置：对“小博士”的时间、显示、单位、界面和系统进行设置。

此外，在屏幕的底部，还显示电池的电量，以及当前的日期和时间。

（3）航点的操作。

1）存储航点

“小博士”有如下两种方法可以存储航点。

① 连续按翻页键直到显示“功能菜单页面”，用上下键将光标移动到“存点”的功能选项上，按下输入键，将进入“存点页面”，如图 2-22 所示，再次按下输入键后，就可以将当前位置存储为航点，航点的默认名称将从 001 开始依次延续。

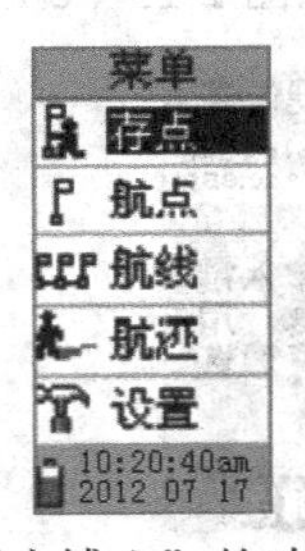

图 2-21 “小博士”的功能菜单界面

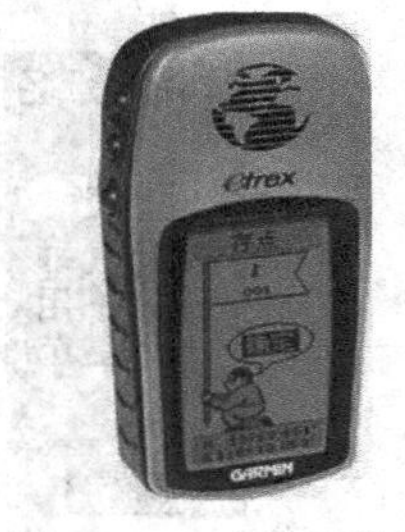

图 2-22 存点页面

② 在任意页面中，按住输入键两秒钟，将直接进入存点页面，再次按下输入键，即可完成存储操作。

注：只有“小博士”已经处于定位状态，所存储的坐标才是当前位置的坐标。

2）查看航点

操作步骤如下：

① 按翻页键直到显示“功能菜单页面”；

② 用上下键将光标移动到“航点”的功能选项上；

③ 按下输入键进入“航点页面”，如图 2-23 所示，页面左边是按照航点名称的首字母排列的列表；

④ 按上下键移动光标，直到要查看的航点出现；

⑤ 按输入键使光标跳转到右侧的航点列表；

⑥ 按上下键将光标移动到要查看的航点名称上；

⑦ 再次按下输入键，将显示出该航点的信息页面，如图 2-24 所示；

⑧ 若需要在某一步骤退出，连续按下翻页键就可以逐步退出。

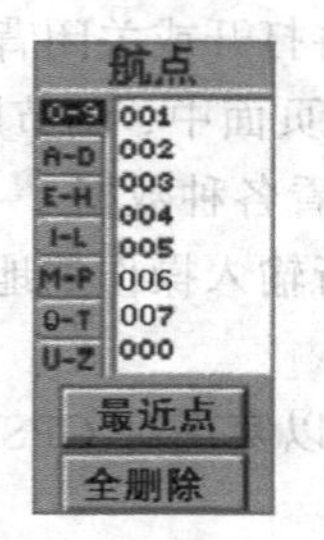

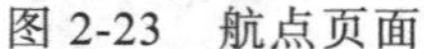

图 2-23　航点页面

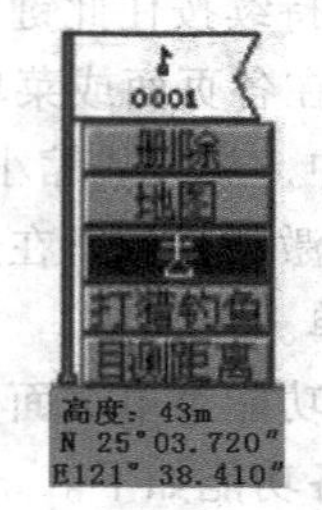

图 2-24　航点页面信息

3）编辑航点

同“查看航点”的方法，显示要编辑航点的信息页面，如图 2-24 所示，按上下键将光标移动到要编辑的区域，按下输入键后就可以进行编辑，可编辑的项目有名称、图标和坐标。

① 编辑名称：按下输入键，将弹出一个字母和数字的列表，用上下键来选择要使用的字母或数字，再次按下输入键确认使用该字符，光标将自动移到下一个字符上。按照此方法输入全部字符后，按下屏幕下方的“确定”按钮，完成编辑名称的操作，如图 2-25（a）所示。

② 编辑图标：按下输入键，将弹出一个图标的列表，用上下键来选择要使用的图标，再次按下输入键确认使用该图标，完成编辑图标的操作，如图 2-25（b）所示。

③ 编辑坐标：按下输入键，将弹出一个字母或数字的列表，用上下键来选择要使用的字母或数字，再次按下输入键确认使用该字符，光标将自动移到下一个字符上。按照此方法输入全部字符后，按下屏幕下方的“确定”按钮，完成编辑名称的操作，如图 2-25（c）所示。

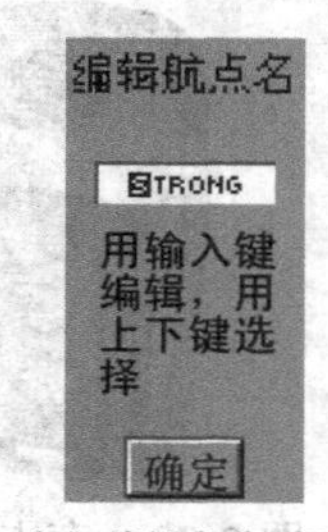

（a）编辑名称页面

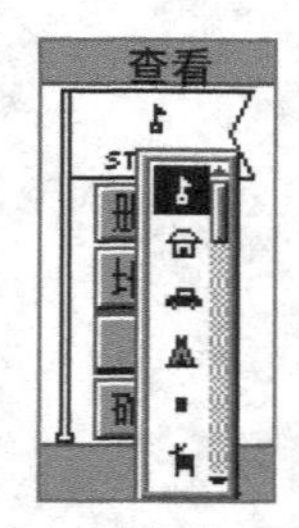

（b）编辑图标页面

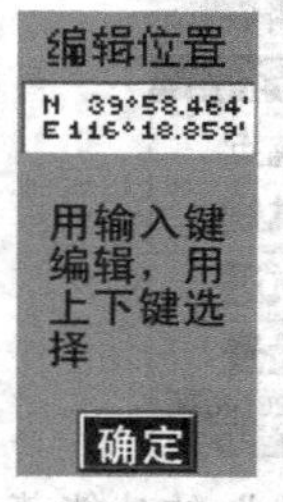

（c）编辑坐标页面

图 2-25　编辑航点页面

4）删除航点

在编辑航点的信息页面按上下键选择“删除”按钮，按下输入键，机器将询问是否确认删除，选择“是”将删除该航点，选择“否”将取消删除的操作。

5）用航点导航

进入编辑航点的信息页面，按上下键选择“地图”或“去”按钮，按下输入键，即可使用该航点导航。

4. 航线的操作

（1）编辑航线。

操作步骤如下：

① 按翻页键到功能菜单页面；

② 用上下键将光标移动到“航线”的功能选项上；

③ 按下输入键进入“航线页面”，如图 2-26（a）所示；

④ 在空白区域中，按下输入键将进入“加航点”页面，如图 2-26（b）所示；

⑤ 用输入键和上下键在航点列表中选择要加入航线的航点；

⑥ 再次按下输入键，该航点将被加入航线中，如图 2-26（c）所示；

⑦ 用上面的方法，陆续将所有要使用的航点添加到航线中，则航线的建立操作完成；

⑧ 如果需要在航线中的某个航点前插入新的航点，或者从航线中清除某个航点，可以用上下键将光标移动到该航点上，再按下输入键后将弹出一个选项菜单，如图 2-26（d）所示，可以选择“插入”或“清除”的操作。

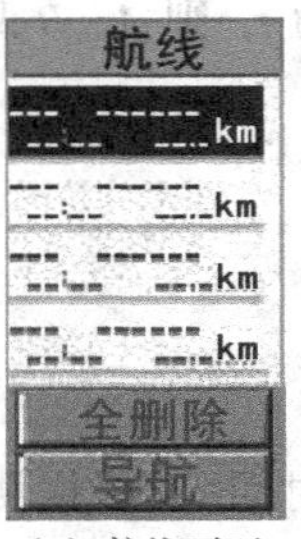

（a）航线页面

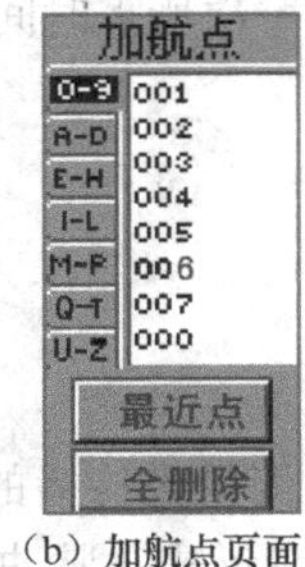

（b）加航点页面

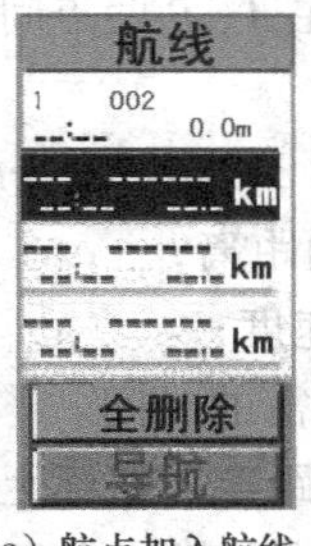

（c）航点加入航线

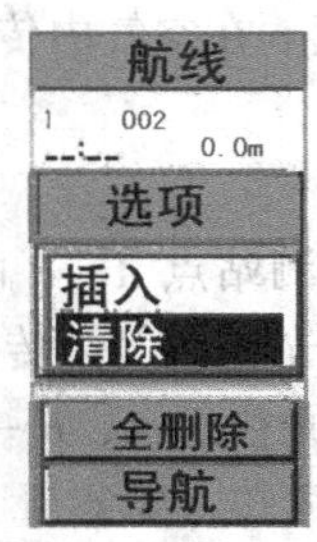

（d）航线中插入或删除航点

图 2-26　编辑航线

（2）用航线导航。

在功能菜单页面中用上下键选择“航线”选项，按下输入键进入航线页面，如图 2-27 所示为一条已经编辑好的航线，从该航线中可以看到航点的名称、航点在航线中的序号、各航点的距离，当处于运动状态时，还会显示到达各航点的时间。用上下键将光标移动到“导航”按钮上，按下输入键，仪器将询问导航的起点，用上下键选择起点后，再按下输入键将开始用该航线导航。

5. 航迹的操作

（1）存储航迹。

在功能菜单页面中用上下键选择“航迹”选项，按下输入键进入航迹页面，如图 2-28（a）所示，用上下键将光标移动到“存储”按钮上，按下输入键将会弹出一个窗口，询问要存储航迹的起始时间，如图 2-28（b）所示，用上下键选择起始时间后，按下输入键，将显示出该航迹的图形，如图 2-28（c）所示，用上下键选择“确定”按钮，再按下输入键将完成存储操作。

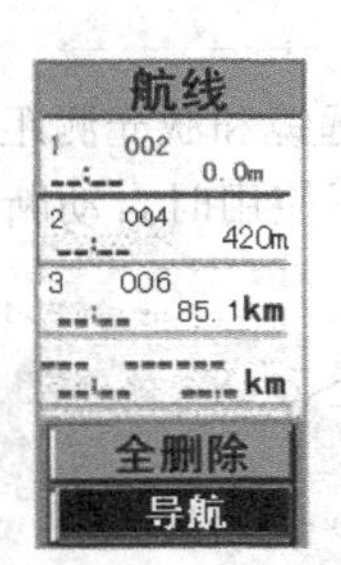

图 2-27　航线导航页面

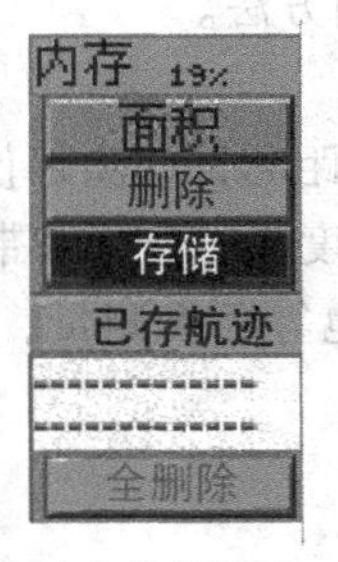

（a）航迹页面

（b）存储航迹起始时间

（c）显示该航迹图形

图 2-28　存储航迹

（2）用已存航迹导航。

进入要用来导航的航迹图形页面，如图 2-28（c）所示，用上下键选择“返航”按钮，按下输入键后，定位仪将询问导航的起点，用上下键选择导航的起点后，再按下输入键将开始用该航迹进行导航。

2.5.3 激光测距仪

1. 工作原理

激光测距仪是利用激光对目标距离进行准确测定的仪器，它的工作原理是在工作时向目标射出一束很细的激光，由光电元件接收目标反射的激光束，计时器测定激光束从发射到接收的时间，计算出从观测者到目标的距离。

如果光以速度 c 在空气中传播，在 A、B 两点间往返一次所需时间为 t，则 A、B 两点间距离 D 可表示为：

$$D=ct/2 \tag{2-4}$$

式中：D——测站点 A、B 两点间距离；

c——光在大气中传播的速度；

t——光往返 A、B 一次所需的时间。

由式（2-4）可知，要测量 A、B 距离，实际上是要测量光传播的时间 t，根据测量时间方法的不同，激光测距仪通常可分为脉冲式和相位式两种测量形式。脉冲法测距的过程是测距仪发射出的激光经被测量物体的反射后又被测距仪接收，测距仪同时记录激光往返的时间。光速和往返时间的乘积的一半就是测距仪和被测量物体之间的距离。相位式激光测距仪是用无线电波段的频率，对激光束进行幅度调制并测定调制光往返测线一次所产生的相位延迟，再根据调制光的波长，换算此相位延迟所代表的距离，即用间接方法测定出光经往返测线所需的时间。相位式激光测距仪一般应用在精密测距中，在通信工程勘察中，通常使用的是手持式脉冲式激光测距仪。

2. 特点及应用

激光测距仪具有重量轻、体积小、操作简单、速度快、误差小的特点，因而被广泛应用于地质、电力、水利、建筑、航海、铁路等领域的长度、高度以及两点间距的测量。在通信工程勘察中，主要利用测距仪进行天线安装位置高度的测量、周围建筑物到局站点之间距离的测量，以及线路勘察中杆距或两人孔间距的测量等。

3. 使用方法

在选购激光测距仪时，应考虑测量范围、测量精度以及使用的场合，选择合适的测距仪。下面以 R1500 激光测距仪为例，来介绍它的使用方法。

（1）R1500 激光测距仪介绍。

R1500 激光测距仪可以快速提供精确测量距离，该测距仪具备高档望远镜和激光测距双重功能，具有测距时间快、距离显示直观、测距精度高、便于携带、耗电省，不使用时自动断电等特点。该测距仪广泛用于电杆、桥梁和建筑工地等距离测量，外观如图 2-29 所示。

其中图中各部分指示说明如下：

① 望远镜目镜；

② 望远镜物镜；

③ 激光发射物镜；

④ 激光接收物镜；

⑤ 模式按钮；

⑥ 触发按钮；

⑦ 电池盖。

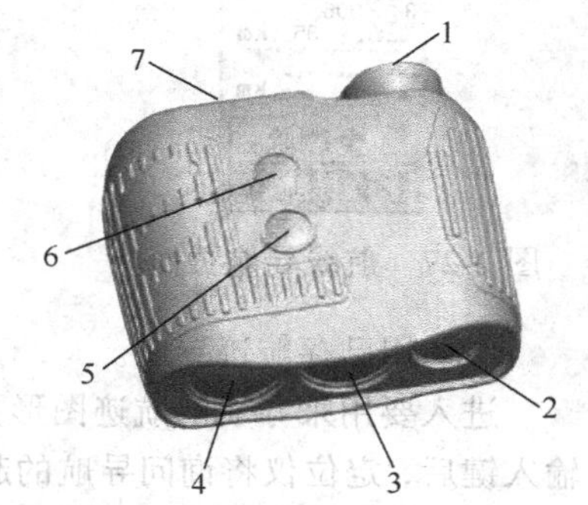

图 2-29　R1500 激光测距仪

（2）主要性能。

R1500 激光测距仪外形尺寸为 60mm × 145mm × 142mm，重 440g，测距范围为 15 ~ 1200m 或 1500m，测距方式采用半导体激光测距，测距误差是±1m ±0.1%。测距模式有 4 种，分别是标准状态测试，适用于下雨天且目标距离大于 60m 测距，适用于薄雾天或水气严重天气，适用于被测目标大于 150m 且 150m 内有干扰的情况。

（3）测距操作。

① 调节测距仪目镜视度，使在目镜内观测到的物体清晰。

② 按动模式按钮，选择测试模式，每按模式按钮一次，即可改变测试状态。一般将测试模式设置为标准状态。

③ 按下触发按钮，镜内显示“┼”，将中心圆对准待测目标，再次持续按下触发按钮 3 秒钟左右，测试仪发射激光，在目镜左下方有“LASER”字母闪烁，同时，目镜正下方用于表示测距质量的“QUALITY”将显示“▶▶▶▶▶▶”符号，“▶”个数多，表示回波强，一般显示 6 个，这时即可显示距离，目标距离将显示在测试镜的正上方，用 4 位数字表示，常用单位为米，若不足 6 个“▶”，表示回波弱，则此时不能显示距离。

④ 若不再使用测距仪，15s 后仪器将自动关机。

（4）影响测量范围的因素。

对于大多数物体，R1500 的最大测量范围是 1500m。但有时最大测量距离变化很大，这主要是由目标物体的反射性能、气候条件等其他因素决定。一般来说，目标表面光滑、亮色、面积大，光束与目标表面垂直，天气晴朗的情况下测的距离远；目标表面粗糙、暗色、面积小，光束与目标表面倾斜，雾天的情况下测的距离近。另外，尽量不要透过玻璃来测量，这样也会影响测量结果。

（5）注意事项。

使用时不要用眼对准发射口直视，也不要用瞄准望远镜观察光滑反射面，以免伤害人的眼睛。不要用手擦拭玻璃表面，请用专用擦镜布擦拭。一定要按仪器说明书中安全操作规范进行测量。

2.5.4 罗盘仪

罗盘仪，就是通常所说的指南针，是利用磁针来测量直线磁方位角的仪器。在北半球的国家，罗盘仪的南针绕有铜线，以使磁针受力平衡，位于水平状态。罗盘仪的磁针有南北极，度盘刻度上标明东南西北四个方向，指针一头总会指向南方或者北方，由此来确定方位。罗盘仪结构十分简单，携带使用方便，在工程勘察中经常被用来确定方位。

1. 罗盘仪的构造

罗盘仪的种类很多，其构造大同小异，主要部件有磁针、刻度盘和水准器等，如图 2-30 所示。

（1）磁针。它为黑色的长条形磁性金属针，两端是尖的，磁针的中心位置放在底盘中央轴的一根顶针之上，以便磁针能够灵活地摆动。

（2）磁针制动器。是在支撑磁针的轴下端套着的一个自由环，此环与制动小螺纽以杠杆相连，可使磁针离开转轴顶针并固结起来，以便保护顶针和旋转轴不受磨损，保持仪器的灵敏性，延长罗盘仪的使用寿命。

（3）刻度盘。包括内圈刻度盘和外圈刻度盘。内圈为垂直刻度盘，用作测量倾角和坡度角，外圈是水平刻度盘，用来测量地理方位。

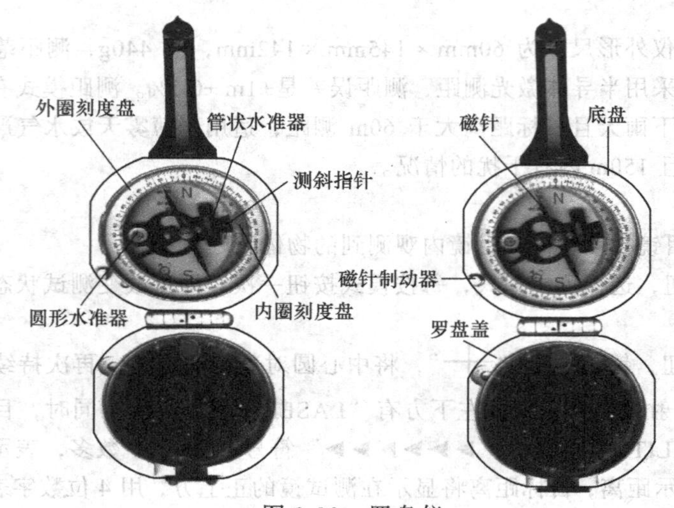

图 2-30　罗盘仪

（4）水准器。罗盘仪上通常用圆形和管形两个水准器，圆形水准器固定在底盘上，管形水准器固定在测斜器上，当气泡居中时，分别表示罗盘底盘和罗盘含长边的面处于水平状态。

（5）瞄准器。包括接目和接物觇板、反光镜中的细丝及其下方的透明小孔，用来瞄准被测量物体。

（6）测斜指针。它位于底盘上，测量时指针所指垂直刻度数即为倾角或坡度角的值。

2. 罗盘仪的使用方法

（1）相关名称解释。

① 真子午线方向。过地球表面某点真子午线的切线北端所指方向称为真子午线方向，也叫真北方向或正北方向，它是用天文观测或陀螺经纬仪测定的。

② 磁子午线方向。磁针在地球磁场的作用下自由静止时其指北针所指的方向称为磁子午线方向，也叫磁北方向，它是用罗盘仪测定的。

③ 方位角。由标准方向北端起顺时针至某一直线的水平角称为该直线的方位角，方位角的取值范围为 0°～360°。方位角是直线定向的一种表示方法，当标准方向为真子午线方向时的方位角称为真方位角，用A表示；当标准方向为磁子午线方向时的方位角称为磁方位角，用$A_{磁}$表示。

④ 磁偏角。由于地磁南北极与地球的南北极并不重合，所以过地面上某点的真子午线方向与磁子午线方向通常是不重合的，两者之间的夹角称为磁偏角，用δ表示。

（2）使用方法。

① 校正磁偏角。由于磁子午线与真子午线不重合，两者间存在磁偏角，因此，在用罗盘仪测量磁方位角时，首先需要校正磁偏角。地球上各点的磁偏角均定期计算，并公布以备查用。若某点的磁偏角δ已知，则一测线的磁方位角$A_{磁}$和正北方位角A的关系为$A=A_{磁}\pm\delta$。应用这一原理可进行磁偏角的校正，校正时可转动罗盘外壁的刻度螺丝，当磁偏角偏东时，使水平刻度盘顺时针方向转动一磁偏角，若西偏时，则逆时针方向转动，使罗盘底盘南北刻度线与水平刻度盘 0°～180° 连线间夹角等于磁偏角，经校正后测量时的读数就为真方位角。

② 用罗盘仪测磁方位角。测量时，先要放松磁针制动螺丝打开对物觇板，使其指向被测物体，即使罗盘北端对着目的物，将罗盘南端靠近自己，然后进行瞄准。瞄准时，要使目的物对物觇板小孔，盖玻璃上的细丝，对目觇板小孔等连在一直线上，同时使底盘圆形水准器气泡居中，

待磁针静止时，指北针所指度数即为所测目的物的方位角。

③ 注意事项。罗盘仪使用时，应注意避免任何磁铁接近仪器，选择测站点应避开高压线、车间、铁栅栏等，以免产生局部吸引，影响磁针偏转，造成读数误差。使用完毕后，应立即固定磁针，以防顶针磨损和磁针脱落。

2.5.5　地阻仪

1. 接地电阻测量的必要性

接地电阻就是电流由接地装置流入大地再经大地流向另一接地体或向远处扩散所遇到的电阻，它包括接地线和接地体本身的电阻、接地体与大地的电阻之间的接触电阻，以及两接地体之间大地的电阻或接地体到无限远处的大地电阻。

接地电阻是接地系统设计、施工和运行中涉及的一个重要数据，它的大小直接体现了通信设备与“地”接触的良好程度，也反映了接地网的规模。通过测量通信局（站）、通信线路的接地电阻值，可以用来判断设计的接地系统是否符合标准要求，是否对通信设备和电源系统的正常运行以及工作人员的人身安全和设备安全起到保护作用。此外，由于土壤对接地装置具有腐蚀作用，随着运行时间的加长，接地装置已有腐蚀，影响通信设备的安全运行，因此，要准确测量并要定期监测接地电阻值，使其在规定值范围以内。

2. ZC29B 型接地电阻测量仪

（1）仪表简介。

ZC29B 型手摇式接地电阻测量仪如图 2-31 所示，它由手摇发电机、电流互感器、滑线电阻及检流计等组成，附件有辅助接地棒两根，5m、20m、40m 导线各一根。可用于测试接地装置的接地电阻值，并在此基础上评价接地质量，也可用于土壤电阻率的测量。

图 2-31　ZC29B 型接地电阻测量仪

地阻仪面板组成如下：

① 手摇发电机；

② 检流计；

③ 零位调整器；

④ 量程转换开关；

⑤ 电位器刻度盘。

（2）测量原理。

土壤能够导电是由于土壤中电解质的作用，所以测量接地电阻时，如使用直流电，就会引起化学极化作用，从而严重影响测量结果，故测量接地电阻时，一般都采用交流电来测量。

ZC29B 型电阻测量仪电路原理图如图 2-32 所示，当手摇发电机摇柄以每分钟 150 转的速度转动时，产生 105 ~ 115 周的交流电，测试仪的两个 E 端经过 5m 导线接到被测物，P 端钮和 C 端钮接到相应的两根辅助探棒上。电流 I_1 由发电机出发经过 R_5、电流探棒 C'、大地、被测物和电流互感器 CT 的一次绕组而回到发电机，由电流互感器二次绕组感应产生 I_2 通过电位器 R_s，可使检流计到达零位。

当摇动发电机时，电流 I_1 从发电机经过电流互感器的第一绕组、接地装置、大地和电流探测极而回到发电机，由电流互感器二次绕组产生的 I_2 接电位器 R_s。当检流计指针偏转时，调节电位器旋钮，使检流计指针指到零位。

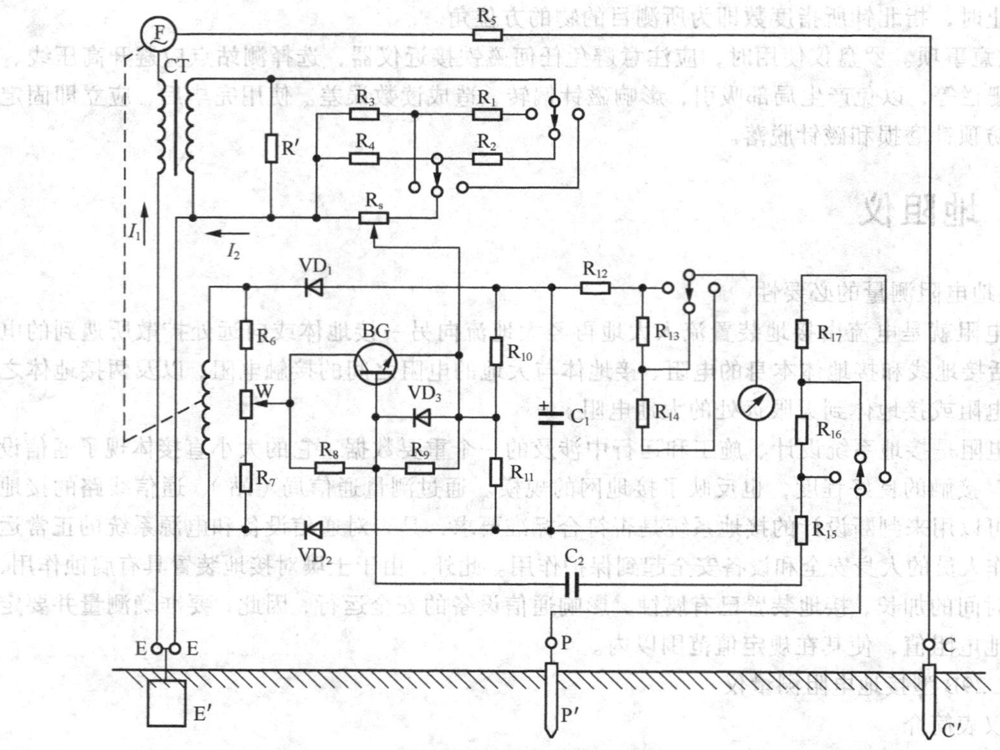

图 2-32　地阻仪测量原理图

此时，当倍率标度档位打到“×10”档位时，如电位器旋钮读数为 N，则：

$$I_1 \cdot R_X = I_2 \cdot R_S \frac{N}{10} \qquad R_X = \frac{I_2}{I_1} \cdot R_S \frac{N}{10}$$

因为 $\frac{I_2}{I_1} = K$，K 为电流互感器 CT 的电流比，ZC29B-1 型电流比 $K = 2.5$，ZC29B-2 型电流比 $K = 1/4$。所以 $R_X = K \cdot R_S \frac{N}{10}$，$R_X$ 即为被测接地电阻值。

（3）测量方法。

① 按图 2-33 连接好线路。接线端 E 连接接地装置 E'，另外两端 P 和 C 连接相应的电位探测极和电流探测极。

② 沿被测地极 E'使电位探针 P'和电流探针 C'依直线彼此相距 20m，且电位探针 P'在 E'和 C'之间。

③ E 端钮接 5m 导线，P 端接 20m 导线，C 端接 40m 导线。

④ 将仪表放置水平后，检查检流计是否指 0，否则可用 0 位调整器调节 0 位。

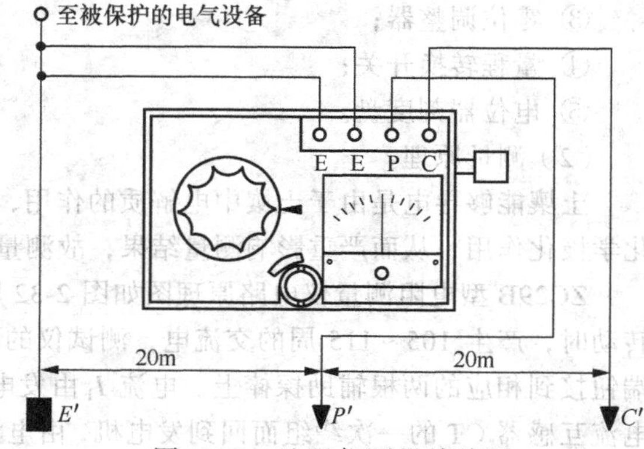

图 2-33　地阻仪测量接线图

⑤ 将量程转换开关置于最大倍率，慢慢转动发电机摇把，同时旋转电位器刻度盘，使检流计指针指 0。

⑥ 当检流计指针接近平衡时，加快发电机摇柄转速，使其达到 150 转/min，再转动电位器

刻度盘，使检流计平衡，此时，刻度盘的读数乘以倍率挡即为被测接地电阻数值。

⑦ 当刻度盘计数小于 1 时，应将倍率开关置于较小的倍率，重新调整刻度盘，以得正确读数。

⑧ 当测量小于 1Ω接地电阻时，应将两个 E 端连接片打开，分别用导线连接到被测接地体上，此时消除测量时连接导线电阻的附加误差，操作步骤同上。

（4）使用接地电阻测试仪的注意事项及技术要求。

① 接地电阻测试仪应放置在离测试点 1～3m 处，放置应平稳，便于操作。

② 每个接线头的接线柱都必须接触良好，连接牢固。

③ 两个接地极插针应设置在离待测接地体左右分别为 20m 和 40m 的位置，如果用一直线将两插针连接，待测接地体应基本在这一直线上。

④ 不得用其他导线代替随仪表配置来的 5m、20m、40m 长的纯铜导线。

⑤ 如果以接地电阻测试仪为圆心，则两支插针与测试仪之间的夹角最小不得小于 120°，更不可同方向设置。

⑥ 两插针设置的土质必须坚实，不能设置在泥地、回填土、树根旁、草丛等位置。

⑦ 雨后连续 7 个晴天后才能进行接地电阻的测试。

⑧ 待测接地体应先进行除锈等处理，以保证可靠的电气连接。

⑨ 禁止在有雷电或被测物带电时进行测量。

⑩ 仪表小心轻放，避免剧烈震动。

本章小结

（1）所谓通信工程勘察，包括“查勘”和“测量”两个工序。一般大型工程又可分为方案查勘、初步设计查勘和现场测量 3 个阶段。

（2）通信工程勘察工作是进行通信工程设计的前提，它直接影响到设计的准确性、施工进度及工程质量。掌握工程查勘方法及其勘测工具的使用，对做好工程查勘与测量十分必要。

（3）通信工程查勘工作结束后，应进行工程测量。测量工作很重要，它关系到通信工程建筑及线路的安全、质量、投资、施工维护等。同时设计过程中很大一部分问题需在测量时解决，因此测量工作实际上是与现场设计的结合过程。

（4）距离测量是通信工程勘测的基本工作之一，在测距的过程中，根据所用的测量用具的不同，可分钢尺量距、光电测距、视距测距和 GPS 定位仪测距等。其中，钢尺量距简单实用，是工程测量中最常用的一种距离测量方法。此外，在通信工程勘察中，还常使用测距小轮车、GPS 定位仪以及测距望远镜等测距工具进行距离测量。

（5）钢尺量距的基本步骤分为定点、直线定线、量距及成果计算。常用的工具有钢卷尺、皮尺，还有花杆、测钎、垂球、温度计等辅助工具。

（6）架空杆路角深大小要求应根据线路所处负荷区、线路建筑形式以及架空线条多少来综合考虑，一般在轻、中负荷区，角杆角深不得超过 20m，角杆下邻杆路必须都是直线杆路，在测量角深时，如果超过以上规定，可在线路上采取加强措施或改为双转角或三转角。

（7）线路在终端处、转角处的电杆由于承受不平衡张力，要使得电杆牢固竖立，必须采用拉线来抵消线条上的不平衡张力，此外，在直线杆路上，杆线还受到风压的压力或冰凌的负载，因而必须对每隔若干根电杆用拉线进行加固，以防止电杆向两侧或顺线路方向倾倒，因此，在安装拉线时，需要对拉线的安装方位和拉线的入土点进行测量。

（8）测量地面点高程的工作称为高程测量，根据测量方法和所使用仪器不同，高程测量可分为水准测量、三角高程测量、气压高程测量和 GPS 测量等。在通信工程建设中进行高程测量主要用水准测量的方法，水准测量是高程测量中精度最高、应用最广的高程测量方法，本章只对水准测量方法进行讲述。

（9）通信工程勘察中，有时还需要确定新建局站点的具体位置、无线基站扇区的方位角以及线路、人手孔拐角的位置等，这时需要对相关方位进行测量。常用的测量方位的工具可以有罗盘仪、指北针等。

（10）接地电阻大小是衡量接地系统性能好坏的一个重要指标。凡通信工程设计施工中有防雷接地装置的通信局站、通信传输线路等，当防雷接地部分工程完工后，要及时对接地体的接地电阻值进行测量。工程上，常用接地电阻测试仪进行接地电阻的测试，本书以 ZC29B 型接地电阻测量仪为例，介绍其使用方法。

习题与思考题

一、选择题

1. 下面哪个不属于通信线路查勘所用工具？（　　）

A. 望远镜　　B. 测距仪　　C. 地阻测试仪　　D. 光时域反射仪

2. 下面哪个不是钢尺量距所用的工具？（　　）

A. 钢卷尺　　B. 测距仪　　C. 测钎　　D. 花杆

3. 由标准方向北端起顺时针至某一直线的水平角称为该直线的方位角，其取值范围为（　　）。

A. 0°～180°　　B. 0°～240°　　C. 0°～270°　　D. 0°～360°

4. 测量角深时，为了便于测量，一般采用缩小比例法进行，缩小比例通常取（　　）丈量结果再乘以缩小倍数。

A. 1∶10　　B. 1∶20　　C. 1∶50　　D. 1∶100

5. 基站开关电源应是综合的小容量电源，具有电源 LVD 功能，当二次下电时，应脱离重要设备，如（　　）等。

A. 预留负荷　　B. BTS　　C. 空调　　D. 蓄电池组

6. 安装楼顶塔时，为保证安全，铁塔应与楼顶避雷带就近不少于（　　）处焊接连通。

A. 1　　B. 2　　C. 3　　D. 4

7. 在工程测量中，主要负责现场测绘图纸工作的是（　　）。

A. 测距组　　B. 大旗组　　C. 测绘组　　D. 测防组

8. 下面哪一个是高程测量用到的仪器？（　　）

A. 测距仪　　B. 钢卷尺　　C. 水准仪　　D. 花杆

9. 用地阻仪测量地阻时，将 20m 导线接在地阻仪的（　　）端。

A. E　　B. P　　C. C'　　D. C

10. 架空杆路查勘时，在杆路拐弯处当转角小于（　　）时，需要新设单股拉线。

A. 45°　　B. 60°　　C. 90°　　D. 180°

二、填空题

1. 通信工程勘察包括______和______两个工序，根据工程规模大小可分为______、______

和______ 3 个阶段。

2. 工程测量人员一般分为 5 个大组，即______、______、______、______及______。

3. 直线定线的方法有______和______。

4. 拉距是指自______至______之间的水平距离。

5. 水平角是指地面上一点至两目标方向线在______的夹角，水平角测量用于确定测点的______位置。

6. 竖直角测量时，当目标方向线在水平线以上时，称为______角，当目标方向线在水平线以下时，称为______角。

7. 地面上某点的真子午线方向与磁子午线方向通常是不重合的，两者之间的夹角称为______。

8. ZC29B 型手摇式接地电阻测量仪包含有 3 根测试导线，长度分别为______、______、______。

三、问答题

1. 简述钢尺量距的方法。
2. 简述激光测距仪测距原理。
3. 画出 ZC29B 型地阻仪测量接线图。
4. 简述角杆拉线方位测量方法。
5. 简述架空杆路查勘的要求。
6. 简述目标定线的方法。

本章实训

1. 实训内容

某市移动公司为在某校校区内实现 TD-SCDMA 无线网络覆盖，决定在该校园内安装中兴的无线基站设备（NODEB）及配套设备，通过新建一条 12 芯光缆线路，将新安装设备与上级 RNC 设备连通，上级 RNC 设备已通过管道引入学院光缆交接箱。

（1）移动公司决定在该校园办公楼租用一间房作为基站机房，本办公楼共五层，基站天线在楼顶采用铁塔安装，现要求合理选择本次工程所需的机房，并对该机房进行勘察，按照机房工艺要求进行改进，并对建筑提出承重要求。

（2）本次工程需要新建一条 12 芯光缆线路，由学校内已建立的光缆交接箱引接光缆至基站机房的 ODF 架上，勘测中，在校园内合理选择路由。可以利用原有杆路及管道，或者根据情况进行新建杆路，合理设计本次光缆安装位置。

2. 实训目的

（1）熟悉基站机房和通信线路的勘察设计规范。

（2）掌握通信机房及线路的勘察方法和步骤。

（3）熟练使用常用工程勘察工具。

3. 实训要求

（1）正确使用勘察工具对机房和线路进行勘察。

（2）详细记录勘察信息并填写机房和线路勘察报告。

（3）绘制机房和线路勘察草图。

通信基站机房勘察报告

工程队编号 ________________

项目负责人 ________________

勘察人员 ________________

勘察工具 ________________

勘察时间 ________________

工程名称：

机房所在地	
建筑类型	□砖混 □框架 □活动机房 其他：
	□租用 □自建（征地面积： m^2）地质情况：□土质 □石头
机房面积（m^2）	总面积： （m^2） 长： （m） 宽： （m） 高： （m）
地面	□防静电地板 □防静电地砖 □普通水泥地
地面承重	□需要加固 □无需加固

总楼层数		基站所在楼层数		机房梁下净高	m

工程性质	□新建站 □改型扩容站
走线架	□有 □无 □需增加 □无需增加

基站主设备安装情况	项 目	原 有	新 增
	型号		
	安装方式	□挂墙 □堆叠 □机房内	□挂墙 □堆叠 □机房内
	机架数		

原有空调设备	厂家/型号规格	______空调____P □壁挂式 □柜式	新增空调设备	厂家/型号规格	______空调____P □壁挂式 □柜式
	数量			数量	
	室外机位置	□阳台 □屋面 □挂墙 □地面		室外机位置	□阳台 □屋面 □挂墙 □地面

高频开关电源	项 目	原 有	新 增	蓄电池	项 目	原 有	新 增
	厂家/型号				厂家/型号/容量		
	电源总容量				安装方式		
	模块型号及数量				时间配置	按____小时放电配置	

交流电引入 □220V 市电，□380V 市电，□高压引入，距离大约_____m

新增其他设备	设备名称	规格型号	外形尺寸 mm (高×宽×深)	单 位	数 量

续表

<table>
<tr><td>接地体</td><td colspan="4">□办公楼　　　　　　　　□其他________</td></tr>
<tr><td>接地电阻</td><td>（Ω）</td><td>室内地排数量</td><td colspan="2">原有：　　　　　　新增：</td></tr>
<tr><td rowspan="2">机房改造</td><td colspan="2">□需改造</td><td colspan="2">□无需改造</td></tr>
<tr><td colspan="2">改造原因：</td><td colspan="2">改造措施：</td></tr>
<tr><td colspan="5">其他需要说明的问题</td></tr>
<tr><td colspan="5"></td></tr>
</table>

通信线路勘察报告

工程队编号＿＿＿＿＿＿＿＿＿＿＿＿

项目负责人＿＿＿＿＿＿＿＿＿＿＿＿

勘察人员　＿＿＿＿＿＿＿＿＿＿＿＿

勘察工具　＿＿＿＿＿＿＿＿＿＿＿＿

勘察时间　＿＿＿＿＿＿＿＿＿＿＿＿

工程名称：

基本情况			
线路勘察地点			
户外路由走向	起始： 测量总长度：	经由： （km）	终止：
所处地形特征	□平原	□丘陵	□其他
所处地理环境	□市区	□郊区	□乡村
工程性质	□新建	□扩建	□改建
建设方式	□架空杆路	□直埋	□管道
线路类型	□光缆	□同轴电缆	□高频对称电缆
沿途所遇障碍及标志性设施	□农田 □河流 □高压线 □高大建筑	□果园 □公路 □厂矿 □其他_____	□树林 □铁路 □桥梁

架空杆路			
项　　目	原　　有	新　　建	
测量长度	（km）	（km）	
杆路数	（根）	（根）	
引上杆	（处）	（处）	
电杆材质及规格			
拉线安装及程式	（处）	（处）	
通信线缆的规格型号			
架空交接箱	□有	□无	
土质	□普通土 □软石	□砂砾土	□硬土 □坚石
电杆加固	□需要	□不需要	设置_____处
预留情况说明			
线路防护说明 （防强电、防雷及其他防护）			

通信管道线路		
项　　目	原　　有	新　　建
测量长度	（km）	（km）
人孔	（个）	（个）
手孔	（个）	（个）
通信线缆的规格型号		

续表

利旧管道	管孔断面组合	____孔（____×____）
	塑料管道类型	□硬管 □波纹管 □栅格管 □蜂窝管
	本次敷设线路占用孔位（画图示意）	
	敷设子管	□需要 □不需要
	接续情况	□需要 ____处接续 □不需要
	打人（手）孔墙洞	□需要 ____处 □不需要
	预留情况说明	
	人孔内线路 采取的保护措施	
新建管道	路面形式	□混凝土 □柏油 □砂石 □混凝土砌块 □水泥花砖 □条石 □150mm 以下 □250mm 以下 □350mm 以下 □450mm 以下
	土质	□普通土 □砂砾土 □硬土 □软石 □坚石
	新建人孔类型	□小号 □中号 □大号 □手孔 □直通型 □三通型 □四通型 □斜通型
	管孔断面 组合选择	____孔（____×____）
	塑料管道类型	□硬管 □波纹管 □栅格管 □蜂窝管
	管道包封	□需要 ____处包封 □不需要
新建管道	有无穿越公路、铁路情况	□有 □无
	过路地段采用的开挖方式	□顶管法 □分段开挖 □微孔定向钻
	接续情况	□需要 ____处接续 □不需要
	预留情况说明	
	人孔内线路 采取的保护措施	

续表

直埋线路			
项　目	原　有		新　建
测量长度	（km）		（km）
接头坑	（个）		（个）
土质	□普通土 □软石	□砂砾土	□硬土 □坚石
敷设路段有无斜坡	□有	□无	
有无穿越公路、铁路情况	□有	□无	
过路地段采用的开挖方式	□顶管法	□分段开挖	□微孔定向钻
特殊地段采取的保护措施	□水泥管或钢管保护 □铺砖保护 □石护坡保护	□塑料管保护 □水泥盖板保护	
预留情况说明			
线路防护说明 （防强电、防雷、防腐）			
其他需要说明的问题			

第3章

通信工程设计

3.1　通信工程设计概念与作用

3.1.1　通信工程设计基本概念

通信工程设计是对现有通信网络的装备进行整合与优化，是在通信网络规划的基础上，根据通信网络发展目标，综合运用工程技术和经济方法，依照技术标准、规范、规程，对工程项目进行勘察和技术、经济分析，编制作为工程建设依据的设计文件和配合工程建设的活动。通信工程设计往往要综合运用多学科知识和丰富的实践经验、现代的科学技术和管理方法，为通信工程项目的投资决策与实施、规划、选址、可行性研究、融资和招投标咨询、项目管理、施工监理等全过程提供技术与咨询服务。它主要包含设计前期工作、编制各阶段设计文件、配合施工安装试生产、参加竣工验收和回访总结等工作。

通信工程设计要求在遵守法律、法规的前提下，贯彻执行国家经济建设的方针、政策，并要符合国民经济和社会发展规划，在严格执行通信设计标准、规范和规程的基础上，积极采用先进科学技术和设计方法，保证工程项目的先进性。通信工程设计文件要考虑技术和经济两方面因素，做到技术和经济的统一，其中技术问题通过设计文件中的说明和图纸解决，经济问题通过设计文件中的概算、施工图预算和修正概算解决。

3.1.2　通信工程设计的地位和作用

通信工程设计是科技创新成果转化为现实生产力的桥梁和纽带，是发展国民经济的重要环节，是带动相关行业发展的先导，是整个通信工程建设中不可缺少的重要环节，具有相当重要的地位和作用。

（1）优质的通信工程设计是通信网络高可靠性的保障，可以给通信工程项目在建设、运营和发展过程中带来较高的投资效益，达到资源的综合利用，节约能源，节约用地的要求。

（2）通信工程设计是建设项目进行全面规划和具体描绘实施意图的过程，是工程建设的灵魂，是科学技术转化为生产力的纽带，是处理技术与经济的关键性环节，是控制工程造价的重点阶段。设计是否经济合理，对控制工程造价具有十分重要的意义。

（3）设计工作处于工程前期的重要阶段，具有规范性强、目标性强、不可复制、立足于工程实际且高于工程实际的特点，并强调实际与理论相结合。设计阶段的失误就意味着重大失误，因此设计的准确性就显得尤为重要。

（4）通信工程设计必须以现有国际、国家及相关技术体制标准为依据，以实际网络建设目标、工程需要为出发点，其次，通信工程设计要求站在全程和全网的高度，为不同的网络资源进行调配，达到合理最优化的网络。

3.1.3 通信工程设计的原则

（1）工程设计必须贯彻执行国家基本建设方针和通信技术经济政策，合理利用资源，重视环境保护。

（2）工程设计必须保证通信质量，做到技术先进，经济合理，安全适用，能够满足施工、运营和使用的要求。

（3）设计中应进行多方案比较，兼顾近期与远期通信发展需求，合理利用已有的网络设施和装备，以保证建设项目的经济效益和社会效益，不断降低工程造价和维护费用。

（4）设计中所采用的产品必须符合国家标准与行业标准，未经试验和鉴定合格的产品不得在工程中使用。

（5）工程设计必须执行科技进步的方针，广泛采用适合我国国情的国内外成熟的先进技术。

（6）工程设计应考虑到系统容量、业务流量、投资额度、经济效益发展，具有保证系统正常工作的其他配套设施和结构合理，施工、安装、维护方便等相关因素，以满足对系统建设的总体要求。

3.2 通信工程设计基础

3.2.1 通信系统与通信网

1. 基本概念

所谓通信系统，就是用电信号（或光信号）将信息从一地传递到另一地的系统，也叫电信系统，最简单的通信系统一般由信息源、发送设备、传输信道、噪声源、接收设备和信宿 6 部分组成。这种通信系统只能实现两用户间的通信，而要实现多用户间的通信，则需要借助交换设备将多个通信系统有机地组成一个整体，使它们能协同工作，即形成通信网，这样的通信系统模型框图如图 3-1 所示。

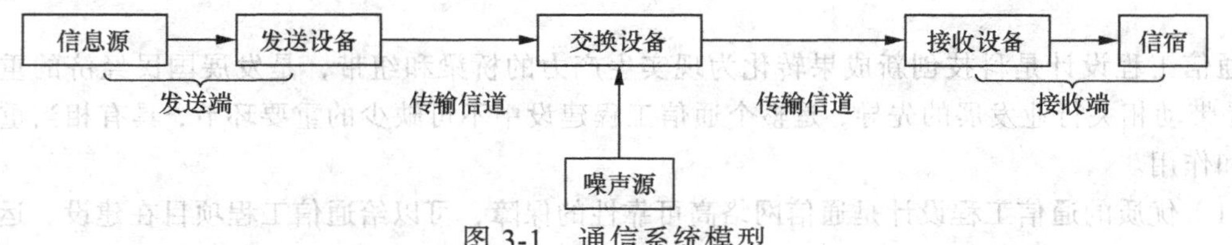

图 3-1 通信系统模型

2. 通信网的组成

一个完整的通信网主要由硬件和软件两部分组成。通信网的硬件一般由终端设备、传输设备、通信线路和交换设备组成，它们构成了通信网的物理实体。通信网的软件是指通信网为能很好地完成信息的传递和转接交换所必需的一整套协议、标准，包括通信网的网络结构、网内信令、协议和接口，以及技术体制、技术标准等，它们是实现电信服务和运行支撑的重要组成部分。

3. 通信网的分类

整个通信网是一个复杂体系，将通信网按不同角度来分类，可以有以下几种分法。

（1）按业务种类分，有电话网、电报网、数据网、传真网、广播电视传输网等。

（2）按服务对象分，有公用通信网和专用通信网。

（3）按传输的信号形式分，有模拟通信网、数字通信网。

（4）按服务范围分，有国际网、国内长途网、本地网等。

（5）按主要传输介质分，有明线通信网、电缆通信网、光缆通信网、卫星通信网、无线通信网、用户光纤网等。

（6）按交换方式分，有电路交换网、报文交换网、分组交换网、宽带交换网等。

（7）按网络拓扑结构分，有网型网、星型网、环型网、树型网、总线型网等。

3.2.2 设计专业的划分及职能

1. 通信工程设计专业划分

根据各自职能的不同，目前可以把我国的通信行业产业链划分为 7 大块，分别是：（1）网络运营商，如中国移动、联通等，主要功能是通过通信网络，为用户提供话音、数据等业务；（2）设备制造商，如华为、中兴等，主要功能是为运营商提供各种通信设备；（3）通信 ICT，如 IBM、微软等，主要功能为运营商提供各种 IT 软、硬件设备；（4）终端制造商，如诺基亚、摩托罗拉等，主要功能是为用户和运营商提供各种手机和电话终端；（5）芯片制造商，如因特尔，主要功能是为设备商提供各种芯片硬件；（6）通信测试商，如安捷伦，主要功能是为运营商提供网络测试软件及工具；（7）服务支撑商，如设计院、施工队、监理等，主要功能是为运营商提供设计、安装、维护等支撑工作。其中，通信设计院服务的主要客户为各电信网络运营商，承担的主要业务范围包括通信工程的勘察设计、通信网络规划、技术支持服务、咨询以及信息服务等。

由于通信网络的复杂性，为适应工作需要，设计院通常根据业务和技术的相近性，划分为通信电源、交换、传输、数据通信、无线通信、网络规划与研究、建筑 7 个设计专业。

2. 各通信工程设计专业职能

（1）通信电源设计专业。

该专业主要承揽通信电源系统工程的规划、勘察、设计工作，并提供相应的技术咨询服务，范围包括通信局站的高、低压供电系统、自备柴油发电机交流电源系统、交流不间断电源（UPS）系统、直流供电系统、动力及环境监控系统、雷电防护及接地系统等。

（2）交换设计专业。

该专业主要承担核心网及相关支撑网络和计算机系统的工程规划、设计、优化和技术咨询业务，范围包括长途、本地网、移动电话网以及关口局工程、7 号信令网、智能网、网管和计费系统、短消息中心等。

（3）传输设计专业。

该专业主要从事传输设备工程及管道、线路的规划、设计和技术咨询工作，提供从接入层网络到核心层网络，从前期技术咨询、规划到中期方案设计、施工图设计，最后到现在传输网络分析和优化一整套的解决方案。承揽长途干线光缆、SDH 和 DWDM 传输系统以及智能光网的方案和工程设计。

（4）数据通信设计专业。

该专业主要承揽各基础数据通信网、宽带 IP 网络、运营支撑系统等项目的方案设计、工程设计、系统咨询、网络优化等业务，为客户提供全面的方案。范围包括分组交换网、DDN 网、IP 宽带城域网、ATM 宽带数据网、ADSL 宽带接入网、移动互联网、电信计费账务系统、电信资源管理系统、客户服务系统等。

（5）无线设计专业。

该专业业务涵盖全方位的无线网络咨询规划设计，承担 GSM、CDMA、3G 移动通信、PHS、无线局域网、无线接入网、集群通信、微波通信等系统的网络规划、工程设计和网络优化服务，以及相关的技术咨询、培训服务。

（6）网络规划与研究专业。

该专业立足于信息通信业，为各级政府、行业管理机构、通信运营商、设备制造商以及信息通信相关企业等提供综合咨询服务。研究队伍涵盖管理、经济、财务、无线、传输、交换、数据、情报等各专业，具备完整的知识结构，可为客户提供高价值的综合解决方案。服务范围涉及通信产业发展规划、通信行业研究、通信运营企业综合规划及管理咨询、电信业务市场研究、电信网络与资源规划、通信行业研究、通信运营企业综合规划及管理咨询、电信业务市场研究、电信资源规划、通信新技术新业务的应用与评估、通信工程的项目建议书、招投标、可行性研究、工程设计和项目后评估等。

（7）建筑设计专业。

该专业主要承担各行业综合类建筑设计，包括综合大楼、通信机房、通信铁塔、通信辅助设施以及各种民用建筑等的设计。该专业设有建筑、结构、给排水、电气、照明、暖通空调、自动消防、综合布线等细化专业。

3.2.3 通信工程设计的工作流程

1. 制定设计计划

通信设计单位根据设计委托书的要求，确定项目组成员，分派设计任务，制定工作计划。

2. 做设计前的准备工作，主要包括以下几个方面。

（1）文件准备。

① 理解设计任务书的精神、原则和要求，明确工程任务及建设规模；

② 查找相应的技术规范；

③ 分析可能存在的问题，根据工程情况列出勘察提纲和工作计划；

④ 搜集、准备前期相关工程的文件资料和图纸。

（2）行程准备。

提前与建设单位联系商定勘察工作日程安排。

（3）工具准备。

准备好勘察所用的仪器、仪表、测量工具、勘测报告、钢笔、橡皮及其他必备用具。

（4）车辆准备。

根据工作需要申请用车，由车辆管理部门统筹安排。

3. 工程勘察

（1）商定勘察计划，安排配合人员。

应提前与建设单位相关人员联系接洽，商讨勘察计划，确定详细的勘察方案、日程安排以及局方配合人员安排。

（2）现场勘察。

根据各专业勘测细则的要求，深入进行现场勘察，做好记录。

（3）向建设单位汇报勘察情况。

① 整理勘察记录，向建设单位负责人汇报勘察结果，征求建设单位负责人对设计方案的想法与意见。

② 确定最终设计方案，如有当时不能确定的问题，应详细记录，回单位后向项目负责人反映落实。

③ 勘察资料和确定的方案应由建设单位签字认可。

（4）回单位汇报勘察情况。

① 向项目负责人、部主任及有关部门领导汇报勘察结果，取得指导性意见。

② 对勘察时未能确定的问题，落实解决方案后，及时与建设单位协商确定最终设计方案。

4. 进行工程设计，这一阶段主要包括以下几方面工作：

（1）撰写设计方案；

（2）绘制工程图纸；

（3）编制工程概（预）算；

（4）编写设计说明书；

（5）完稿整理成册。

工程设计流程图如图 3-2 所示。

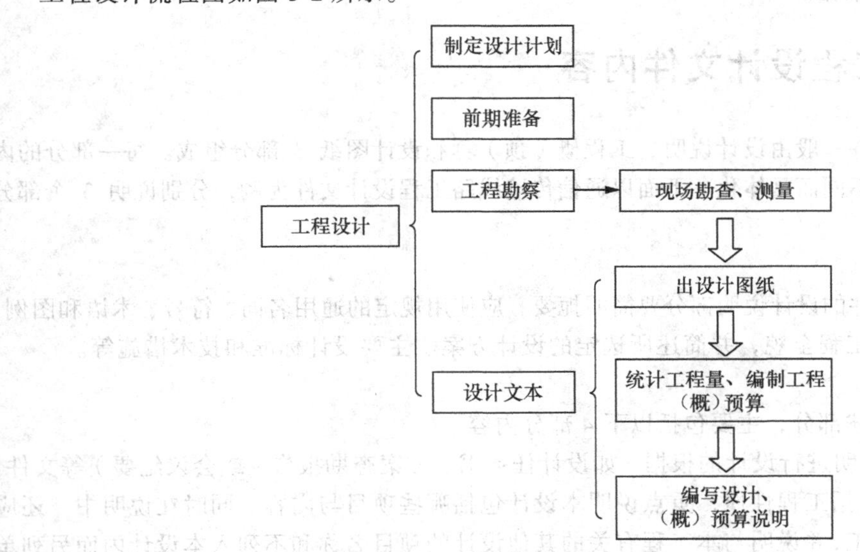

图 3-2　通信工程设计流程图

3.3 通信工程设计文件

根据国务院第 279 号令《建设工程质量管理条例》（2000.1.30）以及原邮电部文件《邮电基

本建设工程设计文件的编制和审批办法》邮部［1992］39 号文规定，凡列入邮电固定资产投资计划的工程项目，都必须编制设计文件。设计文件必须具有工程勘察设计证书和相应资格等级的设计单位编制。

通信工程设计是通信基本建设的一个重要环节，做好通信工程设计工作，对保证通信畅通，提高通信质量，加快施工速度具有重大意义。

通信工程设计应根据通信建设工作方面的方针、政策和法令，并结合通信运营商的具体情况，建立正确的设计指导思想，深入实际调查研究，体现建设和使用上的多快好省，确保优良的通信质量，并做到经济上的合理及技术上的现代化，满足设计任务书所规定工程项目的要求，作为工程施工及设备投入使用、维护的依据。

3.3.1 通信工程设计文件的意义

通信工程设计文件是安排建设项目和组织施工的主要依据，优质完备的设计文件对保证整个建设项目的顺利进行以及工程质量具有重要意义。

（1）设计文件是对项目可行性研究报告中合理方案的选择及肯定，是对国民经济控制的具体体现。

（2）设计文件是将智力成果转化为实际建设工程的实质性体现，是指导工程项目管理的重要文件。

（3）工程施工是施工招标或委托的重要依据，施工过程必须以设计为基准，设计文件对施工过程有重要的指导意义。

（4）设计文件是工程建设准备投产时作为质量验收及竣工验收的重要资料，同时是考核工程建设质量水平的重要依据。

3.3.2 通信工程设计文件内容

通信工程设计文件一般由设计说明、工程概（预）算和设计图纸 3 部分组成。每一部分的内容应根据设计的方向不同而具体化。下面以通信传输线路工程设计文件为例，分别说明 3 个部分的编写内容及要求。

1. 设计说明

通信工程设计文件的设计说明部分要简明扼要，应使用规定的通用名词、符号、术语和图例，说明部分应概括说明工程全貌，并简述所选定的设计方案、主要设计标准和技术措施等。

（1）概述。

在设计说明的概述部分，主要包括以下 4 部分内容：

① 设计依据。说明进行设计的根据，如设计任务书、方案查勘报告（或会议纪要）等文件。

② 设计范围。根据工程性质，重点说明本设计包括哪些项目与内容。同时在说明中，还应明确与其他专业的分工，并说明与本工程有关的其他设计的项目名称和不列入本设计内而另列单项设计的项目。

③ 与设计任务书或批准的方案查勘报告有变更的内容及原因。通过初步设计查勘所选定的线路路由、站址、进局、过江位置及其他主要设计方案是否与设计任务书或方案会审纪要所确定的原则相一致，如果有不符的部分，应重点说明变更的情况、段落及理由。其他与方案会审纪要所定方案相一致的部分，可不再重复说明。

④ 重要工程量表。列表说明主要工程量，以便对工程全貌有一个概况的了解。

（2）路由论述。

此部分首先说明所选定的路由在行政区所处的位置，例如干线线路在本省内的起迄地点、途经主要城镇及其线路总长度。然后分述下列各点：

① 沿线自然条件的简述。简要说明路由沿线山脉、丘陵、平原的大致分布，及线路在这些地段所占的比例以及交通、农田、水利、土质分布等情况。

② 路由方案的比较。简述选择线路路由的原则，论述干线路由在技术、经济的合理性方面是如何考虑的，说明路由与干线铁路、国家级战备公路和重大军事目标等的隔距要求。粗略估算沿一般公路的段落、隔距与长度、沿乡村大道及无路地段的段落与长度，综合说明所选定的路由在施工维护等方面的难易程度。说明干线路由与有关铁路、公路、水利、电力、城建、工矿等单位的关系及协商意见。

③ 穿越较大河流、湖泊的路由说明。重点说明此段路由的设计方案、线路敷设方法、特殊保护措施等，同时应对河流情况（如水文资料、河床及岸滩情况）加以说明，并应附以过河地点的平、断面图。

（3）设计标准及技术措施。

应着重说明工程主要设计标准与技术措施，例如：线路建筑方式的确定；光（电）缆的敷设方式、埋深与接续要求；站、房建筑标准；维护区、段的划分；工程用料的程式、结构及使用场合；光（电）缆线路对防雷、防腐蚀、防强电影响及防机械损伤等防护措施的选定以及其他有关技术措施。对工程中所采用的新技术、新设备应重点加以说明。

（4）其他问题。

① 有待上级机关进一步明确或解决的问题。

② 有关科研项目的提出。

③ 与有关单位和部门协商问题的结果及尚需下阶段设计时进一步落实的问题。

④ 需要提请建设单位进一步所做的工作和需要注意的问题。

⑤ 其他有待进一步说明的问题。

2. 概（预）算

在这部分里，对于初步设计，需要编写概算文件，施工图设计需要编写预算文件，具体内容如下。

（1）概（预）算依据：说明本设计概（预）算是根据何种概（预）算文件而编制的。

（2）概（预）算说明：说明工程概况、规模、概（预）算总价值、概（预）算施工定额、取费标准、计算方法及其他有关主要问题。

（3）概（预）算表格。

（4）对于概算需要做投资分析，对于预算需要有工程技术经济指标分析。

3. 图纸

图纸是施工人员最直观而且是最基本的施工指导资料，所以要求施工设计中的各种图纸应尽量反映出客观实际和设计意图。除有关规范、规程中对个别工序已有定型的施（加）工图可不在设计中列出外，其他各种施工图均应绘出。

通信设备安装工程设计文件内容也要按照设计说明、概（预）算和图纸 3 部分组织安排，在设计说明部分，应包括设计依据、设计分工、系统网络和通路组织设计、方案论述及比较系统制式选择、设备配置、选型及容量、设备技术指标、全网设计指标、业务预测、网络中继方式、网同步方式、网管、网络保护、信号方式及用户接入方式、新建通信局、站址设置、路由选择、话务量（电路数）、中继配置计算或验证所需容量的计算及分析、无线专用需有频率配置、编号与计费、执行法规、标准及政策、施工说明、系统割接方案及维护、通信设备安装的抗震加固要求、配套系统设计方案及相关工艺、机房负荷要求、机房环境要求、特殊要求说明以及附表等。

以上文字说明部分的内容不一定在所有的通信设备安装工程设计文件中都必须涵盖，要依据所安装设备的性质做具体的取舍。

概（预）算文件在编写格式上与线路工程设计的基本相同，同样，在工程设计文件的最后，要附上工程有关的所有设计图纸，它依据具体的工程设计内容不同而不同。在这里就不再赘述。

3.3.3 设计文件格式要求

通信工程设计文件编制格式要求通常由所属设计院规定，但一般要求如下。

（1）封面。它必须能表示出工程设计的项目全名、单项工程名称、设计阶段、设计编号、项目编号、建设单位和设计单位的名称。

（2）扉页。除包含工程设计的项目全名、单项工程名称、设计阶段以外，还应注明设计院院长、院总工程师、项目负责人、单项负责人、概（预）算编制人和审核人姓名以及概（预）算证书号。

（3）封面和扉页均应统一格式编写。

（4）扉页之后附有设计院的工程设计资格证书及文件分发表。

（5）页张篇幅及各号图纸大小篇幅应符合国家标准规定尺寸（GB6988.2-86《电气制图一般规则》），装订顺序应是封面、扉页、资格证书、文件分发表、目录、设计说明、概（预）算文件，最后为工程图纸。

3.4 通信设备安装工程设计

做通信设备安装工程设计，就是把要能够实现通信系统功能的设备及安装条件，经过科学的测量、核算，精确地指导安装，保障系统良好运行。通信设备安装工程的特点是通信设备类别多并且设备更新速度快，对整体通信网系统影响较大。由于现代通信技术飞速发展，通信业务种类和需求不断增长，需要在通信网中安装新设备或更新原有设备，以便增强整个系统的通信能力。因此，一个科学可行的通信设备安装工程设计对正确指导施工，保证其能在通信网络中发挥良好的功能特性，以及配合网络中的其他设备完成网络指标，实现网络功能，提升整个通信网络指标，作出合理工程概算或预算，提高工程的经济效益起着至关重要的作用。

由于通信设备类别较多，为了设计以及管理的方便，将设备类别按专业划分为电源、传输、交换、数据、无线、移动等。其中交换、无线、数据都是面向用户的网络设备，称为应用系统设备，其他的设备称为支撑型的系统设备，如电源系统、传输系统、计费系统、网管系统、监控系统。

在做设计时，将建设项目按专业划分为若干个单项工程，明确设计单位与建设单位、设备供应商之间的分工界面，以及设计单位内部各个专业设备之间的分工界面。这样划分的目的既能使设计充分考虑本系统的功能，又能为其他的专业做服务支撑或相互支撑，而且保证了三方单位更好地协调与配合。

在单项工程中，对每个专业的设备做单独的安装设计，设计时要考虑其在网络中的位置，要发挥哪些作用，如何配合网络中的其他设备完成网络指标，实现网络功能，并且使设备本身的功能、特性发挥到最好。

3.4.1 通信机房设计

1. 机房站址选择原则

（1）通信机房分为外租机房、利旧原有机房和新建机房，在传输长度允许的条件下，应首先考虑外租机房和利旧原有机房。

（2）无现有机房可利用的，根据原信息产业部发布的《电信专用房屋设计规范》（YD/T5003—2005）的规定，局站的设置地点应符合以下要求。

① 局站址的占地面积要满足业务发展的需要，应节约用地，不占或少占农田。

② 局、站址应有安全环境，不应选择在易燃、易爆的建筑物和堆积场附近。

③ 局站址宜选在地形平坦、地质良好的地段，应避开断层、土坡边缘、古河道和有可能塌方、滑坡和有开采价值的地下矿藏或古迹遗址的地段，在不利地段应采取可靠措施。

④ 局站址应选在地势较高，不易受洪水淹灌的地区。如无法避开时，可选在基地高程高于要求的计算洪水水位 0.5m 以上的地方。

⑤ 局站址应有安静的环境，不宜选择在城市广场、闹市地区、影剧院、汽车站、火车站等发生较大震动和较强噪声的工企业附近，必要时，还应采取隔音、消声措施，降低噪声干扰。

⑥ 局站址应有较好的卫生环境，不宜选择在生产过程中散发有害气体、较多烟雾、粉尘、有害物质的工业企业附近。

⑦ 局站址选择时，应考虑邻近的高压电站、高压输电线铁塔、交流电气化铁道、广播电视、雷达、无线电发射台及磁悬浮列车输变电系统等干扰源的影响。安全距离执行相关规范标准。

⑧ 站址选择时，应满足通信安全保密、国防、人防、消防等要求。

⑨ 局站址选择时，应有可靠的电力供应。

2. 机房工艺要求

（1）机房面积与结构设计。

机房面积可根据现有装机容量及将来业务扩展时可预见的新装设备的装机要求确定，以保证既不浪费面积，又能满足通信建设长远规划要求。为了提高建筑面积的有效利用率，在结构上应采用矩形平面，净高在 3.2m ~ 3.3m，不应采用圆形、三角形等不利于设备布置的机房平面。

机房建筑面积应按远期通信设备容量的需求考虑，近期不装机部分，在未装机期间建设单位可合理安排，临时分隔利用，但应确保今后设备扩容时拆除这些临时分隔不影响正常生产，并保证不起灰。

（2）机房顶棚和墙面。

机房顶层屋面材料应有足够的耐久性和隔热性能，房顶上面应做防水处理，严防渗漏。屋顶应能做吊挂，灯具安装要牢固。房间内不得使用木隔墙，各房间的墙和顶棚的抹灰、涂料、油漆及其他装饰材料应保证不脱落、不起皱、不掉灰，不得使用塑料壁纸等装饰材料，严禁装饰木墙裙。

（3）机房地面。

机房地面应采用坚固耐久、耐磨、非燃或阻燃材料，应严防不均匀下沉和产生裂缝。地表面光洁、不起灰、易于清洁、地面平整，房间最远两点高度的偏差应小于 0.2%，且最大不得超过 30mm。地面材质建议采用水磨石或深灰色地面，需要安装活动地板的机房地面，应做压光水泥面层或刷一层油漆以防起灰。无论是平房地面还是楼层地面，应考虑地面承重所能承担设备的荷载。

（4）门和窗。

机房外门采用防盗门并向外开起，并应有良好的密封性，条件许可应加装门禁系统，以便统一管理和安全防范。内门应采用耐久、不变形的材料，外形应平整光洁，减少积尘。单扇门净宽一般不小于 1m，双扇门净宽一般不小于 1.5m，门洞高不宜小于 2.2m。

机房的外窗应有良好防尘、防水、隔热、抗风性能，对常年需要空调无人值守的机房，原则上不得留有窗户或只留采光窗，采光窗的规格视外墙整体美观需要，分别采用 600mm × 300mm 长方形或直径 900mm 的圆形窗。通信楼机房因特殊原因需保留的窗户，应改为无开启式双层或单层玻璃窗。单层玻璃窗可选用 8 ~ 10mm 喷沙钢化玻璃，双层玻璃窗，内层可用喷沙钢化玻璃，重要机房及周边防火安全条件差的机房，需用防火喷沙钢化玻璃。对三楼以下机房，应在窗上加防盗网，兼顾防盗、防火、防水、防尘要求。

（5）荷重。

根据原信息产业部发布的《电信专用房屋设计规范》（YD/T5003-2005）的规定，同一楼层内，应选取该楼层中占用面积最大的主要机房的楼面均布活荷载值，作为该层机房楼面活荷载的标准值，但楼面活荷载大于该标准值的机房，其楼面活荷载应按实际大小取值。电信建筑楼面等效均布活荷载值的计算依据有两个，一个是目前已有的有代表性的通信设备的重量和排列方式，一个是建筑结构的不同梁板布置和按内力（弯矩、剪力）等值的原则计算确定。机房楼面均布活荷载的标准值，可采用表 3-1 的荷载值。

表 3-1　　电信专用房屋楼面均布活荷载值

<table>
<tr><th rowspan="3">序号</th><th rowspan="3" colspan="2">房间名称</th><th colspan="7">标准值（kN/m²）</th></tr>
<tr><th colspan="3">板（板跨）</th><th colspan="3">次梁（次梁间距）</th><th rowspan="2">主梁</th></tr>
<tr><th>≥1.9m</th><th>≥2.5m</th><th>≥3.0m</th><th>≥1.9m</th><th>≥2.5m</th><th>≥3.0m</th></tr>
<tr><td rowspan="3">1</td><td rowspan="3">电力室</td><td>有 UPS 开间</td><td>16</td><td>15</td><td>13</td><td>11</td><td>9</td><td>8</td><td>6</td></tr>
<tr><td>无 UPS 开间（单机 > 10kN）</td><td>13</td><td>11</td><td>9</td><td>8</td><td>7</td><td>7</td><td>6</td></tr>
<tr><td>无 UPS 开间（单机 < 10kN）</td><td>9</td><td>7</td><td>6</td><td>5</td><td>4</td><td>4</td><td>4</td></tr>
<tr><td rowspan="3">2</td><td rowspan="3">蓄电池室</td><td>一般电池（48V 单层双列）</td><td>13</td><td>12</td><td>11</td><td>11</td><td>10</td><td>9</td><td>7</td></tr>
<tr><td>一般电池（48V 4 层单列）</td><td>10</td><td>8</td><td>8</td><td>8</td><td>8</td><td>8</td><td>7</td></tr>
<tr><td>一般电池（48V 4 层双列）</td><td>16</td><td>14</td><td>13</td><td>13</td><td>13</td><td>13</td><td>13</td></tr>
<tr><td>3</td><td colspan="2">高压配电室</td><td>7</td><td>7</td><td>6</td><td>5</td><td>5</td><td>5</td><td>4</td></tr>
<tr><td>4</td><td colspan="2">低压配电室</td><td>8</td><td>7</td><td>6</td><td>6</td><td>6</td><td>6</td><td>4</td></tr>
<tr><td rowspan="2">5</td><td rowspan="2">数字传输设备</td><td>单面排列</td><td>10</td><td>9</td><td>8</td><td>8</td><td>7</td><td>7</td><td>6</td></tr>
<tr><td>背靠背排列</td><td>13</td><td>12</td><td>10</td><td>9</td><td>9</td><td>9</td><td>7</td></tr>
<tr><td>6</td><td colspan="2">数字微波室</td><td>10</td><td>8</td><td>7</td><td>7</td><td>7</td><td>7</td><td>6</td></tr>
<tr><td>7</td><td colspan="2">模拟微波室</td><td>4</td><td>4</td><td>4</td><td>4</td><td>4</td><td>4</td><td>4</td></tr>
<tr><td rowspan="2">8</td><td rowspan="2">程控机房</td><td>程控机室（机架 < 2.4m）</td><td colspan="3">6</td><td colspan="3"></td><td></td></tr>
<tr><td>计算机房、业务监控室</td><td colspan="3">4.5</td><td colspan="3"></td><td></td></tr>
<tr><td rowspan="3">9</td><td rowspan="3">测量室</td><td>202 总配线架室</td><td>5</td><td>4.5</td><td>4.5</td><td>4</td><td>4</td><td>4</td><td>4</td></tr>
<tr><td>303/4000 回线总配线架室</td><td>7</td><td>6</td><td>5</td><td>5</td><td>4</td><td>4</td><td>4</td></tr>
<tr><td>6000 回线总配线架室</td><td>9</td><td>8</td><td>7</td><td>6</td><td>5</td><td>4</td><td>4</td></tr>
<tr><td rowspan="2">10</td><td rowspan="2">移动通信机房</td><td>有阀控式密闭电池</td><td>10</td><td>8</td><td>8</td><td>8</td><td>8</td><td>8</td><td>6</td></tr>
<tr><td>无阀控式密闭电池</td><td>5</td><td>4</td><td>4</td><td>4</td><td>4</td><td>4</td><td>4</td></tr>
</table>

注：表中荷载不包括隔墙、吊顶荷载。

当机房处在二楼或以上楼层时，必须进行承重情况核实，以保证安全使用，对于承重不符合要求的机房，建议进行加固处理。机房的加固方式有以下几种：

① 优化设备布局，根据承载能力的要求调整设备位置，如设备分散布置比集中布置时荷载效应小；

② 加大底座面积，使设备作用下协同承载的楼板面积加大；

③ 当楼面板承载能力不足但两端承载能力较强时，可用钢带进行加固，此法施工方便，效果明显，如图 3-3 所示。

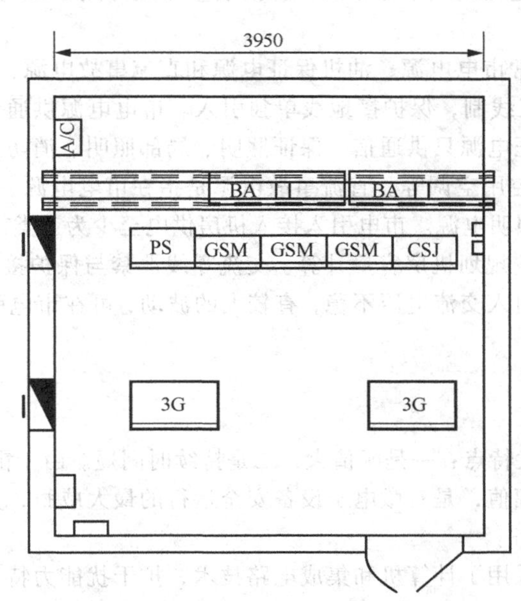

图 3-3　机房电池区局部加固图

对于综合性小机房，在机房内摆放设备时，注意避免将设备、蓄电池放置在同一块楼板上，也不能将设备、蓄电池放置在挑梁以外、阳台等位置上，防止楼板承重超标，危及安全。蓄电池应放在梁下或靠近承重墙的地方，且单层放置。

（6）机房孔洞与沟槽。

机房预留孔洞位置必须准确，所做孔洞必须平整、光滑、无毛刺。注明的楼板洞需做相应的走线架及壁柜，壁柜设相应柜门，以利于光（电）缆的布放。未注明需今后使用的楼板洞，本期工程采用相应的材料填实或填充，但需利于今后使用时开启方便。凡有开孔洞的位置处，不准设窗，以利于安装走线爬梯，各机房内工艺线槽和孔洞在通过外墙处，应根据不同情况采取防水、防潮、防虫等措施。

（7）机房照明。

机房照明分为正常照明、保证照明和应急照明 3 种，正常照明应由市电电源供电，保证照明平时应为市电电源供电，当市电电源中断时则由自备发电机的电源供电，应急照明在市电中断、自备发电机尚未供电之前，应由蓄电池供电。应急照明一般设在机房主走道，按每挡安装一个灯计算。机房的主要光源应采用 40W 荧光灯，灯管的安装位置不能在走线架正上方，尽量采用吸顶安装。照明设计计算点参考高度：水平工作面距地面为 800mm，垂直工作面距地面为 1400mm。照明电缆应与工作电缆（包括设备用电缆及空调用电缆）分开布放，各机房内均应安装单相和三相电源插座 1 个，插座应安装在设备附近的墙上，距地 0.3m。

（8）机房温湿度。

根据原信息产业部提出的机房设计规范要求，通信机房的温度应为 18℃～28℃，相对湿度应为 30%～75%。各通信机房的温湿度主要依靠空调设备调节，机房内应设置长年运转的恒温恒湿空调设备，并保证机房在任何情况下均不得出现结露状态。

安装空调时，应注意空调设备主要考虑满足近期需要，空调机房的面积和管线应考虑远期机房发展的需要。所安装的空调应具备来电自启动功能及远程监控接口，空调电源线应从交流配电箱中引接，空调电源线不能在走线架上布放，应沿墙壁布放并用 PVC 管保护。

（9）供电电源。

机房供电电源分为正常市电电源、油机保证电源和直流事故电源，市电及油机电源为 380V 三相五线制和 220V 单相三线制，保护接地线单独引入。市电电源供通信、正常照明、空调、采暖、通风、给排水等，保证电源只供通信、保证照明、局部照明、消防控制室、消防水泵、消防电梯、自动灭火设备、程控用空调等。直流事故电源是指在市电电源、保证电源均出现故障时，供通信机房及安全疏散的照明电源。市电引入接入机房供电至少为三类市电，要求有 1 路可靠市电引入，市电引入容量应按规划机房容量计算。交流零线严禁与保护接地线、工作地线相连。如机房所在区域地处偏远，引入交流电压不稳，有较大的波动，可在市电引入机房后加装交流稳压器或采用专用变压器。

（10）防雷与接地。

1）防雷的必要性

大自然中雷电具有两大特点：一是幅值大，二是持续时间短。由于雷电流极大的幅值和陡度，其感应电压可达相当高的幅值，是对微电子设备安全运行的最大威胁，其也可沿着传输线、供电线侵入、干扰甚至损坏设备。

现代通信网络大规模采用了计算机和集成电路技术，抗干扰能力特别是抗瞬变干扰能力和临界损坏能力大大降低，其可靠性直接威胁到网络全程全网的畅通。当电源系统遭受雷击甚至引起全局性的瘫痪，将给通信行业带来难以挽回的社会和经济损失。因此，采取有效的防护措施和防护手段势在必行。

2）防雷的总体原则

通信局（站）的雷击防护必须综合考虑经济性和可靠性的最佳化，整体实施。安装保护设备的部位应有所选择，重点对雷击容易损坏的部位进行保护，做到有的放矢。根据通信设备的重要程度和地理位置进行有重点、有层次的保护，雷电过电压保护应建立在联合接地的基础上。应贯彻内外防雷策略，做到引雷途径畅通，引雷过程中尽可能均压，给等电位联结创造条件。对雷电流进行分流，减少脉冲幅值和辐射，在均压和分流过程中注意屏蔽措施，减少对周围的空间感应。通信局（站）及设备要有良好的接地和等电位联结，针对内外部配置合适的避雷器。

3）接地系统的分类

接地系统是通信电源系统的重要组成部分，它不仅直接影响通信的质量和电源系统的正常运行，还起到保护人身安全和设备安全的作用。接地系统大致可分为以下几种类型：

① 保护接地。

保护接地即将机房内通信设备、供电设备，正常不带电的金属部分，包括走线架、金属管、金属线槽、金属门窗等，进局电缆的保安装置以及电源线的金属护套管等接地，以防止金属外壳上积累电荷，产生静电放电而危机设备和人身安全。保护接地线截面积应根据引线长度等因素确定，选用不小于 $35mm^2$ 的多股铜线。

② 防雷接地。

当通信设备遇到雷击时，不论是直击雷还是感应雷，通信设备都将受到极大伤害，为了避免由于雷电等原因产生的过电压而危及人身和击毁设备，应装设地线，让雷电流尽快入地。

③ 工作接地。

工作接地是为电路正常工作而提供的一个基准电位，该基准电位可以设为电路系统中的某一点或某一段。根据电路性质，将工作接地分为直流地、交流地、电源地等。直流电源工作地应从接地汇集线上引入，严禁采用中性线作交流保护地线。

机房内通信设备的工作接地、保护接地和建筑的防雷接地采用联合接地方式，按单点接地原理设计，即 3 种接地共用同一个接地体。严禁在接地线中串接熔丝、装开关，严禁利用其他设备作为接地线电气连通的组成部分，接地线两端的连接点应确保电气接触可靠。

各通信局站及电力电缆的接地电阻大小如表 3-2 所示。

表 3-2　　　　接地电阻适用范围表

接地电阻值（Ω）	适用范围
<1	综合楼、国际电信局、汇接局、万门以上的程控交换局、2000 路以上的长话局
<3	2000 门以上 10000 门以下的程控交换局、2000 路以上的长话局
<5	2000 门以下的程控交换局、移动通信基站
<10	适用于大地电阻率 100Ωm，电力电缆与架空电力电缆接口处的防雷接地
<15	适用于大地电阻率 101Ωm～500Ωm，电力电缆与架空电力电缆接口处的防雷接地
<20	适用于大地电阻率 501Ωm～1000Ωm，电力电缆与架空电力电缆接口处的防雷接地

4）接地系统的组成。

① 地。

接地系统中所指的地，即一般的土地，不过它有导电的特性，并且具有无限大的容量，可以用来作为良好的参考电位。

② 接地体。

接地体是使电流入地扩散而采用的与土地成电气接触的金属部分，包括垂直接地体和水平接地体，接地体材料应采用热镀锌钢材。垂直接地体可采用直径为 50mm、壁厚 3.5mm 的钢管或 50mm × 50mm × 5mm 的角钢，水平接地体可采用 40mm × 4mm 或 50mm × 5mm 的扁钢。垂直接地体长度为 1.5m ~ 2.5m，垂直接地体间隔为其自身长度的 1.5 ~ 2 倍。接地体上端距地面不小于 0.7m，且应在冻土层之下。

③ 接地引入线。

接地引入线是把接地电极连接到地线排或地线汇集排上去的导线，和水平接地体一样可采用 40mm × 4mm 或 50mm × 5mm 的扁钢。引入线的接地点应尽可能远离工作地在地网上的引接点，两点之间的距离应不小于 5m。

④ 地线排。

地线排是专供接地引入线汇集连接的小型配电板或母线汇集排。

⑤ 接地配线。

接地配线是把必须接地的各个部分连接到地线排或地线汇流排上去的导线。

5）防雷接地措施。

① 建筑物的防雷。

通信机房屋顶应按规定设避雷针、避雷带、避雷网，并可利用建筑物外侧梁柱（含塔楼梁柱）内两根以上主钢筋作为雷电流引下线。机房顶部的各种金属设施，均应分别与屋顶避雷带就近连通，楼高 30m 及以上应按规定设计防侧击雷措施。

在机房相关的柱子上按工艺提出的位置设置分接地汇集铜板，此铜板要与联合接地网中的柱内主钢筋牢固焊接，并预留接线螺栓供工艺使用。

在通信大楼的地下一层电缆进线室要求设置一圈接地总汇集排，要求与联合接地网可靠连接，并预留若干个螺栓供引出接线用，同时，应留有测试辅助地线和接地总汇集排。

机房地网为沿机房建筑物外设置的环形接地装置，它应利用机房建筑物基础横、竖梁内两根以上主钢筋共同组成。当机房建筑物基础有地桩时，应将地桩内两根以上主钢筋与机房地网焊接连通。地桩与机房地网之间应每隔 3～5m 相互焊接连通一次，连接点不应少于两点。当通信铁塔位于机房屋顶时，铁塔四脚应与楼顶避雷带就近不少于两处焊接连通，一定要保证连接点的数量和分散性，以利于分散引流雷电，同时宜在机房地网四角设置辐射式接地体，以利雷电流散流。

图 3-4 所示为通信建筑物防雷安装措施示例。安装时，楼顶避雷带和避雷带引下线可采用 25mm × 3mm 热镀锌扁钢，避雷带支柱可采用高度为 150～200mm 的 ϕ12 热镀锌圆钢，埋设深度应不小于 50mm，间距为 1m～1.5m，转弯处间距不大于 0.3m。避雷带在转角需转弯时，扁钢不应出现直角死弯，平弯时最小弯曲半径为其宽度的两倍。避雷带引下线沿建筑物外墙敷设时，其路径应尽可能短而直，引下线应对称放置，引下线的平均间距不应大于 18m。

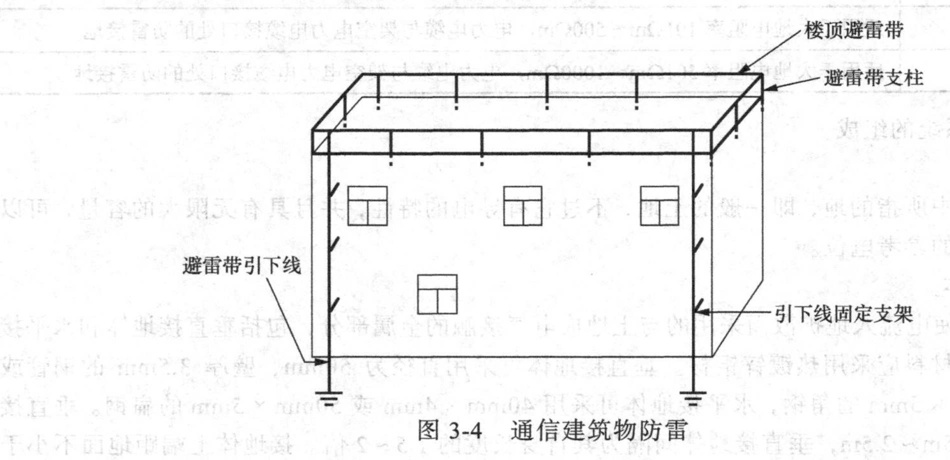

图 3-4 通信建筑物防雷

② 电源系统的防雷。

据统计，约有 50%以上的雷电入侵波来自于电力传输线，因此对电源系统的防雷保护是重点。对此应采取层层设防、多级保护的原则，对电源系统进行完整的五级防护。即在电力变压器的高压侧、低压配电系统进线柜的输入端、交流配电屏的输入端、整流器输入端、通信设备直流输入端，分别加装相应电压等级、容量等级的过电压保护器、直流浪涌吸收装置等。

除了在设备上进行防护以外，对于局站内的架空交流引入线应一律改为地埋方式，并应采用铠装电缆或普通电缆穿金属管保护，两端接地处理的方式进行改造。这样就从供电线路和电源设备上有效阻止了雷电流的入侵。

③ 交流和信号线的防雷与接地。

引入机房的交流低压电力电缆和信号电缆宜从地下敷设，交流电力电缆应采用铠装电缆或穿金属管埋地后进入机房，电缆或金属管两端应作良好接地。

④ 传输系统的防雷。

传输系统的防雷需采取的措施，首先对出入局站的传输中继线尽可能采用全线直埋方式，或者至少在入局站前直埋。埋地光（电）缆的金属屏蔽层或金属管道在两端接地，光缆金属加强芯也一并接地，其次根据中继线的传输速率、工作电压选择合适的信号避雷器，安装在传输线缆与设备连接之前的线路中。

（11）防洪与消防。

通信机房应保证通信设备不被水淹，机房上层不应布置易产生积水的房间，否则，上层房间的地面应做防水处理。进线室一般安排在通信楼的地下室，给水管、排水管、雨水管不宜穿越机房。每个机房内均应设烟感报警器和灭火装置（两套），耐火等级不低于二级。应在主要部位、楼道、出口等处设置火灾事故照明和疏散指示标志。

3. 机房布置与通信设备安装设计

① 设备布置应根据近、远期规划统一安排，做到近、远期结合，以近期为主。除标明本期设备外，还需标出扩容设备位置。

② 设备的布置要充分考虑机房的使用效率，对于不需维护或背后散热的设备，可采用背靠背的摆放方式，机架的维护面要求尽量保持对齐。

③ 设备的布置要尽量分区，设备摆放时要考虑线缆的走向，相互配合，同类型的设备尽量放在一起，相关专业设备的布置顺序要合理，相互关系要明确。

④ 设备布置应便于操作、维护、施工和扩容，操作维护量大的设备如配线架应尽量安装在距门口较近的地方。

⑤ 设备布置应考虑整个机房的整齐和美观。面积较大（$20m^2$ 以上）的机房应考虑留一条维护走道。

4. 布线要求

① 设备之间的布线规范，布线路由合理整齐，尽可能地减少交叉和往返，使布线距离最短。

② 交流电源线与通信线布放在同一电缆走道上时宜采用铅包线，或与通信线分开布放，间距应大于 50mm。

③ 电源主干馈电线宜采用铝芯电缆，列柜至机架布线采用铜芯电缆。

④ 远供电源线应采用铜芯电缆，告警线宜采用音频塑料线。

⑤ 音频配线电缆应采用 HJVV（聚氯乙烯局用配线电缆）或 HPVV（聚氯乙烯局内配线电缆）。

⑥ 微波、移动通信、寻呼的馈线电缆应尽量短、弯头少，进入机房前要注意馈线孔的防水。

⑦ 不同专业的金属线，如交流线、直流线、信号线要用不同颜色区分，并用文字标识。

⑧ 交流供电线路进入机房时，应安装空气开关电源控制箱，交流插座必须经过漏电保护装置，电源线采用电源电缆或单芯铜线。

⑨ 机房交流电线、直流电线、通信电缆、大楼综合布线应分别从不同的电缆井或孔洞走线。

⑩ 进入设备的各种线缆，在考虑维护方便的基础上不多留余线。

⑪ 电源线绝缘层及外套管选用难燃或不燃材料。

⑫ 敷设电源电缆时，中间不得有接头，绝缘层完整。

⑬ 机房内各种线路绝缘层应完整无损，接头应有告示、编号牌。

⑭ 交、直流电源线要注明路由标志，进入设备端，应直接套上带有色谱的绝缘套管或缠扎带有色谱的绝缘带，以区分各种不同的电源线。各种电源线缆颜色见表 3-3。

表 3-3　　电源线缆端头颜色

直流电源		交流电源	
正极	红色	A 相	黄
		B 相	绿
负极	蓝色	C 相	红
		零线	黑
		保护（PE）	黄、绿相间
注：铜母线用喷涂绝缘漆			

5. 走线方式

通信机房常用走线方式分上走线和下走线两种，上走线是在天花板上打孔固定走线架，线缆在其上布放至每个机柜。下走线是在机房地板下固定并敷设电源线和信号线走线槽，线缆在走线槽中布放，在机柜正下方的地板上打孔，线缆从其中进入机柜。

采用地板下走线主要有四大隐患：第一是火灾隐患，如果在地板下的电缆发热、变软、冒烟起火，这个过程不容易被及时发现，容易引发火灾；第二是容易受水灾影响，进而有可能带来人身和设备的安全问题；第三是线缆比较容易遭受虫鼠的啃咬且不容易及时发现；第四是人为隐患，人为隐患主要是由于有了地板的遮蔽，容易引起人的懒惰心理，什么多余的线一捆随手就往地板下一丢，布线杂乱，日积月累，各种线缆的走向很难弄清，为今后的维护工作带来很大不便。因此，目前机房里主要采用上走线的方式来布线。

通信机房应设交流、直流和信号线 3 种走线架，3 种走线架分层应遵循“高危在上”的原则，即交流线架在上，直流线架居中，信号线架在下，光纤设独立线架。若因机房空间限制无法分层的，应严格分架，架间间隔不小于 200mm。

6. 设备安装时的抗震加固设计

（1）抗震设计原则目标。

① 通信设备安装设计的抗震设防烈度应与通信房屋的抗震设防烈度相同，一般情况下可采用基本烈度。

② 通信设备安装铁架及相关的加固，应保证当遭受本地区设防烈度的地震作用时，不应产生损坏，当遭受本地区设防烈度预估的罕遇地震作用时，允许有局部产生损坏，不应产生列架倾倒的现象。

（2）列架式通信设备抗震设计要求。

设备顶部应与列架上梁加固，设备顶部加固构件之间应连接牢固，成为一体。加固连接网包括上梁、立柱、连固铁、列间撑铁、旁侧撑铁、斜撑。8 度及 8 度以上的抗震设防，必须用抗震夹板或螺栓加固。设备底部应与地面加固，8 度及 8 度以上的抗震设防，加固所用的膨胀螺栓或螺栓应加固在垫层下的楼板上。无法用螺栓与地面加固的设备应在设备前后各用 L 型抗震防滑角铁进行加固。列架式通信设备安装加固如图 3-5 所示。

（3）台式通信设备抗震设计要求。

小型台式设备宜用组合机架方式安装，组合机架顶部应与铁架上梁或房屋构件加固，底部应与地面加固。

（4）自立式设备抗震设计要求。

自立式设备底部应与地面加固，当螺栓直径超过 M12 时，设备顶部应采用联结构件支撑加固。

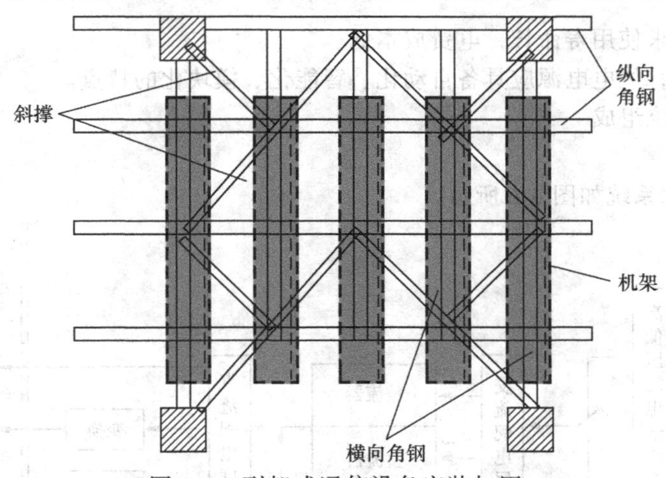

图 3-5 列架式通信设备安装加固

（5）机房列架抗震设计要求。

列架的相关构件由上梁、立柱、连固铁、列间撑铁、旁侧拉铁和走线架组成。各相关构件之间应通过连接件牢固连接，使之成为一个整体，并应与建筑物地面、承重墙、天花板及房柱加固。列架与机房侧房柱（或承重墙）每档必须加固一次。每机列的上梁、连固铁和列柜（或立柱）三者间必须加固。

列走线架两端应分别搭在列架两侧的连固铁上，并应与列架上梁加固，加固点可每隔 2000mm 左右设一处。对未装机机列，应采用吊挂加固或设临时立柱支撑。

主走线架的安装位置应对准电缆进线洞，且宜安装在机列的某一机架上方，中心线与该机架中心线重合。在端墙处主走线架应与端墙加固，若端墙为非承重墙时，应按空列适当设置立柱和上梁，该上梁应一端或两端延长与侧承重墙或房柱加固，然后将主走线架（槽道）与上梁加固。主走线架应采用连接件与每机列上梁加固，加固点间距大于 2000mm 时，主走线架应采用吊挂加固。

3.4.2 通信电源设计

1. 通信电源概述

通信电源是通信局所的重要组成部分，提供满足通信设备要求的工作电源。电源的安全、可靠是保证通信系统正常运行的重要条件，好比通信系统的心脏，电源中断将使整个通信系统陷入瘫痪，带来巨大的经济损失和严重的社会影响。

（1）通信局站供电的特点。

① 重要性。体现在通信电源故障会造成通信阻断，在政治上、经济上给国家集体或个人造成重大损失。

② 复杂性。通信电源用电功率大小不一，且供电质量要求高，可靠性高。

③ 供电对象多。通信设备采用直流供电，主要有直流+24V、−24V、−48V，局内建筑采用交流供电，主要有交流 220V、380V，监控、计费等采用 UPS 供电。

④ 设备配置的冗余度较大，设备种类较多。

（2）通信系统对电源的基本要求。

① 可靠性高，要求在各个环节多重备份，保证可靠性。

② 稳定性高，电压波动范围、杂音和瞬变电压要低，供电质量要求高。

③ 效率高，要求使用寿命长，电费成本低。

④ 可维护性好，供电电源应具备自动化、智能化、模块化的特点。

2. 通信电源系统组成

（1）组成框图。

完整的通信电源系统如图 3-6 所示。

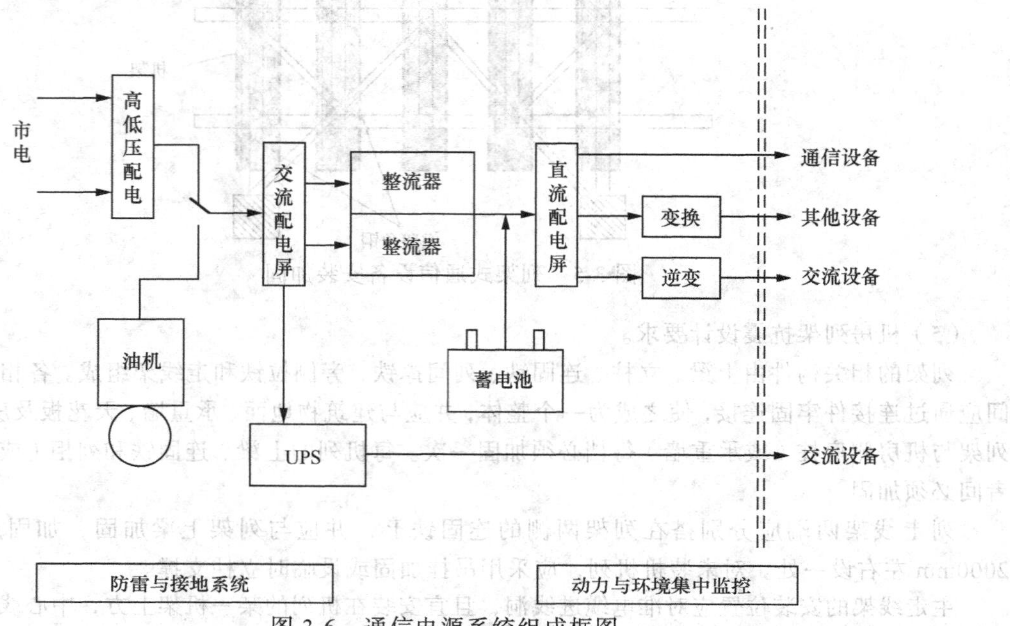

图 3-6 通信电源系统组成框图

（2）各组成部分的作用。

① 高低压配电：主要由高压配电设备、变压器、低压配电设备组成，实现市电高低压转换和低压电能分配。

② 油机：即柴油发电机组，在市电停电期间提供备用交流电源。

③ 交流配电屏：输入市电或油机电，为各路交流负载分配电能。

④ UPS：交流不间断电源系统，提供稳定可靠的交流电源。

⑤ 整流器：它是电源系统的关键设备，将交流电转变为直流电，一方面通过直流配电屏给通信设备供电，另一方面给蓄电池组充电。

⑥ 蓄电池组：交流中断时提供直流电，是直流不间断供电的基础条件。

⑦ 直流配电屏：为不同容量的负载分配电能，并在负载异常时产生告警和保护，降低对其他通信设备的影响。

⑧ 变换器：提供 DC-DC 变换，以满足各种通信设备对直流电源的要求。

3. 通信电源的供电方式

（1）集中供电方式。

集中供电方式是将包括整流器、直流配电屏以及直流变换器和蓄电池组等在内的直流电源设备安装在电力室和蓄电池室，由此将基础直流电送至各个通信机房。这种供电方式的优点是实现简单，代价小。缺点是：①电源系统可靠性差，任何一个设备故障都有可能造成电源系统故障，造成整个通信系统瘫痪。②供电距离长，问题多，能量的传输成本高。③大容量直流供电系统中，过长的电缆会增加馈电回路的电感和阻抗，影响蓄电池的放电性能。④由于各种通信设备对电压的允许范围不一致，而集中供电由同一直流电源供电，严重影响了通信设备的使用性能。⑤集中供电系统需按终期容量进行设计。集中供电系统在扩容或更换设备时，往往由于设计时的容量跟不上通信发展的速度而需要改建机房，造成很大浪费。⑥集中供电系统需要建设符合技术规范的电力室和电池室，基建投资和满足相关技术规范的装备投资都很大。因此，目前此种供电方式只在通信局（站）负荷较小、供电种类少、设备单一时采用。

（2）分散供电方式。

分散供电方式分半分散供电方式和全分散供电方式两种，半分散供电方式就是把整流器与蓄电池以及相应的配电单元等设备安装在通信机房或临近房间中，向该通信机房中的通信设备供电的方式。全分散供电方式是每列通信设备的机架内都装设了小型基本电源，包括整流模块、交直流配电单元和蓄电池。这种供电方式的优点是：①故障发生时影响范围小，可靠性高；②采用分散供电系统后，各种容量的能耗以及占地面积都会有较大幅度的减少，产生明显的经济效益；③分散供电可以根据不同用电设备的不同要求合理配置电源。由于直流供电距离缩短，回路阻抗降低，蓄电池放电性能可以得到充分发挥。此种供电方式适合通信规模较大、用电设备较多的局站。

4. 基础电源设备配置原则

（1）遵照通信电源设备安装工程设计规范（YD/T5040-2005）。

（2）通信用交流配电设备，按系统远期配置。

（3）通信用直流配电设备，按系统近期配置。

（4）整流设备，按系统近期配置。

（5）蓄电池组，按系统近期配置。

5. 开关电源的设计

通信开关电源实质上就是 DC-DC 变换器式电源，它一般以直流−48V 或−24V 供电，将 DC 的供电电压变换成电路所需的工作电压。

（1）开关电源的特点。

① 频率高、体积小、重量轻，可制成模块式。

② 效率高，寿命长。

③ 均流技术使多模块运行，提高系统容量和可靠性。

④ 功率因数高，符合环保需要并降低使用成本。

⑤ 智能化给维护工作带来方便。

（2）开关电源的典型配置。

通信用开关电源一般由交流配电单元、直流配电单元、若干整流模块和监控模块构成，其典型配置如图 3-7 所示。

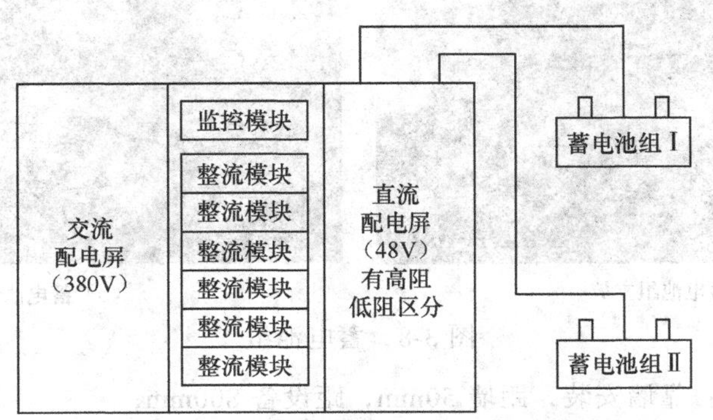

图 3-7　开关电源的典型配置

（3）开关电源的容量计算。

开关电源的容量计算，主要计算整流模块的数量，应按 $N+1$ 冗余方式配置整流模块，其中 N 为主要整流模块数量，当 $N\leqslant 10$ 时，1 只备用；$N>10$ 时，每 10 只备用 1 只，主用整流模块的总容量应按负荷电流和电池的均充电流之和确定，其计算公式如下：

$$N=\frac{I_{\text{LOAD1}}+I_{\text{LOAD2}}+I_{\text{BATT}}}{I_{\text{REC}}} \tag{3-1}$$

其中：I_{LOAD1}——原通信设备实际用电电流之和，新建局无此项；

I_{LOAD2}——新增通信设备负荷电流估计值；

I_{BATT}——蓄电池组充电电流；

I_{REC}——单个整流模块的容量。

6. 蓄电池组的设计

（1）蓄电池组分类与特点。

蓄电池组是储存电能的一种设备，将充电时得到的电能转化为化学能储蓄起来，又能及时将化学能转变为电能。当交流电源断电时，由蓄电池组向通信设备放电提供电源，保证通信设备不间断工作，直到交流电源、高频开关电源工作，向蓄电池组浮充供电时为止。

铅酸蓄电池组有阀控式、防酸隔爆式、开口式、车载式等，目前，通信电源系统多用阀控式密封铅酸蓄电池组。该种蓄电池的特点是：不需要补酸和添加蒸馏水，无需测量电解液比重；水分不易蒸发，采取抑制气体产生的方法，极少有酸雾溢出，不腐蚀设备，基本无污染；有效防止了电解液分层，自放电率小；密封程度高，能与通信设备同室安装；运行时对环境温度和浮充电压要求较高。

（2）蓄电池组的配置。

直流供电系统的蓄电池一般配置两组，当容量不足时可并联，蓄电池最多的并联组数不超过 4 组。不同厂家、不同容量、不同型号、不同时期的蓄电池组严禁并联使用。在安装蓄电池组时，主要有立放或卧放两种放置方式，如图 3-8 所示。根据蓄电池的数量以及机房面积大小，可以有立式双层单列、立式单层双列、立式双层双列和卧式双层 4 种放置方式，具体选择哪种方式，可根据机房所在楼层和机房面积大小来考虑。通常双层蓄电池摆放占地面积小，可充分利用机房空间，但对楼板负荷过大，因此一般用于底层机房。每种放置方式，相对墙和通信设备的最小距离如下。

（a）蓄电池组立放

（b）蓄电池组卧放

图 3-8　蓄电池组

① 立式双层单列：靠墙安装，距墙 50mm，距设备 800mm；

② 立式单层双列：靠墙安装，距墙 50mm，距设备 800mm；

③ 立式双层双列：靠墙安装，距墙 800mm，距设备 800mm；

④ 卧式双层：靠墙安装，距墙 50mm；

⑤ 卧式双层：背靠背安装，距墙 800mm，距设备 800mm。

（3）阀控式密封铅酸蓄电池组的主要指标。

① 容量。蓄电池组容量是以 10 小时率放电容量 C_{10} 为 100%作为额定容量。

② 充电性能。新蓄电池组在使用前一般应进行初充电，在 25℃ ± 5℃时单体蓄电池以 2.35V 进行充电，蓄电池浮充电单体电压为 2.23V ~ 2.27V，蓄电池均衡充电单体电压为 2.30V ~ 2.35V，蓄电池最大充电流≤$2.50I_{10}$（A）。

（4）蓄电池组容量的计算。

蓄电池组的容量主要根据市电状况以及所带通信设备用电负荷大小配置，具体计算公式如下：

$$Q=\frac{KIT}{\eta[1+\alpha(t-25)]} \tag{3-2}$$

其中：Q——蓄电池容量（Ah）；

K——安全系数，取值 1.25；

I——近期负荷电流（A）；

T——放电小时数（h）；

t——实际电池所在地最低环境温度，所在地有采暖设备时，按 15℃考虑，无采暖设备时，按 5℃考虑；

η——放电容量系数，见表 3-4；

α——电池温度系数（1/℃），当放电小时率≥10 时，取 0.006；当 10＞放电小时率≥1 时，取 0.008；当放电小时率＜1 时，取 0.01。

表 3-4　　阀控蓄电池放电容量系数表

电池放电小时数（h）	1	2	3	4	6	8	10	≥10
放电终止电压（V）	1.80	1.80	1.80	1.80	1.80	1.80	1.80	≥1.85
阀控蓄电池放电容量系数	0.45	0.61	0.75	0.79	0.88	0.94	1.00	1.00

7. 电力电缆的配置

（1）电力电缆配置原则。

① 电力电缆设计满足年限与导线的使用寿命有关，与使用环境、敷设方式有关，与品种有关，与选择原则有关。

② 电力电缆在选择上应满足技术经济两方面的要求。技术上要保证使用安全，按发热条件选择，避免温升引起的绝缘损坏而引发的火灾、爆炸等事故；按机械强度校验，避免运行中的断线事故。

③ 同一供电回路需多根电缆并联时，宜选用同缆芯截面的电缆。

（2）交流电缆设计。

首先根据使用电压、敷设条件和使用环境条件，并结合导线性能和用途选定导线型号，然后计算选择导线截面，以确定导线规格。室外的埋地电缆通常要选用铠装电缆。交流电缆单条长度不超过 200m 时，按交流电源设备或负荷设备的使用年限考虑电缆的载流量和机械强度。

① 电缆芯数的确定

电压 1kV 及以下的三相四线制低压系统中，若第四芯为 PEN 线时，应采用四芯电缆；当 PE

线与 N 线分开时，应用五芯电缆或四芯电缆加单芯电缆捆扎组合的方式；单相应采用三芯电缆。

② 电缆绝缘水平

220V/380V 系统选择耐压 0.6kV 以上电缆即可。

③ 电缆截面选择

交流电缆的导线截面选择主要按发热情况选择，应满足以下公式：

$$KI \geqslant I_j \tag{3-3}$$

其中：K——不同敷设条件下的修正系数（可查电缆手册）；

I——标准敷设条件件（空气温度 25℃，土壤温度 15℃）及导线持续发热的容许温升时导线的持续容许电流（A）（可查电缆手册）；

I_j——按局站终期容量考虑时的最大计算负荷电流（A）。

（3）直流电缆设计。

直流电缆主要用于开关电源到蓄电池的连接线，开关电源到负载的供电线。在负载比较多的情况下，开关电源到负载之间要配一个直流配电柜，供电线分为两部分：一部分为开关电源到直流配电柜，另一部分为直流配电柜到负载。现在通信设备的直流电缆通常选择阻燃铜软线，国内通常采用的标准为蓝色接通信电源−48V，红色接工作地、黄绿线接保护地。

直流电缆截面积的计算通常有 3 种方法，即电流矩法、固定压降分配法和最小金属用量法，其中最小金属用量法目前很少使用。

① 电流矩法。

采用电流矩法计算直流电缆截面，是按容许电压降来选择导线的方法。它以欧姆定律为依据，在直流供电回路中，某段导线通过最大电流 I 时，根据欧姆定律，该段导线上由于直流电阻造成的压降可按下式计算：

$$\Delta U = IR = I\rho L / S = IL / \Upsilon S \tag{3-4}$$

式中：ΔU——导线上的电压降（V）；

I——流过导线的电流（A）；

R——导体的直流电阻（Ω）；

ρ——导体的电阻率（$\Omega \cdot mm^2/m$）；

L——导线长度（m）；

S——导体截面面积（mm^2）

Υ——导体的电导率（$m/\Omega \cdot mm^2$）。

由上式推出直流电缆截面积计算公式为

$$S = IL / (\Upsilon \Delta U) \tag{3-5}$$

这里线路导体的总压降ΔU是指从直流电源设备（如蓄电池组、变换器等）的输出端子到用电设备（如变换器、通信设备等）的进线端子的最大允许压降中，扣除设备和元器件的实际压降后，所余下的那一部分。

由于上述计算导线截面的方法中常常用到电流与流经导体长度的乘积，即所谓的电流矩，故上述计算方法习惯上称为电流矩法。

② 固定压降分配法。

固定压降分配法就是把要计算的直流供电系统全程允许压降的数值，根据经验适当地分配到每个压降段落上去，从而计算各段落导线截面面积。如先后两段计算所得的导线截面显然不合理时，还应当适当调整分配压降重新计算。根据以往的工程实践，这种方法可以简化计算，只是精确性较差，适用于中小型通信工程计算。根据《通信电源设备安装设计规范》，为保证通信设备能够稳定可靠工作，全程放电回路压降不能大于电池终止放电电压与通信设备最低工作电压之差。所谓全程放电回路压降，是指从蓄电池组接线端子到通信设备输入端子的整个放电回路的电压降。一般−48V 用电的通信设备的最低工作电压是 40V，而电池终止放电电压为 43.2V，因此整个直流回路的总压降不能大于 3.2V。这 3.2V 分配到直流放电回路中，根据经验，可按图 3-9 进行分配。

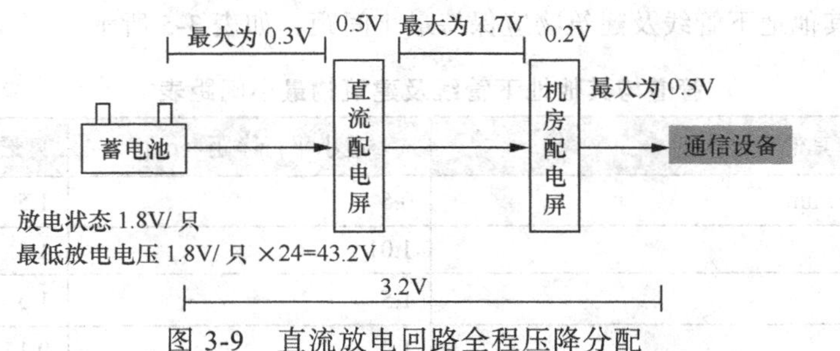

图 3-9　直流放电回路全程压降分配

3.5　通信管道工程设计

3.5.1　通信管道的概念

通信管道是指通信专用管道和市政综合性管道中的通信专用管孔，是光缆、电缆等通信线路的一个重要载体。与其他线路敷设形式相比，通信管道具有容量大、占用地下断面小、隐蔽安全、方便施工维护、有助于美化城市、减少光（电）缆线路直接受外力破坏、保证通信安全、便于技术管理和查询的优点，但通信管道一般沿城镇主要街道和高等级公路建设，建设难度大，周期长，工程投资大。按照管道在通信管网中所处的位置和布放缆线的需要可分为 5 类，即：进出局管道、主干管道、中继管道、分支管道、用户管道。

通信管道一般由管路和人（手）孔组成，其中管路由若干管筒连接而成，为了便于施工和维护，管路中间构筑若干人孔或手孔，为这个通道变向、分歧以及线缆穿放、接续和引上提供了必要的条件。

3.5.2　管道路由位置的确定

（1）通信管道应铺设在路由较稳定的位置，避免受道路扩改建和铁路、水利、城建等部门建设的影响，避开地上（下）管线及障碍物较多，经常挖掘动土地段。管道应建在光（电）缆发展条数较多、距离较短、转弯和故障较少的定型道路上。

（2）选取通信管道路由时，应考虑选择路由顺直、地势平坦、地质稳定、高差较小、土质较好、石方量较小、不易塌陷和冲刷的地段，避开地形起伏很大的地区。

（3）市区通信管道应选择地下、地上障碍物较少的地段，一般应建筑在人行道上，如在人行道下无法建设，亦可建在慢车道下，但不宜建在快车道下。高等级公路上的通信管道建筑位置选择顺序依次是：隔离带下、路肩上、防护网以内。

（4）选择管道路由应远离电蚀及化学腐蚀地带、淤泥流砂翻浆地带、深水深沟地带、滑坡塌方地带、坚石乱石地带、已规划尚未开工地带。

（5）为便于电缆或光缆引上，管道位置宜与已建电杆同一侧。

（6）管道中心线应与道路中心线或建筑红线平行。

（7）管道不应建在其他管线上面，尽量有一定隔距，人（手）孔内不应有其他管线。

（8）管道位置要牢靠稳固，不受其他建设开挖影响，施工维护随时可揭开人（手）孔，不受外界影响 。

（9）管道与其他地下管线及建筑物应保持最小间距，如表 3-5 所示。

表 3-5　管道与其他地下管线及建筑物最小间距表

其他管线类别	最小平行净距（m）	最小交越净距（m）
给水管：直径≤300mm	0.5	1.5
直径 300～500mm	1.01	1.5
直径＞500mm	1.5	1.5
排水管：	1.0	0.15
热力管：	1.0	0.25
煤气管：压力小于 294.20kpa（3kgf/cm^2）	1.0	0.30
煤气管：压力＝294.20～784.55kpa（3–8kgf/cm^2）	2.0	0.30
电力电缆：35kV 以下	0.5	0.5
电力电缆：35kV 以上	2.0	0.5

3.5.3　人（手）孔位置确定

（1）局站前以及主要路口、规划路口附近、周边有可能有接入需求的地点必须修建人（手）孔。

（2）原有通信管道附近和一些重要的企事业单位、高层建筑附近也应设置人（手）孔。

（3）穿越铁路等交通设施或顶管穿越其他障碍时，两侧应设置人（手）孔。

（4）水平路由拐点或突出弯曲点、坡度的显著变化点应设置人（手）孔。

（5）靠近消防栓、水井、排水检查井等设施、容易积水泥沙的位置不应设置人（手）孔。

（6）交通繁忙的要道路口、加油站或公共建筑门前等可能影响交通安全的位置不宜设置人（手）孔。

3.5.4　通信管道设计

1．管材的选择

根据管材类型，可分为水泥管、钢管、塑料管。水泥管的优点是制造简单、材料充足、价格低廉，在城市通信管道中曾经一直被广泛应用。不足之处是水泥管的抗折强度很低，其次管间的接口部分难以密合，不能防止地下水渗入管道中，因而对管道的寿命及缆线也会产生一定的威胁。钢管具有良好的机械性能和密闭性能，但钢管价格高、易腐蚀，需要经常防锈维修。目前水泥管、钢管已很少使用。塑料管分为双壁波纹管、栅格管、梅花管、硅芯管等，如图 3-10 所示。由于塑料管具有重量轻、管壁光滑、易弯曲、接续方便、密封性好、施工周期短等优点，所以目前被广泛使用。

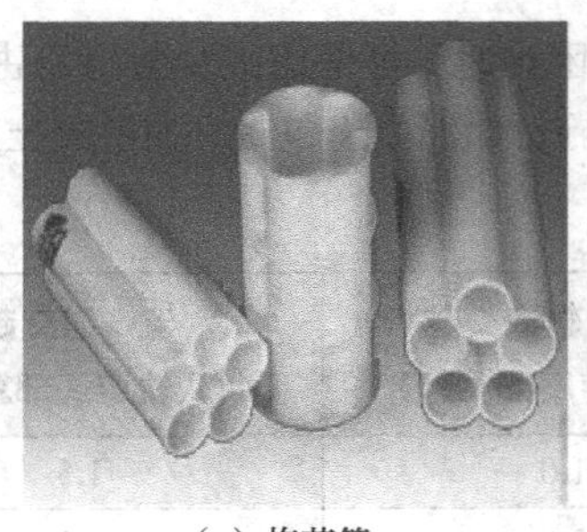
（a）梅花管

（b）波纹管

（c）栅格管

图 3-10　各种塑料管举例

2. 管道容量的确定

通信管道管孔容量应兼顾近远期业务发展需要来取定，并应留有适当的备用孔。根据《通信管道与通道工程设计规范》，各段管孔数可参考表 3-6 估算。

表 3-6　管孔数量参照表

使用性质＼期别	本　期	远　期
用户光（电）缆管孔	根据规划的光（电）缆条数	馈线管道平均每 800 线对占用 1 孔 配线管道平均每 400 线对占用 1 孔
中继光（电）缆管孔	根据规划的光（电）缆条数	视需要估算
过路进局站光（电）缆管孔	根据需要估算	根据发展需要估算
租用管孔及其他	按业务预测及具体情况计算	视需要估算
备用管孔	2～3 孔	视具体情况估计

为避免多次挖掘马路，在一条路由上管道应按远期容量一次敷设。进局管道应根据终端局需要尽量一次建设，根据业务发展，管孔不宜少于 2 孔。小区通信管道一般可根据当前可以预测的容量需求并适当留有备用孔即可，不宜扩大建设规模。在管孔分配时，应注意电缆线路之间的相互干扰，电视电缆、广播电缆线路不宜与市话通信电缆共管孔敷设，光缆与电缆不能共管孔敷设。

3. 通信管道

（1）管道段长与弯曲。

相邻两人（手）孔中心间的距离叫做管道段长。管道段长越长，建筑费用越经济，但由于缆线在管孔中穿放所承受张力随着长度增加而加大，对缆线将造成很大损伤，而且，管道段长还要考虑人孔所在位置，因此，管道段长的确定要综合考虑。一般在直线路由上，水泥管道段长最长不得超过 150m，塑料管道可适当延长，高等级公路上的通信管道段长不得超过 250m。每段管道应尽量按直线敷设，如遇到道路弯曲或需要绕开障碍物，可建弯曲管道。弯曲管道段长应小于直线管道最大允许段长，且曲率半径不小于 36m，同一段管道不应有反响弯曲或 S 弯。

（2）管道沟。

管道沟通常采取斜坡式挖掘，挖掘时应考虑加保护措施，以防止沟槽侧壁塌陷。通常把管道基础宽度加上基础两边各 10～15cm 的施工余量作为沟槽底部宽度，管道上口宽度比沟底宽 20～30cm。一般通信管道的埋深，即管顶至路面的距离不宜小于 0.8m，进入人孔时，两侧管道的相对位置应保持一致或接近，高度差不宜大于 0.5m。进入人孔处的管道基础顶部距人孔基础顶部不应小于 0.4m，管道顶部距人孔上覆底部不应小于 0.3m。根据通信管道设计规范，管道的最小埋深见

表 3-7。当通信管道与其他管线交越或埋深相互冲突且迁移有困难时，可考虑减少管道所占断面高度或改变管道埋深。不得已降低埋深时，应采取必要的保护措施，如混凝土包封、加混凝土盖板等。

表 3-7　　　　　　　　　　路面至管顶的最小深度表（m）

类别／管材	人行道下	车行道下	与电车轨道交越（从轨道底部算起）	与铁道交越（从轨道底部算起）
水泥管、塑料管	0.7	0.8	1.0	1.5
钢管	0.5	0.6	0.8	1.2

在管道沟回填土方时，要求管道顶部 30cm 以内及靠近管道两侧的回填土内不应含有直径大于 5cm 的砂石、碎砖等坚硬物，否则需要更换回填土。管块两侧回填土方要夯实，每回填土 15cm 厚，用木夯排夯两遍，两侧轮流进行。管道顶部 30cm 以上，每回填土 30cm 夯打土方一次，市内主干路面，要求回填、夯实后与原地表平齐，一般道路回填后高出 5～10cm，郊区高 15～20cm，严禁用沙子进行回填。

（3）管道坡度。

为了避免污水或淤泥渗入管孔中造成光电缆线路的腐蚀，敷设管道时，在相邻两人孔间需要有一定的坡度，使渗入管道内的水能及时排出到人手孔中，以便清理。一般规定管道坡度为 3‰～4‰，最小为 2.5‰。敷设管道时，当道路路面有一定坡度时，管道应顺着道路路面的斜坡方向敷设，这样可以减少施工土方量。当道路路面较平坦时，可以采用一字坡或人字坡敷设管道，构成管道坡度。一字坡是在两个人（手）孔间沿一条直线敷设管道，该方法方便敷设管道，可以减少缆线布放时的阻力，是常用的管道建筑方式，但此方法要求两个人（手）孔间的管道两端高度相差较大，使得管道埋深和施工土方量也较大，在管道段长较短及障碍物影响较小时，可采用一字坡，如图 3-11 所示。所谓人字坡，是以相邻两个人（手）孔间管道中间适当地点作为顶点，以一定的坡度向两边敷设。这种方法较一字坡比，施工敷设难道大，增加缆线布放阻力，但可以减少土方量，在管道穿越障碍物困难或管道进入人孔后距上覆太近时，可采用人字坡，如图 3-12 所示。

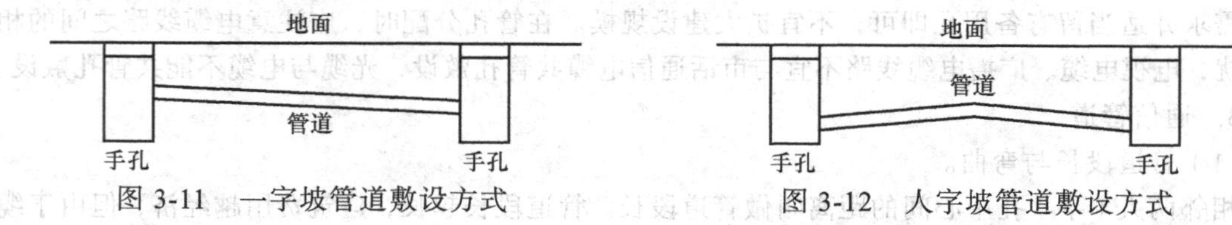

图 3-11　一字坡管道敷设方式

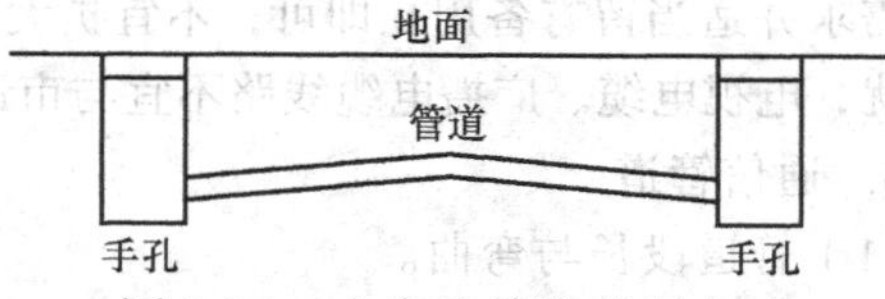

图 3-12　人字坡管道敷设方式

（4）管道地基。

通信管道应建筑在良好的地基上，对于地质坚实、稳定性好，土壤承载能力≥2 倍的荷重和坑基在地下水位以上的地段，可以使用天然地基。当通信管道敷设在不稳定的土壤上，则必须将地基进行人工加固。常用的人工加固地基的方法有表面夯实法、碎石加固法、换土法、桩基加固法。桩基加固法由于工程难度大、费用高，一般情况下很少采用。

（5）管道基础。

基础是铺设在通信管道与地基之间的一种建筑结构，铺设基础目的是为了防止通信管道和人（手）孔建筑由于地基稳定性不够而发生下沉、变形、断裂等所采取的一种保护措施。通过基础支撑管道，把管道的荷重均匀分布到地基中。根据所用材质，管道基础可以分为砂基础、三合土基础、灰土基础、混凝土基础和钢筋混凝土基础。钢筋混凝土基础主要适用于沉陷性土壤、地下水位以下冰冻层以上土壤以及跨度较大的场合，在靠近人孔 2m 内也应做钢筋混凝土基础，以避免人孔和管道建筑不同的沉降程度形成的剪切力危害管道安全。

对于现在常用的塑料管，其管道基础多为砂基础，一般用粗砂或中砂，也可用较好的细土代替砂料。要求砂中不含树枝和土块等杂物，并具有一定的含水量。铺设多层单孔管时，各管子之间及最上层和最下层，均须铺垫砂层。

（6）管孔排列。

排列管孔时应做到合理避障，合理安排，避免出现管群断面超出交接箱底座的情况。不同种类管材在排放时应是波纹管放在多孔管下，埋深较浅时塑料管放在水泥管块的一侧，埋深较深时可放在水泥管块的上面。管孔组合一般排成长方形或正方形，高度不超过宽度的一倍，以减小管道沟土方量。在规模和组成没有变化的情况下，应保持排列顺序的一致，在规模和组成发生变化的情况下，应尽可能保证种类相同、规格相同的管材相对位置不变。

在敷设塑料管道时，为保证管孔排列整齐，间隔均匀，应每隔 3m 左右距离采用框架固定，两行管之间的竖封应填充 M7.5 水泥砂浆。当塑料管管顶覆土小于 0.8m 时，应采取保护措施，如用砖砌沟加钢筋混凝土盖板或作钢筋混凝土包封。塑料管孔敷设示意图如图 3-13 所示。

（7）接续与包封。

为增加管群的抗压能力，要求将管群中同层管材的接续点前后错开。水泥管块接续一般多采用抹浆法，用纱布将管块接缝处包缠 8cm 宽度，抹水泥浆后立即抹 10cm 宽度的 1：2.5 的水泥砂浆，水泥砂浆厚度应为 1.5cm。钢管接续采用管箍法，使用有缝管时，应将管缝置于上方。塑料管接续主要采用承插法和对插法，采用承插法进行接续，塑料管本身一端需带扩口，无需另配接头，该方法密封好，抗压能力强。对插法是将两根相同直径的塑料管端部对插到接头套管内，它不需采取扩口方式，接头套管由厂家随塑料管一并制成，操作方便。

一般除钢管管道以外，在通信管道埋深不够、地层不稳定的情况下，在管群外围用混凝土进行防护的一种措施称为管道包封。它的作用是加强管道抗拉抗压强度、增强安全性、防止渗漏。通常需在以下几种情况下制作管道包封：管道接头处；当管道在排水管下部穿越时，净距不足 0.4m 时；当通信管道与煤气管交越时，无法避免在交越处 2m 范围内，煤气管做接合装置和附属设备时；管线穿越其他管井时，管线在管井内部分。目前，常采用的是混凝土包封，管道两侧包封厚度为 5～8cm，要求与基础等宽，顶部包封厚度为 8cm，如图 3-14 所示。在跨越障碍或管道距路面距离较近的部位，应在管群外侧及顶部绑扎钢筋后再浇注混凝土，做成钢筋混凝土包封。

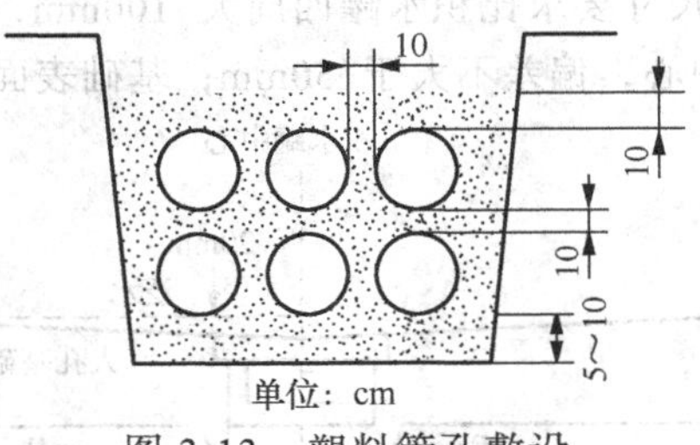

图 3-13 塑料管孔敷设

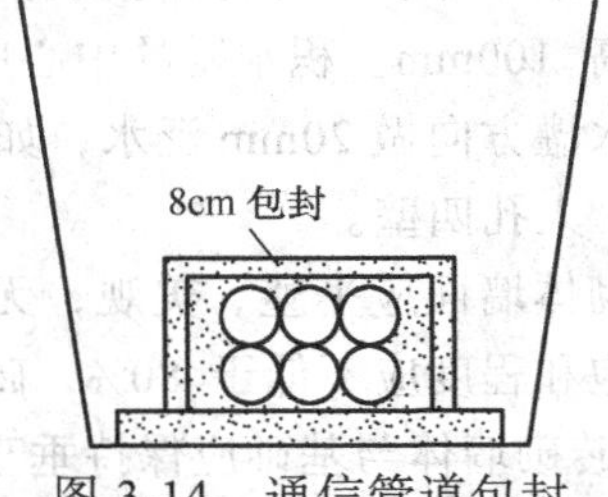

图 3-14 通信管道包封

做混凝土包封时，必须使用有足够强度和稳定性的模板，模板与混凝土接触面应平整，拼缝紧密，包封的负偏差小于 5mm。在混凝土达到初凝后，拆除模板。浇注混凝土时，要求侧包封与顶包封一并连续浇注，并做到配比准确、拌合均匀、浇注密实、养护得体。

4. 人孔建筑

（1）人孔程式。

设置人孔是为了施工和维护方便，根据人孔所处的位置，人孔可分为直通型、分歧型、扇型、三通型、四通型和局前孔，使用时，可根据每种人孔的适用地形位置来选择，具体见表3-8。人孔的容量依照连接的管道管群容量而确定，分为大号、中号、小号人孔。小号人孔适合于4～12孔通信管道使用，中号人孔适合于12～24孔的通信管道使用，24孔以上的通信管道则使用大号人孔。如通信管道容量在4孔以下，则使用手孔，手孔的用途与人孔相似，但手孔尺寸比人孔小得多，一般情况下，工作人员不能站在手孔中作业。

表3-8　人孔类型与适用范围

类　型	适用范围
直通型	直线路由或前后两段管道的夹角小于22.5°
30°扇型	夹角为22.5°～37.5°的弯曲管道路由
45°扇型	夹角为37.5°～52.5°的弯曲管道路由
60°扇型	夹角为52.5°～67.5°的弯曲管道路由
分歧型	直线路由中左右有分歧的管路或在夹角大于67.5°的弯曲管道路由
三通型	丁字路口采用
四通型	管道十字交叉处采用
局前人孔	管道进局或在大容量管道分歧处采用

（2）人孔坑挖深。

小号、中号直通型人孔内净高1.8m，小号、中号三通及大号直通人孔内净高2.0m；大号三通人孔内净高2.2m；手孔内净高为1.1m。

（3）人孔地基。

人孔地基与管道地基要求相同，当人孔坑底土质为硬土时，采用夯实沟底，铺10cm黄砂作为垫层；如土质为松土时，先铺10cm碎石，铺平夯实后再用黄砂填充碎石空隙拍实、抄平。当人孔坑底土质不稳定时，应加大片石料填实，再填碎石、黄砂，夯实后加铺150#钢筋混凝土基础。

（4）人孔基础。

人孔基础一般采用150#混凝土，不加钢筋。浇灌基础混凝土前，需要支设基础模板，清理模板内的杂草等物，并挖出安装积水罐的土坑，坑的尺寸要求比积水罐四周大100mm，坑深比积水罐高100mm。积水罐的中心应对正人孔口圈的中心，偏差不大于50mm；基础表面应从四壁向积水罐方向做20mm泛水，如图3-15所示。

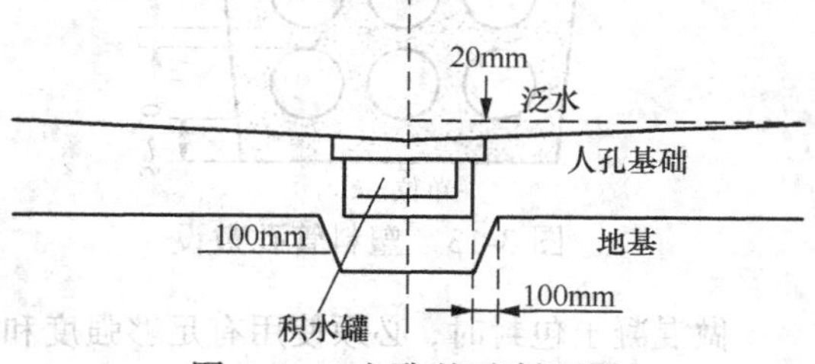

图3-15　人孔基础断面图

（5）人孔四壁。

砖砌体墙面应平整、美观，无竖向通缝，砌砖砂浆饱和程度应不低于80%，砖缝宽度为8～12mm。砖砌墙体与基础应保持垂直，允许偏差不大于±1cm，同一砖缝的宽度一致，墙角砌砖的咬茬两侧应一致。在给砖墙面抹灰时，要采用1∶2.5的水泥砂浆，内墙抹灰厚度为1.0～1.5cm，外墙抹灰厚度为1.5～2cm。要求抹面严密、压实、平整、表面光滑，不得有中空或表面开裂现象，墙体与基础以及墙脚结合处的内外侧应抹八字灰，要求抹灰结合紧密、不漏水、无欠茬和飞刺。

（6）人孔上覆。

人孔上覆采用钢筋混凝土制作，上覆的外形尺寸、设置高程以及钢筋配制、加工、绑扎、混凝土标号应符合设计图纸规定。除直接在墙体上浇灌的以外，上覆与墙体搭接的内、外侧应用 1：2.5 的水泥砂浆抹八字灰，上覆盖板同样用水泥砂浆稳固在人孔四壁上，接缝处要抹灰。上覆应平整光滑，不漏筋、无蜂窝等缺陷，人孔内顶不应有漏浆等现象。人孔口圈与上覆预留洞口成同心圆，口圈与上覆之间一般加垫三层红砖以适应路面改造高程变化。

3.6 通信架空杆路设计

架空杆路就是利用电杆、拉线、吊线来固定光（电）缆的一种方式。架空杆路建设方式有采用电杆、钢绞线吊线支撑式和电杆自承式两种。我国基本采用前者。

3.6.1 光（电）缆采用架空杆路的条件

（1）道路规划未定，或受条件限制（如盐碱、坚石或水网等地段）不宜在地下敷设时。

（2）加挂电缆时，同一路由上电缆数量一般不超过 2 条，最多不超过 4 条。每条电缆的对数一般不超过 100 对，最多不超过 200 对。

（3）用户位置和用户数量变化较大，今后线路需作调整时。

（4）电缆分线、上线、下线比较频繁时。

（5）由于经费或器材所限，又急需通信线路时。

（6）临时性线路，用后立即拆除时。

3.6.2 架空杆路路由选择的原则

（1）杆路路由及其走向必须符合城市或某一地区建设规划的要求，沿靠稳定的公路和尚未规划的农田自然取直、拉平，线路距公路的距离一般为 20～150m，若公路转弯应顺路取直，如沿途遇到其他杆路时，应尽量采取避让措施，使之满足倒杆距离。

（2）通信杆路与电力杆路一般应分别设立在街道的两侧，避免彼此间的往返穿插，确保安全可靠，符合传输要求，便于施工及维护。

（3）杆路应与城市的其他设施及建筑物保持规定的隔距。

（4）杆路应尽量避免跨越仓房、厂房、民房，沿途经过乡镇、自然村时，居民区与公路之间距离能满足 20m 的，杆路可以不绕开居民区，否则宜绕开。不得在醒目的地方穿越广场、风景游览区及城市预留建筑的空地。

（5）杆路的任何部分不得妨碍必须显露的公用信号、标志及公共建筑物的视线。

（6）杆路在城市中跨越河道时，应尽量在桥梁上安装支架，使缆线从桥上通过。

3.6.3 架空杆路组成

架空杆路的组成如图 3-16 所示。

1. 电杆

电杆是通信杆路的实体，按所用材质的不同可分为木质电杆和钢筋混凝土电杆，我国通信线路目前主要用的是钢筋混凝土电杆；按外形分为等径杆和锥形杆，目前常用的是锥形杆；按配制钢筋强度的不同加工处理方法分为预应力杆和非预应力杆，目前常用的是预应力杆；按电杆断面形状分离心环形杆、工字形杆和双肢形杆等多种，目前常用的是离心环形杆。

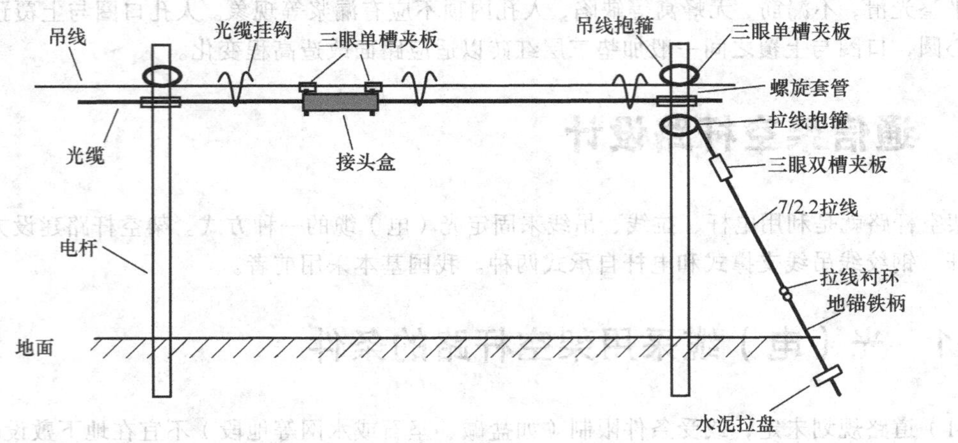

图 3-16 架空杆路的组成

2. 线材

杆路线材分为绞线类和单线类，目前常用的是镀锌钢绞线，一般用于制作光（电）缆吊线和拉线，它的规格、物理及机械性能见表 3-9。

表 3-9 钢绞线性能规格表

钢绞线程式 股数/线径	外径 （mm）	单位强度 （kg/mm²）	截面积 （mm²）	总拉断力 （N）	线重 （kg/km）
7/2.2	6.6	120	26.6	29300	218
7/2.6	7.8	120	37.2	41000	318
7/3.0	9.0	120	49.5	54500	424

3. 线路铁件

架空线路上的铁件主要是用来在电杆上安装、接续拉线、吊线以及加挂光（电）缆时使用的，常用的铁件有穿钉、护杆板、市话线路角钢担、拉线衬环、拉线地锚、拉线抱箍、吊线抱箍、缆线挂钩、钢绞线夹板，分为三眼单槽夹板和三眼双槽夹板两种、U 型卡子等。

3.6.4 架空杆路设计

1. 杆间距离

架空杆路的杆间距离应根据线路负荷、气象条件、地形地物情况，用户下线位置以及今后发展改建要求等因素综合确定。正常情况下，市话杆路的基本杆距为 35～40m，郊区杆距为 45～50m。当架空线路杆距在轻负荷区超过 60m，中负荷区超过 55m，重负荷区超过 50m 时，应采用长杆档，通过加装拉线或根部加固的方式做相应加强措施。

2. 电杆埋深

电杆埋深应根据电杆高度、立杆地段土质情况以及线路负荷几方面来确定，在不同情况下，钢筋混凝土电杆埋深可参照表 3-10。

表 3-10 钢筋混凝土电杆埋深

杆长（m）\ 坑深（m）\ 土质	普通土	硬土	水田、湿地	石质土
6.0	1.2	1.0	1.3	0.8
6.5	1.2	1.0	1.3	0.8
7.0	1.3	1.2	1.4	1.0
7.5	1.3	1.2	1.4	1.0
8.0	1.5	1.4	1.6	1.2
8.5	1.5	1.4	1.6	1.2
9.0	1.6	1.5	1.7	1.4
10.0	1.7	1.6	1.8	1.6
11.0	1.8	1.8	1.9	1.8
12.0	2.1	2.0	2.2	2.0

3．架空线路与其他线路、设施及建筑物的最小间距

为了保证架空线路与其他线路及建筑物的安全，要求在敷设架空线路时，其位置应与沿线其他线路、设施及建筑物保持有一定的间隔距离，其最小间隔距离符合表 3-11、表 3-12 和表 3-13 所示。

除以上 3 个表的要求以外，还应说明架空线路原则上不宜架设在电力线电杆上，如不可避免，可以与 10kV 以下的电力线合杆架设，但必须采取保护措施，并且通信线路应架设在电力线下面，两者间净距不应小于 2.5m。

表 3-11 架空线路与其他建筑设施的最小水平间距

名称 \ 间距	最小水平间距（m）	备 注
消火栓	1.0	指消火栓与电杆的距离
地下管线、缆线	0.5～1.0	包括通信管、缆线与电杆的距离
火车铁轨	地面杆高的 4/3 倍	
人行道边石	0.5	
市区树木	1.25	缆线到树干的水平距离
郊区树木	2.0	缆线到树干的水平距离
房屋建筑	2.0	缆线到房屋建筑的水平距离

表 3-12 架空线路与其他建筑设施的最小垂直距离

名称 \ 距离	与线路平行时		与线路交越时	
	垂直距离（m）	备 注	垂直距离（m）	备 注
市内街道	4.5	最低缆线到地面	5.5	最低缆线到地面
胡同（里弄）	4.0	最低缆线到地面	5.0	最低缆线到地面

续表

名称＼距离	与线路平行时		与线路交越时	
	垂直距离（m）	备　注	垂直距离（m）	备　注
铁路	3.0	最低缆线到轨面	7.0	最低缆线到轨面
公路	3.0	最低缆线到地面	5.5	最低缆线到地面
土路	3.0	最低缆线到地面	4.5	最低缆线到地面
房屋建筑			0.6	最低缆线到屋脊
			1.5	最低缆线到房屋平顶
河流			1.0	最低缆线到最高水位时的船舱最高桅杆顶
市区树木			1.0	最低缆线到树枝顶
郊区树木			1.0	最低缆线到树枝顶
通信线路			0.6	一方最低缆线到另一方最高缆线

表 3-13　　架空线路与其他电气设施交越时最小垂直距离

名称＼距离	最小垂直距离		备　注
	有防雷保护设施	无防雷保护设施	
1kV 以下电力线	1.25	1.25	最高缆线到电力线条
1～10kV 以下电力线	2.0	4.0	
35～110kV 以下电力线	3.0	5.0	
154～220kV 以下电力线	4.0	6.0	
供电线接户线	0.6		带绝缘层
霓虹灯及其铁架	1.6		
电气铁道及电车滑行线	1.25		

4. 吊线的设计

（1）吊线程式的选择。

由于光（电）缆线路有一定重量且机械强度较差，不能直接悬挂在杆路上，须另设吊线，用挂钩把光（电）缆挂在吊线上。吊线的主要材质为镀锌钢绞线，其常用程式有 7/2.2、7/2.6、7/3.0 三种。吊线程式的选择应根据所挂光（电）缆线重量、杆档距离、所在地区的气象负荷以及今后发展情况等因素决定。

（2）吊线的安装。

① 电杆处于中间位置时，若电杆为木电杆时，一般在电杆上打穿钉洞，采用穿钉和三眼单槽夹板固定吊线；若电杆为水泥电杆，则可用穿钉法、抱箍法及吊线担法安装，如图 3-17 所示。

② 吊线必须置于夹板的线槽中，夹板线槽必须置于上方。

③ 三眼单槽夹板在安装时，应至杆梢的最小距离一般不小于 50cm，如因特殊情况可略为缩短，但不小于 25cm。各电杆上吊线夹板的装设位置宜与地面等距，如遇上下坡或有障碍物时，可以适当调整，所挂吊线坡度变化一般不宜超过杆距的 2.5%，在地形受限制时，也不得超过杆距的 5%。

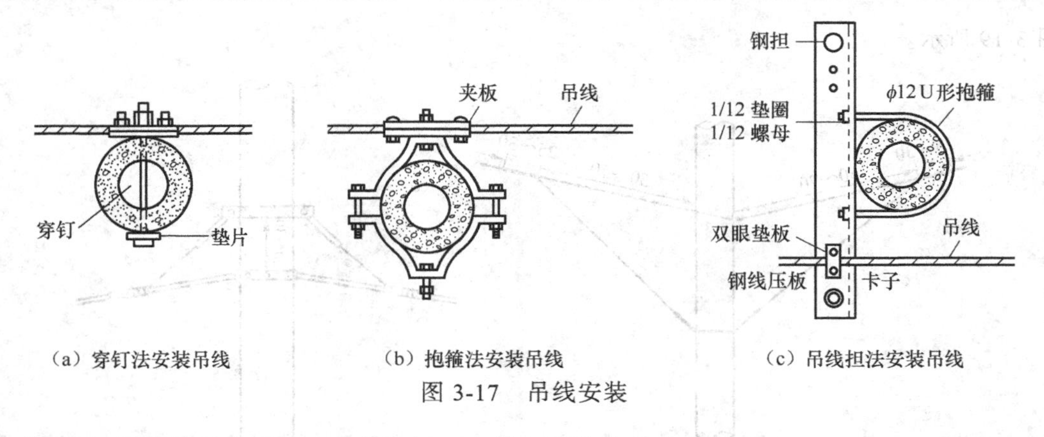

（a）穿钉法安装吊线　（b）抱箍法安装吊线　（c）吊线担法安装吊线

图 3-17　吊线安装

④ 电杆处于转角位置时，夹板的唇口应背向吊线的合力方向。

⑤ 电杆为终端杆或角深 15m 的转角杆，在此上安装吊线应做终结，如果终端杆及转角杆的拉线因跨越道路无法装设时，应将吊线向前延伸一档或数档再做吊线终结。吊线的终结方法有 U 型钢绞线卡子法、三眼双槽夹板法和另缠法 3 种，如图 3-18 所示。

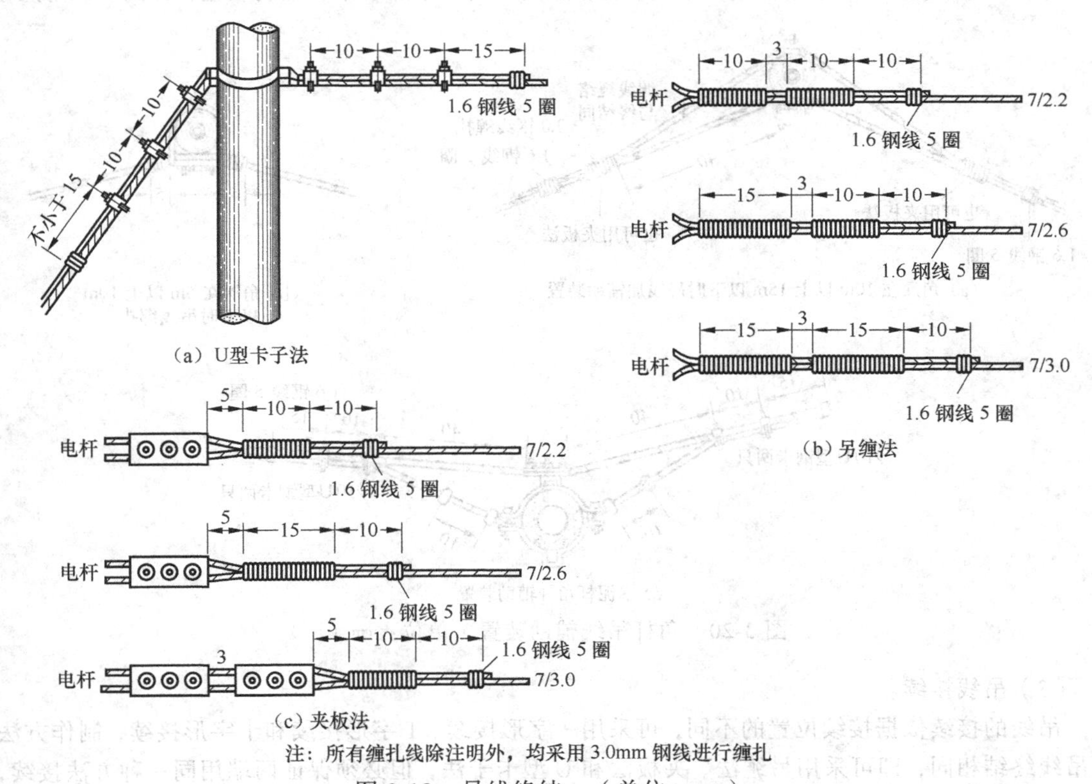

图 3-18　吊线终结　（单位：cm）

⑥ 在同一电杆上装设两层吊线时，两吊线间距离为 40cm。在电杆上放设第一条吊线时，除特殊情况外，吊线夹板应装在面向人行道一侧。

⑦ 吊线收紧后，电缆吊线原始垂度应符合规定要求，在 20℃以下时，偏差应不大于标准垂度的 10%；在 20℃以上时，应不大于标准垂度的 5%。

⑧ 吊线收紧后，当坡度大于杆距的 5%小于 10%时，电杆上的吊线应做仰俯吊线辅助装置，

如图 3-19 所示。

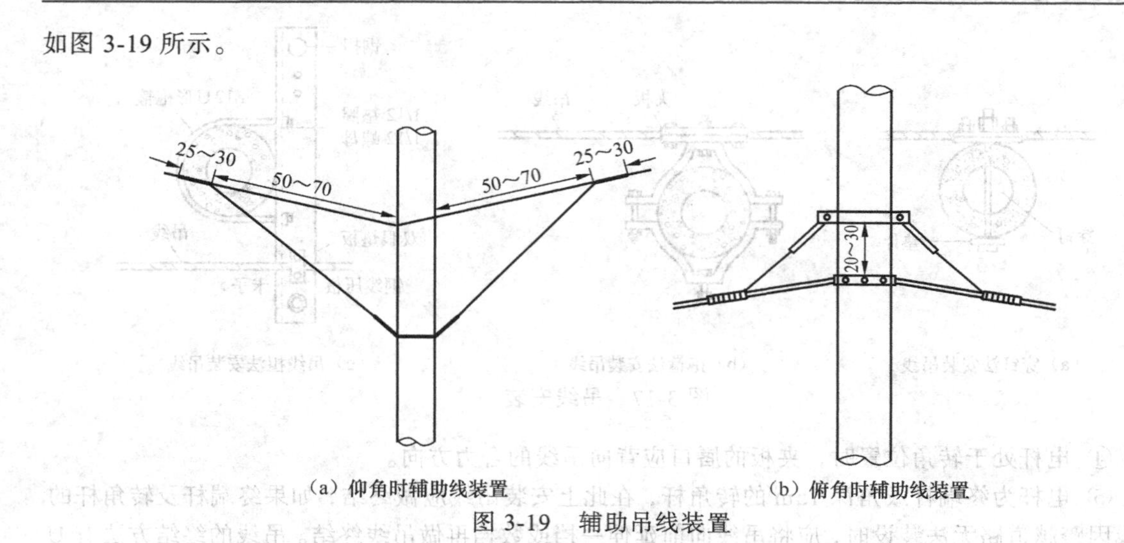

（a）仰角时辅助线装置　　（b）俯角时辅助线装置

图 3-19　辅助吊线装置

⑨ 吊线收紧后，对于角杆上的吊线，应根据角深的大小加装吊线辅助装置，如图 3-20 所示。

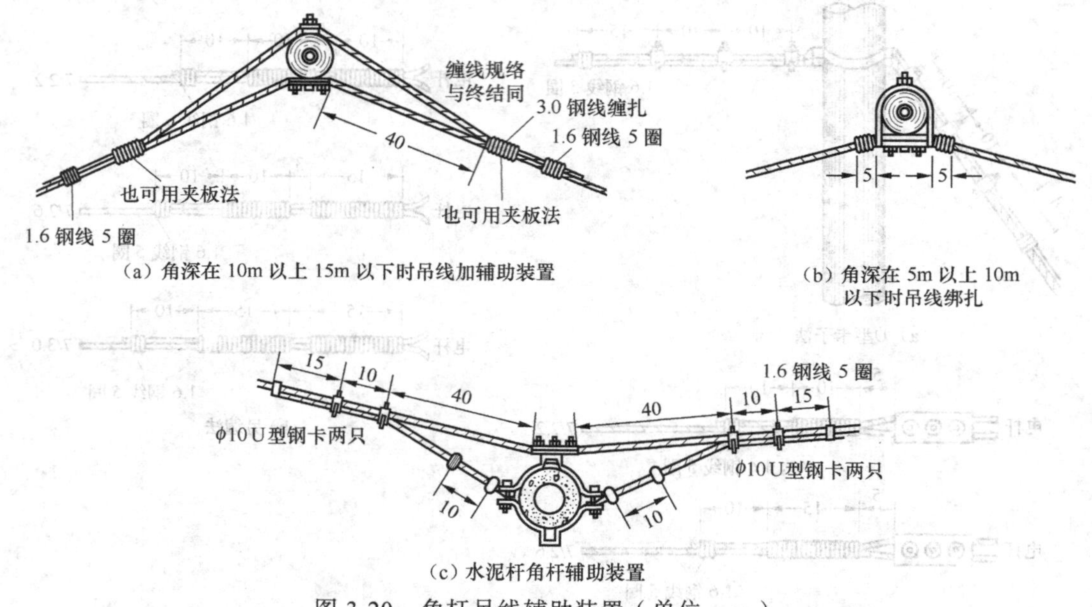

（a）角深在 10m 以上 15m 以下时吊线加辅助装置　　（b）角深在 5m 以上 10m 以下时吊线绑扎

（c）水泥杆角杆辅助装置

图 3-20　角杆吊线辅助装置（单位：cm）

（3）吊线接续。

吊线的接续依据接续位置的不同，可采用一字形接续、T 字形接续和十字形接续，制作方法与吊线终结相同，即可采用另缠法、夹板法和 U 型卡子法，但必须保证两端用同一种方法接续，如图 3-21、图 3-22 和图 3-23 所示。当吊线在直线杆路上接续时，采用一字形接续，除长杆档的正、辅助吊线外，一个杆档中只允许有一个一字形接续。当线路接续处有分歧时，可采用 T 字形接续，若架空线路为电缆时，要求分歧电缆对数不宜过大，T 字形电缆吊线长度一般不超过 10m。若线路存在两条电缆吊线，应将两条主吊线用钢板连接在一起，再做 T 字吊线连接。当杆线在十字路口处，两条同一高度的吊线互相交叉跨越时，采用十字形接续。两吊线跨越时，应将较细线径的吊线放在上面。

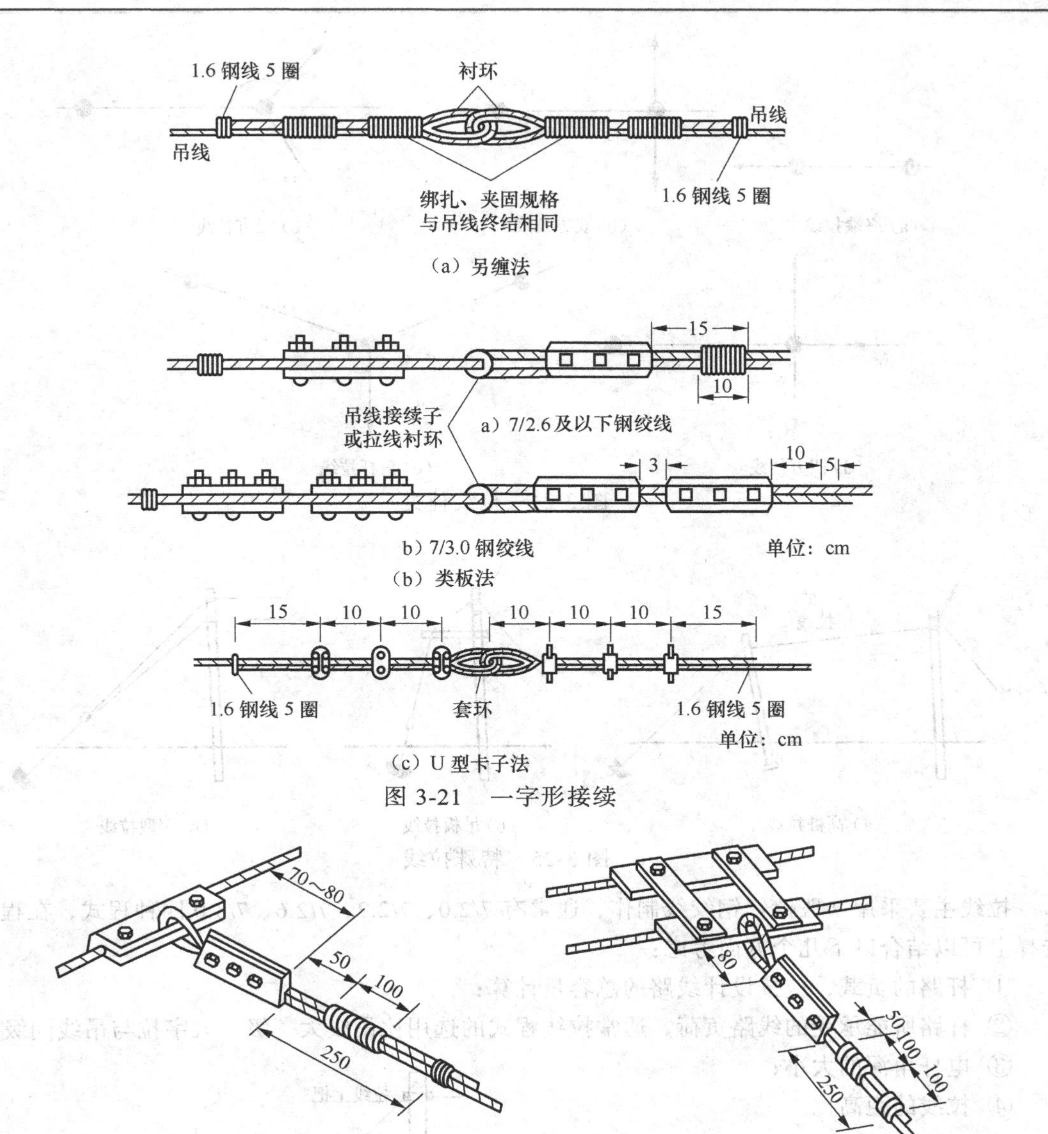

图 3-21　一字形接续

图 3-22　T 字形接续（单位：mm）

5. 拉线的设计

（1）拉线种类和程式选择。

拉线是用于克服杆路上由线条重量、风、冰凌等产生的不平衡张力，保障杆路的稳固性，增强机械强度的重要措施。拉线的种类按方向可分为单方拉线、双方拉线、三方拉线、四方拉线；按作用可分为抗风拉线、防凌拉线、终端拉线、角杆拉线、泄力拉线。图 3-24 给出几种常用拉线。此外，根据电杆所处的特殊位置，还设有特殊拉线，如高桩拉线、吊板拉线、V 型拉线和绝缘拉线等，如图 3-25 所示。

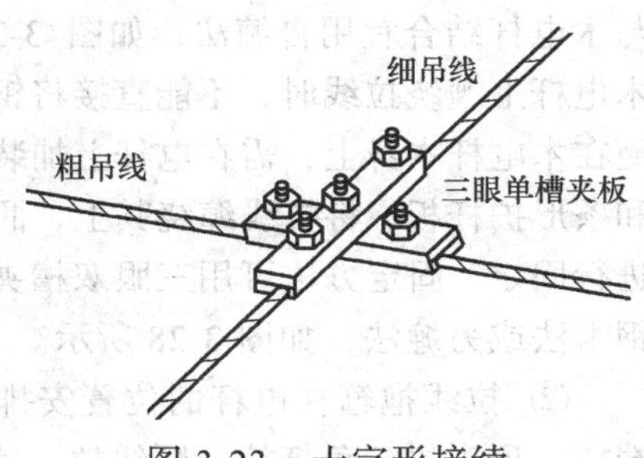

图 3-23　十字形接续

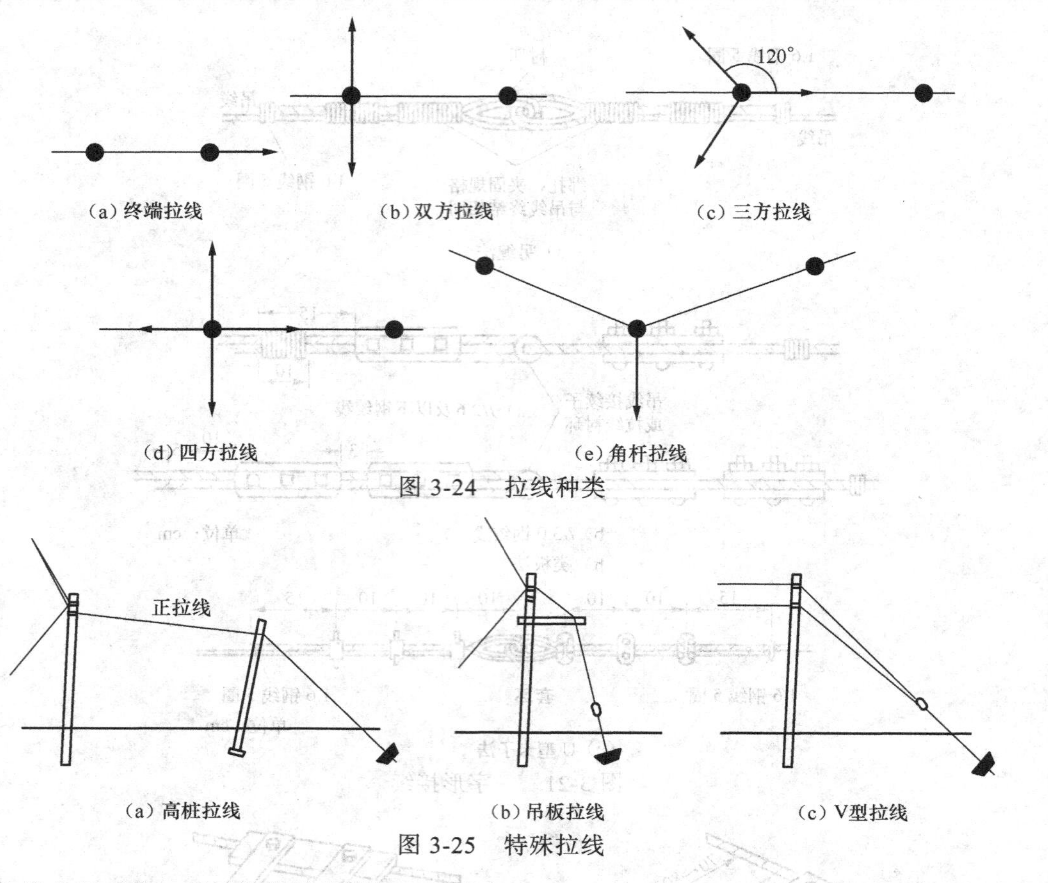

（a）终端拉线　（b）双方拉线　（c）三方拉线

（d）四方拉线　（e）角杆拉线

图 3-24　拉线种类

（a）高桩拉线　（b）吊板拉线　（c）V型拉线

图 3-25　特殊拉线

拉线主要采用 7 股镀锌钢绞线制作，通常有 7/2.0、7/2.2、7/2.6、7/3.0 四种程式，在程式的选择上可以结合以下几个方面考虑：

① 杆路的负载，应按设计线路的总容量计算；

② 杆路所能承受的线路负荷，通常拉线程式的选用比吊线大一级，人字拉与吊线同级别；

③ 电杆角深的大小；

④ 拉线的距高比。

（2）拉线的安装。

拉线由上部拉线和拉线地锚组成，上部拉线包括拉线上把和拉线中把，如图 3-26 所示。

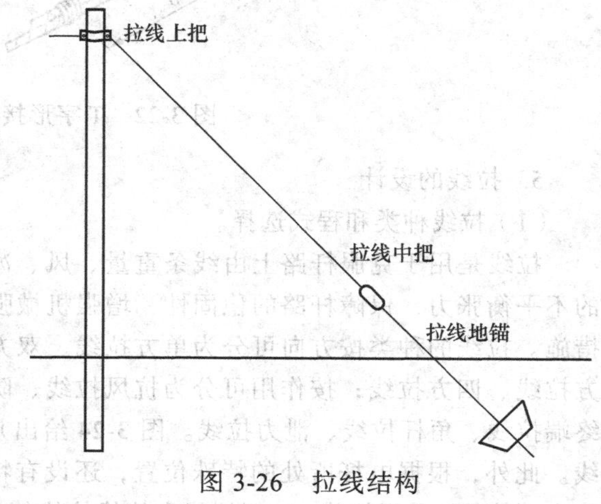

图 3-26　拉线结构

① 拉线上把与水泥电杆结合宜用抱箍法，与木电杆结合宜用自缠法，如图 3-27 所示。在木电杆上缠绕拉线时，不能直接将钢绞线的拉线缠在木电杆本身上，需在电杆上加装瓦形护杆板和条形护杆板，将拉线缠绕其上，捆绑两周后再进行固定，固定方法可用三眼双槽夹板法、U 型钢卡法或另缠法，如图 3-28 所示。

② 拉线抱箍在电杆的位置安排原则是：终端拉、顶头拉、角杆拉、顺线拉一律装设在吊线抱箍的上方，侧面拉线装设在吊线抱箍的下方，拉线抱箍与吊线抱箍间距 10cm ± 2cm，第一道拉线与第二道拉线抱箍间距 40cm。

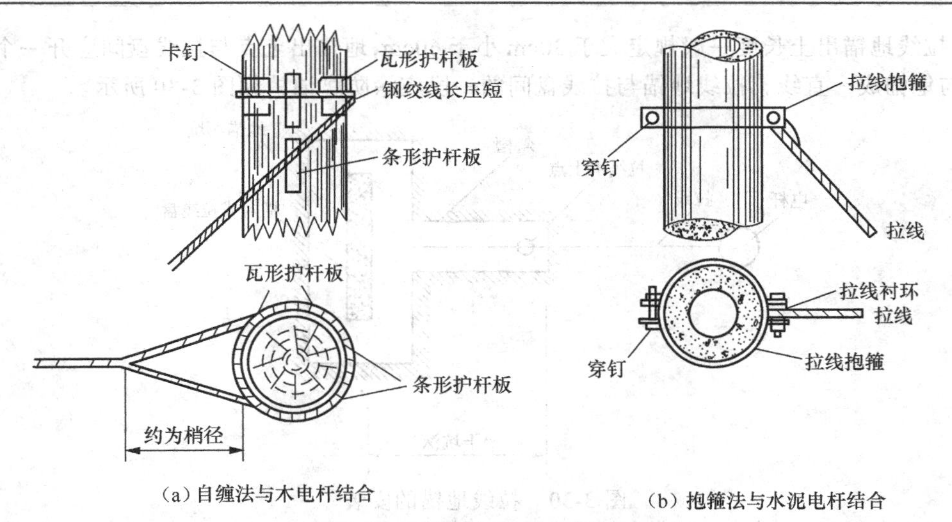

（a）自缠法与木电杆结合　　（b）抱箍法与水泥电杆结合

图 3-27　拉线上把与电杆结合

③ 做拉线中把可采用另缠法、夹板法和 U 形钢卡法。末端均用 1.5mm 铁线缠扎 5 圈。U 型钢卡法适用于 7/2.6 以下钢绞线拉线，卡装时，应使 U 型钢卡按一正一反进行装置。拉线与地锚的连接处采用拉线衬环收紧拉线。

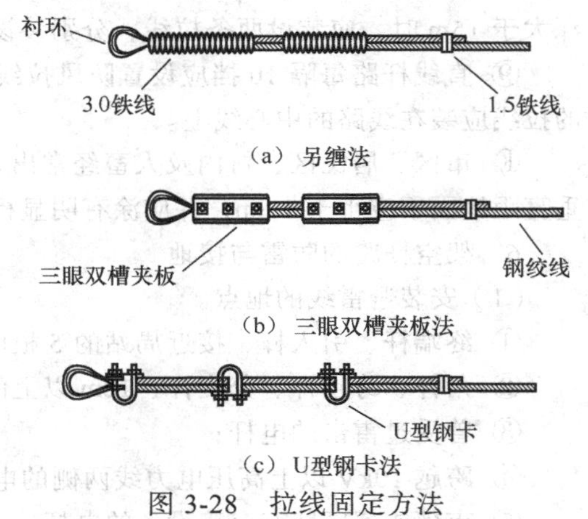

图 3-28　拉线固定方法

④ 拉线中把与地锚连接处应按拉线程式在拉线弯回处加装拉线衬环，拉线与地锚连接方法有三眼双槽钢绞线夹板、U 型钢绞线卡固定法或另缠法。

⑤ 拉线地锚即钉到地下的固定装置。分为铁柄地锚、镀锌钢绞线地锚和 4.0mm 镀锌钢线地锚 3 种程式，采用前两种较多，如图 3-29 所示。通常铁柄地锚与水泥拉线盘合用，镀锌钢绞线地锚与横木合用，并且地锚钢绞线的程式要大于拉线的程式，如拉线程式为 7/2.6，则地锚钢绞线的程式应为 7/3.0。

⑥ 埋设拉线地锚应端正不偏斜，拉线盘应与拉线垂直，地锚坑深普通土为 1.4m，硬土为 1.3m，水田湿地为 1.5m，石质洞为 1.1m。

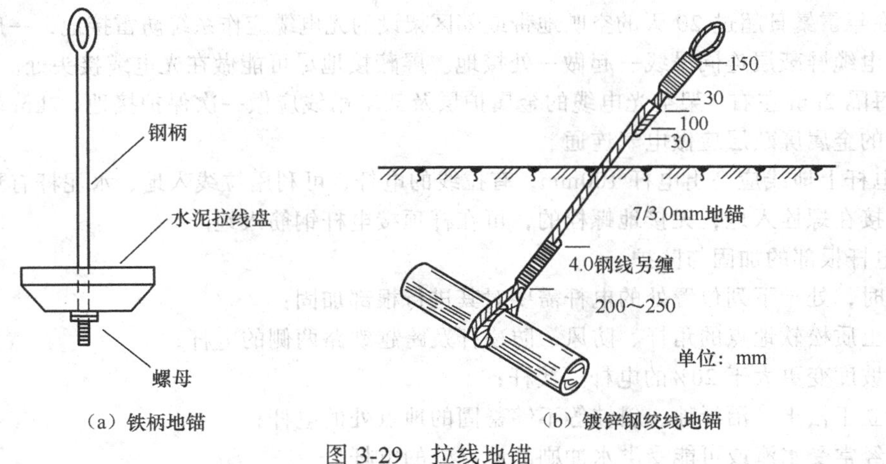

（a）铁柄地锚　　（b）镀锌钢绞线地锚

图 3-29　拉线地锚

⑦ 拉线地锚出土长度一般规定大于 30cm 小于 60cm，地锚出土点与拉线盘间应开一个斜槽，使拉线与地锚成一直线，拉线地锚与拉线盘间的一段应涂防腐油，如图 3-30 所示。

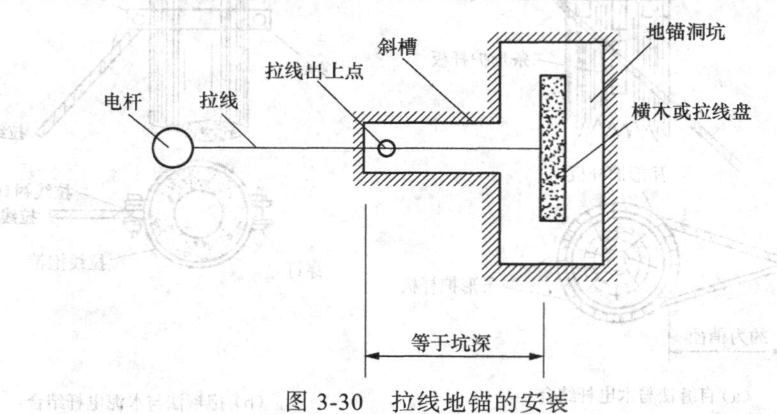

图 3-30 拉线地锚的安装

⑧ 角深 15m 以内时，角杆拉线应装设在内角平分线的延长线上，位于线条合力的反侧。角深大于 15m 时，应装设两条拉线，分别装设在对应的线条张力的反侧。

⑨ 直线杆路每隔 10 挡应设置防风拉线，装设在线路进行方向的两侧，与线路垂直，顺线路的拉线应装在线路的中心线上。

⑩ 市区、居民区、村内及人畜经常出入的地方，拉线根部须加装竹套管保护。竹套管上端垂直距地面不应小于 1.8m，并应涂有明显标志，如红、白相间的油漆。

6. 架空杆路的防雷与接地

（1）安装避雷线的地点。

① 终端杆、引入杆、接近局站的 5 根电杆处、相隔 1km 的水泥杆；

② 角杆、跨越杆、分支杆、12m 以上的特殊杆、坡顶杆可利用拉线作为入地避雷线；

③ 曾受过雷击的电杆；

④ 跨越 10kV 以上高压电力线两侧的电杆；

⑤ 市郊或郊区装有交接设备的电杆。

（2）安装接地装置的地点。

① 有可能被电力线产生的过电压或雷击损伤光电缆及吊线的电杆。

② 架空光电缆屏蔽层或其吊线在终端杆、引上杆或其附近电杆应采取接地措施的地方。

③ 在年雷暴日超过 20 天的空旷地带或郊区架设的光电缆应作系统防雷接地，一般每隔 2km 左右将光电缆屏蔽层连同吊线一起做一处接地。屏蔽接地尽可能做在光电缆接头处。

④ 每隔 2km 左右，架空光电缆的金属护层及架空吊线应做一次保护接地，2km 范围内的电缆接头盒的金属屏蔽层应做电气连通。

⑤ 电杆上地线应高出电杆 100mm，有拉线的电杆，可利用拉线入地，水泥杆有预留接地螺栓的，可接在螺栓入地；无接地螺栓的，可在杆顶接电杆钢筋入地。

7. 电杆根部的加固与防护

施工时，处于下列位置处的电杆需要对其进行根部加固：

（1）土质松软地点的角杆、防风、防凌杆及跨越铁路两侧的电杆；

（2）坡度变更大于 20%的电杆、接杆；

（3）立于松土、沼泽地、斜坡等不够稳固的地点处的电杆；

（4）经常受水淹或可能受洪水冲刷的地点处的电杆。

对根部加固时，木杆一般在杆根侧面安装固根横木或杆根底部安装垫木来加固，横木及垫木应用注油或经其他防腐处理，如图 3-31 和图 3-32 所示。水泥杆一般在杆根侧面安装水泥卡盘或杆根底部安装水泥底盘来加固。对立在松土处的电杆和个别埋深没有达到规定的水泥杆，均应装设卡盘；对松土处的电杆、跨越杆、除硬土和石质土以外的角深≥5m 的角杆、长杆档杆、终端杆和分线杆应装设底盘，如图 3-33 和图 3-34 所示。

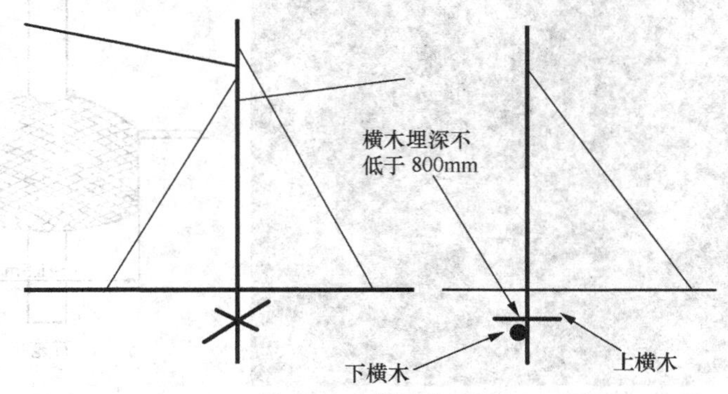

图 3-31 横木加固

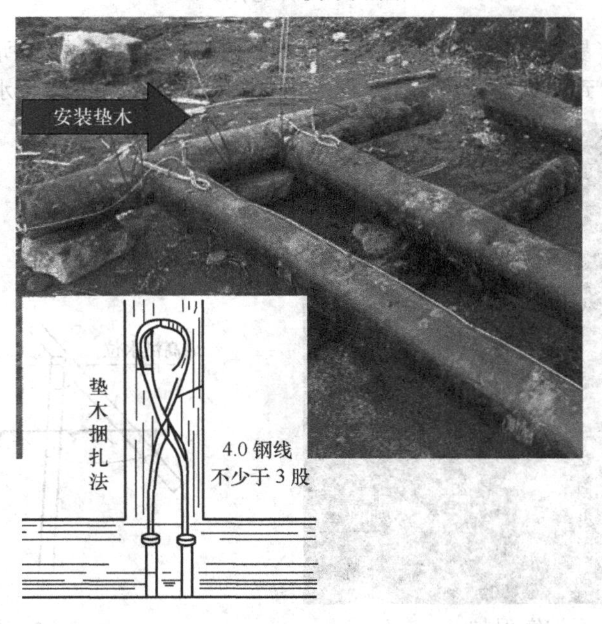

图 3-32 垫木加固

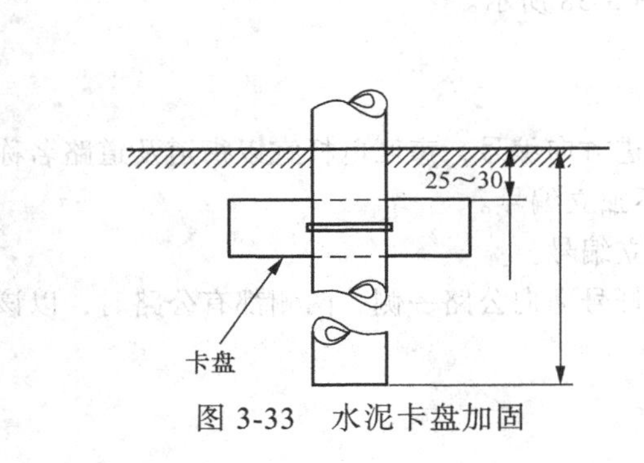

图 3-33 水泥卡盘加固

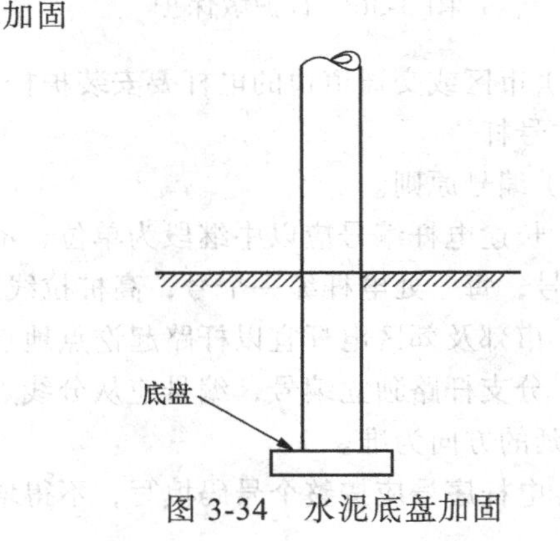

图 3-34 水泥底盘加固

在下列情况下，除对杆根加固外，还要采取杆根保护措施：

（1）对于在有水淹或土壤易流失地点的木杆，可以做木围桩保护，水泥杆可以做石笼保护，如图 3-35 所示；

图 3-35　石笼保护

（2）立于淤泥或容易塌陷地区的水泥杆可用石护墩保护，如图 3-36 所示；

（3）水流能够冲击到的电杆，需要在水流方向上游 2m ~ 3m 处安装挡水桩，如图 3-37 所示；

图 3-36　石护墩保护

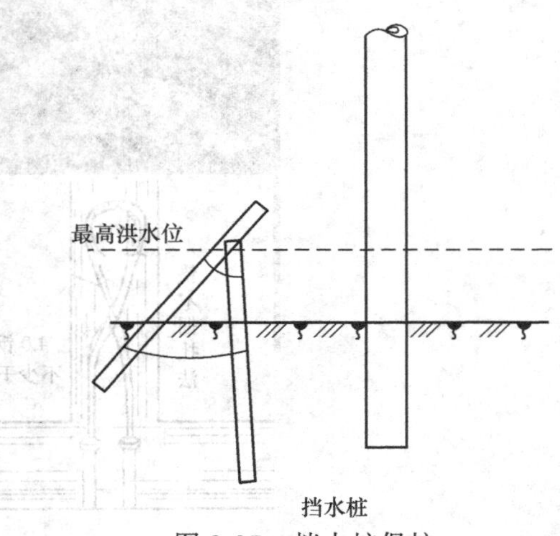

图 3-37　挡水桩保护

（4）市区或交通道边的电杆要安装护杆桩，如图 3-38 所示。

8. 号杆

（1）编号原则。

① 长途电杆编号应以中继段为单位，沿线路前进方向编号，市区电杆宜以街道及道路名称顺序编号，每一处电杆编一个号，高桩拉线及撑杆不独立编号。

② 市郊及郊区电杆宜以杆路起讫点地点名称独立编号。

③ 分支杆路独立编号，编号应从分线点开始，杆号面向公路一侧，两侧都有公路时，以该杆路顺延的方向为准。

④ 电杆序号应按整个号码填写，不得增添需零。

⑤ 在原有线路上增设电杆时，在增设的电杆上采用前一位电杆杆号，并在它下面加上分号。

⑥ 电杆编号最末一个字或杆号牌边缘距地面宜为 2.0～2.5m，杆号应面向街道。如编号处有障碍物时，可向上移动，不能向下移动或放设在电杆的背向街道一侧。

⑦ 每一条街道不论长短，在一个维护区域内应只编一个街道号或道路号。

⑧ 电杆编号的形式，可根据实际情况采用钉挂牌方式或书写方式，但都必须醒目，字体整齐，大小统一。书写方式必须采用油漆，一般采用白底黑字、黑底白字或红底白字。

（2）号杆的编写内容。

光电缆架空线路电杆杆号的编写主要内容一般包括业主或资产归属单位、电杆建设年份、中继段或线路段名称的简称或汉语拼音、市区线路的道路及街道名称。

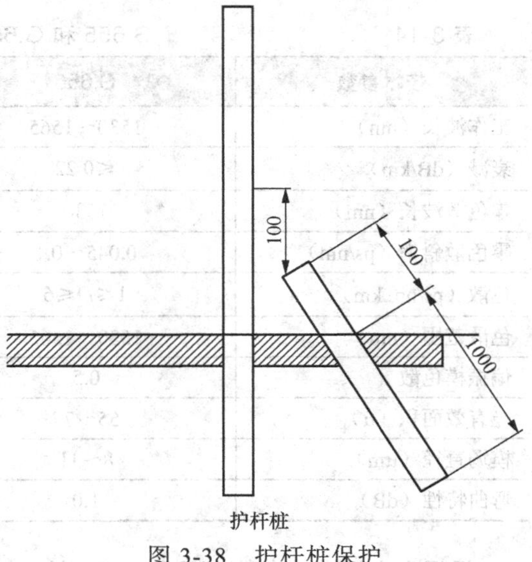

图 3-38 护杆桩保护

3.7 光缆线路工程设计

3.7.1 光缆路由的选择原则

（1）光缆线路路由的选择必须以工程设计任务书和光缆通信网络的规划为依据，结合现有的地形、地物、建筑设施，并应考虑有关部门发展规划的影响。

（2）线路路由尽可能短捷，且选择地质稳固、地势平坦、自然环境影响和危害少的地带。

（3）光缆线路路由一般应避开干线铁路，且不应靠近重大军事目标。

（4）通常情况下，干线光缆线路不宜考虑本地网的加芯需求，不宜与本地网线路同缆敷设。

（5）长途光缆线路应沿公路或可通行机动车辆的大路，但应顺路并避开公路用地、路旁设施、绿化带和规划改道地段，距公路距离不小于 50m。

（6）光缆线路不宜穿越大的工业基地、矿区，如果不可避免，必须采取保护措施。

（7）光缆线路不宜通过森林、果园、茶园、苗圃及其他经济林厂，尽量少穿越村庄。

3.7.2 光纤与光缆的选型

1. 光纤选型

目前工程中使用的光纤类型主要有 G.652 光纤和 G.655 光纤。G.652 光纤是 1310nm 波长性能最佳的单模光纤，它同时具有 1310nm 和 1550nm 两个低耗窗口，零色散点位于 1310nm 处，而最小衰减位于 1550nm 窗口。根据偏振模色散（PMD）的要求和在 1383nm 处的衰耗大小，ITU-T 又把 G.652 光纤分为四类，分别是 G.652.A、G.652.B、G.652.C、G.652.D。G.655 光纤即非零色散位移光纤，它在 1550nm 窗口同时具有最小色散和最小衰减，最适合开放 DWDM 系统。两种光纤的参数比较见表 3-14。

表 3-14　　　　　　　　　　G.655 和 G.652 光纤参数比较

技术参数	G.655	G.652	
工作波长（nm）	1530～1565	1310	1550
衰减（dB/km）	≤0.22	≤0.36	≤0.23
零色散波长（nm）	1530	1300～1324	
零色散斜率（ps/nm）	0.045～0.1	0.093	
色散（ps/nm.km）	1≤D≤6	3.5	18
色散范围（nm）	1530～1565	1288～1339	1550
偏振模色散	0.5	0.5	
光有效面积（μ）	55～77	80	
模场直径（μm）	8～11	9～10	10.5
弯曲特性（dB）	1.0	0.5	

根据表中提供的参数，通常对于传输 2.5Gbit/s 的 TDM 和 WDM 系统，两种光纤均能满足。对于传输 10Gbit/s 的 TDM 和 WDM 系统，G.652 光纤需采取色散补偿，才可开通基于 10Gbit/s 的传输系统，而 G.655 光纤不需频繁采取色散补偿，但光纤价格较高。

从业务发展趋势看，下一代电信骨干网将是以 10Gbit/s 乃至 40Gbit/s 为基础的 WDM 系统，在这一速率前提下，尽管 G.655 光纤价格是 G.652 价格的 2～2.5 倍，但在色散补偿上的节省却使采用 G.655 光纤的系统成本比采用 G.652 光纤的系统成本大约低 30%～50%。因而对于新建系统在传输速率和性价比合适的条件下，应优先选用 G.655 光纤。表 3-15 为不同业务类型的通信网对光纤的选择。

表 3-15　　　　　　　　　　通信网光纤优选方案

网络范围	业务类型	特　点	光纤选择
长途网	长途干线传输	中继距离长、速率高	优选 G.655、可选 G.652B/D
本地网	城域网骨干层	距离短、速率高	G.652B/D
	城域网汇聚层	距离短、速率中等	G.652A/B
	市—县骨干	距离中等、速率中等	G.652B/C/D
	用户（基站）接入	距离短、速率低	G.652B/A

2. 光缆选型

光缆由缆芯、护套和加强元件组成，它能使光纤具有适度的机械强度，适应外部使用环境，并确保在敷设与使用过程中有稳定的传输性能。光缆按其结构分为层绞式、中心束管式、带状、骨架式、单位式、软线式等多种。目前本地光缆网常用光缆为松套管、金属加强型光缆，结构一般为中心束管式和层绞式，如图 3-39 所示。两种光缆结构的选择通常取决于光缆芯数，当光缆芯数为 4～12 芯时，通常采用中心束管式结构；光缆芯数为 12～96 芯时，通常采用层绞式结构。局内架间跳接用光缆

(a)中心束管式

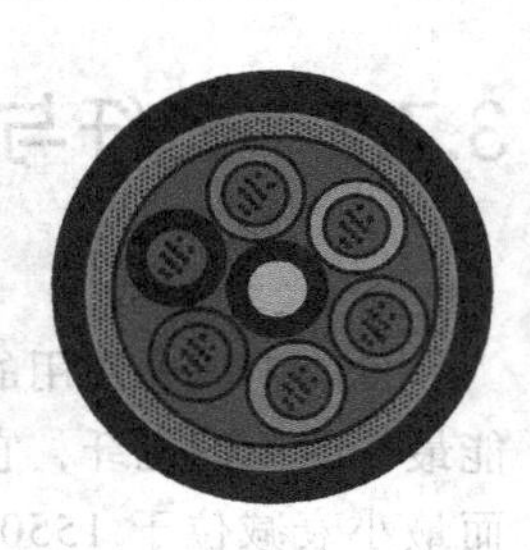

(b)层绞式

图 3-39　常用光缆结构

常采用软线式光缆。随着城域网的兴起，适用于大芯数光缆的带状光缆和骨架式光缆也逐渐得到广泛应用。

3.7.3 组网方式

目前在本地光缆传输网中，常用的网络结构分为链型、星型、环型、网状网等几种结构。其中环型网络结构以其投资省、见效快，且有自愈保护功能等优势被广泛应用。

光缆网可根据其承载的业务不同及在网络中所处的位置不同，分为核心层、骨干层、汇聚层和接入层。核心层光缆指沟通交换局之间的光缆，主要承担局间中继电路的疏通，骨干层光缆是沟通交换局与传输节点之间的光缆，主要负责传输节点至交换局之间电路疏通，汇聚层光缆负责骨干节点与骨干节点间的物理连接，接入层完成基本业务点间及基本业务点与骨干层间的物理连接。核心层常选用环型和网状结构，骨干层和汇聚层常选用环型结构，接入层通常采用环型结构，在建设条件暂时不具备的地方，也可采用链型或星型结构作为过渡方案。本地光缆网宜分层建设，可根据规模大小调整为三层结构，即核心/骨干层、汇聚层、接入层。

3.7.4 光缆的敷设

1．敷设方式的选择

长途光缆干线的敷设方式以直埋和塑料管道敷设为主，近年来，由于一些新型管材及施工工艺的出现，管道化敷设成本降低，大段落的直埋方式已逐渐被淘汰。在确定敷设方式时，应考虑是否可利用现有管道。光缆线路进入市区部分、城镇部分，应采用管道敷设，在特殊情况下，也可采用架空敷设方式。

2．光缆敷设前的准备

（1）单盘检测。

① 外观及厂方提供资料检查

首先检查光缆出厂质量合格证，并检查厂方提供的单盘测试资料是否齐全，其内容包括光缆的型号、芯数、长度、端别、结构剖面图及光纤的纤序、衰减系数、折射率等，看其是否符合订货合同的规定要求。然后检查光缆盘包装在运输过程中是否损坏，开盘检查光缆的外皮有无损伤，缆皮上打印的字迹是否清晰、耐磨，光缆端头封装是否完好。对存在的问题，应做好详细记录，在光缆指标测试时，应做重点检验。

② 光纤检查

逐盘检查光缆有无断纤等异常情况，开剥光纤松套管约 20cm，清洁光纤，核对光纤芯数和色谱是否有误，并确定光纤的纤序。

③ 光缆衰耗测试

主要测量 1310nm、1550nm 窗口的工作衰耗，要求 1310nm 波长衰减最大值为 0.36dB/km，在 1288～1339nm 波长范围内，任一波长上光纤的衰减系数与 1310nm 波长上的衰减系数相比，其差值不超过 0.03dB/km。1550nm 波长衰减最大值为 0.23dB/km，在 1480～1580nm 波长范围内，任一波长上光纤的衰减系数与 1550nm 波长上的衰减系数相比，其差值不超过 0.03dB/km。

④ 电特性及防水性能检查

如果光缆内有用于远供或监测的金属线对，应测试金属线对的电特性指标，看是否符合国家规定标准。此外，还要测试光缆的金属护套、金属加强件等对地绝缘电阻，看是否符合出厂标准。

（2）光缆配盘要求。

① 光缆配盘在路由复测及单盘检验的基础上进行。

② 光缆配盘应尽量做到整盘敷设，以减少中间接头，避免在马路中心人孔或繁华闹市区操作接头。

③ 靠设备侧的第1、2段光缆的长度应尽量大于1km。

④ 不同敷设方式以及不同的环境温度，应根据设计规定选用相适应的光缆。

⑤ 配盘时，应尽量考虑光纤的一致性，尽量将盘号相近的光缆依次连接。

⑥ 配盘后，管道光缆接头应避开马路中心、交通要道口、繁华闹市区及河、塘、障碍物地段，应尽量避免在转弯、桥梁等不稳定地段设置光缆接头。架空光缆接头应选择落在合适的电杆上或杆旁1m左右。

（3）光缆端别。

光缆出厂时，显示端别的颜色标志，A端为红色，B端为绿色。打开光缆头后，面向光缆端面，按领示光纤色标为准，色谱排列顺序成顺时针方向者为A端，成逆时针方向者为B端。在敷设光缆时，光缆端别的配置应满足以下要求：

① 长途光缆线路，对应线路成南北方向时，北为A端，南为B端；对应线路成东西方向时，东为A端，西为B端；对应线路成环形时，按顺时针方向，左为A端，右为B端。

② 市话局间光缆线路，采用汇接中继方式的城市，汇接局为A端，分局为B端。两个汇接局以局号小的局为A端，局号大的局为B端。没有汇接局的城市，以容量大的中心局为A端，对分局为B端。

③ 分支光缆端别，服从于主干光缆端别。

3. 光缆敷设要求

（1）架空光缆的敷设要求。

① 架挂光缆的方法有预挂挂钩法、定滑轮牵引法、动滑轮边放边挂法、汽车牵引动滑轮托挂法。牵引光缆时，不论机械牵引或人工牵引，牵引力不得超过允许张力的80%，瞬时最大牵引力不得超过张力的100%，且牵引力应加在加强芯上。

② 牵引光缆时，应从缆盘上方开始，牵引速度要求缓和、均匀，保持恒定，不能突然起动，猛拉紧拽，不允许出现过度弯曲或光缆外护套损伤，整个布放过程中应无扭曲，严禁打小圈、浪涌等现象发生。

③ 光缆施工过程中，其曲率半径不小于光缆外径的20倍，安装固定后不受张力时大于光缆外径的15倍。

④ 光缆挂钩的卡挂间距为50cm，在电杆两侧的第一个挂钩距吊线固定物边缘应为25cm，光缆挂钩均匀整齐，挂钩搭扣方向一致，挂钩托板应齐全。

⑤ 架挂光缆时，不能拉得太紧，注意要有自然垂度。光缆卡挂后应平直，不得有机械损伤。

⑥ 架空光缆应每3～5个杆档作一处预留，预留的形状可在电杆处将光缆作成“U”形弯曲，预留光缆在电杆上用聚乙烯管穿放保护，其长度为90～100cm，如图3-40所示。

⑦ 光缆过十字型吊线连接或丁字型吊线连接处，也应安装聚乙烯管穿放保护，其长度约为30cm。

⑧ 架空光缆在接头处的预留长度包括光缆接续长度和施工中所需的消耗长度等。一般架空光缆接头处每侧预留长度为10～15m，每隔1km盘留5m，光缆接头处要做密封处理，不得进水。

⑨ 光缆接头盒安装在电杆上或距电杆1m左右处，应牢固可靠且不影响上杆，余留光缆盘

圈绑扎在杆侧吊线及吊线支架上，光缆余留圈直径应不小于 60cm，如图 3-41 和图 3-42 所示。

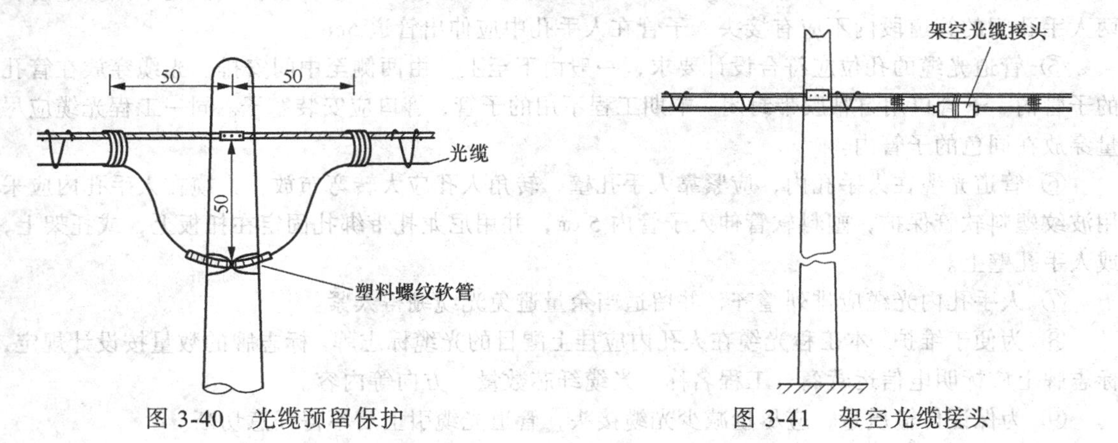

图 3-40　光缆预留保护　　图 3-41　架空光缆接头

⑩ 两条光缆处同一吊线时，必须每隔 8 ~ 10 杆档安装醒目光缆标志牌。

⑪ 架空光缆引上时，杆下用钢管保护，上吊部位在距杆 30cm 外绑扎，并留有伸缩弯，如图 3-43 所示。

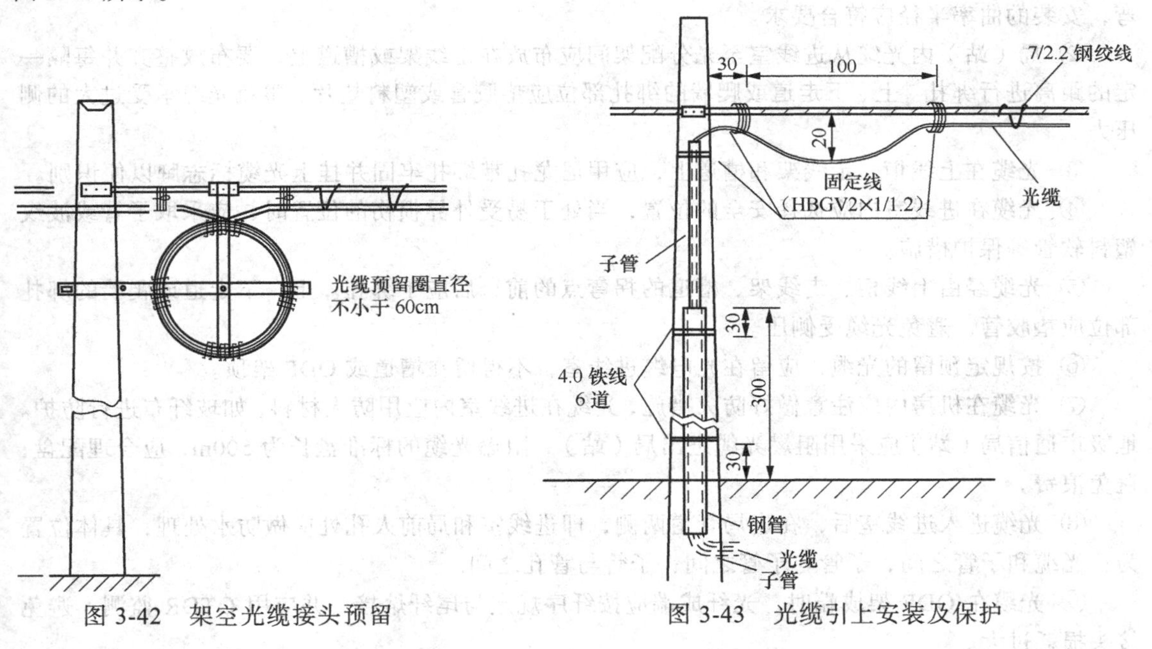

图 3-42　架空光缆接头预留　　图 3-43　光缆引上安装及保护

（2）管道光缆敷设要求。

① 光缆敷设前，根据设计方案核对管道路由，检查占用管孔是否空闲以及进出口状态，并对敷设光缆所用管孔进行清刷和试通。

② 管道光缆可用人工牵引敷设或者机械牵引敷设，硅芯管道光缆敷设可采用气吹法。不论采取哪种敷设方式，都要求整盘敷设，施工过程应统一指挥，互相配合，保证光缆质量。

③ 在市区一般采用人工牵引方式，每个人手孔应有专人助放，牵引力不宜超过 1000N，一次牵引长度以 500m 为宜，最长不应超过 1000m，超长时应采取倒盘盘“∞”字或光缆倒盘器倒盘后再布放。

④ 穿放光缆前，应先在一个管孔内穿放子管，一般一次性穿放 4 根且颜色不同。多根子管

的总等效外径不宜大于管道孔径的 85%。布放子管前，应将 4 根子管用铁线捆扎牢固，子管在两人手孔间的管道段内不应有接头，子管在人手孔中应伸出管道 5cm。

⑤ 管道光缆的孔位应符合设计要求，一般由下至上，由两侧至中间安排。光缆穿放在管孔的子管内，子管口用自粘胶带封闭。本期工程不用的子管，管口应安装塞子。同一工程光缆应尽量穿放在同色的子管内。

⑥ 管道光缆在人手孔内，应紧靠人手孔壁，转角人孔应大转弯布放，光缆在人手孔内应采用波纹塑料软管保护，塑料软管伸入子管内 5 ㎝，并用尼龙扎带绑扎固定在托板上，或托架上，或人手孔壁上。

⑦ 人手孔内光缆应排列整齐，并留适当余量避免光缆绷得太紧。

⑧ 为便于维护，本工程光缆在人孔内应挂上醒目的光缆标志牌。标志牌的数量按设计规定，标志牌上应标明电信运营商、工程名称、光缆纤芯数量、方向等内容。

⑨ 为保证传输质量，应尽量减少光缆接头，管道光缆引上后不得任意切断。

（3）局（站）内光缆的敷设要求。

① 由于各局站的情况不同，因此，局内光缆宜采用人工布放方式施工。布放时，每层楼及拐弯处均应设置专人负责，统一指挥牵引，牵引时应保持光缆呈松弛状态，严禁出现打小圈或死弯，安装的曲率半径应符合要求。

② 局（站）内光缆从进线室至光分配架间应布放在走线架或槽道上，要布放整齐并每隔一定的距离进行绑扎。上、下走道或爬墙的绑扎部位应垫胶管或塑料垫片，避免光缆承受过大的侧压力。

③ 光缆在上线柜、走线架和槽道上，应用尼龙扎带绑扎牢固并挂上光缆标志牌以便识别。

④ 光缆在进线室内应选择安全的位置，当处于易受外界损伤的位置时，应采取子管或波纹塑料软管等保护措施。

⑤ 光缆经由上线柜、走线架、槽道的拐弯点的前、后应予绑扎。上、下走道或爬墙的绑扎部位应垫胶管，避免光缆受侧压。

⑥ 按规定预留的光缆，应留在光电缆进线室，不得留在槽道或 ODF 架顶。

⑦ 光缆在机房内应注意做好防火措施，光缆在进线室内应用防火材料，如玻纤布进行防护。地级市通信局（站）应采用阻燃光缆进出局（站），阻燃光缆的标准盘长为 500m，应合理配盘，避免浪费。

⑧ 光缆进入进线室后，在进局管道两侧，即进线室和局前人孔处应做防水处理，具体位置为：光缆和子管之间，子管与子管之间，子管与管孔之间。

⑨ 光缆在 ODF 架成端时，光纤成端应按纤序规定与尾纤熔接，并应用 OTDR 监测，避免接头损耗过大。

⑩ 光纤与尾纤余留长度在 ODF 架盘纤盒中安装，应有足够的半径，安装稳固、不松动并注意整齐、美观。

⑪ 光纤成端后纤号应有明显的标志。

3.7.5 光纤与光缆的接续要求

（1）光纤接续采用熔接法，中继段内同一根光纤的熔接衰减平均值不应大于 0.08dB/个，OTDR 双向测试，取平均值。

（2）光纤接续严禁用刀片去除一次涂层或用火焰法制备端面。

（3）光缆接续前，应核对光缆程式和端别，检查两段光缆的光纤质量合格后，方可进行接续并作永久性标记。

（4）光缆接续应连续作业，认真执行操作工艺要求，光缆各连接部位及工具、材料应保持清洁，确保接续质量和密封效果。当日确实无法完成的光缆接头应采取措施，不得让光缆受潮。

（5）对填充型光缆，接续时应采用专用清洁剂去除填充物，禁止用汽油清洁。应根据接头套管的工艺尺寸要求开剥光缆外护层，不得损伤光纤。

（6）每个光缆接头均应留有一定的余量，以备日后维修或第二次接续使用。光缆接头两侧的光缆金属构件均不连通，同侧的金属构件相互间也不连通，均按电气断开处理。在各局站内，光缆金属构件间均应互相连通并接机架保护地。

（7）光缆与设备的连接在 ODF 架上采用活接头方式，活接头的插入损耗要求小于 0.5dB，反射衰耗大于 50dB，缆间接续采用固定熔接方式接头。

（8）光缆接头盒应选用密封防水性能好的结构，并具有防腐蚀和一定的抗压力、张力和冲击的能力。光缆接头盒在人手孔内宜安装在常年积水水位以上的位置，采用保护托架或其他方法承托，保护托架一般为 U 型，接头两侧余留光缆，缠绕成ϕ60cm 的圆圈。

3.7.6　光缆线路的防护设计

1. 防强电

（1）在选择光缆路由时，应与现有强电线路保持一定的隔距，当与之接近时，在光缆金属构件上产生的危险影响不应超过容许值。

（2）光缆线路与强电线路交越时，宜垂直通过，在困难情况下，其交越角度应不小于 45°。

（3）本地光缆网一般选用无铜导线、塑料外护套耐压强度为 15kV 的光缆，并考虑将各单盘光缆的金属构件在接头处作电气断开，将强电影响的积累段限制在单盘光缆的制造长度，光缆线路沿线不接地，仅在各局（站）内的 ODF 架上接保护地线。

（4）局（站）内新增 ODF 架时，ODF 架应使用无接头的 35mm^2 铜导线直接接至保护地排，进局（站）光缆的金属加强芯应固定在 ODF 机架内的接地排，并与机架保证良好的电气连通。

2. 防雷

（1）除各局站外，沿线光缆的金属构件均不接地。

（2）光缆线路的金属构件连同吊线一起每隔 2km 做一防雷保护接地。

（3）光缆的所有金属构件在接头处不进行电气连通，局、站内的光缆金属构件全部接到保护地上。

（4）架空光缆还可选用光缆吊线每隔一定距离装避雷针或进行接地处理，若是雷击地段可装架空地线。

3. 防蚀、防潮

光缆外套为 PE 塑料，具有良好的防蚀性能。光缆缆心设有防潮层并填有油膏，因此除特殊情况外，不再考虑外加的防蚀和防潮措施。但为避免光缆塑料外套在施工过程中局部受损伤，以致形成透潮进水的隐患，施工中要特别注意保护光缆塑料外套的完整性。

4. 防鼠

鼠类对光缆的危害现象多发生在管道中，但因管道光缆均穿放在直径较小的子管中，且端头处又有封堵措施，故不再考虑外加防鼠措施。

5. 防火

局（站）内光缆应采取防火措施，因此局（站）内光缆宜用阻燃光缆或用阻燃材料包裹光缆。

6. 其他防护

对架空光缆，若光缆紧靠树木等物体，有可能磨损时，在光缆与其他物体接触的部分，应用PVC管进行保护。在鸟啄较严重的地区，光缆选用GYTY53光缆，同时吊线上方5cm处再悬挂一根4.0mm铁线。如靠近房屋，应用防火漆进行保护。

本章小结

（1）工程设计是指根据批准的设计任务书，按照国家的有关政策、法规、技术规范，在规定的范围内，考虑拟建工程在综合技术的可行性、先进性及其社会效益和经济效益，结合客观条件，应用相关的科学技术成果和长期积累的实践经验，按照建设项目的需要，利用查勘、测量所取得的基础资料和技术标准以及现阶段提供的材料等，把可行性研究中推荐的最佳方案具体化，形成图纸和文字，为工程施工提供依据的过程。

（2）通信工程设计是通信基本建设的一个重要环节，做好通信工程设计工作对保证通信畅通，提高通信质量，加快施工速度具有重大意义。

通信工程设计工作应根据原信息产业部在通信建设工作方面的方针、政策和法令，并结合通信运营商的具体情况，建立正确的设计指导思想，深入实际调查研究，体现建设和使用上的多快好省，确保优良的通信质量，并做到经济上的合理及技术上的现代化，满足设计任务书所规定工程项目的要求，以为工程施工及设备投入使用、维护的依据。

（3）进行通信工程设计以前，应首先由建设单位根据电信发展的长远计划，并结合技术和经济等方面的要求，编制出设计任务书，经上级机关批准后，进行设计工作。设计任务书应该指出设计中必须考虑的原则，工程的规模、内容、性质和意义，对设计的特殊要求，建设投资、时间和“利旧”的可能性等。

（4）通信工程设计文件一般由设计说明、工程概（预）算和设计图纸三部分组成，每一部分的内容应根据设计的方向不同而具体化。

（5）通信系统由于业务增长的需求，需要实施相应的通信设备安装工程，以增强整个系统的通信能力，因此在设计时，需要对设备安装工程做出一个合理可行的指导施工方案，并做出相关生产环节的概算或预算。工程设计的质量体现在设备安装完成后对于整个系统电信网络指标的提升。

（6）通信管道工程设计范围包括通信管道建筑、人手孔建筑等内容。建设通信管道，可以很大程度满足通信线路不断扩容的需要，提高线路建设的灵活性，方便施工和维护，确保通信线路的安全可靠。由于通信管道建设费用大，并且一经建成就成为永久性固定设施，因此，设计时必须考虑到网络发展和城市的长远期规划。

（7）线路设计工作的具体任务

① 选择合理的通信线路路由，并根据路由选择情况组织线缆网络。

② 根据设计任务书提出的原则，确定干线及分歧线缆的容量、程式以及各线缆节点的设置。

③ 根据设计任务书提出的原则，确定线路的建筑方式。

④ 对通信线路沿途经过的各种特殊区段加以分析，并提出相应的保护措施（如过河、过隧道、穿（跨）越铁路、公路以及其他障碍物等措施）。

⑤ 对通信线路经过之处可能遭到的强电、雷击、腐蚀、鼠害等的影响加以分析，并提出防

护措施。

⑥ 对设计方案进行全面的政治、经济、技术方面的比较，进而综合设计、施工、维护等各方面的因素，提出设计方案，绘制有关图纸。

⑦ 根据原信息产业部概（预）算编制要求，结合工程的具体情况，编制工程概（预）算。

习题与思考题

一、选择题

1. ODF 的含义为（　　）。

A. 光配线架　　B. 数字配线架　　C. 中间配线架　　D. 配线架

2. 局间、局前以及重要节点之间的光缆，即核心层和骨干层光缆应主要采用（　　）敷设方式。

A. 架空　　B. 直埋　　C. 管道　　D. 隧道

3. 局内架间跳接用光缆常采用（　　）光缆。

A. 带状　　B. 中心管式　　C. 阻燃　　D. 软线式

4. 光缆弯曲半径应不小于光缆外径的（　　）倍，施工过程中应不小于（　　）倍。

A. 15，20　　B. 20，15　　C. 15，15　　D. 20，20

5. 角杆、终端杆、跨线杆、受雷击过的电杆、高压线附近杆、直线路每隔（　　）km 均设一处地线。

A. 1～2　　B. 3　　C. 0.5～1　　D. 1.5～2

6. 架空光缆与房屋建筑最小水平净距为（　　）。

A. 5m　　B. 3m　　C. 2.0m　　D. 1.5m

7. 当吊线在直线杆路上接续时，采用（　　）接续。

A. 一字形接续　　B. T 字形接续

C. 十字形接续　　D. 另缠法接续

8. 下面（　　）可应用于 10Gbit/s 以上速率 DWDM 传输。

A. G.651 多模光纤　　B. G.652 非色散位移光纤

C. G.654 最低衰减单模光纤　　D. G.655 非零色散位移光纤

9. 为避免渗入管孔中的污水或淤泥积于管孔中，造成长时期腐蚀通信光电缆或堵塞管孔，相邻两人手孔间的通信管道应有一定的坡度，使渗入管孔中的水能随时流入人手孔，便于清理。因此规定管道均应有不小于（　　）的坡度。

A. 2.5‰　　B. 2‰　　C. 3.5‰　　D. 4‰

10. 架空光缆可适当地在杆上作伸缩余留，一般轻负荷区（　　）档作一处余留。

A. 1～2　　B. 2～4　　C. 3～5　　D. 5

11. 通信局（站）必须采用（　　）接地方式。

A. 联合接地　　B. 独立接地　　C. 分散接地　　D. 混合接地

12. 直流供电系统的蓄电池一般设置（　　）组。

A. 2　　B. 3　　C. 4　　D. 5

二、填空题

1. 通信设计文件要考虑______和______两方面因素。其中技术问题通过设计文件中的______和______解决。经济问题通过设计文件中的______、______和______解决。

2. 通信工程设计文件一般由______、______和______三部分组成。

3. 机房照明分为______、______和______三种。

4. 根据机房设计规范要求，通信机房的温度应为______℃，相对湿度应为______。

5. 在安装蓄电池组时，根据蓄电池的数量以及机房面积大小，可以采用立式双层单列、______、______和______几种方式放置。

6. 常用吊线程式有______、______和______三种。

7. 管道光缆的孔位应符合设计要求，一般由______（上/下）至______（上/下），由______（两侧/中间）至______（两侧/中间）安排。

8. 为了避免污水或淤泥渗入管孔中造成光电缆线路的腐蚀，敷设管道时，在相邻两人孔间需要有一定的坡度，当道路路面较平坦时，可以采用______或______敷设管道，构成管道坡度。

9. 吊线的终结方法有______、______和______三种。

10. 光缆网可根据其承载的业务不同及在网络中所处的位置不同，分为______、______和______、______。

三、判断题

1. 通信机房外门采用防盗门向内开起，并应有良好的密封性，条件许可应加装门禁系统。（　　）

2. 机房布线时，交流电源线与通信线布放在同一电缆走道上时宜采用铅包线，或与通信线分开布放，间距应大于 50mm。（　　）

3. 敷设管道光缆时，要先在一个管孔内穿放子管（一般为四根），光缆穿放在子管内，根据管道段的长短不同，子管在两人手孔间的管道段内可以有接头。（　　）

4. 光纤接续前，先用刀片刮去一次涂覆层，露出裸纤，然后再接续。（　　）

5. 通信管道路由选择时，一般应选择在人行道上，也可以建在慢车道上，不应建在快车道上。（　　）

6. 电缆吊线一般为 7/2.2、7/2.4 和 7/3.0 的镀锌钢绞线，在布放吊线过程中，应尽可能使用整条的钢绞线，以减少中间接头，并要求在一个杆档内不得有一个以上的接头。（　　）

7. 光缆接头盒在人手孔内宜安装在常年积水水位以上的位置，采用保护托架或其他方法承托。（　　）

8. 光缆线路与强电线路交越时，宜垂直通过，在困难情况下，其交越角度应不小于 30°。（　　）

9. 光缆接续时，其接头两侧的光缆金属构件均应互相连通，直至局站内并接机架保护地。（　　）

10. 管道线路建设中敷设塑管时，塑料管组中各塑管接续管头位置必须错开。（　　）

四、简述题

1. 简述通信工程设计的工作流程。
2. 简述机房站址选择原则。
3. 简述接地系统的组成。
4. 简述全程放电回路压降。
5. 画出架空杆路的组成图。
6. 简述号杆的编制原则。
7. 简述光缆配盘要求。

本章实训

1. 实训内容

根据上一章所提出的工程背景以及工程勘察所得到的信息和数据，进行新建基站机房设备安装工程设计以及新建光缆线路工程设计。

（1）新建基站机房设备安装工程设计。

① 经前期现场勘察，确定机房门、馈线窗、交流引入孔、光缆引入孔、接地扁钢引入点、空调孔以及照明、插座安装的具体位置，并提出机房相关工艺要求。

② 完成机房内的移动基站设备、传输综合架、开关电源、蓄电池、动力环境监控设备、机房走线架的布放和安装设计。

③ 本次工程对室外走线架、室外天馈系统、避雷器、GPS 天线等室外设备的安装不作为主要考虑对象，只在说明书中根据工程规范提出安装要求即可。

④ 本次工程规划用基站设备型号为 ZXTRB328 + R08，安装主设备为 1 架，近期规划为 2 架，本期站点类型为 S2/2/2。

⑤ 本次安装工程选用其他设备有：传输设备选择华为光端机系列；开关电源选择爱默生系列；蓄电池选择 SNS 系列；交流配电箱选择 HB 系列。根据工程实际情况，在以上所规定的产品系列中选取最合适的设备型号。

⑥ 配电箱安装位置已定，外电引入交流配电箱的工程设计，由电力设计单位负责设计。

⑦ 假设机房直流电压均为−48V，近期各专业负荷如下：传输设备 20A，数据设备 50A，其他设备（不含无线专业）20A，采用高频开关电源供电。（计算结果取整数）

假设 K 取 1.25，放电时间 T 为 3 小时，不计算最低环境温度影响，即假设 $t = 25$℃，蓄电池逆变效率 $\eta = 0.75$，电池温度系数 $\alpha = 0.006$。统计无线专业的负荷容量并计算蓄电池的总容量及选定的配置情况。

⑧ 根据以上蓄电池配置，蓄电池按照 10 小时充放电率考虑，计算开关电源配置容量并选择型号。

⑨ 本工程将传输设备、ODF 单元及 DDF 单元放置于综合柜中，设计中需要确定 ODF、DDF 单元的容量规格和综合柜的规格。

⑩ 本机房交流配电按远期扩容考虑，确定其规格。

⑪ 做出机房内防雷接地系统的设计。

（2）新建光缆线路工程设计。

① 本线路工程只负责从校内光缆交接箱至机房内光缆分线盒一段室外光缆线路设计。

② 确定光缆线路的路由方案。

③ 合理选择光缆线路敷设方式和敷设位置。

④ 本光缆线路沿途如需新建杆路，做出杆路的安装设计。

⑤ 对沿线光缆线路的安装、接续、敷设做出具体设计。

⑥ 选择合适的引上位置，做好过路和障碍物保护。

⑦ 给出工程主要设计指标和施工要求。

⑧ 做好线路的防雷、防潮、防蚀和防鼠工作。

⑨ 做好线路标示。

⑩ 统计线路工程工程量。

2. 实训目的

（1）熟悉通信机房设备安装工程和通信线路工程设计相关规范。

（2）掌握基站机房设计方法。

（3）掌握通信线路设计方法。

3. 实训要求

（1）要依据相关工程规范做设计，具体设计参考规范如下：

《电信专用房屋设计规范》—YD/T5003-2005；

《通信电源设备安装工程设计规范》—YD/T5040-2005；

《通信局（站）防雷与接地设计规范》—YD5098-2005；

《SDH 本地网光缆传输工程设计规范》—YD/T5024-2005；

《900/1800MHz TDMA 数字蜂窝移动通信网工程设计规范》—YD/T5104-2005；

《移动通信工程钢塔桅结构设计规范》—YD/T5131-2005；

《本地通信线路工程设计规范》—YD5137-2005。

（2）基站设备安装工程设计和光缆线路工程设计均按一阶段设计进行。

（3）编制规范的设计说明书。

第4章

通信工程制图

4.1 通信工程制图的总体要求

（1）根据表述对象的性质、论述的目的与内容，选取适宜的图纸及表达手段，以便完整地表述主题内容。

当几种手段均可达到目的时，应采用简单的方式，例如：描述系统时，框图和电路图均能表达，则应选择框图。当单线表示法和多线表示法同时能明确表达时，宜使用单线表示法。当多种画法均可达到表达的目的时，图纸宜简不宜繁。

（2）图面应布局合理，排列均匀，轮廓清晰和便于识别。

（3）应选取合适的图线宽度，避免图中的线条过粗或过细。标准通信工程制图图形符号的线条除有意加粗者外，一般都是统一粗细的，一张图上要尽量统一。但是不同大小的图纸（例如A1和A4图）可有不同，为了视图方便，大图线条可以相对粗些。

（4）正确使用国标和行标规定的图形符号。派生新的符号时，应符合国标图形符号的派生规律，并应在适合的地方加以说明。

（5）在保证图面布局紧凑和使用方便的前提下，应选择合适的图纸幅面，使原图大小适中。

（6）应准确地按规定标注各种必要的技术数据和注释，并按规定进行书写和打印。

（7）工程设计图纸应按规定设置图衔，并按规定的责任范围签字。各种图纸应按规定顺序编号。

（8）总平面图及机房平面布置图，移动通信基站天线位置及馈线走向图应设置指北针。

（9）对于线路工程，设计图纸应按照从左往右的顺序制图，并设指北针；线路图纸分段按起点至终点、分歧点至终点原则划分。

4.2 通信工程制图的统一规定

4.2.1 图幅尺寸

（1）工程设计图纸幅面和图框大小应符合国家标准 GB6988.2—86《电气制图一般规则》的规定。一般采用 A0、A1、A2、A3、A4 及其加长的图纸幅面，现多数采用 A4 幅面。各种图纸幅面和图框尺寸大小关系如下（单位：mm）：

A0：1189 × 841
A1：841 × 594
A2：594 × 420
A3：420 × 297
A4：210 × 297

当上述幅面不能满足要求时，可按照 GB4457.1—84《机械制图图纸幅面及格式》的规定加大幅面，也可在不影响整体视图效果的情况下分割成若干张图绘制。

（2）根据表述对象的规模大小、复杂程度、所要表达的详细程度、有无图衔及注释的数量来选择较小的合适幅面。

4.2.2 图线型式及其应用

（1）线型分类及用途应符合表 4-1 的规定。

表 4-1 图线型式及用途

图线名称	图线型式	一般用途
实线	————————	基本线条：图纸主要内容用线，可见轮廓线
虚线	----------------	辅助线条：屏蔽线、机械连接线、不可见轮廓线、计划扩展内容用线
点划线	—·—·—·—	图框线：表示分界线、结构图框线、功能图框线、分级图框线
双点划线	—··—··—	辅助图框线：表示更多的功能组合或从某种图框中区分不属于它的功能部件

（2）图线的宽度一般从以下系列中选用：

0.25，0.35，0.5，0.7，1.0，1.4 等（单位为 mm）。

（3）通常只选用两种宽度的图线，粗线的宽度为细线宽度的两倍，主要图线粗些，次要图线细些。

对复杂的图纸也可采用粗、中、细 3 种线宽，线的宽度按 2 的倍数依次递增，但线宽种类也不宜过多。

（4）使用图线绘图时，应使图形的比例和配线协调恰当、重点突出、主次分明，在同一张图纸上，按不同比例绘制的图样及同类图形的图线粗细应保持一致。

（5）细实线是最常用的线条，在以细实线为主的图纸上，粗实线主要用于主回路线、图纸的图框及需要突出的设备、线路、电路等处。

指引线、尺寸线、标注线应使用细实线。

（6）当需要区分新安装的设备时，则粗线表示新建，细线表示原有设施，虚线表示规划预留部分。在改建的电信工程图纸上，需要表示拆除的设备及线路用“×”来标注。

（7）平行线之间的最小间距不宜小于粗线宽度的两倍，同时最小不能小于 0.7mm。

（8）在使用线型及线宽表示图形用途有困难时，可用不同颜色来区分。

4.2.3 图纸比例

（1）对于建筑平面图、平面布置图、管道线路图、设备加固图及零部件加工图等图纸，一般应有比例要求，对于系统框图、电路组织图、方案示意图等类图纸则无比例要求，但应按工作顺序、线路走向、信息流向排列。

（2）对平面布置图、线路图和区域规划性质的图纸，推荐的比例为：1：10、1：20、1：50、1：100、1：200、1：500、1：1000、1：2000、1：5000、1：10000、1：50000 等，各专业应按照相关规范要求选用适合的比例。

（3）对于设备加固图及零部件加工图等图纸推荐的比例为 1：2、1：4 等。

（4）应根据图纸表达的内容深度和选用的图幅选择适合的比例，并在图纸上及图衔相应栏目处注明。

对于通信线路及管道类的图纸，为了更为方便地表达周围环境情况，可采用沿线路方向按一种比例，而周围环境的横向距离采用另外一种比例或基本按示意性绘制。

4.2.4 尺寸标注

（1）一个完整的尺寸标注应由尺寸数字、尺寸界线、尺寸线及其终端等组成。

（2）图中的尺寸单位，除标高和管线长度以米（m）为单位外，其他尺寸均以毫米（mm）为单位，按此原则标注的尺寸可不加单位的文字符号。若采用其他单位时，应在尺寸数值后加注计量单位的文字符号，尺寸单位应在图衔相应栏目中填写。

（3）尺寸界线用细实线绘制，由图形的轮廓线、轴线或对称中心线引出，也可利用轮廓线、轴线或对称中心线作尺寸界线。尺寸界线一般应与尺寸线垂直。

（4）尺寸线的终端可以采用箭头或斜线两种形式，但同一张图中只能采用一种尺寸线终端形式，不得混用。

采用箭头形式时，两端应画出尺寸箭头，指到尺寸界线上，表示尺寸的起止。尺寸箭头宜用实心箭头，箭头的大小应按可见轮廓线选定，其大小在图中应保持一致。

采用斜线形式时，尺寸线与尺寸界线必须互相垂直。斜线用细实线，且方向及长短应保持一致。斜线方向应以尺寸线为准，逆时针方向旋转 45°，斜线长短约等于尺寸数字的高度。

（5）图中的尺寸数字，一般应注写在尺寸线的上方或左侧，也允许注写在尺寸线的中断处，但同一张图样上注法应尽量保持一致。尺寸数字应顺着尺寸线方向书写并符合视图方向，数值的高度方向应和尺寸线垂直，并不得被任何图线通过。当无法避免时，应将图线断开，在断开处填写数字。在不致引起误解时，对非水平方向的尺寸，其数字可水平地注写在尺寸线的中断处。标注角度时，其角度数字应注写成水平方向，一般应注写在尺寸线的中断处。

（6）有关建筑类专业设计图纸上的尺寸标注，可按 GB/T 50104-2001《建筑制图标准》要求标注。

4.2.5 字体及写法

（1）图中书写的文字（包括汉字、字母、数字、代号等）均应字体工整、笔划清晰、排列整齐、间隔均匀，其书写位置应根据图面妥善安排，文字多时宜放在图的下面或右侧。

文字内容从左向右横向书写，标点符号占一个汉字的位置，中文书写时，应采用国家正式颁布的简化汉字，字体宜采用长仿宋体。

文字的字高（打印到图纸上的字高）应从如下系列中选用：2.5mm、3.5mm、5mm、7mm、10mm、14mm、20mm。如需要书写更大的字，其高度应按$\sqrt{2}$的比值递增。图样及说明中的汉字宜采用长仿宋字体，大标题、图册封面、地形图等的汉字也可书写成其他字体，但应易于辨认。

（2）图中的“技术要求”、“说明”或“注”等字样，应写在具体文字内容的左上方，并使用比文字内容大一号的字体书写，标题下均不画横线。具体内容多于一项时，应按下列顺序号排列：

——1、2、3……

——（1）、（2）、（3）……

——①、②、③……

（3）在图中所涉及数量的数字均应用阿拉伯数字表示。计量单位应使用国家颁布的法定计量单位。

4.2.6 图衔

（1）通信管道及线路工程图纸应有图衔，若一张图不能完整画出，可分为多张图纸，第一张图纸使用标准图衔，其后序图纸使用简易图衔。

（2）通信工程勘察设计制图常用的图衔种类有：通信工程勘察设计各专业常用图衔、机械零件设计图衔和机械装配设计图衔。

（3）通信工程勘察设计各专业常用图衔的规格要求如图 4-1 所示。

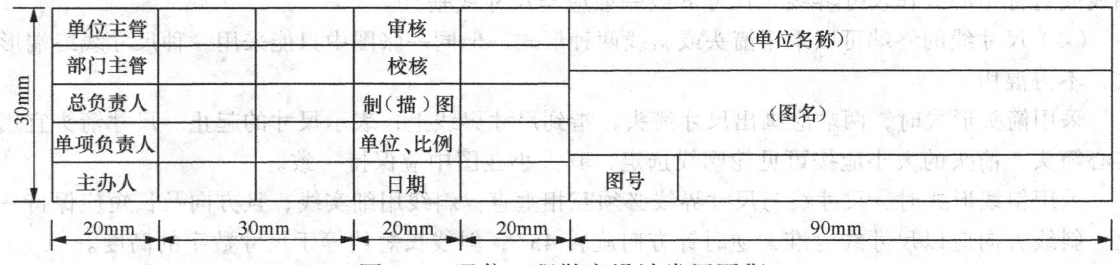

图 4-1 通信工程勘察设计常用图衔

4.2.7 图纸编号

图纸编号的编排应尽量简洁，设计阶段一般图纸编号的组成可分为四段，按以下规则处理：

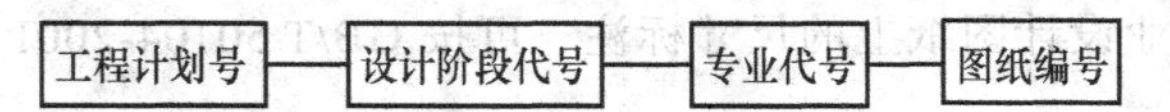

对于同计划号、同设计阶段、同专业而多册出版的图纸，为避免编号重复，可按以下规则处理：

工程计划号——设计阶段代号(A)——专业代号(B)——图纸编号

工程计划号：可使用上级下达、客户要求或自行编排的计划号。

设计阶段代号应符合表 4-2 的规定。

表 4-2 设计阶段代号

设计阶段	代号	设计阶段	代号	设计阶段	代号
可行性研究	Y	初步设计	C	技术设计	J
规划设计	G	方案设计	F	设计投标书	T
勘察报告	K	初设阶段的技术规范书	CJ	修改设计	在原代号后加 X
引进工程询价书	YX	施工图设计一阶段设计	S		

4.2.8 注释、标志及技术数据

（1）当含义不便于用图示方法表达时，可以采用注释。当图中出现多个注释或大段说明性注释时，应当把注释按顺序放在边框附近。有些注释可以放在需要说明的对象附近；当注释不在需要说明的对象附近时，应使用指引线（细实线）指向说明对象。

（2）标志和技术数据应该放在图形符号的旁边。当数据很少时，技术数据也可以放在矩形符号的方框内（例如继电器的电阻值）；数据较多时，可以用分式表示，也可以用表格形式列出。

当用分式表示时，可采用以下模式：

$$N\frac{A-B}{C-D}F$$

其中：N 为设备编号，一般靠前或靠上放；A、B、C、D 为不同的标注内容，可增可减；F 为敷设方式，一般靠后放。

当设计中需表示本工程前后有变化时，可采用斜杠方式：（原有数）/（设计数）；

当设计中需表示本工程前后有增加时，可采用加号方式：（原有数）+（增加数）；

当设计中需表示本工程前后有减少时，可采用减号方式：（原有数）–（减少数）。

（3）在对图纸标注时，其项目代号的使用应符合 GB5094—85《电气技术中的项目代号》的规定，文字符号的使用应符合 GB7159—87《电气技术中的文字符号制定通则》的规定。

在通信工程设计中，由于文件名称和图纸编号多已明确，在项目代号和文字标注方面可适当简化，推荐如下：

① 平面布置图中可主要使用位置代号或用顺序号加表格说明。

② 系统方框图中可使用图形符号或用方框加文字符号来表示，必要时也可二者兼用。

③ 接线图应符合 GB/T 6988.3—1997《电气技术用文件编制 第 3 部分：接线图和接线表》的规定。

4.3 图形符号的使用

4.3.1 图形符号的使用规则

（1）当标准中对同一项目有几种图形符号形式可选时，选用宜遵守以下规则：

① 优先选用“优选形式”；

② 在满足需要的前提下，宜选用最简单的形式（例如“一般符号”）；

③ 在同一册设计中，同专业应使用同一种形式。

（2）一般情况下，对同一项目宜采用同样大小的图形符号，特殊情况下，为了强调某些方面或为了便于补充信息，允许使用不同大小的符号和不同粗细的线条。

（3）绝大多数图形符号的取向是任意的。为了避免导线的弯折或交叉，在不引起错误理解的前提下，可以将符号旋转获取镜像形态，但文字和指示方向不得倒置。

（4）标准中图形符号的引线是作为示例画上去的，在不改变符号含义的前提下，引线可以取不同的方向，但在某些情况下，引线符号的位置会影响符号的含义。例如：电阻器和继电器线圈的引线位置不能从方框的另外两侧引出，应用中应加以识别。

（5）为了保持图面符号的布置均匀，围框线可以不规则地画出，但是围框线不应与设备符号相交。

4.3.2 图形符号的派生

（1）在国家通信工程制图标准中，只是给出了图形符号有限的例子，如果某些特定的设备或项目无现成的符号，允许根据已规定的符号组图规律进行派生。

（2）派生图形符号，是利用原有符号加工成新的图形符号。应遵守以下的规律：

①（符号要素）+（限定符号）⟶（设备的一般符号）；

②（一般符号）+（限定符号）⟶（特定设备的符号）；

③ 利用 2~3 个简单的符号⟶（特定设备的符号）；

④ 一般符号缩小后可以做限定符号使用。

（3）对急需的个别符号，如派生困难等原因，一时找不出合适的符号，允许暂时使用在框中加注文字符号的方式。

4.4 绘制通信工程图纸的要求及注意事项

4.4.1 绘制通信工程图纸的一般要求

（1）所有类型的图纸除勘察草图以外，必须采用 AutoCAD 软件按比例绘制。

（2）严禁采用非标准图框绘图和出图，建议尽量采用 A3 标准图框。

（3）每张图纸必须有指北针指示正北方向。

（4）每张图纸外应插入标准图框和图衔，并根据要求在图衔中加注单位比例、设计阶段、日期、图名、图号等。

（5）图纸整体布局要协调、清晰、美观。

（6）图纸应标注清晰、完整，图与图之间连贯，当一张图纸上画不下一幅完整图时，需有接图符号。

（7）对一个工程项目下的所有图纸应按要求编号，相邻图纸编号应相连。

4.4.2　绘制各专业通信工程图纸的具体要求

1．绘制勘察草图要求

（1）绘制草图时，尽可能地按照比例记录。

（2）图中标明线路经过的村、镇名称，如果经过住户，需要标明门牌号。

（3）对 50m 以内明显标志物要标注清楚。

（4）管线所经过的交越线路、庄稼地、经济作物用地等要标注清楚。

（5）草图要标注清楚标桩的位置、障碍的位置和处理方式（应记录障碍断面）、管道离路距离，路的走向和名称、正北方向和转角、周围的大型参照物以及其他杆路、地下管线、电力线路。

（6）桩号编写原则为编号以每个段落的起点为 0，按顺时针方向排列。测量以及编号应当以交换局方向为起点。

2．绘制直埋线路施工图的要求

（1）绘制线路图时要注重通信路由与周围参照物之间的统一性和整体性。

（2）如需要反映工程量，要在图纸中绘制工程量表。

（3）埋式光缆线路施工图应以路由为主，将路由长度和穿越的障碍物绘入图中。路由 50m 以内的地形、地物要详绘，50m 以外要重点绘出与车站、村庄等的距离。

（4）光电缆线路穿越河流、铁道、公路、沟坎时，应在图纸上绘出所采取的各项防护加固措施。

（5）通常直埋线路施工图按 1：2000 的比例绘制，并按比例补充绘入地形地物。

3．绘制架空杆路图的要求

（1）架空线路施工图需按 1：2000 比例绘制。

（2）在图上绘出杆路路由、拉线方向，标出实地量取的杆距、每根电杆的杆高。

（3）绘出路由两侧 50m 范围内参照物的相对位置示意图，并标出乡镇村庄、河流、道路、建筑设施、街道、参照物等的名称及道路、光电缆线路的大致方向。

（4）必须在图中反映出与其他通信运营商杆线交越或平行接近情况，并标注接近处线路间的隔距及电杆杆号。

（5）注明各段路由的土质及地形，如山地、旱地、水田等。

（6）线路的各种保护盒处理措施、长度数量必须在图纸中明确标注。特殊地段必须加以文字说明。

4．绘制通信管道施工图的要求

（1）绘出道路纵向断面图，并标出道路纵向上主要地面和地下建筑设施及相互之间的距离。

（2）绘出管道路由图，标出人手孔位置和人孔编号、管道段长，人手孔位置需标清三角定标距离和参照物。

（3）绘出管道两侧 50m 内固定建筑设施的示意图，并标出路名、建筑设施名称等。

（4）在图上标明各段路面的程式、土质类别。

（5）新建通信管道设计图纸比例横向 1∶500，纵向 1∶50。

5. 绘制机房平面图的要求

（1）要求图纸的字高、标注、线宽应统一。

（2）机房平面图中墙的厚度规定为 240mm。

（3）平面图中必须标有“××层机房”字样。

（4）画平面图时，应先画出机房的总体结构，如墙壁、门、窗等，并标注尺寸。

（5）图中必须有主设备尺寸以及主设备到墙的尺寸，并且注意画机房设备时图线的选取，新建设备用粗实线表示，原有设备用细实线表示，改造、扩容设备用粗虚线表示。

（6）画出机房走线架的位置并标明尺寸大小。

（7）画出从线缆进线洞至综合配线架间光电缆的走向。

（8）机房平面图中需要添加设备表、添加机房图例及说明，用以说明本次工程情况、配套设备的位置、机房楼层及梁下净高等。

4.4.3 出设计时图纸中常见问题

在绘制通信工程图纸方面，根据以往的经验，常会出现以下问题，下面总结出来，以便借鉴。

（1）图纸说明中序号会排列错误。

（2）图纸说明中缺标点符号。

（3）图纸中出现尺寸标注字体不一或标注太小的情况。

（4）图纸中缺少指北针。

（5）平面图或设备走线图在图衔中缺少单位：mm。

（6）图衔中图号与整个工程编号不一致。

（7）出设计时前后图纸编号顺序有问题。

（8）出设计时图衔中图名与目录不一致。

（9）出设计时图纸内容中内容颜色有深浅。

4.5 通信工程设计中各专业所需主要图纸

4.5.1 光（电）缆线路工程

光（电）缆线路工程设计所需图纸包括：

（1）路由总图，包括杆路图和管路图。

（2）光缆系统配置图，主要反映敷设方式、各段长度、光缆光纤芯数型号、局站交接箱名称等。

（3）光缆线路施工图，包括光缆引接图、光缆上列端子图、光纤分配图、特殊地段线路施工安装图，如采用架空飞线、桥上光缆等。

（4）电缆线路施工图，包括主干电缆施工图、总配线架上列图、配线区设备配置地点位置设计图、配线电缆施工图、交接箱上列图。

（5）进局光（电）缆及成端光（电）缆施工图。

（6）主要局站内光电缆安装图，包括配线架安装位置。

（7）如有交接箱，则画交接箱安装图。

（8）通用图，包括电杆辅助装置图、管道及架空光（电）缆接头盒安装图、光（电）缆预留装置图等。

4.5.2 通信管道工程

通信管道工程设计所需图纸包括：

（1）管道位置平面图、管道剖面图、管位图。

（2）管道施工图，包括平/断面图、高程图（4 孔以下管群可不画高程图）。

（3）特殊地段管道施工图。

（4）管道、人孔、手孔结构及建筑施工采用定型图纸，非定型设计应附结构及建筑施工图。

（5）在有其他地下管线或障碍物的地段，应绘制剖面设计图，标明其交点位置、埋深及管线外径等。

4.5.3 通信设备安装工程

（1）数字程控交换工程设计：应附市话中继方式图、市话网中继系统图、相关机房平面图。

（2）微波工程设计：应附属全线路由图、频率极化配置图、通路组织图、天线高度示意图、监控系统图、各种站的系统图、天线位置示意图及站间断面图。

（3）干线线路各种数字复用设备、光设备安装工程设计：应附传输系统配置图、远期及近期通路组织图、局站通信系统图。

（4）移动通信工程设计

① 移动交换局设备安装工程设计：应附全网网络示意图、本业务区网络组织图、移动交换局中继方式图、网同步图。

② 基站设备安装工程设计：应附全网网络结构示意图、本业务区通信网络系统图、基站位置分布图、基站上下行传输损耗示意方框图、机房工艺要求图、基站机房设备平面布置图、天线安装及馈线走向示意图、基站机房走线架安装示意图、天线铁塔示意图、基站控制器等设备的配线端子图、无线网络预测图纸。

（5）寻呼通信设备安装工程设计：应附网络组织图、全网网络示意图、中继方式图、天线铁塔位置示意图。

（6）供热、空调、通风设计：应附供热、集中空调、通风系统图及平面图。

（7）电气设计及防雷接地系统设计：应附高、低压电供电系统图，变配电室设备平面布置图。

本章小结

（1）通信工程图纸是通信工程设计的重要组成部分，是指导施工的主要依据。在通信工程中，只有绘制出准确的通信工程图纸，才能对通信工程施工具有正确的指导性意义。

（2）为了规范通信工程图纸设计，提高设计质量和设计效率，合理指导工程施工，不断适应通信建设的需要，特制定通信工程制图统一标准，该标准依据原国家信息产业部所颁布的通信工程制图标准及图形符号来确定的。

（3）在绘制通信工程图纸时，对于不同类型的工程设计，其工程制图的绘制要求及制图所应达到的深度也有所不同。在本章里，分别针对光（电）缆线路工程、通信管道工程和通信设备安装工程这三大部分，介绍各项单项工程中需要绘制哪些图纸。

（4）通信线路施工图纸是施工图设计的重要组成部分，它是指导施工的主要依据。施工图纸包含了诸如路由信息、技术数据、主要说明等内容，施工图应该在仔细勘察和认真搜集资料的基础上绘制而成。

（5）通信设备安装工程主要包括数字程控交换设备安装工程、微波安装工程、干线线路各种数字复用设备、光设备安装工程以及移动交换局设备安装工程和基站设备安装工程等。对于不同的通信设备安装工程，也要配置相应的工程图纸来指导施工。

（6）在绘制线路施工图时，首先要按照相关规范要求选用合适的比例，为了更为方便地表达周围环境情况，可采用沿线路方向按一种比例，而周围环境的横向距离采用另外一种比例或基本按示意性绘制。

（7）在绘制机房平面布置图时，要求标明机房的门、窗、梁、柱位置；对于自建或外租机房，要现场确定机房设备初步位置、走线架、走线路由等；利旧机房要准确反映机房现状，新增设备应摆放合理，定位尺寸完全，对不合理的设备摆放应提出整改要求。

习题与思考题

一、选择题

1. 下面图纸中无比例要求的是（　　）。

A. 建筑平面图　　B. 系统框图

C. 设备加固图　　D. 平面布置图

2. 用于表示施工图设计阶段的设计代号是（　　）。

A. S　　B. K　　C. G　　D. J

3. 下面哪种图线宽度不是国标所规定的（　　）。

A. 0.25mm　　B. 0.7mm　　C. 1.0mm　　D. 1.5mm

4. 绘制建筑平面图时，采用的绘图单位为（　　）。

A. mm　　B. cm　　C. m　　D. km

5. 绘制下面哪个图时，必须要加入指北针（　　）。

A. 零部件加工图　　B. 电路组织图

C. 网络结构示意图　　D. 机房平面图

6. 在绘图过程中，当所要表述的含义不便于用图示的方法完全清楚的表达时，可在图中加入（　　）来进一步加以说明。

A. 图例　　B. 指北针　　C. 数字　　D. 注释说明

7. 对平面布置图、线路图和区域规划性质的图纸，绘制时，依照国标没有设定的比例标准是（　　）。

A. 1：1000　　B. 1：200　　C. 1：400　　D. 1：2000

8. A4图纸的图框尺寸（高×宽）是（　　）mm。

A. 841×594　　B. 594×420　　C. 420×297　　D. 297×210

二、判断题

1. 图中的尺寸数字，一般应注写在尺寸线的上方、左侧或者是尺寸线上。 （ ）

2. 在工程图纸上，为了区分开原有设备与新增设备，可以用粗线表示原有设施，细线表示新建。 （ ）

3. 在绘制通信工程图纸时，当几种手段均可达到目的时，应采用最为具体的方式，以便完整地表述主题内容。 （ ）

4. 在尺寸标注时，图中的尺寸均以毫米（mm）为单位，并将其单位符号加在尺寸数字后。 （ ）

5. 尺寸数字应顺着尺寸线方向书写并符合视图方向，数值的高度方向应和尺寸线平行，并不得被任何图线通过。 （ ）

6. 通信管道及线路工程图纸应有图衔，若一张图不能完整画出，可分为多张图纸，第一张图纸使用标准图衔，其后序图纸使用简易图衔。 （ ）

三、填空题

1. 一个完整的尺寸标注应由______、______、______及______等组成。

2. 尺寸线的终端可以采用______或______两种形式，但同一张图中只能采用一种尺寸线终端形式，不得混用。

3. 一般图纸编号的组成可分为 4 段，分别为______、______、______及______。

4. 在绘制机房平面图时，机房墙的厚度规定为______。

5. 架空线路施工图需按______比例绘制。

6. 数字程控交换工程设计中，应配备的主要工程图纸有：______、______、______。

7. 干线线路光设备安装工程施工图纸主要包括：______、______、______。

8. 在绘制线路工程施工图时，应按照______顺序制图，线路图纸分段应按照从______至______，从______至______的原则划分。

四、简答题

1. 什么是通信工程制图？

2. 通常图线型式分几种，各自的用途是什么？

3. 简述图形符号的适用规则。

4. 在绘制机房平面图时，如何用图形符号表示出设备的正面摆放位置？

5. 在绘制机房平面图时，如何用图形符号来区分新建设备、原有设备、规划预留的设备以及要拆除的设备？

6. 如何在所绘制的线路施工图中加入工程量表？

7. 机房平面图中的设备配置表应包含哪些内容？

8. 在绘制平面布置图时，都需要标注哪些尺寸？

9. 若同一个图名对应多张图时，如何对这些图纸进行编号加以区分？

10. 请说明下面所示图形符号各自代表的含义。

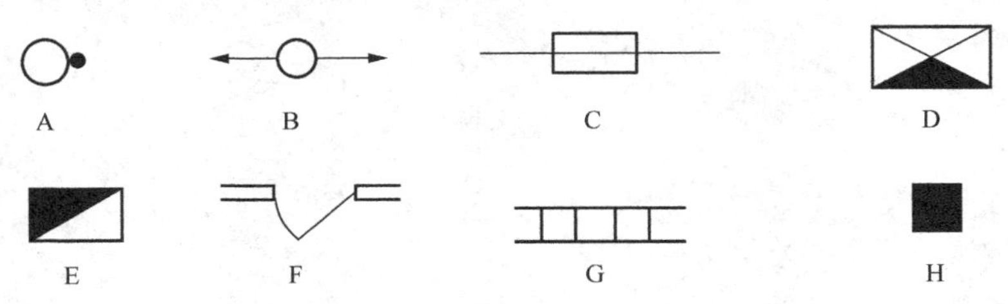

本章实训

1. 实训内容

利用 AutoCAD 制图软件绘制上一章基站设备安装工程和光缆线路工程设计所需要的主要工程图纸。

（1）基站机房设备安装工程所要绘制图纸如下：

① 设备安装平面布置图，要求列出设备配置表；

② 室内走线架平面布置图；

③ 线缆走线路由图；

④ 基站机房工艺图；

⑤ 线缆计划表。

（2）光缆线路工程所要绘制图纸如下：

① 光缆线路施工图，要求列出工程量统计表；

② 架空光缆接头、预留及引上安装示意图；

③ 拉线、辅助装置及地气安装示意图；

④ 光缆进基站引接示意图；

⑤ 人孔内光缆处理示意图。

注：线路图纸中②～⑤图根据具体工程情况可选。

2. 实训目的

（1）掌握专业制图中各种图形符号的含义。

（2）能够利用制图软件进行通信机房平面图、线路施工图、设备安装图等各种工程图纸的绘制。

（3）能够在绘制工程图纸的过程中，学习掌握通信工程制图的规范要求。

3. 实训要求

（1）按照《电信工程制图与图形符号》—YD/T 5015—2007 规范要求制图。

（2）采用国标和行标提出的图形符号绘图，国标和行标没有的图形符号要在图中有图例指示。

（3）将图纸绘制在标准图框内，每个图保存为一个独立文件。

（4）每张图纸都有明确的图衔。

第 5 章

通信建设工程概预算概念及工程定额

5.1 通信工程概预算定义

通信工程概预算是设计概算和施工图预算的统称。

设计概算指在初步设计阶段，根据设计深度和建设内容，按照国家主管部门颁布办法的概算定额、费用定额、编制方法、设备和材料概算价格、工资标准等有关规定，预先计算和确定的每项工程全部投资额的经济技术文件。

施工图预算指在施工图设计阶段，根据设计深度和建设内容，按照国家主管部门颁布办法的预算定额、费用定额、编制方法、设备和材料预算价格、工资标准等有关规定，预先计算和确定的每项工程全部投资额的经济技术文件。

两者的区别有以下几点。

1. 精确性

概算是按照国家主管部门颁布的概算定额概括的计算；预算是按照国家主管部门颁布的预概算定额概括的计算，比概算精确。

2. 审批单位

概算由建设单位主管部门审批；预算由建设单位审批。

3. 文件构成

建设项目在初步设计阶段编制设计概算，一般由建设项目总概算、单项工程总概算构成；建设项目在施工图设计阶段编制施工图预算，一般由单位工程预算、单项工程预算、建设项目总预算构成。

通信建设工程概、预算是设计文件的重要组成部分，它是根据各个不同设计阶段的深度和建设内容，按照设计图纸和说明以及相关专业的预算定额、费用定额、费用标准、器材价格、编制方法等有关资料，对通信建设工程预先计算和确定从筹建到竣工交付使用所需全部费用的文件。不同设计阶段所对应的不同通信建设工程概、预算文件编制如图 5-1 所示。

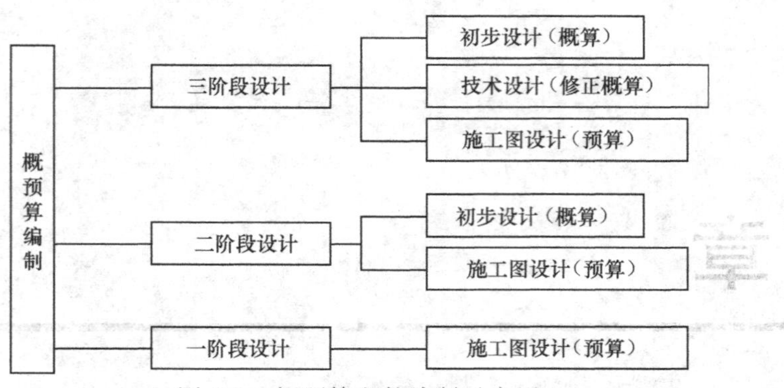

图 5-1　概预算文件编制示意图

设计概预算是工程的计划价格对工程项目设计概预算的管理和控制，即是对所建设工程实行科学管理和监督的一种重要手段。其在基本建设程序中的位置如图 5-2 所示。设计概预算是以初步设计和施工图设计为基础编制的，它不仅是考核设计方案经济性和合理性的重要指标，也是确定建设项目建设计划、签订合同办理贷款、进行竣工决算和考核工程造价的主要依据。

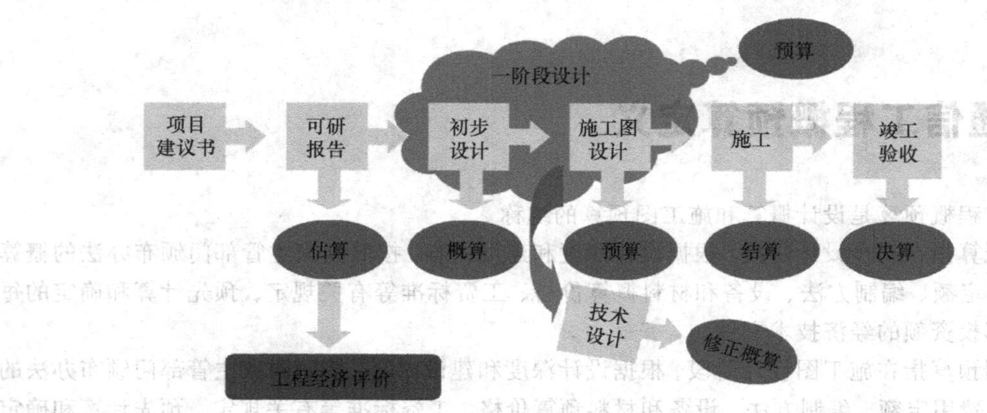

图 5-2　概预算基本建设程序中的位置

5.2　通信工程概预算作用

5.2.1　设计概算的作用

设计概算是用货币形式综合反映和确定建设项目从筹建至竣工验收的全部建设费用。其主要作用如下：

（1）确定和控制固定资产投资、编制和安排投资计划、控制施工图预算的主要依据。建设项目需要多少人力、物力和财力，是通过项目设计概算来确定的，所以设计概算是确定建设项目所需建设费用的文件，即项目的投资总额及其构成是按设计概算的有关数据确定的，而且设计概算也是确定年度建设计划和年度建设投资额的基础。因此，设计概算的编制质量将影响年度建设计划的编制质量。

注意：设计单位必须严格按照批准的初步设计中的总概算进行施工图预算的编制，施工图预算不应突破设计概算。在进行三阶段设计的情况下，在技术设计阶段编制的修正概算所确定的投资额不应突破相应的设计总概算，如突破，应调整和修改总概算，并报主管部门审批。

（2）审核贷款额度的主要依据。建设单位根据批准的设计概算总投资，安排投资计划、控制贷款。如果建设单位投资额突破设计概算时，应在查明原因后，由建设单位报请上级主管部门调整或追加设计概算总投资额。

（3）考核工程设计技术经济合理性和工程造价的主要依据。设计概算是建设项目方案经济合理性的反映，可以用来对不同的建设方案进行技术和经济合理性比较，以选择最佳的建设方案或设计方案。同时建设项目的各项费用是通过编制设计概算时逐项确定的，因此，造价的管理必须根据编制设计概算所规定的应包括的费用内容和要求严格控制各项费用，防止突破项目投资估算，加大项目建设成本。

（4）筹备设备、材料和签订订货合同的主要依据。当设计概算经主管部门批准后，建设单位就可以开始按照设计提供的设备、材料清单，对不同厂家的设备性能及价格进行调查、询价，并进行比较、选择，签订订货合同，进行建设准备工作。

（5）在工程招标承包制中是确定标底的主要依据。建设单位在按设计概算进行工程施工招标发包时，需以设计概算为基础编制标底，以此作为评标决标的依据。施工企业在投标竞争中必须编制投标书，标书表述中的报价也应以设计概算为基础进行编制。

5.2.2 施工图预算的作用

施工图预算是设计概算的进一步具体化。它是根据施工图计算出的工程量，依据现行预算定额及取费标准，签订的设备材料合同价或设备材料预算价格等，进行计算和编制的工程费用文件。其主要作用如下：

（1）考核工程成本和确定工程造价的主要依据。根据工程的施工图计算出其实物工程量，然后按现行建设工程预算定额、费用定额等资料，计算出施工生产费用，再加上上级主管部门规定应计列的其他费用，即为建筑安装工程的价格，即工程预算造价。由此可见，只有准确地编制施工图预算，才能合理地确定工程的预算造价，并据此落实和调整年度建设投资计划。施工企业必须以所确定的工程预算造价为依据来进行经济核算，控制工程成本。

（2）签订工程承、发包合同的依据。建设单位与施工企业的经济费用往来，是以施工图预算及双方签订的合同为依据，所以施工图预算又是建设单位监督工程拨款和控制工程造价的一项主要依据。实行招标的工程，施工图预算又是建设单位确定标底和施工企业进行估价的依据，同时也是评价设计方案、签订年度总包和分包合同的依据。

（3）价款结算的主要依据。工程价款结算是施工企业在承包工程实施工程中，依据承包合同和已经完成的工程量关于付款的规定，依据程序向建设单位收取工程价款的经济活动。结算工程价款是以施工图预算为基础进行的，即以施工图预算中的工程量和单价，再根据施工中设计变更后实际施工情况，以及实际完成的工程量情况编制项目结算。

（4）考核施工图设计技术经济合理性的主要依据。施工图预算要根据设计文件的编制程序编制，它对确定单项工程造价具有特别重要的意义。施工图预算的工料统计表列出的各单位工程对各类人工和材料的需要量等，是施工企业编制施工计划、施工准备和进行统计、核算等不可缺少的依据。

5.3 定额

在生产过程中，为了完成某一单位合格产品，就要消耗一定的人工、材料、机具设备和资金。

由于这些消耗受技术水平、组织管理水平及其他客观条件的影响，所以其消耗水平是不相同的。因此，为了统一考核其消耗水平，便于经营管理和经济核算，就需要有一个统一的平均消耗标准。

5.3.1 定额简介

1. 定额的概念

所谓定额，就是在一定的生产技术和劳动组织条件下，完成单位合格产品在人力、物力、财力的利用和消耗方面应当遵守的标准。

定额是一种规定的额度，广义地说，也是处理特定事物的数量界限。在市场经济条件下，从市场价格机制角度，该如何看待现行工程建设定额在工程价格形成中的作用。因此，在研究工程造价的计价依据和计价方式时，有必要首先对定额和工程建设定额的基本原理有一个基本认识。

2. 定额的发展

定额是形成企业管理的一门科学，产生于19世纪末资本主义企业管理科学发展初期。

19世纪末至20世纪初，资本主义生产日益扩大，高速度的工业发展与低水平的劳动生产率无法适应，生产能力得不到充分发挥。在这种背景下，被称为“科学管理之父”的美国工程师弗·温·泰勒（1856—1915年）通过研究，制定出科学的工时定额，并提出一整套科学管理的方法，这就是著名的“泰勒制”。

“泰勒制”的核心可归纳为制定科学的工时定额，采取有差别的计件工资，实行标准的操作方法，强化和协调职能管理。“泰勒制”是作为资本家榨取工人剩余价值的工具，但它又是以科学方法来研究分析工人劳动中的操作和动作，从而制定最节约的工作时间，即工时定额，对提高劳动生产率做出了显著的科学成就。

“泰勒制”以后，科学管理一方面从研究操作方法、作业水平向研究科学管理方向发展，另一方面充分利用现代自然科学的最新成果——运筹学、电子计算机等科学技术手段进行科学管理。20世纪出现了行为科学，从社会学和心理学的角度研究管理，强调和重视社会环境、人的相互关系对人的行为的影响，以及寻求提高工效的途径。行为科学发展了泰勒等人提出的科学管理方法，但并不能取代科学管理，也不能取消定额。相反，随着科学管理的发展，定额也有了进一步的发展。一些新的技术方法在制定定额中得到运用，定额的范围也大大突破了工时定额的内容。综上所述，定额伴随着科学管理的产生而产生，伴随着科学管理的发展而发展，在现代管理中一直占有重要地位。

3. 定额在现代管理中的地位

定额是管理科学的基础，也是现代管理科学中的重要内容和基本环节。

（1）定额是节约社会劳动、提高劳动生产率的重要手段。

（2）定额是组织和协调社会化大生产的工具。

（3）定额是宏观调控的依据。

（4）定额在实现分配、兼顾效率与社会公平方面有巨大的作用。

4. 我国工程建设定额在工程价格形成中的作用

工程建设定额是经济生活中诸多定额中的一类。工程建设定额是一种计价依据，也是投资决策依据，又是价格决策依据，能够从这两方面规范市场主体的经济行为，对完善我国固定资产投资市场和建筑市场都能起到作用。

在市场经济中，信息是其中不可或缺的要素，它的可靠性、完备性和灵敏性是市场成熟和市场效率的标志。工程建设定额就是把处理过的工程造价数据积累转化成的一种工程造价信息，它主要是指资源要素消耗量的数据，包括人工、材料、施工机械的消耗量。定额管理是对大量市场信息的加工，也是对大量信息进行市场传递，同时也是市场信息的反馈。

在工程承发包过程中，招标投标双方之间存在信息不对称问题。投标者知道自己的实力，而招标者不知道，因此两者之间存在信息不对称问题。根据信息传递模型，投标者可以采取一定的行动来显示自己的实力。然而，为了使这种行动起到信号传递的功能，投标者必须为此付出足够的代价。也就是说，只有付出成本的行动才是可信的。根据这一原理，可以根据甲乙双方的共同信息和投标企业的私人信息设计出某种市场进入壁垒机制，把不合格的竞争者排除在市场之外。这样形成的市场进入壁垒不同于地方保护主义所形成的进入壁垒，可以保护市场的有序竞争。

根据工程招投标信息传递模型，造价管理部门一方面要制定统一的工程量清单中的项目和计算规则，另一方面要加强工程造价信息的收集与发布。同时，还要加快建立企业内部定额体系，并把是否具备完备的私人信息作为企业的市场准入条件。施工企业内部定额既可以作为企业进行成本控制和自主报价的依据，还可以发挥企业实力的信号传递功能。

5. 我国建设工程定额发展过程

我国建设工程定额管理从发展过程来看，大体可以分为 5 个阶段：

第一阶段（1950—1957 年），是建设工程定额的建立时期。国务院和国家建设委员会先后颁发了 4 个重要文件，为概、预算制度的建立奠定了基础。

第二阶段（1958—1966 年年初），是工程建设定额的弱化时期。在这一阶段，概、预算和定额管理权限全部下放，实际形成了国家综合部门撒手不管的状态。

第三阶段（1966—1976 年），是工程建设定额的倒退时期。在这一阶段，管理机构被撤销，专业骨干被调出下放、改行，大量基础资料被销毁。1967 年，有关主管部门同意对直属施工企业实行经常费制度，这就从制度上否定了施工单位的企业性质，把企业变成享受供给制和实报实销的行政事业单位。施工企业内部则是劳动无定额、生产无成本、工效无考核，从根本上取消了定额管理，结果造成基本建设人力、物力、资金的严重浪费，投资效益低下，劳动生产效率下降。

第四阶段（1976—20 世纪 90 年代初），是工程建设定额整顿和发展时期。国家建委、国家计委、财政部联合颁发了《关于加强基本建设概、预、决算管理工作的几项规定》，为以后的工作奠定了一个较好的基础。1985—1986 年，国家计委陆续颁发了统一组织编制的两册基础定额和十五册《全国统一安装工程预算定额》，其中第四册《通信设备安装工程》和第五册《通信线路工程》是由原邮电部编制的，适用于通信工程，与此同时，1986 年原邮电部发布邮部字[1986] 629 号《通信建筑安装工程间接费定额及概、预算编制办法》，与这两册定额配套使用。

第五阶段（从 20 世纪 90 年代初至今），是工程建设定额管理逐步进行改革的时期。1990 年原邮电部以邮部［1990］433 号文颁布了《通信工程建设概算预算编制办法及费用定额》和《通信工程价款结算办法》。1995 年，原邮电部以邮部［1995］626 号文颁发了《通信建设工程概算、预算编制办法及费用定额》《通信建设工程价款结算办法》和《通信建设工程预算定额》（共三册），贯彻了“量价分离”、“技普分开”的原则，使通信建设工程定额改革前进了一步。2005 年年底，原信息产业部以信部规［2005］418 号文颁发了新编的《通信建设工程价款结算暂行办法》。2008 年 5 月，工业和信息化部以工信部规［2008］75 号文颁发了新编的《通信建设工程概算、预算编制办法》《通信建设工程费用定额》《通信建设工程施工机械、仪表台班费用定额》和《通信建设工程预算定额》（共五册）。

6. 建设工程定额的特点

（1）科学性。

工程建设定额的科学性包括两重含义：一重含义是指工程建设定额和生产力发展水平相适

应，反映出工程建设中生产消费的客观规律；另一重含义是指工程建设定额管理在理论、方法和手段上适应现代科学技术和信息社会发展的需要。

工程建设定额的科学性，首先表现在用科学的态度制定定额，尊重客观实际，力求定额水平合理；其次表现在制定定额的技术方法上，利用现代科学管理的成就，形成一套系统的、完整的、在实践中行之有效的方法；第三表现在定额制定和贯彻的一体化。制定是为了提供贯彻的依据，贯彻是为了实现管理的目标，也是对定额的信息反馈。

（2）系统性。

工程建设定额是相对独立的系统。它是由多种定额结合而成的有机整体。它的结构复杂，有鲜明的层次，有明确的目标。

工程建设定额的系统性是由工程建设的特点决定的。按照系统论的观点，工程建设就是庞大的实体系统。工程建设定额是为这个实体系统服务的。因而工程建设本身的多种类、多层次就决定了以它为服务对象的工程建设定额的多种类、多层次。从整个国民经济来看，进行固定资产生产和再生产的工程建设是一个有多项工程集合体的整体。其中包括农林水利、轻纺、机械、煤炭、电力、石油、冶金、化工、建材工业、交通运输、邮电工程，以及商业物资、科学教育文化、卫生体育、社会福利和住宅工程等。这些工程的建设都有严格的项目划分，如建设项目、单项工程、单位工程、分部分项工程；在计划和实施过程中有严密的逻辑阶段，如规划、可行性研究、设计、施工、竣工交付使用，以及投入使用后的维修。与此相适应，必然形成工程建设定额的多种类、多层次。

（3）统一性。

工程建设定额的统一性，主要是由国家对经济发展的有计划的宏观调控职能决定的。为了使国民经济按照既定的目标发展，就需要借助于某些标准、定额、参数等，对工程建设进行规划、组织、调节、控制。而这些标准、定额、参数必须在一定的范围内是一种统一的尺度，才能实现上述职能，才能利用它对项目的决策、设计方案、投标报价、成本控制进行比选和评价。

工程建设定额的统一性，按照其影响力和执行范围来看，有全国统一定额、地区统一定额和行业统一定额等；按照定额的制定、颁布和贯彻使用来看，有统一的程序、统一的原则、统一的要求和统一的用途。

（4）权威性和强制性。

工程建设定额具有很大权威，这种权威在一些情况下具有经济法规性质。权威性反映统一的意志和统一的要求，也反映信誉和信赖程度以及反映定额的严肃性。

工程建设定额权威性的客观基础是定额的科学性。只有科学的定额才具有权威。但是在社会主义市场经济条件下，它必然涉及各有关方面的经济关系和利益关系。赋予工程建设定额以一定权威性，就意味着在规定的范围内，对于定额的使用者和执行者来说，不论主观上愿意不愿意，都必须按定额的规定执行。在当前市场不规范的情况下，赋予工程建设定额以权威性是十分重要的。但是在竞争机制引入工程建设的情况下，定额的水平必然会受市场供求状况的影响，从而在执行中可能产生定额水平的浮动。

应该指出的是，在社会主义市场经济条件下，对定额的权威性不应该绝对化。定额毕竟是主观对客观的反映，定额的科学性会受到人们认识的局限。与此相关，定额的权威性也会受到削弱核心的挑战。更为重要的是，随着投资体制的改革和投资主体多元化格局的形成，随着企业经营机制的转换，它们都可以根据市场的变化和自身的情况，自主地调整自己的决策行为。因此在这里，一些与经营决策有关的工程建设定额的权威性特征就弱化了。

（5）稳定性和时效性。

工程建设定额中的任何一种都是一定时期技术发展和管理水平的反映，因而在一段时间内都表现出稳定的状态。保持定额的稳定性是维护定额的权威性所必需的，更是有效地贯彻定额所必要的。工程建设定额的稳定性是相对的。

5.3.2 定额的分类

工程建设定额是指在工程建设中单位产品所需人工、材料、机械、资金消耗的规定额度，属于生产消费定额的性质。工程建设定额是根据国家一定时期的管理体制和管理制度，根据不同定额的用途和适用范围，由指定的机构按照一定的程序制定的。并按照规定的程序审批和办法执行。工程建设定额反映了工程建设和各种资源消耗之间的客观规律。

工程建设定额是工程建设中各类定额的总称。它包括许多种类的定额。为了对工程建设定额能有一个全面的了解，可以按照不同的原则和方法对它进行科学的分类。

1. 按定额反映的生产要素消耗内容分类

按定额反映的生产要素消耗内容分类，可以把建设工程定额分为劳动消耗定额、机械消耗定额、材料消耗定额。

（1）劳动消耗定额。简称劳动定额（也称为人工定额），是指完成一定的合格产品（工程实体或劳务）规定或劳动消耗的数量标准。在施工定额、概算定额、概算指标等多种定额中，劳动消耗定额都是其中重要组成部分。由于劳动消耗定额大多采用工作时间消耗量来计算劳动消耗的数量，所以劳动消耗定额主要表现形式是时间定额，但同时也表现为产量定额。

（2）机械消耗定额。我国机械消耗定额是以一台机械一个工作班（八小时）为计量单位，所以又称为机械台班定额。机械消耗定额是指为完成一定合格产品（工程实体或劳务）所规定的施工机械消耗的数量标准。机械消耗定额的主要表现形式是机械时间定额，但同时也表现为产量定额。和劳动消耗定额一样，在施工定额、概算定额、概算指标等多种定额中，机械消耗定额都是其中的重要组成部分。

（3）材料消耗定额。简称材料定额，是指完成一定合格产品所需消耗材料的数量标准。材料是工程建设中使用的原材料、成品、半成品、构配件、燃料以及水、电等动力资源的统称。由于材料作为劳动对象是构成的实体物资，所以材料消耗量的多少，不仅关系到资源的有效性利用，而且对建设工程的项目投资、建筑产品的成本控制都起着决定性的影响。

2. 按定额的编制程序和用途分类

按定额的编制程序和用途分类，可以把工程建设定额分为施工定额、预算定额、概算定额、概算指标和投资估算指标等 5 种。

（1）施工定额。施工定额是以同一性质的施工过程、工序作为研究对象，表示生产产品数量与时间消耗综合关系编制的定额。施工定额主要包括：劳动消耗定额、机械消耗定额和材料消耗定额 3 个部分。

施工定额本身由劳动定额、机械定额和材料定额 3 个相对独立的部分组成，主要直接用于工程的施工管理，作为编制工程施工设计、施工预算、施工作业计划、签发施工任务单、限额领料卡及结算计件工资或计量奖励工资等用。它同时也是编制预算定额的基础。

（2）预算定额。预算定额是以建筑物或构筑物各个分部分项工程为对象编制的定额。其内容包括劳动定额、机械台班定额、材料消耗定额 3 个基本部分，并列有工程费用，是一种计价的定额。是编制预算时使用的定额。从编制程序上看，预算定额是以施工定额为基础综合扩大编制的，同时它也是编制概算定额的基础。

（3）概算定额。概算定额是以扩大的分部分项工程为对象编制的，计算和确定该工程项目的劳动、机械台班、材料消耗量所使用的定额，同时它也列有工程费用，也是一种计价性定额。是编制概算时使用的定额。概算定额是编制扩大初步设计概算、确定建设项目投资额的依据。概算定额的项目划分粗细与扩大初步设计的深度相适应，一般是在预算定额的基础上综合扩大而成的，每一综合分项概算定额都包含了数项预算定额。其内容和作用与预算定额相似，但项目划分较粗，没有预算定额的准确性高。

（4）概算指标。概算指标是概算定额的扩大与合并，它是以整个建筑物和构筑物为对象，以更为扩大的计量单位来编制的。概算指标的内容包括劳动、机械台班、材料定额3个基本部分，同时还列出了各结构分部的工程量及单位建筑工程（以体积计或面积计）的造价，是一种计价定额。为了增加概算指标的适用性，也以房屋或构筑物的扩大的分部工程或结构构件为对象编制，称为扩大结构定额。

概算指标通常按工业建筑和民用建筑分别编制。工业建筑中又按各工业部门类别、企业大小、车间结构编制，民用建筑按照用途性质、建筑层高、结构类别编制。

概算指标的设定和初步设计的深度相适应。一般是在概算定额和预算定额的基础上编制的，比概算定额更加综合扩大。它是设计单位编制工程概算或建设单位编制年度任务计划、施工准备期间编制材料和机械设备供应计划的依据，也可供国家编制年度建设计划参考。

（5）投资估算指标。它是在项目建议书和可行性研究阶段编制投资估算、计算投资需要量时使用的一种定额。它非常概略，往往以独立的单项工程或完整的工程项目为计算对象，其概括程度与可行性研究阶段相适应，主要作用是为项目决策和投资控制提供依据。编制内容是所有项目费用之和。编制基础仍然离不开预算定额、概算定额。

3．按照投资的费用性质分类

按照投资的费用性质分类，可以把工程建设定额分为建筑工程定额、设备安装工程定额、建筑安装工程费用定额、工器具定额以及工程建设其他费用定额等。

（1）建筑工程定额，是建筑工程的施工定额、预算定额、概算定额和概算指标的统称。建筑工程一般理解为房屋和构筑物工程。具体包括一般土建工程、电气工程（动力、照明、弱电）、卫生技术（水、暖、通风）工程、工业管道工程、特殊构筑物工程等。广义上它也被理解为除房屋和构筑物外包含的其他各类工程，如道路、铁路、桥梁、隧道、运河、堤坝、港口、电站、机场等工程。在我国统计年鉴中对固定资产投资构成的划分，就是根据这种理解设计的。

（2）设备安装工程定额，是安装工程施工定额、预算定额、概算定额和概算指标的统称。设备安装工程是对需要安装的设备进行定位、组合、校正、调试等工作的工程。在工业项目中，机械设备安装和电气设备安装工程占有重要的地位。因为生产设备大多要安装后才能运转，不需要安装的设备很少。在非生产性的建设项目中，由于社会生活和城市设施的日益现代化，设备安装工程量也在不断增加。所以设备安装工程定额也是工程建设定额中的重要部分。

通常把建筑和安装工程作为一个施工过程来看待，即建筑安装工程。所以在通用定额中，有时把建筑工程定额和安装工程定额合二为一，称为建筑安装工程定额。建筑安装工程定额属于直接费定额，仅仅包括施工过程中人工、材料、机械消耗定额。

（3）建筑安装工程费用定额，一般包括以下3部分内容：

① 其他直接费用定额，是指预算定额分项内容以外，而与建筑安装施工生产直接有关的各项费用开支标准。

② 现场经费定额，是指与现场施工直接有关，是施工准备、组织施工生产和管理所需的费

用定额。

③ 间接费定额，是指与建筑安装施工生产的个别产品无关，而为企业生产全部产品所必需，为维持企业的经营管理活动所必需发生的各项费用开支标准。

（4）工、器具定额，是为新建或扩建项目投产运转首次配置的工具、器具数量标准。工具和器具，是指按照有关规定不够固定资产标准而起劳动手段作用的工具、器具和生产用家具。

（5）工程建设其他费用定额，是独立于建筑安装工程、设备和工器具购置之外的其他费用开支的标准。工程建设的其他费用的发生和整个项目的建设密切相关。它一般要占项目总投资的10%左右。其他费用定额是按各项独立费用分别制定的，以便合理控制这些费用的开支。

4. 按照专业性质划分

按照专业性质划分，工程建设定额分为全国通用定额、行业通用定额和专业专用定额 3 种。

5. 按主编单位和管理权限分类

按主编单位和管理权限分类，工程建设定额可以分为全国统一定额、行业统一定额、地区统一定额、企业定额和补充定额 5 种。

（1）全国统一定额是由国家建设行政主管部门，综合全国工程建设中技术和施工组织管理的情况编制，并在全国范围内执行的定额。

（2）行业统一定额，是考虑到各行业部门专业工程技术特点，以及施工生产和管理水平编制的。一般是只在本行业和相同专业性质的范围内使用。

（3）地区统一定额，包括省、自治区、直辖市定额。地区统一定额主要是考虑地区性特点和全国统一定额水平作适当调整和补充编制的。

（4）企业定额，是指由施工企业考虑本企业具体情况，参照国家、部门或地区定额的水平制定的定额。

（5）补充定额，是指随着设计、施工技术的发展，现行定额不能满足需要的情况下，为了补充缺陷所编制的定额。

5.4 通信建设工程预算定额

5.4.1 通信建设工程预算定额的作用

1. 预算定额是编制施工图预算、确定和控制建筑安装工程造价的基础

施工图预算是施工图设计文件之一，是控制和确定建筑安装工程造价的必要手段。编制施工图预算，除设计文件决定的建设工程的功能、规模、尺寸和文字说明是计算分部分项工程量和结构构件数量的依据外，预算定额是确定一定计量单位工程人工、材料、机械消耗量的依据，也是计算分项工程单价的基础。

2. 预算定额是对设计方案进行技术经济比较、技术经济分析的依据

设计方案在设计工作中居于中心地位。设计方案的选择要满足功能，符合设计规范，既要技术先进，又要经济合理。根据预算定额对方案进行技术经济分析和比较，是选择经济合理设计方案的重要方法。对设计方案进行比较，主要是通过定额对不同方案所需人工、材料和机械台班消耗量等进行比较。这种比较可以判明不同方案对工程造价的影响。对于新结构、新材料的应用和推广，也需要借助于预算定额进行技术分项和比较，从技术与经济的结合上考虑普遍采用的可能性和效益。

3. 预算定额是施工企业进行经济活动分项的参考依据

实行经济核算的根本目的，是用经济的方法促使企业在保证质量和工期的条件下，用较少的劳动消耗取得预定的经济效果。在目前，我国的预算定额仍决定着企业的收入，企业必须以预算定额作为评价企业工作的重要标准。企业可根据预算定额，对施工中的劳动、材料、机械的消耗情况进行具体的分析，以便找出低工效、高消耗的薄弱环节及其原因。为实现经济效益的增长由粗放型向集约型转变，提供对比数据，促进企业提供在市场上竞争的能力。

4. 预算定额是编制标底、投标报价的基础

在深化改革中，在市场经济体制下，预算定额作为编制标底的依据和施工企业报价的基础的作用仍将存在，这是由它本身的科学性和权威性决定的。

5. 预算定额是编制概算定额和估算指标的基础

概算定额和估算指标是在预算定额基础上经综合扩大编制的，也需要利用预算定额作为编制依据，这样做不但可以节省编制工作中的人力、物力和时间，收到事半功倍的效果，还可以使概算定额和概算指标在水平上与预算定额一致，以避免造成执行中的不一致。

5.4.2 预算定额的构成

为适应通信建设发展需要，合理和有效控制工程建设投资，规范通信建设概、预算的编制与管理，根据国家法律、法规及有关规定，中华人民共和国工业和信息化部修订了《通信建设工程概算、预算编制办法及费用定额》（邮部［1995］626号），以及通信建设工程预算定额等标准。

新修订的通信建设工程概算、预算定额配套文件包括：

（1）《通信建设工程概算、预算编制办法》；

（2）《通信建设工程费用定额》；

（3）《通信建设工程施工机械、仪器仪表台班定额》；

（4）《通信建设工程预算定额》（共五册：第一册为通信电源设备安装工程，第二册为有线通信设备安装工程，第三册为无线通信设备安装工程，第四册为通信线路工程，第五册为通信管道工程）。

5.4.3 现行通信建设工程预算定额编制原则

1. 贯彻关于修编通信建设工程预算定额的相关政策精神

2. 贯彻执行“控制量”、“量价分离”、“技普分开”的原则

控制量：指预算定额中的人工、主材、机械和仪表台班的消耗量是法定的。

量价分离：指预算定额只反映人工、主材、机械和仪表台班的消耗量，而不反映单价。单价由主管部门或造价管理对口单位核定发布。

技普分开：由技工操作的工序计取技工，由非技工操作工序按普工计取。

通信设备安装工程：只有技工工日。

通信线路和通信管道工程：按技工工日和普工工日计取。

3. 预算定额子目编号规则

预算定额子目编号由3部分组成：第一部分为汉语拼音缩写（字母），表示预算定额的名称；第二部分为一位阿拉伯数字，表示定额子目所在章内的章号；第三部分为3位阿拉伯数字，表示定额子目在章内的序号，如图5-3所示。

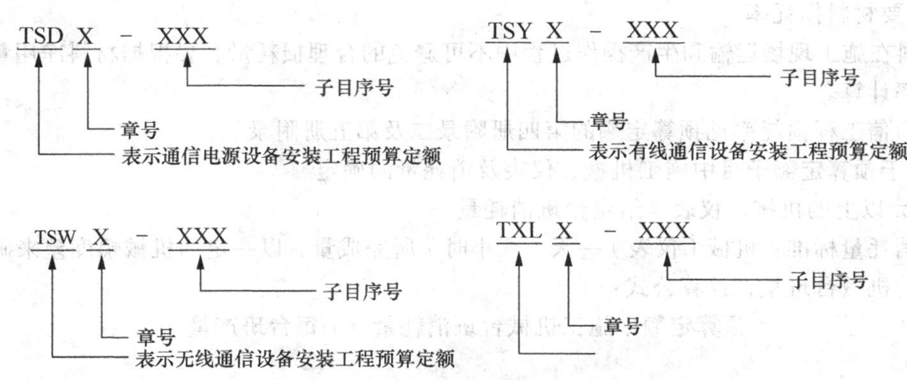

图 5-3　预算定额子目编号

4. 关于预算定额子目的人工工日及消耗的确定

（1）基本用工。

完成定额单位产品的基本用工量包括该分项工程中主体工程的用工量和附属于主体工程中各项工程的加工量。

有劳动定额依据的项目，按劳动定额时间乘以该工序的工程量计算确定；无劳动定额可依据的项目，参照现行其他劳动定额，细算粗编；新增加、无劳动定额可参考的项目，参考相近定额，根据客观条件和工人水平，按工序的工程量计算确定。

（2）辅助用工。

劳动定额未包括的工序用工量，包括施工现场某些材料临时加工用工和排除一般故障、维持必要的现场安全用工等。

（3）其他用工。

劳动定额中未包括而在正常施工条件下必然发生的零星用工量，内容包括：

① 工序间的搭接、工种间的交叉配合所需的停歇时间；

② 机械在单位工程之间转移及临时水电线路在施工过程中移动所致的不可避免的工作停歇；

③ 质量检查与隐蔽工程验收影响工人操作的时间；

④ 操作地点转移而影响工人操作的时间、施工中工种之间交叉作业的时间；

⑤ 难以测定的不可避免的工序和零星用工所需时间。

5. 关于预算定额子目中的主要材料及消耗量的确定

主要材料计算公式为：

$$Q = W + \sum r$$

式中，Q——完成某工程量的主要材料消耗定额（实用量）；

W——完成某工程量实体所需主要材料净用量；

$\sum r$——完成某工程量最低损耗情况下各种损耗之和。

（1）主要材料净用量。

不包括施工现场运输和操作损耗，完成每一定额计量单位产品所需某种材料的用量。

（2）主要材料损耗量。

① 周转性材料摊销量

指周转材料使用一次在单位产品上的消耗量，即应分摊到每一单位分项工程或结构构件上的周转材料消耗量。

② 主要材料损耗率

指材料在施工现场运输和生产操作过程中不可避免的合理损耗量，要根据材料净用量和相应材料损耗率计算。

现行通信工程损耗率见预算定额的第四册附录二及第五册附录三。

6. 关于预算定额子目中施工机械、仪表及消耗量的确定

2000 元以上的机械、仪表，给定台班消耗量。

台班消耗量标准：机械（仪表）一天（八小时）所完成量，以一定的机械幅度差来确定单位产品所需的机械台班量，计算公式：

预算定额中施工机械台班消耗量 = 1/每台班产量

5.4.4 现行通信建设工程预算定额构成

现行通信建设工程预算定额由总说明、册说明、章节说明、定额项目表和附录构成。

1. 通信建设工程预算定额总说明

总说明阐述定额的编制原则、指导思想、编制依据和适用范围，同时还说明有关规定及使用方法等。在使用定额前，应首先了解和掌握此部分内容，以便正确使用。具体内容如下：

（1）通信建设工程预算定额（以下简称本定额）系通信行业标准。

（2）本定额按通信专业工程分册，包括：

第一册　通信电源设备安装工程（册名代号 TSD）

第二册　有线通信设备安装工程（册名代号 TSY）

第三册　无线通信设备安装工程（册名代号 TSW）

第四册　通信线路工程（册名代号 TXL）

第五册　通信管道工程（册名代号 TGD）

（3）本定额是编制通信建设项目投资估算指标、概算、预算和工程量清单的基础；也可作为通信建设项目招标、投标报价的基础。

（4）本定额适用于新建、扩建工程，改建工程可参照使用。本定额用于扩建工程时，其扩建施工降效部分的人工工日按乘以系数 1.1 计取，拆除工程的人工工日计取办法见各册的相关内容。

（5）本定额以现行通信工程建设标准、质量评定标准、安全操作规程为编制依据；在 1995 年 9 月 1 日原邮电部发布的《通信建设工程预算定额》及补充定额的基础上（不含邮政设备安装工程），经过对分项工程计价消耗量再次分析、核定后编制；并增补了部分与新业务、新技术有关的工程项目的定额内容。

（6）本定额是按符合质量标准的施工工艺、机械（仪表）装备、合理工期及劳动组织的条件制订。

（7）本定额的编制条件：

① 设备、材料、成品、半成品、构件符合质量标准和设计要求。

② 通信各专业工程之间、与土建工程之间的交叉作业正常。

③ 施工安装地点、建筑物、设备基础、预留孔洞均符合安装要求。

④ 正常气候、水电供应等应满足正常施工要求。

（8）本定额根据量价分离的原则，只反映人工工日、主要材料、机械（仪表）台班的消耗量。

（9）关于人工：

① 本定额人工的分类为技术工和普通工。

② 本定额的人工消耗量包括基本用工、辅助用工和其他用工。

基本用工——完成分项工程和附属工程定额实体单位产品的加工量。

辅助用工——定额中未说明的工序用工量，包括施工现场某些材料临时加工、排除故障、维持安全生产的用工量。

其他用工——定额中未说明的而在正常施工条件下必然发生的零星用工量，包括工序间搭接、工种间交叉配合、设备与器材施工现场转移、施工现场机械（仪表）转移、质量检查配合以及不可避免的零星用工量。

（10）关于材料：

① 本定额中的材料长度，凡未注明计量单位者均为毫米（mm）。

② 本定额中的材料消耗量包括直接用于安装工程中的主要材料使用量和规定的损耗量；规定的损耗量指施工运输、现场堆放和生产过程中不可避免的合理损耗量。

③ 施工措施性消耗部分和周转性材料按不同施工方法、不同材质分别列出一次使用量和一次摊销量。

④ 本定额仅计列直接构成工程实体的主要材料，辅助材料的计算方法按相关规定计列。定额子目中注明由设计计列的材料，设计时应按实计列。

⑤ 本定额不含施工用水、电、蒸汽等费用；此类费用在设计概、预算中根据工程实际情况在建筑安装工程费中按实计列。

（11）关于施工机械：

① 本定额的机械台班消耗量是按正常合理的机械配备综合取定的。

② 施工机械单位价值在 2000 元以上，构成固定资产的列入本定额的机械台班。

③ 施工机械台班单价参照有关部门动态发布的《通信建设工程施工机械、仪表台班定额》。

（12）关于施工仪表：

① 本定额的施工机械（仪表）台班消耗量是按通信建设标准规定的测试项目及指标要求综合取定的。

② 施工仪器仪表单位价值在 2000 元以上，构成固定资产的列入本定额的仪表台班。

③ 施工仪器仪表台班单价参照有关部门动态发布的《通信建设工程施工机械、仪表台班定额》。

（13）定额子目编号原则：

定额子目编号由 3 个部分组成：第一部分为册名代号，表示通信行业的各个专业，由汉语拼音（字母）缩写组成；第二部分为定额子目所在的章号，由一位阿拉伯数字表示；第三部分为定额子目所在章内的序号，由 3 位阿拉伯数字表示。

（14）本定额适用于海拔高程 2000 米以下，地震烈度为七度以下地区，超过上述情况时，按有关规定处理。

（15）在以下的地区施工时，定额按下列规则调整：

高原地区施工时，本定额人工工日、机械台班量乘以表 5-1 列出的系数。

表 5-1　　高原地区调整系数表

海拔高程（m）		2000 以上	3000 以上	4000 以上
调整系数	人工	1.13	1.30	1.37
	机械	1.29	1.54	1.84

原始森林地区（室外）及沼泽地区施工时，人工工日、机械台班消耗量乘以系数 1.30。

非固定沙漠地带进行室外施工时，人工工日乘以系数 1.10。

其他类型的特殊地区按相关部门规定处理。

以上4类特殊地区若在施工中同时存在两种以上情况时，只能参照较高标准计取一次，不应重复计列。

（16）本定额中注有“××以内”或“××以下”者均包括“××”本身；“××以外”或“××以上”者则不包括“××”本身。

（17）本说明未尽事宜，详见各专业册章节和附注说明。

2. 册说明

通信建设工程预算定额包括《通信设备电源安装工程》《有线通信设备安装工程》《无线通信设备安装工程》《通信线路工程》和《通信管道工程》，共五册。册说明阐述该册的内容、编制基础和使用注意事项等有关规定。以第四册《通信线路工程》为例，具体内容如下：

（1）《通信线路工程》预算定额适用于通信光（电）缆的直埋、架空、管道、海底等线路的新建工程。

（2）通信线路工程，当工程规模较小时，人工工日以总工日为基数按下列规定系数进行调整。

工程总工日在100工日以下时，增加15%；

工程总工日在100～250工日时，增加10%。

（3）本定额带有括号和以分数表示的消耗量，系供设计选用，“*”表示由设计确定其用量。

（4）本定额拆除工程不单立子目，发生时按表5-2规定执行。

表5-2　拆除工程系数表

序号	拆除工程内容	占新建工程定额的百分比（%）	
		人工工日	机械台班
1	光（电）缆（不需清理入库）	40	40
2	埋式光（电）缆（清理入库）	100	100
3	管道光（电）缆（清理入库）	90	90
4	成端电缆（清理入库）	40	40
5	架空、墙壁、室内、通道、槽道、引上光（电）缆	70	70
6	线路工程各种设备以及除光（电）缆外的其他材料（清理入库）	60	60
7	线路工程各种设备以及除光（电）缆外的其他材料（不清理入库）	30	30

（5）各种光（电）缆工程量计算时，应考虑敷设的长度和设计中规定的各种预留长度。

（6）敷设光缆定额中，光时域反射仪（OTDR）台班量是按单窗口测试取定的，如需双窗口测试时，其人工和仪表定额分别乘以1.8的系数。

3. 章节说明

每册中包含若干章节，每章都有相应说明。其主要说明分部分项工程的工作内容、工程量计算方法、有关规定、计量单位、适用范围等。以第四册《通信线路工程》第三章敷设架空光（电）缆为例，具体内容如下：

（1）挖电杆、拉线、撑杆坑等的土质系按综合土、软石、坚石三类划分。其中综合土的构成按普通土20%，硬土50%，砂砾土30%。

（2）本定额中立电杆与撑杆、安装拉线部分为平原地区的定额，用于丘陵、水田、城区时应乘以1.30系数；用于山区时应乘以1.60系数。

（3）更换电杆及拉线，按本定额相关子目的2倍计取；拆除工程，按本定额相关子目人工与机械的0.7倍计取（拆除拉线未拆除地锚的，按相应定额人工与机械的30%计取）。

（4）组立安装 L 杆，取 H 杆同等杆高定额的 1.5 倍；组立安装井字杆，取 H 杆同等杆高定额的 2 倍。

（5）高桩拉线中电杆至拉桩间正拉线的架设套用相应安装吊线的人工定额，主要材料由设计根据具体情况另行计算。

（6）安装拉线如采用横木地锚时，相应定额应取消地锚铁柄和水泥拉线盘两种材料，需另增加制作横木地锚的相应子目。

（7）本定额相关子目所列横木的长度，由设计根据地质地形选取。

（8）架空明线的线位间如需架设安装架空吊线时，按相应子目的定额乘以 1.3 系数。

（9）敷设档距在 100m 及以上的吊线、光电缆时，其人工按相应定额的 2 倍计取。

（10）拉线坑所在地表有水或严重渗水，应由设计另计取排水等措施费用。

（11）有关材料部分的说明：

① 本定额中立普通品接杆限高 15m，特种品接杆限高 24m，工程中电杆长度由设计确定。

② 各种拉线的钢绞线定额消耗量按 9m 以内杆高、距高比 1：1 测定，如杆高与距高比根据地形地貌有变化，可据实调整换算其用量，杆高相差 1m 单条钢绞线的调整量见表 5-3。

表 5-3　杆高相差 1m 单条钢绞线的调整量

制　式	7/2.2	7/2.6	7/3.0
调整量	±0.31kg	±0.45kg	±0.60kg

③ 架设消弧线定额套用吊线定额。

4. 定额项目表

定额项目表是预算定额的主要内容，表中列出了分部分项工程所需的人工、主要材料、机械台班及仪表的消耗量。以第四册《通信线路工程》第三章敷设架空光（电）缆立 9m 以下水泥杆为例，具体内容见表 5-4。

表 5-4　敷设架空光（电）缆立 9m 以下水泥杆

定额编号			TXL3—001	TXL3—002	TXL3—003
项　目			立 9m 以下水泥杆（根）		
			综合土	软石	坚石
名　称		单　位	数　量		
人工	技工	工日	0.61	0.64	1.18
	普工	工日	0.61	1.28	1.18
主要材料	水泥电杆	根	1.01	1.01	1.01
	H 杆腰梁（带抱箍）	套	—	—	—
	硝胺炸药	kg	—	0.3	0.7
	火雷管（金属壳）	个	—	1	2
	导火索	m	—	1	2
	水泥 C32.5	kg	0.2	0.2	0.2
机械	汽车式起重机（5t）	台班	0.04	0.04	0.04
仪表					

注：水泥杆根部需装底盘时，参看电杆加固和保护。

5. 附录

预算定额的最后列有附录，供使用预算定额时参考。

5.5 通信建设工程概算定额

概算定额是在预算定额基础上，根据有代表性的通用设计图和标准图等资料，以主要工序日准，综合相关工序，进行综合、扩大和合并而成的定额。概算定额是编制扩大初步设计概算时计算和确定扩大分项工程的人工、材料、机械台班耗用量（或货币量）的数量标准。它是预算定额的综合扩大。

1. 概算定额的概念

概算定额又称扩大结构定额，规定了完成单位扩大分项工程或单位扩大结构构件所必须消耗的人工、材料和机械台班的数量标准。

概算定额是由预算定额综合而成的。

2. 概算定额的主要作用

（1）概算定额是扩大初步设计阶段编制设计概算和技术设计阶段编制修正概算的依据。

（2）概算定额是对涉及项目进行技术经济分析和比较的基础资料之一。

（3）概算定额是编制建设项目主要材料计划的参考依据。

（4）概算定额是编制概算指标的依据。

（5）概算定额是编制招标控制价和投标报价的依据。

3. 概算定额的编制依据

（1）现行的工程设计规范、标准和施工验收规范。

（2）现行的建筑和安装工程预算定额。

（3）选择的典型工程施工图和其他有关资料。

（4）现行的人工工资标准、材料预算价格和机械台班预算价格。

4. 概算定额的编制原则

（1）必须满足设计、计划和统计的要求。

（2）内容和形式必须简明、适用。

（3）概算定额的水平应与预算定额的水平基本一致。

本章小结

（1）通信工程概预算是设计概算和施工图预算的统称。

（2）设计概算指在初步设计阶段，根据设计深度和建设内容，按照国家主管部门颁布办法的概算定额、费用定额、编制方法、设备和材料概算价格、工资标准等有关规定，预先计算和确定的每项工程全部投资额的经济技术文件。

（3）施工图预算指在施工图设计阶段，根据设计深度和建设内容，按照国家主管部门颁布办法的预算定额、费用定额、编制方法、设备和材料预算价格、工资标准等有关规定，预先计算和确定的每项工程全部投资额的经济技术文件。

（4）建设项目在初步设计阶段编制设计概算，一般由建设项目总概算、单项工程总概算构成；建设项目在施工图设计阶段编制施工图预算，一般由单位工程预算、单项工程预算、建设项目总预算构成。

（5）定额，就是在一定的生产技术和劳动组织条件下，完成单位合格产品在人力、物力、财力的利用和消耗方面应当遵守的标准。

（6）工程建设定额是指在工程建设中单位产品所需人工、材料、机械、资金消耗的规定额度，属于生产消费定额的性质。

（7）新修订的通信建设工程概算、预算定额配套文件包括：

①《通信建设工程概算、预算编制办法》；

②《通信建设工程费用定额》；

③《通信建设工程施工机械、仪器仪表台班定额》；

④《通信建设工程预算定额》（共五册：第一册为通信电源设备安装工程，第二册为有线通信设备安装工程，第三册为无线通信设备安装工程，第四册为通信线路工程，第五册为通信管道工程）。

（8）现行通信建设工程预算定额由总说明、册说明、章节说明、定额项目表和附录构成。

（9）选用预算定额项目时应注意：

① 定额项目名称的确定。应与定额规定的项目名称相对应才能直接套用。

② 定额的计量单位。注意计量单位的规定，避免出现小数点定位错误。

③ 定额项目的划分。套用时注意工艺、规格的一致性。

④ 定额项目表下的注释。其中说明了消耗量的使用条件和增减规定。

（10）概算定额是在预算定额基础上，根据有代表性的通用设计图和标准图等资料，以主要工序日准，综合相关工序，进行综合、扩大和合并而成的定额。

习题与思考题

一、问答题

1. 什么是通信工程概预算？
2. 设计概算的作用是什么？
3. 施工图预算的作用是什么？
4. 通信建设工程预算定额的作用是什么？现行定额由哪些文件构成？
5. 现行通信建设工程预算定额的构成是什么？
6. 概算定额的作用是什么？

二、选择题

1. 美国工程师弗·温·泰罗提出的标准系统的科学管理方法，形成著名的（　　）管理体系，下面哪个不属于该体系的核心内容（　　）。

A. 泰罗制，制定科学的工时定额　　B. 技术经济，实行标准的操作方法

C. 泰罗制，量价分离的原则　　D. 技术经济，有差别的计件工资

2. 以包装粉笔为例，规定一个工人一天需要包装 100 盒粉笔，这是规定了下面哪一方面的定额（　　）。

A. 材料定额　　B. 劳动定额　　C. 施工定额　　D. 行业定额

3. 我国机械消耗定额主要以一台机械工作一个工作班，即（　　）小时为计量单位，又称为（　　）定额。

A. 7，机械　　B. 6，台班　　C. 8，机械台班　　D. 8，工作班

4. 哪种定额是用在项目建议书和可行性研究阶段的（　　）。

A. 企业定额　　B. 概算定额

C. 施工定额　　D. 投资估算指标

5. 建设工程定额一旦制定出以后，在一段时期内不能随便改动，并且所有工程建设部门必须严格按照定额标准执行。以上这句话体现了建设工程定额的哪个特点（　　）。

A. 科学性，系统性　　B. 稳定性，强制性

C. 系统性，权威性　　D. 时效性，科学性

6. 通信建设工程预算定额适用于通信工程的新建、扩建工程，（　　）可参照使用。

A. 恢复工程　　B. 大修工程　　C. 维修工程　　D. 改建工程

7. 在预算定额中，主要材料包括（　　）。

A. 直接使用量和运输损耗量　　B. 直接使用量和预留量

C. 直接使用量和规定的损耗量　　D. 预留量和运输损耗量

8. 现行通信建设工程预算定额编制原则贯彻执行（　　）、（　　）、（　　）的原则。

A. 控制量　　B. 量价分离　　C. 简明适用　　D. 技普分开

9. 在通信建设工程预算定额中，土石质划分为普通土、硬土、软石和（　　）。

A. 黏土　　B. 坚石　　C. 沙土　　D. 砂砾土

10. 通信线路工程的总工日为（　　），需要按预算定额规定的15%调增系数进行调整。

A. 不足100工日　　B. 不足250工日

C. 等于100工日　　D. 等于250工日

三、判断题

1. 通信建设工程初步设计阶段应编制概算。（　　）

2. 概算是筹备设备材料和签订订货合同的主要依据。（　　）

3. 定额是指在一定的生产技术和劳动组织条件下，完成单位合格产品在人力、物力、财力的利用和消耗方面应当遵守的标准。（　　）

4. 定额子目中的人工量只包括基本用工，不包括其他各种辅助用工。（　　）

5. 通信建设工程定额中凡采用“××以内”或“××以下”字样者均不含“××”本身。（　　）

本章实训

1. 实训内容

利用通信建设工程定额第一册和第二册，分别查找下列工程项目的定额，并将查找结果按表形式进行统计。

（1）管道光（电）缆工程施工测量（100m）；

（2）丘陵、水田、城区敷设埋式光缆（千米条）（12芯以下）；

（3）平原地区人工敷设小口径塑料管（km）（3管）；

（4）夹板法装7/2.6单股拉线（条）（综合土）；

（5）封焊热可缩套（包）管（个）（$\phi 50 \times 900$以下）；

（6）室外通道中布放光缆（千米条）（36芯）；

（7）立13m以下水泥H杆（座）（软石）；

（8）水泥杆架设 7/2.2 吊线（千米条）（山区）；

（9）安装架空交接箱（个）（2400 对）；

（10）光纤链路测试（双光纤）。

2. 实训目的

（1）掌握通信建设工程预算定额的套用方式；

（2）熟悉单项工程所需主材的名称、型号、单位及用量；

（3）掌握单项工程人工工日的确定方法；

（4）掌握机械、仪表台班量的确定。

3. 实训要求

（1）熟悉通信建设工程预算定额第一册、第二册的构成；

（2）熟悉分部、分项工程中定额项目表的组成内容；

（3）熟悉工程项目定额的查找过程；

（4）注意定额项目表下的注释对人工、材料、机械台班消耗量的使用条件和增减规定。

工程定额统计表

定额编号					
项　目					
名　称		单　位	数　量		
人工					
主要材料					
机械					
仪表					

第 6 章

通信建设工程费用定额

费用定额是指工程建设过程中各项费用的记取。依据通信建设工程的特点，通信建设工程费用的构成、定额及计算规则都有相应的规定。

6.1 通信建设工程费用的构成

通信建设工程项目总费用由各单项工程项目总费用构成，如图 6-1 所示。

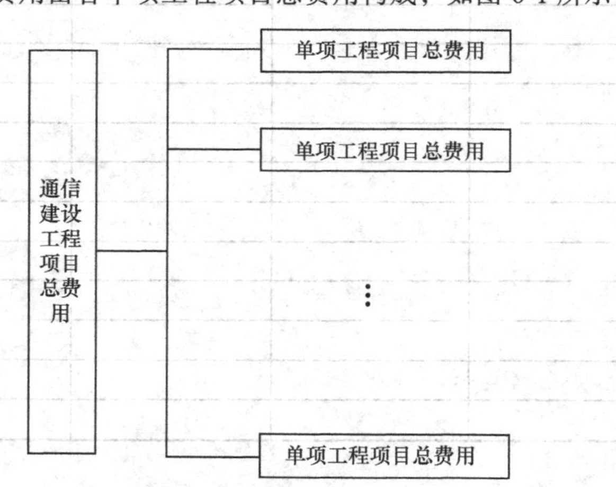

图 6-1 通信建设工程总费用的构成

各单项工程总费用由工程费、工程建设其他费、预备费、建设期利息 4 部分构成。具体项目构成如图 6-2 所示。

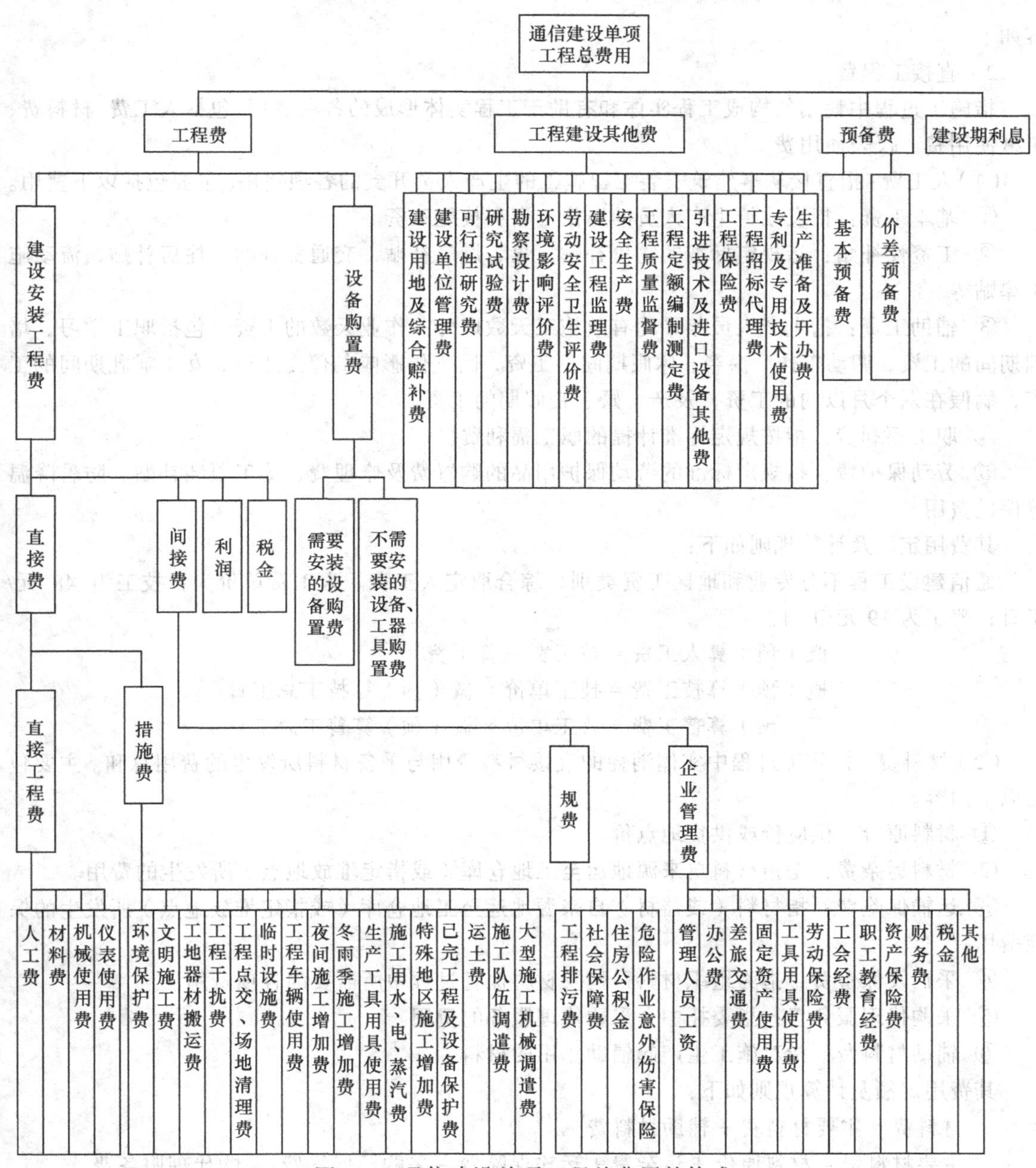

图 6-2　通信建设单项工程总费用的构成

6.2　工程费

6.2.1　建筑安装工程费

建筑安装工程费由直接费、间接费、利润及税金构成。

1. 直接费

直接费是指直接消耗在建筑与安装上的各种费用之和，由直接工程费、措施费构成。具体内容如下。

2. 直接工程费

指施工过程中耗用的构成工程实体和有助于工程实体形成的各项费用，包括人工费、材料费、机械使用费、仪表使用费。

（1）人工费：指直接从事建筑安装工程施工的生产人员开支的各项费用。主要包括以下费用。

① 基本工资：指发放给生产人员的岗位工资和技能工资。

② 工资性补贴：指规定标准的物价补贴，煤、燃气补贴，交通费补贴，住房补贴，流动施工津贴等。

③ 辅助工资：指生产人员年平均有效施工天数以外非作业天数的工资。包括职工学习、培训期间的工资，调动工作、探亲、休假期间的工资，因气候影响的停工工资，女工哺乳期间的工资，病假在六个月以内的工资，及产、婚、丧假期的工资。

④ 职工福利费：指按规定标准计提的职工福利费。

⑤ 劳动保护费：指规定标准的劳动保护用品的购置费及修理费、徒工服装补贴、防暑降温等保健费用。

其费用定额及计算规则如下：

通信建设工程不分专业和地区工资类别，综合取定人工费。人工费单价为：技工为 48 元/工日；普工为 19 元/工日。

概（预）算人工费 = 技工费 + 普工费

概（预）算技工费 = 技工单价 × 概（预）算技工总工日

概（预）算普工费 = 普工单价 × 概（预）算普工总工日

（2）材料费：指施工过程中实体消耗的直接材料费用与采备材料所发生的费用总和。主要包括以下内容。

① 材料原价：供应价或供货地点价。

② 材料运杂费：是指材料自来源地运至工地仓库（或指定堆放地点）所发生的费用。

③ 运输保险费：指材料（或器材）自来源地运至工地仓库（或指定堆放地点）所发生的保险费用。

④ 采购及保管费：指为组织材料采购及材料保管过程中所需要的各项费用。

⑤ 采购代理服务费：指委托中介采购代理服务的费用。

⑥ 辅助材料费：指对施工生产起辅助作用的材料。

其费用定额及计算规则如下：

材料费 = 主要材料费 + 辅助材料费

主要材料费 = 材料原价 + 运杂费 + 运输保险费 + 采购及保管费+采购代理服务费

式中：运杂费 = 材料原价 × 器材运杂费费率（费率见表 6-1）

表 6-1　器材运杂费费率表

器材名称 / 费率（%） / 运距 L（km）	光缆	电缆	塑料及塑料制品	木材及木制品	水泥及水泥构件	其他
$L \leqslant 100$	1.0	1.5	4.3	8.4	18.0	3.6
$100 < L \leqslant 200$	1.1	1.7	4.8	9.4	20.0	4.0
$200 < L \leqslant 300$	1.2	1.9	5.4	10.5	23.0	4.5

续表

运距 L（km）＼费率（%）＼器材名称	光缆	电缆	塑料及塑料制品	木材及木制品	水泥及水泥构件	其他
300＜L≤400	1.3	2.1	5.8	11.5	24.5	4.8
400＜L≤500	1.4	2.4	6.5	12.5	27.0	5.4
500＜L≤750	1.7	2.6	6.7	14.7	—	6.3
750＜L≤1000	1.9	3.0	6.9	16.8	—	7.2
1000＜L≤1250	2.2	3.4	7.2	18.9	—	8.1
1250＜L≤1500	2.4	3.8	7.5	21.0	—	9.0
1500＜L≤1750	2.6	4.0	—	22.4	—	9.6
1750＜L≤2000	2.8	4.3	—	23.8	—	10.2
L＞2000km 每增 250km 增加	0.2	0.3	—	1.5	—	0.6

注：编制概算时，除水泥及水泥制品的运输距离按 500km 计算，其他类型的材料运输距离按 1500km 计算。

运输保险费 = 材料原价 × 保险费率（0.1%）

采购及保管费 = 材料原价 × 采购及保管费费率（费率见表 6-2）

表 6-2　　材料采购及保管费费率表

工程名称	计算基础	费率（%）
通信设备安装工程	材料原价	1.0
通信线路工程		1.1
通信管道工程		3.0

采购代理服务费按实计列。

辅助材料费

辅助材料费 = 主要材料费 × 辅助材料费费率（费率见表 6-3）

表 6-3　　辅助材料费费率表

工程名称	计算基础	费率（%）
通信设备安装工程	主要材料费	3.0
电源设备安装工程		5.0
通信线路工程		0.3
通信管道工程		0.5

注：凡由建设单位提供的利旧材料，其材料费不计入工程成本。

（3）机械使用费：是指施工机械作业所发生的机械使用费以及机械安拆费。主要包括以下内容。

① 折旧费：指施工机械在规定的使用年限内，陆续收回其原值及购置资金的时间价值。

② 大修理费：指施工机械按规定的大修理间隔台班进行必要的大修理，以恢复其正常功能所需的费用。

③ 经常修理费：指施工机械除大修理以外的各级保养和临时故障排除所需的费用。包括为保障机械正常运转所需替换设备与随机配备工具和附具的摊销、维护费用，机械运转中日常保养

所需润滑与擦拭的材料费用及机械停滞期间的维护和保养费用等。

④ 安拆费：指施工机械在现场进行安装与拆卸所需的人工、材料、机械和试运转费用，以及机械辅助设施的折旧、搭设、拆除等费用。

⑤ 人工费：指机上操作人员和其他操作人员的工作日人工费，及上述人员在施工机械规定的年工作台班以外的人工费。

⑥ 燃料动力费：指施工机械在运转作业中所消耗的固体燃料（煤、木柴）、液体燃料（汽油、柴油）及水、电等。

⑦ 养路费及车船使用税：指施工机械按照国家规定和有关部门规定应缴纳的养路费、车船使用税、保险费及年检费等。

其费用定额及计算规则如下：

机械使用费 = 机械台班单价 × 概算、预算的机械台班量

（4）仪表使用费：是指施工作业所发生的属于固定资产的仪表使用费。主要包括以下内容。

① 折旧费：是指施工仪表在规定的年限内，陆续收回其原值及购置资金的时间价值。

② 经常修理费：指施工仪表的各级保养和临时故障排除所需的费用。包括为保证仪表正常使用所需备件（备品）的摊销和维护费用。

③ 年检费：指施工仪表在使用寿命期间定期标定与年检费用。

④ 人工费：指施工仪表操作人员在台班定额内的人工费。

其费用定额及计算规则如下：

仪表使用费 = 仪表台班单价 × 概算、预算的仪表台班量

3. 措施费

指为完成工程项目施工，发生于该工程前和施工过程中非工程实体项目的费用。内容包括：

（1）环境保护费：指施工现场为达到环保部门要求所需要的各项费用。

其费用定额及计算规则如下：

环境保护费 = 人工费 × 相关费率（费率见表 6-4）

表 6-4　环境保护费费率表

工程名称	计算基础	费率（%）
无线通信设备安装工程	人工费	1.20
通信线路工程、通信管道工程		1.50

（2）文明施工费：指施工现场文明施工所需要的各项费用。

其费用定额及计算规则如下：

文明施工费 = 人工费 × 费率 1.0%

（3）工地器材搬运费：指由工地仓库（或指定地点）至施工现场转运器材而发生的费用。其费用定额及计算规则如下：

工地器材搬运费 = 人工费 × 相关费率（费率见表 6-5）

表 6-5　工地器材搬运费费率表

工程名称	计算基础	费率（%）
通信设备安装工程	人工费	1.3
通信线路工程		5.0
通信管道工程		1.6

（4）工程干扰费：通信线路工程、通信管道工程由于受市政管理、交通管制、人流密集、输配电设施等影响工效的补偿费用。

其费用定额及计算规则如下：

工程干扰费 = 人工费 × 相关费率（费率见表6-6）

表6-6　工程干扰费费率表

工程名称	计算基础	费率（%）
通信线路工程、通信管道工程（干扰地区）	人工费	6.0
移动通信基站设备安装工程		4.0

注：① 干扰地区指城区、高速公路隔离带、铁路路基边缘等施工地带。
② 综合布线工程不计取。

（5）工程点交、场地清理费：指按规定编制竣工图及资料、工程点交、施工场地清理等发生的费用。其费用定额及计算规则如下：

工程点交、场地清理费 = 人工费 × 相关费率（费率见表6-7）

表6-7　工程点交、场地清理费费率表

工程名称	计算基础	费率（%）
通信设备安装工程	人工费	3.5
通信线路工程		5.0
通信管道工程		2.0

（6）临时设施费：指施工企业为进行工程施工所必须设置的生活和生产用的临时建筑物、构筑物和其他临时设施费用等。临时设施费用包括：临时设施的租用或搭设、维修、拆除费或摊销费。其费用定额及计算规则如下：

临时设施费按施工现场与企业的距离，划分为35km以内、35km以外两档。

临时设施费 = 人工费 × 相关费率（费率见表6-8）

表6-8　临时设施费费率表

工程名称	计算基础	费率（%）	
		距离≤35km	距离＞35km
通信设备安装工程	人工费	6.0	12.0
通信线路工程	人工费	5.0	10.0
通信管道工程	人工费	12.0	15.0

（7）工程车辆使用费：指工程施工中接送施工人员、生活用车等（含过路、过桥）费用。其费用定额及计算规则如下：

工程车辆使用费 = 人工费 × 相关费率（费率见表6-9）

表6-9　工程车辆使用费费率表

工程名称	计算基础	费率（%）
无线通信设备安装工程、通信线路工程	人工费	6.0
有线通信设备安装工程、通信电源设备安装工程、通信管道工程		2.6

（8）夜间施工增加费：指因夜间施工所发生的夜间补助费、夜间施工降效、夜间施工照明设备摊销及照明用电等费用。其费用定额及计算规则如下：

夜间施工增加费 = 人工费 × 相关费率（费率见表 6-10）

表 6-10　　夜间施工增加费费率表

工程名称	计算基础	费率（%）
通信设备安装工程	人工费	2.0
通信线路工程（城区部分）、通信管道工程		3.0

注：此项费用不考虑施工时段，均按相应费率计取。

（9）冬雨季施工增加费：指在冬雨季施工时所采取的防冻、保温、防雨等安全措施及工效降低所增加的费用。其费用定额及计算规则如下：

冬雨季施工增加费 = 人工费 × 相关费率（费率见表 6-11）

表 6-11　　冬雨季施工增加费费率表

工程名称	计算基础	费率（%）
通信设备安装工程（室外天线、馈线部分）	人工费	2.0
通信线路工程、通信管道工程		

注：① 此项费用不分施工所处季节，均按相应费率计取。
② 综合布线工程不计取。

（10）生产工具用具使用费：指施工所需的不属于固定资产的工具用具等的购置、摊销、维修费。其费用定额及计算规则如下：

生产工具用具使用费 = 人工费 × 相关费率（费率见表 6-12）

表 6-12　　生产工具用具使用费费率表

工程名称	计算基础	费率（%）
通信设备安装工程	人工费	2.0
通信线路工程、通信管道工程		3.0

（11）施工用水电蒸汽费：指施工生产过程中使用水、电、蒸气所发生的费用。通信线路、通信管道工程依照施工工艺要求，按实计列施工用水电蒸汽费。

（12）特殊地区施工增加费：指在原始森林地区、海拔 2000m 以上高原地区、化工区、核污染区、沙漠地区、山区无人值守站等特殊地区施工所需增加的费用。其费用定额及计算规则如下：

各类通信工程按 3.20 元/工日标准，计取特殊地区施工增加费。

特殊地区施工增加费 = 概（预）算总工日 × 3.20 元/工日

（13）已完工程及设备保护费：指竣工验收前，对已完工程及设备进行保护所需的费用。承包人依据工程发包的内容范围报价，经业主确认计取已完工程及设备保护费。

（14）运土费：指直埋光（电）缆、管道工程施工，需从远离施工地点取土及必须向外倒运出土方所发生的费用。通信线路（城区部分）、通信管道工程根据市政管理要求，按实计取运土费，计算依据参照地方标准。

（15）施工队伍调遣费：指因建设工程的需要，应支付施工队伍的调遣费用。

内容包括：调遣人员的差旅费、调遣期间的工资、施工工具与用具等的运费。

编制概预算时，按技工总工日确定调遣人数，具体规定见表 6-13；按调遣里程确定单程调遣费定额，具体规定见表 6-14。

表 6-13　　施工队伍调遣人数定额表

通信设备安装工程			
概（预）算技工总工日	调遣人数（人）	概（预）算技工总工日	调遣人数（人）
500 工日以下	5	4000 工日以下	30
1000 工日以下	10	5000 工日以下	35
2000 工日以下	17	5000 工日以上，每增加 1000 工日增加调遣人数	3
3000 工日以下	24		
通信线路、通信管理工程			
概（预）算技工总工日	调遣人数（人）	概（预）算技工总工日	调遣人数（人）
500 工日以下	5	9000 工日以下	55
1000 工日以下	10	10000 工日以下	60
2000 工日以下	17	15000 工日以下	80
3000 工日以下	24	20000 工日以下	95
4000 工日以下	30	25000 工日以下	105
5000 工日以下	35	30000 工日以下	120
6000 工日以下	40	30000 工日以上，每增加 5000 工日增加调遣人数	3
7000 工日以下	45		
8000 工日以下	50		

表 6-14　　施工队伍单程调遣费定额表

调遣里程（L）（km）	调遣费（元）	调遣里程（L）（km）	调遣费（元）
$35 < L \leq 200$	106	$2400 < L \leq 2600$	724
$200 < L \leq 400$	151	$2600 < L \leq 2800$	757
$400 < L \leq 600$	227	$2800 < L \leq 3000$	784
$600 < L \leq 800$	275	$3000 < L \leq 3200$	868
$800 < L \leq 1000$	376	$3200 < L \leq 3400$	903
$1000 < L \leq 1200$	416	$3400 < L \leq 3600$	928
$1200 < L \leq 1400$	455	$3600 < L \leq 3800$	964
$1400 < L \leq 1600$	496	$3800 < L \leq 4000$	1042
$1600 < L \leq 1800$	534	$4000 < L \leq 4200$	1071
$1800 < L \leq 2000$	568	$4200 < L \leq 4400$	1095
$2000 < L \leq 2200$	601	$L > 4400$km 时，每增加 200km 增加	73
$2200 < L \leq 2400$	688		

施工队伍调遣费按调遣费定额计算，计算规则如下：

施工队伍调遣费 = 单程调遣费定额 × 调遣人数 × 2

施工现场与企业的距离在 35km 以内时，不计取此项费用。

（16）大型施工机械调遣费：指大型施工机械调遣所发生的运输费用。在编制概预算时，应按工程实际需要的机械计算大型机械总吨位，大型施工机械调遣吨位见表 6-15。其费用定额及计算规则如下：

大型施工机械调遣费 = 2 ×（单程运价 × 调遣运距 × 总吨位）

大型施工机械调遣费单程运价为：0.62 元/吨 × 单程公里

表 6-15　大型施工机械调遣吨位表

机械名称	吨位	机械名称	吨位
光缆接续车	4	水下光（电）缆沟挖冲机	6
光（电）缆拖车	5	液压顶管机	5
微管微缆气吹设备	6	微控钻孔敷管设备	25 吨以下
气流敷设吹缆设备	8	微控钻孔敷管设备	25 吨以上

4. 间接费

间接费包括规费与企业管理费两项内容。

（1）规费。

规费包括工程排污费、社会保障费、住房公积金和危险作业意外伤害保险费。各费用按以下取定：

① 工程排污费。根据施工所在地政府部门相关规定。

② 社会保障费。社会保障费包含养老保险费、失业保险费和医疗保险费 3 项内容。

社会保障费 = 人工费 × 相关费率

③ 住房公积金。

住房公积金 = 人工费 × 相关费率

④ 危险作业意外伤害保险费。

危险作业意外伤害保险费 = 人工费 × 相关费率（费率见表 6-16）

表 6-16　规费费率表

费用名称	工程名称	计算基础	费率（%）
社会保障费	各类通信工程	人工费	26.81
住房公积金			4.19
危险作业意外伤害保险费			1.00

（2）企业管理费。

指施工企业组织施工生产和经营管理所需费用。主要包括以下内容。

① 管理人员工资：指管理人员的基本工资、工资性补贴、职工福利费、劳动保护费等。

② 办公费：指企业管理办公用的文具、纸张、账表、印刷、邮电、书报、会议、水电、烧水和集体取暖（包括现场临时宿舍取暖）用煤等费用。

③ 差旅交通费：指职工因公出差、调动工作的差旅费、住勤补助费，市内交通费和误餐补助费，职工探亲路费，劳动力招募费，职工离退休、退职一次性路费，工伤人员就医路费，工地

转移费以及管理部门使用的交通工具的油料、燃料、养路费及牌照费。

④ 固定资产使用费：指管理和试验部门及附属生产单位使用的属于固定资产的房屋、设备仪器等的折旧、大修、维修或租赁费。

⑤ 工具用具使用费：指管理使用的不属于固定资产的生产工具、器具、家具、交通工具和检验、测绘、消防用具等的购置、维修和摊销费。

⑥ 劳动保险费：指由企业支付离退休职工的异地安家补助费、职工退职金、六个月以上的病假人员工资、职工死亡丧葬补助费、抚恤金、按规定支付给离退休干部的各项经费。

⑦ 工会经费：指企业按职工工资总额计提的工会经费。

⑧ 职工教育经费：指企业为职工学习先进技术和提高文化水平，按职工工资总额计提的费用。

⑨ 财产保险费：指施工管理用财产、车辆保险费用。

⑩ 财务费：指企业为筹集资金而发生的各种费用。

⑪ 税金：指企业按规定缴纳的房产税、车船使用税、土地使用税、印花税等。

⑫ 其他：包括技术转让费、技术开发费、业务招待费、绿化费、广告费、公证费、法律顾问费、审计费、咨询费等。

其费用定额及计算规则如下：

企业管理费 = 人工费 × 相关费率（费率见表 6-17）

表 6-17 企业管理费费率表

工程名称	计算基础	费率（%）
通信线路工程、通信设备安装工程	人工费	30.0
通信管道工程		25.0

5. 利润

指施工企业完成所承包工程获得的盈利。其费用定额及计算规则如下：

利润 = 人工费 × 相关费率（费率见表 6-18）

表 6-18 利润计算表

工程名称	计算基础	费率（%）
通信线路、通信设备安装工程	人工费	30.0
通信管道工程		25.0

6. 税金

指按国家税法规定应计入建筑安装工程造价内的营业税、城市维护建设税及教育费附加。其费用定额及计算规则如下：

税金 =（直接费 + 间接费 + 利润）× 税率（税率见表 6-19）

表 6-19 税率表

工程名称	计算基础	税率（%）
各类通信工程	直接费+间接费+利润	3.41

注：通信线路工程计取税金时，将光缆、电缆的预算价从直接工程费中核减。

6.2.2 设备、工器具购置费

指根据设计提出的设备（包括必需的备品备件）、仪表、工器具清单，按设备原价、运杂费、采购及保管费、运输保险费和采购代理服务费计算的费用。其费用定额及计算规则如下：

设备、工器具购置费 = 设备原价 + 运杂费 + 运输保险费 + 采购及保管费 + 采购代理服务费

式中：设备原价表示供应价或供货地点价；

运杂费 = 设备原价 × 设备运杂费费率（费率见表 6-20）

表 6-20　　设备运杂费费率表

运输里程 L（km）	取费基础	费率（%）	运输里程 L（km）	取费基础	费率（%）
$L \leqslant 100$	设备原价	0.8	$1000 < L \leqslant 1250$	设备原价	2.0
$100 < L \leqslant 200$	设备原价	0.9	$1250 < L \leqslant 1500$	设备原价	2.2
$200 < L \leqslant 300$	设备原价	1.0	$1500 < L \leqslant 1750$	设备原价	2.4
$300 < L \leqslant 400$	设备原价	1.1	$1750 < L \leqslant 2000$	设备原价	2.6
$400 < L \leqslant 500$	设备原价	1.2	$L > 2000$km 时，每增 250km 增加	设备原价	0.1
$500 < L \leqslant 750$	设备原价	1.5			
$750 < L \leqslant 1000$	设备原价	1.7	—	—	

运输保险费 = 设备原价 × 保险费费率 0.4%。

采购及保管费 = 设备原价 × 采购及保管费费率（费率见表 6-21）

表 6-21　　采购及保管费费率表

项目名称	计算基础	费率（%）
需要安装的设备	设备原价	0.82
不需要安装的设备（仪表、工器具）		0.41

采购代理服务费按实计列。

引进设备（材料）的国外运输费、国外运输保险费、关税、增值税、外贸手续费、银行财务费、国内运杂费、国内运输保险费、引进设备（材料）国内检验费、海关监管手续费等按引进货价计算后进入相应的设备材料费中。单独引进软件时，不计关税只计增值税。

6.3 工程建设其他费

工程建设其他费指应在建设项目的建设投资中开支的固定资产其他费用、无形资产费用和其他资产费用。

1. 建设用地及综合赔补费

建设用地及综合赔补费指按照《中华人民共和国土地管理法》等规定，建设项目征用土地或租用土地应支付的费用。内容包括：

（1）土地征用及迁移补偿费。经营性建设项目通过出让方式购置的土地使用权（或建设项目通过划拨方式取得无限期的土地使用权）而支付的土地补偿费、安置补偿费、地上附着物和青苗

补偿费、余物迁建补偿费、土地登记管理费等；行政事业单位的建设项目通过出让方式取得土地使用权而支付的出让金；建设单位在建设过程中发生的土地复垦费用和土地损失补偿费用；建设期间临时占地补偿费用。

（2）征用耕地按规定一次性缴纳的耕地占用税；征用城镇土地在建设期间按规定每年缴纳的城镇土地使用税；征用城市郊区菜地按规定缴纳的新菜地开发建设基金。

（3）建设单位租用建设项目土地使用权而支付的租地费用。

（4）建设单位因建设项目期间租用建筑设施、场地费用，以及因项目施工造成所在地企事业单位或居民的生产、生活干扰而支付的补偿费用。

其费用定额及计算规则如下：

（1）根据应征建设用地面积、临时用地面积，按建设项目所在省、市、自治区人民政府制定颁发的土地征用补偿费、安置补助费标准和耕地占用税、城镇土地使用税标准计算。

（2）建设用地上的建（构）筑物如需迁建，其迁建补偿费应按迁建补偿协议计列或按新建同类工程造价计算。

2. 建设单位管理费

建设单位管理费指建设单位发生的管理性质的开支。包括：差旅交通费、工具用具使用费、固定资产使用费、必要的办公及生活用品购置费、必要的通信设备及交通工具购置费、零星固定资产购置费、招募生产工人费、技术图书资料费、业务招待费、设计审查费、合同契约公证费、法律顾问费、咨询费、完工清理费、竣工验收费、印花税和其他管理性质开支。

如果成立筹建机构，建设单位管理费还应包括筹建人员工资类开支。

其费用定额及计算规则如下：

参照财政部财建［2002］394 号《基建财务管理规定》执行，见表 6-22。

表 6-22　　建设单位管理费总额控制数费率表

单位：万元

工程总概算	费率（%）	算　例	
		工程总概算	建设单位管理费
1000 以下	1.5	1000	1000 × 1.5% = 15
1001—5000	1.2	5000	15 + (5000 – 1000) × 1.2% = 63
5001—10000	1.0	10000	63 + (10000 – 5000) × 1.0% = 113
10001—50000	0.8	50000	113 + (50000 – 10000) × 0.8% = 433
50001—100000	0.5	100000	433 + (100000 –50000) × 0.5% = 683
100001—200000	0.2	200000	683 + (200000 – 100000) × 0.2% = 883
200000 以上	0.1	280000	883 + (280000 – 200000) × 0.1% = 963

注：如建设项目采用工程总承包方式，其总包管理费由建设单位与总包单位根据总包工作范围在合同中商定，从建设单位管理费中列支。

3. 可行性研究费

可行性研究费指在建设项目前期工作中，编制和评估项目建议书（或预可行性研究报告）、可行性研究报告所需的费用。参照《国家计委关于印发〈建设项目前期工作咨询收费暂行规定〉的通知》（计投资［1999］1283 号）的规定。

4. 研究试验费

研究试验费指为本建设项目提供或验证设计数据、资料等进行必要的研究试验及按照设计规定在建设过程中必须进行试验、验证所需的费用。根据建设项目研究试验内容和要求进行编制。

研究试验费不包括以下项目：

（1）应由科技三项费用（即新产品试制费、中间试验费和重要科学研究补助费）开支的项目；

（2）应在建筑安装费用中列支的施工企业对材料、构件进行一般鉴定、检查所发生的费用及技术革新的研究试验费；

（3）应由勘察设计费或工程费中开支的项目。

5. 勘察设计费

勘察设计费指委托勘察设计单位进行工程水文地质勘察、工程设计所发生的各项费用。包括：工程勘察费、初步设计费、施工图设计费。该费用的取定参照国家计委、建设部《关于发布〈工程勘察设计收费管理规定〉的通知》（计价格［2002］10号）规定。

（1）工程勘察费。

① 通信管道及光电缆线路工程勘察收费基价（见表6-23）

表6-23　通信管道及光电缆线路工程勘察收费基价

序号	项　目		计费单位	收费基价（元）	备　注
1	通信管道	$L\leqslant0.2$	km	1000	起价
		$0.2<L\leqslant1.0$		1000	3200元/km
		$1.0<L\leqslant3.0$		3560	2733元/km
		$3.0<L\leqslant5.0$		9026	1867元/km
		$5.0<L\leqslant10.0$		12760	1467元/km
		$10.0<L\leqslant50.0$		20095	1200元/km
		$L>50.0$		68095	933元/km
2	埋式光（电）缆线路、长途架空光（电）缆线路	$L\leqslant1.0$		2500	起价
		$1.0<L\leqslant50.0$		2500	1140元/km
		$50.0<L\leqslant200.0$		58360	990元/km
		$200.0<L\leqslant1000.0$		206860	900元/km
		$L>1000.0$		926860	830元/km
3	管道光（电）缆线路、市内架空光（电）缆线路	$L\leqslant1.0$	km	2000	起价
		$1.0<L\leqslant10.0$		2000	1530元/km
		$10.0<L\leqslant50.0$		15770	1130元/km
		$L>50.0$		60970	1000元/km
4	水底光（电）缆线路	$L\leqslant1.0$	km	3130	起价
		$1.0<L\leqslant5.0$		3130	2470元/km

续表

序号	项目		计费单位	收费基价（元）	备注
4	水底光（电）缆线路	$5.0<L\leqslant 20.0$	km	13010	2000 元/km
		$L>20.0$		43010	1800 元/km
5	海底光（电）缆线路	$L\leqslant 5.0$		8500	起价
		$5.0<L\leqslant 20.0$		8500	1500 元/km
		$20.0<L\leqslant 50.0$		31000	1370 元/km
		$50.0<L\leqslant 100.0$		72100	1300 元/km
		$L>100.0$		13700	1170 元/km

注：① 本表按照内插法计算收费；

② 通信工程勘察的坑深均按照地面以下 3m 以内计，超过 3m 的收费另议；

③ 通信管道穿越桥、河及铁路的，穿越部分附加调整系数 1.2；

④ 长途架空光（电）缆线路工程利用原有杆路架设光（电）缆的，附加调整系数为 0.8。

② 微波、卫星及移动通信设备安装工程勘察收费基价（见表 6-24）

表 6-24 微波、卫星及移动通信设备安装工程勘察收费基价

序号	项目		计费单位	收费基价（元）
1	微波站	容量 16×2Mbit/s 以下	站	4250
		其他容量		6500
2	卫星通信（微波设备安装）站	Ⅰ、Ⅱ类站		30000
		Ⅲ、Ⅳ类站		12000
		单收站		4000
		VSAT 中心站		12000
3	移动通信基站	全向、三扇区、六扇区		4250

注：① 寻呼基站工程勘察费按照移动通信基站计算收费；

② 微蜂窝基站工程勘察费按照移动通信基站的 80%计算收费。

③ 勘察费计算方法

a. 管道及线路工程

计算公式：收费额 = 基价 + 内插值 × 相应差值

b. 设计文件中勘察费的计算

- 线路及管道工程

一阶段设计：勘察费 =（基价 + 内插值 × 相应差值）× 80%

二阶段设计：初步设计的勘察费 =（基价 + 内插值 × 相应差值）× 40%；施工图设计的勘察费 =（基价 + 内插值 × 相应差值）× 60%

- 微波、卫星及移动通信工程设备安装工程

一阶段设计：勘察费 = 基价 × 80%

二阶段设计：初步设计的勘察费 = 基价 × 60%；施工图设计的勘察费 = 基价 × 40%，且勘察费综合计列在初步设计概算内。

（2）工程设计费。

① 基价（见表 6-25）

表 6-25 工程设计收费基价表

序　　号	计费额（万元）	收费基价（万元）	内插值
1	200	9.0	起价
2	500	20.9	0.0397
3	1000	38.8	0.0358
4	3000	103.8	0.0325
5	5000	163.9	0.0301
6	8000	249.6	0.0286
7	10000	304.8	0.0276
8	20000	566.8	0.0262
9	40000	1054.0	0.0244
10	60000	1515.2	0.0231
11	80000	1960.1	0.0222
12	100000	2393.4	0.0217
13	200000	4450.8	0.0206
14	400000	8276.7	0.0191
15	600000	11897.5	0.0181
16	800000	15391.4	0.0175
17	1000000	18793.8	0.0170
18	2000000	34948.9	0.0162

注：计费额＞2000000 万元的，以计费额乘以 1.6%的收费率计算收费基价。

② 计算方法

a. 计费额

计费额＝建安费＋设备工器具购置费＋联合试运转费

利旧设备工程的计费额：以签订工程设计合同时同类设备的当期价格作为工程设计收费的计费额。

引进设备工程的计费额：按照购进设备的离岸价折换成人民币，作为工程设计收费的计费额。

b. 按设计阶段计算设计费（直线内插法）

一阶段设计：计费额低于 200 万元的设计费＝计费额 ×0.045；计费额高于 200 万元的设计费＝（基价＋内插值 × 相应差值）× 100%。

二阶段设计：设计费总和需计列在初步设计概算内，设计费＝（基价＋内插值 × 相应差值）× 100%。分配如下：初步设计的设计费＝（基价＋内插值 × 相应差值）× 60%；施工图设计的设计费＝（基价＋内插值 × 相应差值）× 40%。

6. 环境影响评价费

环境影响评价费指按照《中华人民共和国环境保护法》《中华人民共和国环境影响评价法》等规定，为全面、详细评价本建设项目对环境可能产生的污染或造成的重大影响所需的费用，包括编制环境影响报告书（含大纲）、环境影响报告表和评估环境影响报告书（含大纲）、评估环境影响报告表等所需的费用。

该费用的取定参照国家计委、国家环境保护总局《关于规范环境影响咨询收费有关问题的通知》（计价格［2002］125 号）规定。

7. 劳动安全卫生评价费

劳动安全卫生评价费指按照劳动部 10 号令（1998 年 2 月 5 日）《建设项目（工程）劳动安全卫生预评价管理办法》的规定，为预测和分析建设项目存在的职业危险、危害因素的种类和危险危害程度，并提出先进、科学、合理可行的劳动安全卫生技术和管理对策所需的费用。包括编制建设项目劳动安全卫生预评价大纲和劳动安全卫生预评价报告书，以及为编制上述文件所进行的工程分析和环境现状调查等所需费用。

该费用参照建设项目所在省（市、自治区）劳动行政部门规定的标准计算。

8. 建设工程监理费

建设工程监理费指建设单位委托工程监理单位实施工程监理的费用。

该费用参照国家发改委、建设部［2007］670 号文关于《建设工程监理与相关服务收费管理规定》的通知进行计算。

9. 安全生产费

安全生产费指施工企业按照国家有关规定和建筑施工安全标准，购置施工防护用具，落实安全施工措施以及改善安全生产条件所需要的各项费用。

该费用参照财政部、国家安全生产监督管理总局《高危行业企业安全生产费用财务管理暂行办法》财企［2006］478 号文的通知。

安全生产费按建筑安装工程费的 1.0%计取。

10. 工程质量监督费

工程质量监督费指工程质量监督机构对通信工程进行质量监督所发生的费用。

该费用的取定参照国家发改委、财政部《关于全面整顿住房建设收费取消部分收费项目的通知》计价格［2001］585 号文的相关规定。

11. 工程定额测定费

工程定额测定费指建设单位发包工程按规定上缴工程造价（定额）管理部门的费用。

该费用的取定参照国家发改委、财政部《关于全面整顿住房建设收费取消部分收费项目的通知》计价格［2001］585 号文的相关规定。

收费标准按建安费的 0.14%计取。

12. 引进技术和引进设备其他费

该费用内容包括：

（1）引进项目图纸资料翻译复制费、备品备件测绘费。

（2）出国人员费用：包括买方人员出国设计联络、出国考察、联合设计、监造、培训等所发生的差旅费、生活费、制装费等。

（3）来华人员费用：包括卖方来华工程技术人员的现场办公费用、往返现场交通费用、工资、食宿费用、接待费用等。

（4）银行担保及承诺费：指引进项目由国内外金融机构出面承担风险和责任担保所发生的费用，以及支付贷款机构的承诺费用。

该费用的取定按照以下规则。

（1）引进项目图纸资料翻译复制费：根据引进项目的具体情况计列或按引进设备到岸价的比例估列。

（2）出国人员费用：依据合同规定的出国人次、期限和费用标准计算。生活费及制装费按照财政部、外交部规定的现行标准计算，旅费按中国民航公布的国际航线票价计算。

（3）来华人员费用：应依据引进合同有关条款规定计算。引进合同价款中已包括的费用内容不得重复计算。来华人员接待费用可按每人次费用指标计算。

（4）银行担保及承诺费：应按担保或承诺协议计取。

13. 工程保险费

工程保险费指建设项目在建设期间根据需要对建筑工程、安装工程及机器设备进行投保而发生的保险费用。包括建筑安装工程一切险、引进设备财产和人身意外伤害险等。

该费用的取定按照以下规则：

（1）不投保的工程不计取此项费用。

（2）不同的建设项目可根据工程特点选择投保险种，根据投保合同计列保险费用。

14. 工程招标代理费

工程招标代理费指招标人委托代理机构编制招标文件、编制标底、审查投标人资格、组织投标人踏勘现场并答疑，组织开标、评标、定标，以及提供招标前期咨询、协调合同的签订等业务所收取的费用。该费用取定参照国家计委《招标代理服务费管理暂行办法》计价格［2002］1980号规定，见表6-26。

表6-26　招标代理服务收费标准（计价格［2002］1980号）表

中标金额（万元）	货物招标	服务招标	工程招标
100以下	1.5%	1.5%	1.0%
100～500	1.1%	0.8%	0.7%
500～1000	0.8%	0.45%	0.55%
1000～5000	0.5%	0.25%	0.35%
5000～10000	0.25%	0.1%	0.2%
10000～100000	0.05%	0.05%	0.05%
1000000以上	0.01%	0.01%	0.01%

（1）按本表费率计算的收费为招标代理服务全过程的收费基准价格，单独提供编制招标文件（有标底的含标底）服务的，可按规定标准的30%计收。

（2）招标代理服务收费按差额定率累进法计算。

例如：某工程招标代理业务中标金额为6000万元，计算招标代理服务收费额如下：100万元 × 1.0% = 1万元（500 − 100）万元 × 0.7% = 2.8万元（1000 − 500）× 0.55% = 2.75万元（5000 − 1000）× 0.35% = 14万元（6000 − 5000）× 0.2% = 2万元

合计收费 = 1 + 2.8 + 2.75 + 14 + 2 = 22.55（万元）

15. 专利及专用技术使用费

该费用内容包括：

（1）国外设计及技术资料费、引进有效专利、专有技术使用费和技术保密费；

（2）国内有效专利、专有技术使用费；

（3）商标使用费、特许经营权费等。

该费用的取定按照以下规则：

（1）按专利使用许可协议和专有技术使用合同的规定计列；

（2）专有技术的界定应以省、部级鉴定机构的批准为依据；

（3）项目投资中只计取需要在建设期支付的专利及专有技术使用费。协议或合同规定在生产

期支付的使用费应在成本中核算。

16. 生产准备及开办费

生产准备及开办费指建设项目为保证正常生产（或营业、使用）而发生的人员培训费、提前进场费以及投产使用初期必备的生产生活用具、工器具等购置费用。包括以下内容。

（1）人员培训费及提前进厂费：自行组织培训或委托其他单位培训的人员工资、工资性补贴、职工福利费、差旅交通费、劳动保护费、学习资料费等；

（2）为保证初期正常生产、生活（或营业、使用）所必需的生产办公、生活家具用具购置费；

（3）为保证初期正常生产（或营业、使用）所必需的第一套不够固定资产标准的生产工具、器具、用具购置费（不包括备品备件费）。

新建项目按设计定员为基数计算，改扩建项目按新增设计定员为基数计算：

生产准备费 = 设计定员 × 生产准备费指标（元/人）

生产准备费指标由投资企业自行测算。

6.4 预备费和建设期利息

6.4.1 预备费

预备费是指在初步设计及概算内难以预料的工程费用。预备费包括基本预备费和价差预备费。

1. 基本预备费

基本预备费包括：

（1）进行技术设计、施工图设计和施工过程中，在批准的初步设计和概算范围内所增加的工程费用。

（2）由一般自然灾害所造成的损失和预防自然灾害所采取的措施费用。

（3）竣工验收为鉴定工程质量，必须开挖和修复隐蔽工程的费用。

2. 价差预备费

价差预备费指设备、材料的价差。其费用定额及计算规则如下：

预备费 =（工程费 + 工程建设其他费）× 相关费率（费率见表 6-27）

表 6-27　　预备费费率表

工程名称	计算基础	费率（%）
通信设备安装工程	工程费 + 工程建设其他费	3.0
通信线路工程		4.0
通信管道工程		5.0

6.4.2 建设期利息

建设期利息指建设项目贷款在建设期内发生并应计入固定资产的贷款利息等财务费用。该费用的取定按银行当期利率计算。

本章小结

（1）通信建设工程项目总费用由各单项工程项目总费用构成；各单项工程总费用由工程费、工程建设其他费、预备费、建设期利息 4 个部分构成。

（2）建筑安装工程费由直接费、间接费、利润及税金构成。

（3）直接费是指直接消耗在建筑与安装上的各种费用之和，由直接工程费和措施费构成。直接工程费指施工过程中耗用的构成工程实体和有助于工程实体形成的各项费用，包括人工费、材料费、机械使用费、仪表使用费；措施费指为完成工程项目施工，发生于该工程前和施工过程中非工程实体项目的费用。

（4）间接费包括规费与企业管理费两项内容。规费包括工程排污费、社会保障费、住房公积金和危险作业意外伤害保险费；企业管理费指施工企业组织施工生产和经营管理所需费用。

（5）利润指施工企业完成所承包工程的盈利。

（6）税金指按国家税法规定应计入建筑安装工程造价内的营业税、城市维护建设税及教育费附加。

（7）设备、工器具购置费指根据设计提出的设备（包括必需的备品备件）、仪表、工器具清单，按设备原价、运杂费、采购及保管费、运输保险费和采购代理服务费计算的费用。

（8）工程建设其他费指应在建设项目的建设投资中开支的固定资产其他费用、无形资产费用和其他资产费用。

（9）预备费是指在初步设计及概算内难以预料的工程费用。预备费包括基本预备费和价差预备费。

（10）建设期利息指建设项目贷款在建设期内发生并应计入固定资产的贷款利息等财务费用。该费用的取定按银行当期利率计算。

习题与思考题

一、问答题

1. 简述通信建设工程项目总费用的构成。
2. 简述建筑安装工程费的构成。
3. 简述预备费用包括的内容。

二、选择题

1. 下列费用项目中，属于直接工程费的是（　　）。

A. 人工费　　B. 材料费
C. 机械使用费　　D. 仪表使用费

2. 下列费用项目中，不属于工程建设其他费的是（　　）。

A. 研究试验费　　B. 勘察设计费
C. 临时设施费　　D. 环境影响评价费

3. 通信建设工程的材料采购及保管费费率为 1%的是（　　）。

A. 通信线路工程　　B. 通信管道工程
C. 通信设备安装工程　　D. 土建工程

4. 措施费是指为完成工程项目施工，发生该工程前和施工过程中非工程实体项目的费用。下列不属于措施费的是（　　）。

A. 工程保险费　　B. 临时设施费
C. 施工用水电蒸汽费　　D. 工地器材搬运费

5. 编制竣工图纸和资料所发生的费用包含在（　　）中。

A. 工程点交、场地清理费　　B. 企业管理费
C. 直接工程费　　D. 工程建设其他费

6. 人工费指直接从事建筑安装工程施工的生产人员开支的各项费用。内容包括（　　）。

A. 基本工资　　B. 工资性补贴
C. 辅助工资　　D. 职工福利费
E. 劳动保护费

7. 施工队伍调遣费的内容包括调遣人员的（　　）、调遣期间的工资、施工工具、用具等的运费。

A. 差旅费　　B. 劳动保护费　　C. 伙食补贴费　　D. 保险费

8. 住房公积金的计算基数是（　　）。

A. 技工费　　B. 人工费　　C. 直接工程费　　D. 直接费

9. 通信建设工程企业管理费的取费基础是（　　）。

A. 技工费　　B. 直接工程费　　C. 人工费　　D. 直接费

10. 利润指施工企业所承包工程的盈利。利润依据（　　）计算。

A. 不同投资来源　　B. 不同专业类别
C. 施工企业等级　　D. 工程投资规模

11. 通信建设工程的税金包括（　　）。

A. 营业税、增值税、教育费附加
B. 营业税、城市维护建设税、教育费附加
C. 城市维护建设税、印花税、教育费附加
D. 教育费附加、营业税、所得税

12. 在下列费用项目中，属于工程建设其他费的是（　　）。

A. 研究试验费　　B. 工地器材搬运费
C. 工程排污费　　D. 生产工器具购置费

三、判断题

1. 编制概算时，除水泥及水泥制品的运输距离按 500km 计算，其他类型的材料运输距离按 1500km 计算。（　　）

2. 凡由建设单位提供的利旧材料，其材料费也应计入工程成本。（　　）

3. 包装费一般已含在材料原价中，如需再包装，应根据具体情况按实计算。（　　）

4. 凡由建设单位提供的利旧料，其材料费要计入工程成本。（　　）

5. 冬雨季施工增加费费用标准是按常年摊销综合取定的，因此不分地区，不分季节，均按规定计列。（　　）

6. 工程点交、场地清理费指按规定编制竣工图及资料、工程点交、施工场地清理等发生的费用。（　　）

7. 施工项目承包费仅在二阶段设计编制施工图预算时，在表一中增列施工项目承包费；初步设计概算及一阶段设计预算中，此项费用已包含在预备费内，不再单独列出。（　　）

本章实训

1. 实训内容

根据所给条件，计算该项单项工程的工程总费用。

（1）该工程为“××市××局通信线路工程”，施工地点在城区。

（2）施工企业距施工现场 40km。

（3）工程技工总工日 150 工日，普工总工日 200 工日。

（4）主要材料费为 45000 元。

（5）机械使用费合计为 1200 元。

（6）仪表使用费合计为 1500 元。

（7）建设用地及综合赔补费总计 10000 元。

（8）勘察设计费总计 3000 元。

（9）施工用水电蒸汽费总计 450 元。

（10）本工程不计列建设单位管理费、可行性研究费、研究试验费、环境影响评价费、劳动安全卫生评价费、建设工程监理费、工程质量监督费、工程保险费、工程招标代理费、专利及专用技术使用费、生产准备及开办费。

2. 实训目的

（1）掌握通信工程费用的定额和计算规则。

（2）能够结合具体工程，计算出建筑安装工程费等费用。

3. 实训要求

（1）能够正确套用费率，写出每一项费用的计算依据。

（2）说明计算过程和内容。

第7章

通信建设工程工程量计算

7.1 概述

7.1.1 工程量的概念

工程量是表现拟建工程的分部、分项工程项目的规模、数量等指标的量化数据。一般以明细条目的方式列入“工程量清单”，必要时，也可编制“工程量说明”。

工程量的意义：

（1）项目概预算的编制；

（2）项目的招投标工作；

（3）材料的订购。

7.1.2 工程量统计与计算的基本原则

1. 工程量条件的基本原则

① 工程量计算的主要依据是施工图设计文件、现行预算定额的有关规定及相关资料。

② 概、预算人员必须能够熟练地阅读图纸，这是概、预算人员所必须具备的基本功。

③ 概、预算人员必须掌握预算定额中定额项目的“工作内容”的说明、注释及定额项目设置、定额项目的计算单位等，以便统一或正确换算计算出的工程量与预算定额的计量单位。

④ 概、预算人员对施工组织、设计也必须了解和掌握，并且掌握施工方法，以利于工程量计算和套用定额。

⑤ 概、预算人员还必须掌握和运用与工程量计算相关的资料。

⑥ 工程量计算顺序，一般情况下应按预算定额项目排列顺序及工程施工的顺序逐一统计，以保证不重复不遗漏，便于计算。

⑦ 工程量计算完毕后，要进行系统整理。

⑧ 整理过的工程量，要进行检查、复核，发现问题及时修改。

2. 工程量计算的基本准则

① 工程量的计算应按工程量的计算规则进行，即工程量项目的划分。计量单位的取定、有关系数的调整换算等，都应按相关的计算规则确定。

② 工程量的计量单位有物理计量单位和自然计量单位，表示分部、分项工程计量单位。

③ 通信建设工程无论初步设计还是施工图设计，都依据设计图纸统计计算工程量。

④ 工程量计算应以设计规定的所属范围和设计分界线为准，布线走向和部分设置以施工验收技术规范为准，工程量的计量单位必须与定额计量单位相一致。

⑤ 工程量应以施工安装数量为准，所用材料数量不能作为安装工程量。

7.2 通信工程工程量计算

7.2.1 通信线路工程量计算规则

1. 开挖（填）土（石）方

（1）光（电）缆接头坑个数取定。

埋式光缆接头坑个数：初步设计按 2km 标准盘长或每 1.7～1.8km 取一个接头坑；施工图设计按实际取定。

埋式电缆接头坑个数：初步设计按 5 个/km 取定；施工图设计按实际取定。

（2）挖光缆沟长度计算。

光缆沟长度＝图末长度－图始长度－（截流长度+过路顶管长度）

（3）施工测量长度计算。

管道工程施工测量长度＝各人孔中心至人孔中心长度之和

光（电）缆工程施工测量长度＝路由图末长度－路由图始长度

（4）缆线布放工程量的取定。

缆线布放工程量为缆线施工长度与各种预留长度之和，不能按主材使用长度计取工程量。

（5）计算人孔坑挖深（单位：m）。

通信人孔设计示意图如图 7-1 所示。

$$H = h_1 - h_2 + g - d$$

式中：H——人孔坑挖深（m）

h_1——人孔口圈顶部高程（m）

h_2——人孔基础顶部高程（m）

g——人孔基础厚（m）

d——路面厚度（m）

（6）计算管道沟深（单位：m）。

管道沟设计示意图和通信管道设计示意图如图 7-2 和图 7-3 所示。

$$H = [(h_1 - h_2 + g)_{人孔1} + (h_1 - h_2 + g)_{人孔2}]/2 - d'$$

式中：H——管道沟深（平均埋深，不含路面厚度）（m）

h_1——人孔口圈顶部高程（m）

h_2——管道基础顶部高程（m）

g——管道基础厚（m）

d'——路面厚度（m）

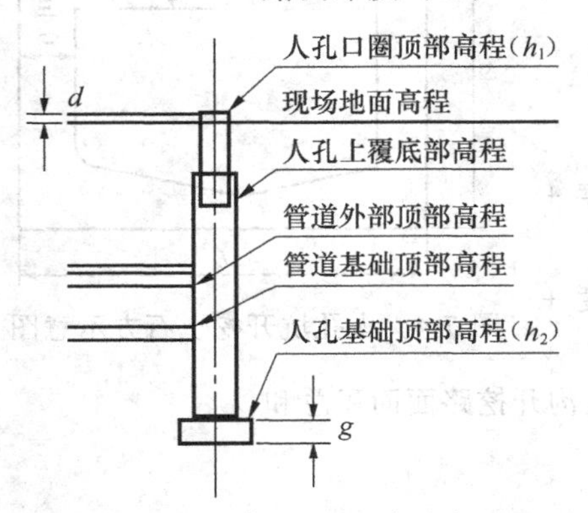

图 7-1　通信人孔设计示意图

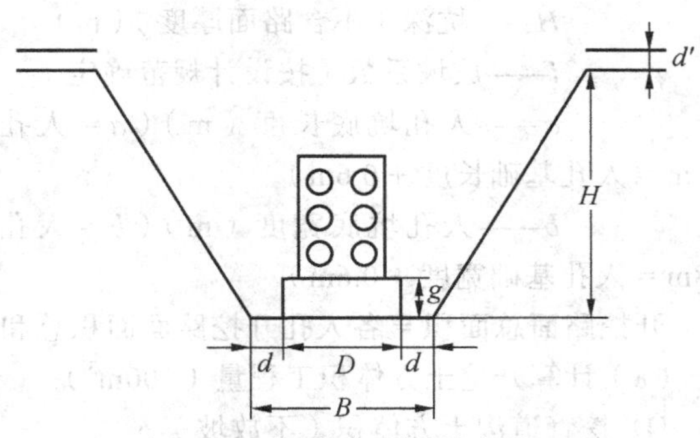

图 7-2　管道沟挖深示意图

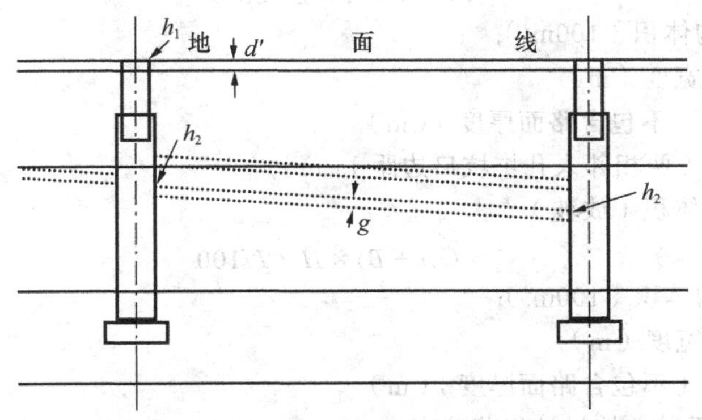

图 7-3　通信管道设计示意图

（7）计算开挖路面面积（单位：$100m^2$）。

① 开挖管道路面面积工程量（不放坡）

$$A = B \times L/100$$

式中：A——路面积工程量（$100m^2$）

B——沟底宽度（B = 管道基础宽度 D + 施工余度 $2d$）（m）

L——管道沟路面长（两相邻人孔坑边间距）（m）

施工余度 $2d$：管道基础宽度 > 630mm 时为 0.6m

管道基础宽度≤630mm 时为 0.3m

② 开挖管道路面面积工程量（放坡）

$$A = (2Hi + B) \times L/100$$

式中：A——路面积工程量（$100m^2$）;

H——沟深（m）

B——沟底宽度（m）

i——放坡系数

L——管道沟路面长（两相邻人孔坑边间距（m））

③ 计算人孔坑路面面积工程量

人孔坑开挖土石方示意图如图 7-4 所示。

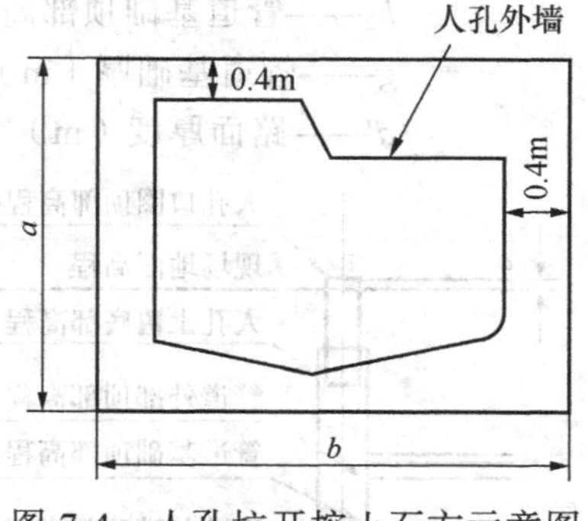

图 7-4 人孔坑开挖土石方示意图

不放坡：$A=a \times b/100$

放坡：$a=(2Hi+a)(2Hi+b)/100$

式中：A——人孔坑面积（100m^2）

H——坑深（不含路面厚度）（m）

i——放坡系数（按设计规范确定）

a——人孔坑底长度（m）（a = 人孔外墙长度 + 0.8m = 人孔基础长度 + 0.6m）

b——人孔坑底宽度（m）（b = 人孔外墙宽度 + 0.8m = 人孔基础宽度 + 0.6m）

开挖路面总面积 = 各人孔开挖路面面积总和 + 各管道沟开挖路面面积总和

（8）计算开挖土方体积工程量（100m^3）。

① 挖管道沟土方体积（不放坡）

$$V_1=B\times H\times L/100$$

式中：V_1——挖沟体积（100m^3）；

B——沟底宽度（m）

H——沟深（不包含路面厚度）（m）

L——沟长（两相邻人孔坑坑口边距）（m）

② 挖管道沟土方体积（放坡）

$$V_2=(Hi+B)\times H\times L/100$$

式中：V_2——挖沟体积（100m^3）；

B——沟底宽度（m）

H——沟深（不包含路面厚度）（m）

i——放坡系数（按设计规范确定）

L——沟长（两相邻人孔坑坑坡中点间距）（m）

③ 挖一个人孔坑土方体积（不放坡）

$$V_1=a\times b\times H/100$$

④ 挖一个人孔坑土方体积（放坡）

$$V=\frac{H}{3}[ab+(a+2Hi)(b+2Hi)+\sqrt{ab(a+2Hi)(b+2Hi)}]$$

式中：V——挖沟体积（100m^3）；

a——人孔坑长度（m）；

b——人孔坑宽度（m）

H——人孔坑深（不包含路面厚度）（m）

i——放坡系数（按设计规范确定）

⑤ 总开挖土方体积（无路面情况下）

总开挖土方量 = 各人孔开挖土方体积总和 + 各段管道沟开挖土方体积总和

⑥ 光（电）缆沟土石方开挖工程量（或回填量）

石质光（电）缆沟示意图和土质光（电）缆沟示意图如图 7-5 和图 7-6 所示。

$$V=(B+0.3)HL/2/100$$

式中：V——光（电）缆沟土石方开挖工程量（或回填量）（100m^3）；

B——缆沟上口宽度（m）

0.3——沟下底宽（m）

H——缆沟深度（m）

L——缆沟长度（m）

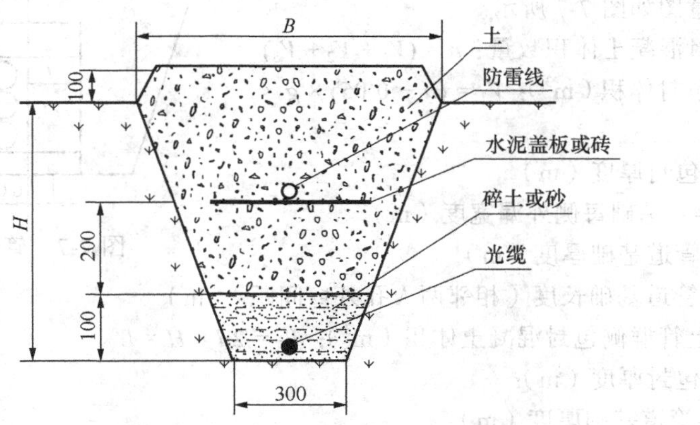

图 7-5　石质光（电）缆沟示意图

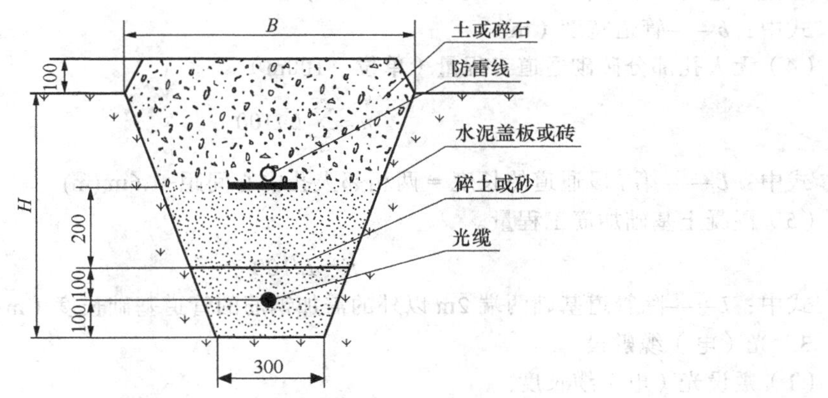

图 7-6　土质光（电）缆沟示意图

（9）回填土（石）方工程量。

① 通信管道工程回天工程量 = 挖管道沟与人孔坑土方量之和 − 管道建筑体积（基础、管群、包封）与人孔建筑体积之和

② 埋式光（电）缆沟土石方回填量 = 开挖量

光（电）缆体积忽略不计。

（10）通信管道余土方工程量。

通信管道余土方工程量 = 管道建筑体积（基础、管群、包封）+ 人孔建筑体积

2．通信管道工程

（1）混凝土管道基础工程量（单位：100m）。

$$N=\sum_{1}^{m}L_i/100$$

式中：L_i——第 i 段管道基础的长度（m）

（2）铺设水泥管道工程量（单位：100m）。

$$n=\sum_{1}^{m}L_i/100$$

式中：L_i——第 i 段管道的长度（两相邻人孔中心间距）（m）

（3）通信管道包封混凝土工程量（单位：m^3）。

管道包封示意图如图 7-7 所示。

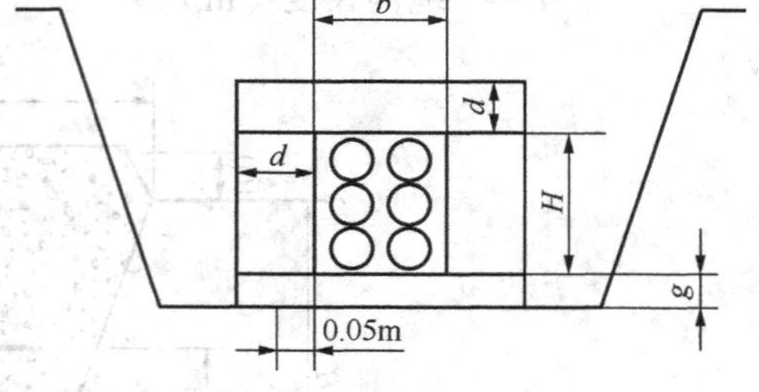

图 7-7 管道包封示意图

通信管道包封混凝土体积数量：$n=(V_1+V_2+V_3)$

管道基础侧包封体积（m^3）：$V_1=(d-0.05)\times g\times 2\times L$

式中：d——包封厚度（m）

0.05——基础每侧外漏宽度（m）

g——管道基础厚度（m）

L——管道基础长度（相邻两人孔外壁间距）（m）

管道基础以上管群侧包封混凝土体积（m^3）：$V_2=2d\times H\times L$

式中：d——包封厚度（m）；

H——管道基础厚度（m）

管道顶包封混凝土体积（m^3）：$V_3=(b+2d)\times d\times L$

式中：b——管道宽度（m）

（4）无人孔部分砖砌通道工程量（单位：100m）。

$$n=\sum_{1}^{m}L_i/100$$

式中：L_i——第 i 段通道的长度 = 两相邻人孔中心间距−1.6m (m)

（5）混凝土基础加筋工程量。

$$n=L/100$$

式中：L——除管道基础两端 2m 以外的需加钢筋的管道基础长度（m）

3. 光（电）缆敷设

（1）敷设光（电）缆长度。

敷设光（电）缆长度 = 施工丈量长度× (1 + K‰) + 设计预留

K 为自然弯曲系数，埋式光（电）缆 $K=7$；管道和架空光（电）缆 $K=5$。

（2）光（电）缆使用长度计算。

光（电）缆的使用长度=敷设长度×(1+σ ‰)

σ为光缆损耗率，埋式光（电）缆$\sigma=5$；管道光（电）缆$\sigma=7$；架空光（电）缆$\sigma=15$。

（3）槽道、槽板、室内通道敷设光缆工程量（单位：100m 条）。

$$N=\sum_{1}^{m}L_in_i/100$$

（4）整修市话线路移挂电缆工程量（档）。

$$n=L/40$$

式中：L——架空移挂电缆路由长度（m）；40——市话杆路杆距（m）

4. 光（电）缆保护与防护

（1）护坎工程量（单位：m^3）。

护坎是为防止水流冲刷而修建在坡地上的防护措施，如图 7-8 所示。

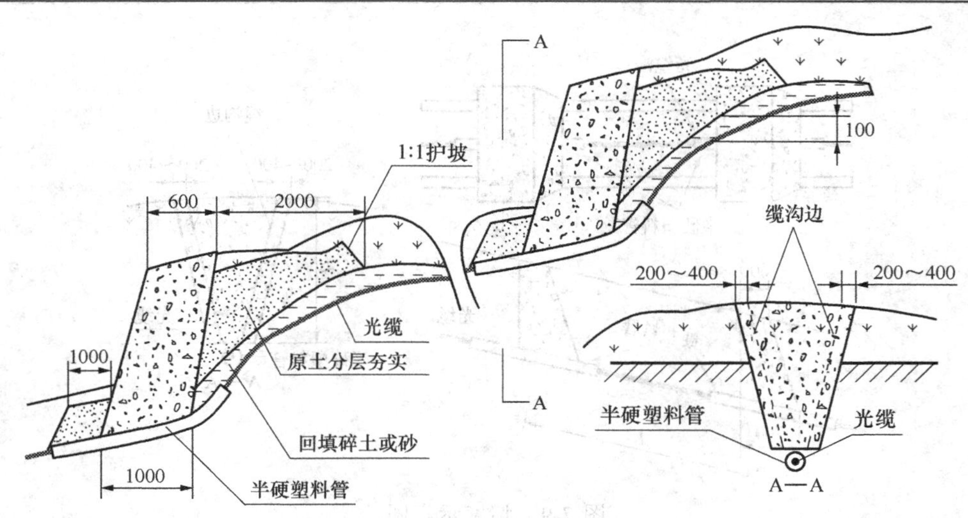

图 7-8 护坎示意图

计算方法一（近似公式）：

$$V = H \times A \times B$$

其中：V——护坎体积（m^3）

H——护坎总高度（m）（地面以上坎高 + 光缆沟深）

A——护坎平均厚度（m）

B——护坎平均宽度（m）

计算方法二（精确公式）：

$$V = \frac{[a_1b_1 + a_2b_2 + (a_1 + a_2)(b_1 + b_2)] \times H}{6}$$

其中：V——护坎体积（m^3）

a_1——护坎上宽（m）

b_1——护坎上厚（m）

a_2——护坎下宽（m）

b_2——护坎下厚（m）

H——护坎总高（m）

注意：护坎方量按"石砌"、"三七土"分别计算工程量。

（2）护坡工程量（单位：m^3）。

护坡的作用也是防止水流冲刷，护坎中包含护坡。

$$V = H \times L \times B$$

其中：V——护坡体积（m^3）

H——护坡高（m）

L——护坡宽（m）

B——平均厚度（m）

（3）堵塞工程量（单位：m^3）。

堵塞修建在坡地，用于固定光（电）缆沟的回填土壤，如图 7-9 所示。

计算方法一（近似公式）：

$$V = H \times A \times B$$

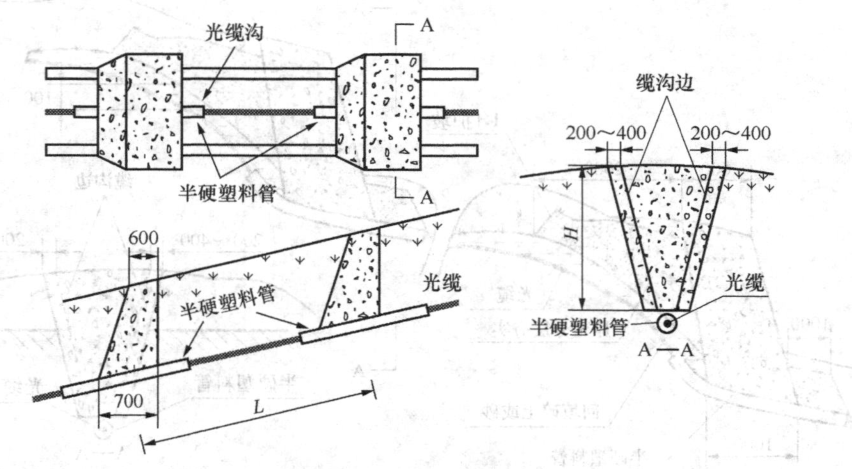

图 7-9 堵塞示意图

其中：V——堵塞体积（m^3）

H——光（电）缆沟深（m）

A——堵塞平均厚（m）

B——堵塞平均宽（m）

计算方法二（精确公式）：

$$V=\frac{[a_1b_1+a_2b_2+(a_1+a_2)(b_1+b_2)]\times H}{6}$$

其中：V——堵塞体积（m^3）

a_1——堵塞上宽（m）

b_1——堵塞上厚（m）

a_2——堵塞下宽（m）

b_2——堵塞下厚（m）

H——堵塞高，相当于光（电）缆埋深（m）

（4）水泥砂浆封石沟工程量（单位：m）。

水泥砂浆封石沟示意图如图 7-10 所示。

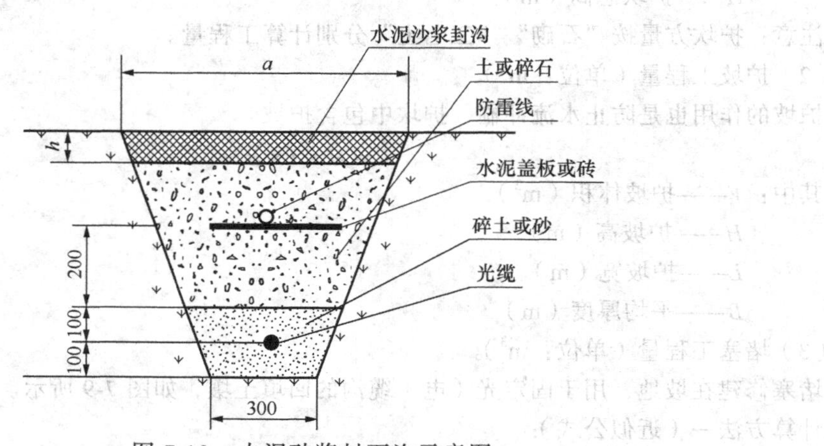

图 7-10 水泥砂浆封石沟示意图

$$V = h \times a \times L$$

其中：V——封石沟体积（m^3）

h——封石沟水泥砂浆厚（m）

a——封石沟宽度（m）

L——封石沟长度（m）

（5）漫水坝工程量（单位：m^3）。

漫水坝结构示意图如图 7-11 所示。

$$V = \frac{HL(a+b)}{2}$$

其中：V——漫水坝体积（m^3）

H——漫水坝坝高（m）

a——漫水坝脚厚度（m）

b——漫水坝顶厚度（m）

L——漫水坝长（m）

5. 综合布线工程

（1）水平子系统布放缆线工程量。

水平子系统布放缆线示意图如图 7-12 所示。

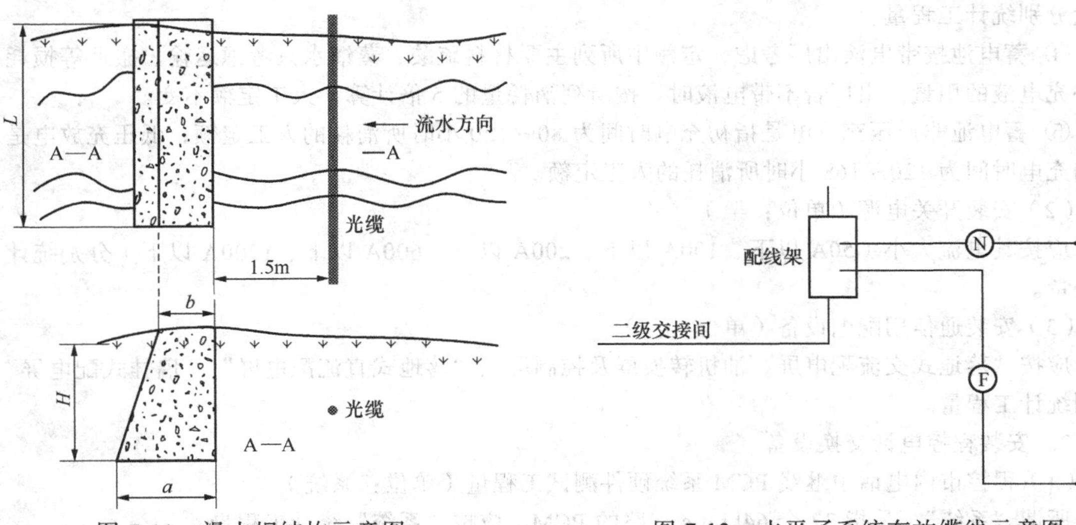

图 7-11　漫水坝结构示意图

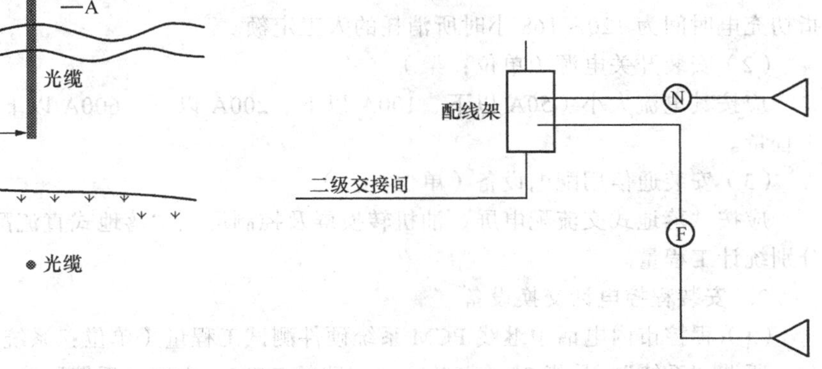

图 7-12　水平子系统布放缆线示意图

$$S = [0.5 \times (F+N) + 0.5 \times (F+N) \times 10\% + 6] \times C$$
$$= [0.55 \times (F+N) + 6] \times C$$

式中：S——每楼层的布线总长度

F——最远的信息插座距离配线间的最大可能路由距离（m）

N——最近的信息插座距离配线间的最大可能路由距离（m）

C——每个楼层的信息插座数量

0.55——平均电缆长度+备用部分

6——端接容差，常数（主干采用 15；配线采用 6）

（2）信息插座数量估值。

$$C = A/P \times W$$

式中：A——每个楼层布线区域工作区的面积（m^2）

P——单个工作区所辖的面积，一般取值为 9（m^2）

W——单个工作区的信息插座数，一般为 1，2，3，4（个）

7.2.2 通信设备安装工程量计算规则

1. 安装通信电源设备

（1）安装蓄电池。

① 电池抗震铁架安装工程量（单位：米/架）

应按型号系列（单层单列、单层双列、3～4 层双列、5～7 层双列、8 层双列）分别统计工程量。

② 铺橡皮垫工程量（单位：$10m^2$）

$$n = A/10$$

其中 A 为需敷设的橡皮垫总面积（m^2）

③ 安装蓄电池工程量（单位：组）

应按工作电压（24V、48V）、电池类型（防酸防爆铅酸型、阀控密封铅酸型）、蓄电池额定容量分别统计工程量。

④ 蓄电池按带电液出厂考虑，定额中所列主要材料硫酸、蒸馏水只考虑运输、搬运等损耗需补充电液的用量，出厂若不带电液时，按所列消耗量的 5 倍计算，人工定额不变。

⑤ 蓄电池非低压充放电是指初充电时间为 80～120 小时所消耗的人工定额；低压充放电是指初充电时间为 120～168 小时所消耗的人工定额。

（2）安装开关电源（单位：架）。

应按其电流大小（50A 以下、100A 以下、200A 以下、600A 以下、1200A 以下）分别统计工程量。

（3）安装通信用配电设备（单位：台）。

应按“落地式交流配电屏、油机转换屏及控制屏”、“落地式直流配电屏”、“墙挂式配电屏”分别统计工程量。

2. 安装程控电话交换设备

（1）程控市内电话中继线 PCM 系统硬件测试工程量（单位：系统）。

所谓“系统”，是指 32 个 64kbit/s 支路的 PCM，应按“系统”统计工程量。

（2）长途程控交换设备硬件调测工程量（单位：千路端）。

所谓“千路端”，是指 1000 个长途话路端口，应按“2 千路端以下”、“10 千路端以下”、“10 千路端以上”分别统计工程量。

（3）安装调测用户交换机工程量（单位：线）。

应按用户交换机容量分别统计工程量。

3. 安装移动通信设备

（1）移动设备安装。

① 安装移动通信天线工程量（单位：副）

应按天线类别（全向、定向、建筑物内、GPS），安装位置（楼顶塔上、地面塔上、拉线塔上、支撑杆上、楼外墙上），安装高度在楼顶塔上（20m 以下、20m 以上每增加 10m）、地面塔上

（在 40m 以下、40m 以上每增加 10m，90m 以下、90m 以上每增加 10m）分别统计工程量。

② 布放射频同轴电缆（馈线）工程量（单位：条）

应按线径大小（7/8in 以下、7/8in 以上）、布放长度（10m 以下、10m 以上每增加 10m）分别统计工程量。

③ 安装室外馈线走道工程量（单位：m）

分别按“楼顶”、“沿楼外墙”统计工程量。

④ 基站设备安装工程量（单位：架）

应按“落地式”、“壁挂式”统计工程量。

（2）基站系统调测。

① 模拟基站系统调测工程量（单位：信道）：应按“一个小区 8 个信道”、“每增加一个信道”分别统计工程量。

② GSM 基站系统调测工程量：应按“3 个载频以下”、“6 个载频以下”、“6 个载频每增加一个载频”为单位，分别统计工程量。例如：“8 个载频的基站”可分解成“6 个载频以下”及 2 个“每增加一个载频”的工程量。

③ CDMA 基站系统调测工程量：应按“6 个扇・载以下”、“6 个扇・载每增加一个扇・载”为单位，分别统计工程量。

④ 寻呼基站系统调测工程量：应按“1 个频点”、“每增加 1 个频点”为单位，分别统计工程量。

⑤ 基站控制器、变码器调测工程量（单位：中继）

“中继”是指基站控制器（BSC）与基站收发信台（BTS）间的 Abis 接口一个陆地信道。

⑥ 移动通信联网调测工程量（单位：站）

应分别按“模拟、GSM 全向天线基站”、“模拟、GSM 定向天线基站及 CDMA 基站”、“寻呼基站”分别统计工程量。

4. 其他通信设备安装

（1）安装铁架及其他。

① 铺地漆布工程量（单位：$100m^2$）

$$n = A/100$$

其中 A 为需要铺地漆布地面的总面积（m^2）。

② 安装保安配线箱工程量（单位：个）：应按其容量大小分别统计工程量。

③ 安装总配线架工程量（单位：架）：应按其容量大小分别统计工程量。

④ 安装列架照明灯工程量（单位：列）：应按列架照明类别（2 灯/列、4 灯/列、6 灯/列）分别统计工程量。列内日光灯安装是单管定额，采用双管灯时，人工乘以 1.2 系数。

⑤ 安装信号灯盘工程量（单位：盘）：应按总信号灯盘、列信号灯盘分别统计工程量。

（2）布放设备电缆及导线。

放、绑设备电缆工程量（单位：100 米/条）

$$N = \sum_{i=1}^{k} \frac{L_i n_i}{100}$$

其中：$\sum_{i=1}^{k} L_i n_i$——k 个放、绑线段内同种型号设备电缆的总放、绑线量（米/条）；

L_i——第 i 个放、绑线段的长度（m）；

n_i——第 i 个放、绑线段内同种电缆的条数。

应按电缆类别（设备电缆、局用高频屏蔽电缆、音频隔离线、SYV 射频同轴电缆）分别计算工程量。

本章小结

（1）工程量是表现拟建工程的分部、分项工程项目的规模、数量等指标的量化数据。一般以明细条目的方式列入“工程量清单”，必要时，也可编制“工程量说明”。

（2）概、预算人员必须掌握预算定额中定额项目的“工作内容”的说明、注释及定额项目设置、定额项目的计算单位等，以便统一或正确换算计算出的工程量与预算定额的计量单位。

（3）工程量计算顺序，一般情况下应按预算定额项目排列顺序及工程施工的顺序逐一统计，以保证不重复不遗漏，便于计算。

（4）工程量计算的主要依据是施工图设计文件、现行预算定额的有关规定及相关资料。

（5）工程量的计算应按工程量的计算规则进行，即工程量项目的划分、计量单位取定、有关系数的调整换算等，都应按相关的计算规则确定。

（6）工程量计算应以设计规定的所属范围和设计分界线为准，布线走向和部分设置以施工验收技术规范为准，工程量的计量单位必须与定额计量单位相一致。

（7）工程量应以施工安装数量为准，所用材料数量不能作为安装工程量。

习题与思考题

1. 简述工程量的概念及意义。

2. 简述工程量计算准则。

3. 如何计算施工测量长度？

4. 开挖管道沟，管道沟上口宽为 1.5m，基础宽为 0.5m，管道沟沟深 1.2m，沟长为 180m，放坡系数 i 为 0.33。计算开挖路面面积和开挖土方体积。

5. 开挖光缆沟（土质），光缆沟上口宽度 1.2m，光缆沟深度为 0.5m，光缆沟长度为 120m，该光缆沟需要敷设两条光缆，计算光缆沟土方开挖量。

6. 敷设埋式电缆线路，已知施工丈量长度为 7.5（100m），该线路设计预留 15m，计算该线路电缆敷设长度和电缆使用长度。

7. 水泥沙浆封石沟，石沟内敷设一条光缆，封石沟水泥砂浆厚为 0.1m，封石沟宽度为 1.2m，封石沟长度为 240m，计算封石沟体积。

8. 已知每个楼层布线区域工作区面积 750m^2，单个工作区所辖面积为 9m^2，单个工作区的信息插座数为 3 个。计算每个楼层信息插座数量。

本章实训

1. 实训内容

××局新建架空市话光缆线路图，如下图所示，试统计该线路工程的工程量。

设计图纸及说明：

a. 施工图设计图纸；

b. 除跨越“道路”段杆距为 20m 外，其余各杆档距均为 40m；

c. 过“道路”需作一高桩拉线，高桩拉线中电杆至拉桩间正拉线架设长度为 30m；

d. 吊线的垂度增长长度可以忽略不计，吊线无接头，两端终结增长余留共 4.0m，架空吊线程式为 7/2.6；

e. 在 P7 杆处设置光缆接头，接头每侧各预留 10m；

f. 光缆测试按双窗口测试。

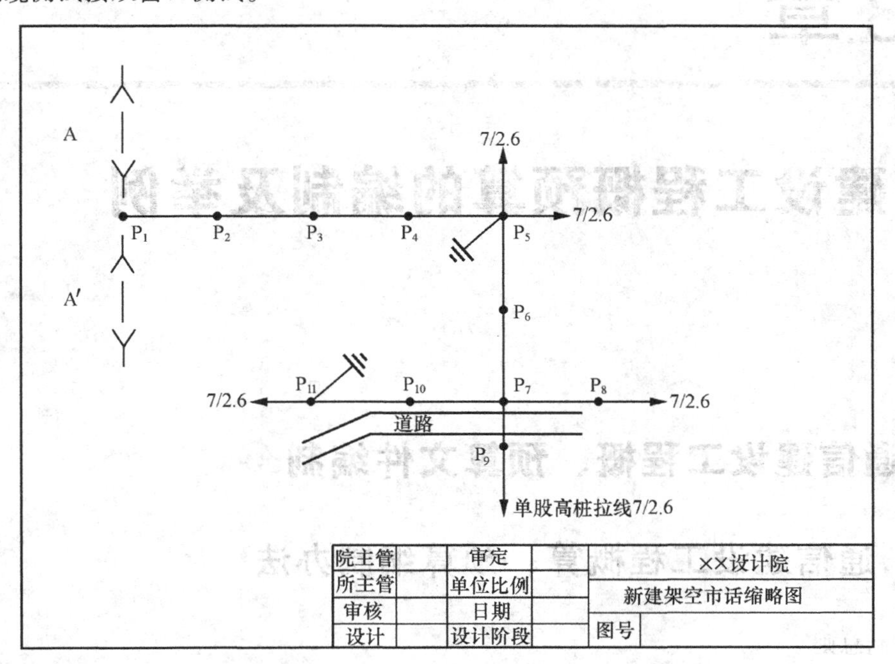

2. 实训目的

（1）掌握不同类型通信工程的工程量统计方法。

（2）能够结合具体工程，通过分析图纸和已知条件，正确统计工程量。

（3）通过实训练习，熟悉不同类型工程，培养分析图纸能力。

3. 实训要求

（1）能够遵循工程量统计规则，写出每一项工程量计算过程。

（2）按照所给工程量统计表进行汇总。

第 8 章

通信建设工程概预算的编制及举例

8.1 通信建设工程概、预算文件编制

8.1.1 通信建设工程概算、预算编制办法

1. 编制总则

（1）为适应通信建设工程发展需要，根据《建筑安装工程费用项目组成》（建标［2003］206号）等有关文件，对原邮电部《通信建设工程概算、预算编制办法及费用定额》（邮部［1995］626号）中的概算、预算编制办法进行修订。

（2）本办法适用于通信建设项目新建和扩建工程的概算、预算的编制；改建工程可参照使用。通信建设项目涉及土建工程、通信铁塔安装工程时，应按各地区有关部门编制的土建、铁塔安装工程的相关标准编制工程概算、预算。

（3）通信建设工程概算、预算应包括从筹建到竣工验收所需的全部费用，其具体内容、计算方法、计算规则应依据信息产业部发布的现行通信建设工程定额及其他有关计价依据进行编制。

（4）通信建设工程概算、预算的编制应由具有通信建设相关资质的单位编制；概预算编制、审核以及从事通信工程造价的相关人员必须持有原信息产业部颁发的《通信建设工程概预算人员资格证书》。

2. 设计概算与施工图预算的编制

（1）通信建设工程概算、预算的编制，应按相应的设计阶段进行。当建设项目采用两阶段设计时，初步设计阶段编制设计概算，施工图设计阶段编制施工图预算。采用一阶段设计时，应编制施工图预算，并列预备费、投资贷款利息等费用。建设项目按三阶段设计时，在技术设计阶段编制修正概算。

（2）设计概算是初步设计文件的重要组成部分。编制设计概算应在投资估算的范围内进行。施工图预算是施工图设计文件的重要组成部分。编制施工图预算应在批准的设计概算范围内进行。

（3）一个通信建设项目如果由几个设计单位共同设计时，总体设计单位应负责统一概算、预

算的编制原则，并汇总建设项目的总概算。分设计单位负责本设计单位所承担的单项工程概算、预算的编制。

（4）通信建设工程概算、预算应按单项工程编制。单项工程项目划分见表 8-1。

表 8-1　　通信建设单项工程项目划分表

专业类别	单项工程名称	备　注
通信线路工程	1. ××光、电缆线路工程 2. ××水底光、电缆工程（包括水线房建筑及设备安装） 3. ××用户线路工程（包括主干及配线光、电缆、交接及配线设备、集线器、杆路等） 4. ××综合布线系统工程	进局及中继光（电）缆工程可按每个城市作为一个单项工程
通信管道建设工程	通信管道建设工程	
通信传输设备安装工程	1. ××数字复用设备及光、电设备安装工程 2. ××中继设备、光放设备安装工程	
微波通信设备安装工程	××微波通信设备安装工程（包括天线、馈线）	
卫星通信设备安装工程	××地球站通信设备安装工程（包括天线、馈线）	
移动通信设备安装工程	1. ××移动控制中心设备安装工程 2. 基站设备安装工程（包括天线、馈线） 3. 分布系统设备安装工程	
通信交换设备安装工程	××通信交换设备安装工程	
数据通信设备安装工程	××数据通信设备安装工程	
供电设备安装工程	××电源设备安装工程（包括专用高压供电线路工程）	

（5）设计概算的编制依据。

① 批准的可行性研究报告；

② 初步设计图纸及有关资料；

③ 国家相关管理部门发布的有关法律、法规、标准规范；

④《通信建设工程预算定额》（目前通信工程用预算定额代替概算定额编制概算）、《通信建设工程费用定额》、《通信建设工程施工机械、仪表台班费用定额》及其有关文件；

⑤ 建设项目所在地政府发布的土地征用和赔补费等有关规定；

⑥ 有关合同、协议等。

（6）施工图预算的编制依据。

① 批准的初步设计概算及有关文件；

② 施工图、标准图、通用图及其编制说明；

③ 国家相关管理部门发布的有关法律、法规、标准规范；

④《通信建设工程预算定额》、《通信建设工程费用定额》、《通信建设工程施工机械、仪表台班费用定额》及其有关文件；

⑤ 建设项目所在地政府发布的土地征用和赔补费用等有关规定；

⑥ 有关合同、协议等。

3. 引进设备安装工程概算、预算的编制

（1）引进设备安装工程概算、预算的编制依据。

引进设备安装工程概算、预算的编制依据，除参照第九条、第十条所列条件外，还应依据国家和相关部门批准的引进设备工程项目订货合同、细目及价格，以及国外有关技术经济资料和相关文件等。

（2）引进设备安装工程的概算、预算（指引进器材的费用），除必须编制引进国的设备价款外，还应按引进设备的到岸价的外币折算成人民币的价格，依据本办法有关条款进行编制。

引进设备安装工程的概算、预算应用两种货币表现形式，其外币表现形式可用美元或引进国货币。

（3）引进设备安装工程的概算、预算除应包括本办法和费用定额规定的费用外，还应包括关税、增值税、工商统一税、海关监管费、外贸手续费、银行财务费和国家规定应计取的其他费用，其计取标准和办法应参照国家或相关部门的有关规定。

8.1.2 通信建设工程概预算文件组成

通信建设工程概预算文件由编制说明和概预算表组成。

1. 编制说明

编制说明的内容如下：

（1）工程概况、概预算总价值；

（2）编制依据及采用的取费标准和计算方法的说明：依据的设计、定额及地方政府的有关规定和原信息产业部未作统一规定的费用计算依据和说明；

（3）工程技术经济指标分析：主要分析各项投资的比例和费用构成，分析投资情况，说明设计的经济合理性及编制中存在的问题；

（4）其他需要说明的问题。

2. 概预算表

通信建设工程概预算表格统一使用表 8-2 ~ 表 8-11 所示的共 10 张表格，分别为建设项目总概预算表（汇总表）、工程概预算总表（表一）、建筑安装工程费用概预算表（表二）、建筑安装工程量概预算表（表三）甲、建筑安装工程机械使用费概预算表（表三）乙、建筑安装工程仪器仪表使用费概预算表（表三）丙、国内器材概预算表（表四）甲、引进器材概预算表（表四）乙、工程建设其他费概预算表（表五）甲、引进设备工程建设其他费用概预算表（表五）乙。

（1）建设项目总概预算表（汇总表）。

该表供编制建设项目总费用使用，建设项目的全部费用在本表中汇总，如表 8-2 所示。

表 8-2　　建设项目总____算表（汇总表）

建设项目名称：

建设单位名称：　　表格编号：　　第　页

序号	表格编号	单项工程名称	小型建筑工程费	需要安装的设备费	不需安装的设备、工器具费	建筑安装工程费	其他费用	预备费	总价值		生产准备及开办费
			（元）						人民币（元）	其中外币（ ）	（元）
Ⅰ	Ⅱ	Ⅲ	Ⅳ	Ⅴ	Ⅵ	Ⅶ	Ⅷ	Ⅸ	Ⅹ	Ⅺ	Ⅻ

续表

序号	表格编号	单项工程名称	小型建筑工程费	需要安装的设备费	不需安装的设备、工器具费	建筑安装工程费	其他费用	预备费	总价值		生产准备及开办费
			（元）						人民币（元）	其中外币（ ）	（元）
Ⅰ	Ⅱ	Ⅲ	Ⅳ	Ⅴ	Ⅵ	Ⅶ	Ⅷ	Ⅸ	Ⅹ	Ⅺ	Ⅻ

设计负责人：　　　　　　　　审核：　　　　　　　　编制：　　　　　　　　编制日期：　　　年　　　月

填写说明：

① 第Ⅱ栏根据各工程相应总表（表一）编号填写。

② 第Ⅲ栏根据建设项目的各工程名称依次填写。

③ 第Ⅳ—Ⅸ栏根据工程项目的概算或预算（表一）相应各栏的费用合计填写。

④ 第Ⅹ栏为第Ⅳ—Ⅸ栏的各项费用之和。

⑤ 第Ⅺ栏填写以上各列费用中以外币支付的合计。

⑥ 第Ⅻ栏填写各工程项目需单列的“生产准备及开办费”金额。

⑦ 当工程有回收金额时，应在费用项目总计下列出“其中回收费用”，其金额填入第Ⅸ栏。此费用不冲减总费用。

（2）工程概预算总表（表一）。

本表供编制单项（单位）工程概算（预算）使用。如表 8-3 所示。

表 8-3　　　　　　　　工程____算总表（表一）

建设项目名称：

工程名称：　　　　　　　　建设单位名称：　　　　　　　　表格编号：　　　　　　第　　页

序号	表格编号	费用名称	小型建筑工程费	需要安装的设备费	不需要安装的设备、工器具费	建筑安装工程费	其他费用	预备费	总价值	
			（元）						人民币（元）	其中外币（ ）
Ⅰ	Ⅱ	Ⅲ	Ⅳ	Ⅴ	Ⅵ	Ⅶ	Ⅷ	Ⅸ	Ⅹ	Ⅺ

续表

序号	表格编号	费用名称	小型建筑工程费	需要安装的设备费	不需要安装的设备、工器具费	建筑安装工程费	其他费用	预备费	总价值	
			（元）						人民币（元）	其中外币（ ）
Ⅰ	Ⅱ	Ⅲ	Ⅳ	Ⅴ	Ⅵ	Ⅶ	Ⅷ	Ⅸ	Ⅹ	Ⅺ

设计负责人：　　审核：　　编制：　　编制日期：　　年　　月

填写说明：

① 表首“建设项目名称”填写立项工程项目全称。

② 第Ⅱ栏根据本工程各类费用概算（预算）表格编号填写。

③ 第Ⅲ栏根据本工程概算（预算）各类费用名称填写。

④ 第Ⅳ—Ⅷ栏根据相应各类费用合计填写。

⑤ 第Ⅸ栏为第Ⅳ—Ⅷ栏之和。

⑥ 第Ⅹ栏填写本工程引进技术和设备所支付的外币总额。

⑦ 当工程有回收金额时，应在费用项目总计下列出“其中回收费用”，其金额填入第Ⅷ栏。此费用不冲减总费用。

（3）建筑安装工程费用概预算表（表二）。

本表供编制建筑安装工程费使用。如表 8-4 所示。

表 8-4　　建筑安装工程费用____算表（表二）

工程名称：　　建设单位名称：　　表格编号：　　第　页

序　号	费用名称	依据和计算方法	合计（元）
Ⅰ	Ⅱ	Ⅲ	Ⅳ
	建筑安装工程费		
一	直接费		
（一）	直接工程费		
1	人工费		
（1）	技工费		
（2）	普工费		
2	材料费		
（1）	主要材料费		

续表

序　号	费用名称	依据和计算方法	合计（元）
I	II	III	IV
（2）	辅助材料费		
3	机械使用费		
4	仪表使用费		
（二）	措施费		
1	环境保护费		
2	文明施工费		
3	工地器材搬运费		
4	工程干扰费		
5	工程点交、场地清理费		
6	临时设施费		
7	工程车辆使用费		
8	夜间施工增加费		
9	冬雨季施工增加费		
10	生产工具用具使用费		
11	施工用水电蒸汽费		
12	特殊地区施工增加费		
13	已完工程及设备保护费		
14	运土费		
15	施工队伍调遣费		
16	大型施工机械调遣费		
二	间接费		
（一）	规费		
1	工程排污费		
2	社会保障费		
3	住房公积金		
4	危险作业意外伤害保险费		
（二）	企业管理费		
三	利润		
四	税金		

设计负责人：　　　　审核：　　　　编制：　　　　编制日期：　　年　　月

填写说明：

① 第Ⅲ栏根据《通信建设工程费用定额》相关规定，填写第Ⅱ栏各项费用的计算依据和方法。

② 第Ⅳ栏填写第Ⅱ栏各项费用的计算结果。

（4）建筑安装工程量概预算表（表三）甲。

本表供编制工程量，并计算技工和普工总工日数量使用，如表 8-5 所示。

表 8-5　　建筑安装工程量____算表（表三）甲

工程名称：　　建设单位名称：　　表格编号：　　第　页

序号	定额编号	项目名称	单位	数量	单位定额值（工日）		合计值（工日）	
					技工	普工	技工	普工
I	II	III	IV	V	VI	VII	VIII	IX

设计负责人：　　审核：　　编制：　　编制日期：　　年　　月

填写说明：

① 第II栏根据《通信建设工程预算定额》，填写所套用预算定额子目的编号。若需临时估列工作内容子目，在本栏中标注“估列”两字；两项以上“估列”条目，应编列序号。

② 第III、IV栏根据《通信建设预算定额》，分别填写所套定额子目的名称、单位。

③ 第V栏的填写根据定额子目的工作内容所计算出的工程量数值。

④ 第VI、VII栏的填写所套定额子目的工日单位定额值。

⑤ 第VIII栏为第V栏与第VI栏的乘积。

⑥ 第IX栏为第V栏与第VII栏的乘积。

（5）建筑安装工程机械使用费概预算表（表三）乙。

本表供编制本工程所列的机械费用汇总使用，如表 8-6 所示。

表 8-6　　建筑安装工程机械使用费____算表（表三）乙

工程名称：　　建设单位名称：　　表格编号：　　第　页

序号	定额编号	项目名称	单位	数量	机械名称	单位定额值		合计值	
						数量（台班）	单价（元）	数量（台班）	合价（元）
I	II	III	IV	V	VI	VII	VIII	IX	X

续表

序号	定额编号	项目名称	单位	数量	机械名称	单位定额值		合计值	
						数量（台班）	单价（元）	数量（台班）	合价（元）
Ⅰ	Ⅱ	Ⅲ	Ⅳ	Ⅴ	Ⅵ	Ⅶ	Ⅷ	Ⅸ	Ⅹ

设计负责人：　　　　审核：　　　　编制：　　　　编制日期：　　年　　月

填写说明：

① 第Ⅱ、Ⅲ、Ⅳ和Ⅴ栏分别填写所套用定额子目的编号、名称、单位，以及该子目工程量数值。

② 第Ⅵ、Ⅶ栏分别填写定额子目所涉及的机械名称及此机械台班的单位定额值。

③ 第Ⅷ栏的填写根据《通信建设工程施工机械、仪表台班费用定额》查找到的相应机械台班单价值。

④ 第Ⅸ栏填写第Ⅶ栏与第Ⅴ栏的乘积。

⑤ 第Ⅹ栏填写第Ⅷ栏与第Ⅸ栏的乘积。

（6）建筑安装工程仪器仪表使用费概预算表（表三）丙。

本表供编制本工程所列的仪表费用汇总使用，如表 8-7 所示。

表 8-7　　建筑安装工程仪器仪表使用费____算表（表三）丙

工程名称：　　　　建设单位名称：　　　　表格编号：　　　　第　页

序号	定额编号	项目名称	单位	数量	仪表名称	单位定额值		合计值	
						数量（台班）	单价（元）	数量（台班）	合价（元）
Ⅰ	Ⅱ	Ⅲ	Ⅳ	Ⅴ	Ⅵ	Ⅶ	Ⅷ	Ⅸ	Ⅹ

续表

序号	定额编号	项目名称	单位	数量	仪表名称	单位定额值		合计值	
						数量（台班）	单价（元）	数量（台班）	合价（元）
Ⅰ	Ⅱ	Ⅲ	Ⅳ	Ⅴ	Ⅵ	Ⅶ	Ⅷ	Ⅸ	Ⅹ

设计负责人：　　审核：　　编制：　　编制日期：　　年　　月

填写说明：

① 第Ⅱ、Ⅲ、Ⅳ和Ⅴ栏分别填写所套用定额子目的编号、名称、单位，以及该子目工程量数值。

② 第Ⅵ、Ⅶ栏分别填写定额子目所涉及的仪表名称及此仪表台班的单位定额值。

③ 第Ⅷ栏的填写根据《通信建设工程施工机械、仪表台班费用定额》查找到的相应仪表台班单价值。

④ 第Ⅸ栏填写第Ⅶ栏与第Ⅴ栏的乘积。

⑤ 第Ⅹ栏填写第Ⅷ栏与第Ⅸ栏的乘积。

（7）国内器材概预算表（表四）甲。

本表供编制本工程的主要材料、设备和工器具的数量和费用使用，如表 8-8 所示。

表 8-8　　国内器材____算表（表四）甲

（　　　　）表

工程名称：　　建设单位名称：　　表格编号：　　第　页

序号	名称	规格程式	单位	数量	单价（元）	合计（元）	备注
Ⅰ	Ⅱ	Ⅲ	Ⅳ	Ⅴ	Ⅵ	Ⅶ	Ⅷ

设计负责人：　　审核：　　编制：　　编制日期：　　年　　月

填写说明：

① 表格标题下面括号内根据需要填写主要材料或需要安装的设备或不需要安装的设备、工器具、仪表。

② 第Ⅱ、Ⅲ、Ⅳ、Ⅴ、Ⅵ栏分别填写主要材料或需要安装的设备或不需要安装的设备、工器具、仪表的名称、规格程式、单位、数量、单价。

③ 第Ⅶ栏填写第Ⅵ栏与第Ⅴ栏的乘积。

④ 第Ⅷ栏填写主要材料或需要安装的设备或不需要安装的设备、工器具、仪表需要说明的有关问题。

⑤ 依次填写需要安装的设备或不需要安装的设备、工器具、仪表之后，还需计取下列费用：小计、运杂费、运输保险费、采购及保管费、采购代理服务费、合计。

⑥ 用于主要材料表时，应将主要材料分类后，按第 6 点计取相关费用，然后进行总计。

（8）引进器材概预算表（表四）乙。

本表供编制引进工程的主要材料、设备和工器具的数量和费用使用，如表 8-9 所示。

表 8-9　　引进器材____算表（表四）乙

（　　　　　　）表

工程名称：　　建设单位名称：　　表格编号：　　第　页

序号	中文名称	外文名称	单位	数量	单价		合价	
					外币（　）	折合人民币（元）	外币（　）	折合人民币（元）
Ⅰ	Ⅱ	Ⅲ	Ⅳ	Ⅴ	Ⅵ	Ⅶ	Ⅷ	Ⅸ

设计负责人：　　审核：　　编制：　　编制日期：　　年　　月

填写说明：

① 表格标题下面括号内根据需要填写引进主要材料或引进需要安装的设备或引进不需要安装的设备、工器具、仪表。

② 第Ⅵ、Ⅶ、Ⅷ和Ⅸ栏分别填写外币金额及折算人民币的金额，并按引进工程的有关规定填写相应费用。其他填写方法与（表四）甲基本相同。

（9）工程建设其他费概预算表（表五）甲。

本表供编制国内工程计列的工程建设其他费使用，如表 8-10 所示。

表 8-10　　工程建设其他费____算表（表五）甲

工程名称：　　建设单位名称：　　表格编号：　　第　页

序号	费用名称	计算依据及方法	金额（元）	备　注
I	II	III	IV	V
1	建设用地及综合赔补费			
2	建设单位管理费			
3	可行性研究费			
4	研究试验费			
5	勘察设计费			
6	环境影响评价费			
7	劳动安全卫生评价费			
8	建设工程监理费			
9	安全生产费			
10	工程质量监督费			
11	工程定额测定费			
12	引进技术及引进设备其他费			
13	工程保险费			
14	工程招标代理费			
15	专利及专利技术使用费			
	总计			
16	生产准备及开办费（运营费）			

设计负责人：　　审核：　　编制：　　编制日期：　　年　　月

填写说明：

① 第III栏根据《通信建设工程费用定额》相关费用的计算规则填写。

② 第V栏根据需要填写补充说明的内容事项。

（10）引进设备工程建设其他费用概预算表（表五）乙。

本表供编制引进工程计列的工程建设其他费，如表 8-11 所示。

表 8-11　　引进设备工程建设其他费用____算表（表五）乙

工程名称：　　建设单位名称：　　表格编号：　　第　页

序号	费用名称	计算依据及方法	金额		备注
			外币（　）	折合人民币（元）	
I	II	III	IV	V	VI

续表

序号	费用名称	计算依据及方法	金额		备注
			外币（　）	折合人民币（元）	
I	II	III	IV	V	VI

设计负责人：　　　　　　审核：　　　　　　编制：　　　　　　编制日期：　　　年　　　月

填写说明：

① 第III栏根据国家及主管部门的相关规定填写。

② 第IV、V栏分别填写各项费用所需计列的外币与人民币数值。

③ 第VI栏根据需要填写补充说明的内容事项。

8.1.3　编制程序

1．收集资料，熟悉图纸

在编制概预算之前，必须熟悉图纸，详尽地掌握图纸和有关设计资料。

如编制施工图预算，需要熟悉施工组织设计和现场情况，了解施工方法、工序、操作及施工组织、进度。要掌握单位工程各部位建筑概况，诸如层数、层高、室内外标高、墙体、楼板、顶棚材质、地面厚度、墙面装饰等工程的作法，对工程的全貌和设计意图有了全面、详细的了解以后，才能正确使用定额，结合各分部分项工程项目计算相应工程量。

2．计算工程量

工程量是确定工程造价的基础数据，计算要符合有关规定。工程量往往要综合、包含多种工序的实物量。工程量的计算应以图纸及设计文件参照概预算定额计算工程量的有关规定列项、计算。工程量的计算要求认真、仔细，既不重复计算，又不漏项。计算底稿要清晰、整齐，便于复查。

3．套用定额，选用价格

将工程量计算底稿中的概预算项目、数量填入工程概预算表中，套用相应定额子目。

建设工程概预算定额有关工程量计算的规则、规定等，是正确使用定额计算定额“三量”的重要依据。因此，在编制施工图概预算计取工作量之前，必须弄清楚定额所列项目包括的内容、适用范围、计量单位及工程量的计算规则等。以便为工程项目的准确列项、计算、套用定额子目做好准备。

4. 计算各项费用

根据《通信建设工程费用定额》、《通信建设工程施工机械、仪表台班费用定额》及其有关文件，分别计算各项费用，并按照通信建设工程概预算表格填写要求填写表格。

5. 复核

对上述表格计算完毕后，为确保其准确性，应进行全面检查。

6. 编写编制说明

应经有关人员复核后，结合工程及编制情况填写编写说明。对于概预算表格中不能反映的一些事项以及编制中必须说明的问题，应用文字表达出来。

7. 审核

概预算文件编制完成后，要严格按照国家有关工程项目建设的方针、政策和规定对其中费用实事求是地进行逐项核实。审核后集中送建设单位签证、盖章，然后才能确定其合法性。

8.2 通信建设工程预算文件编制举例

8.2.1 光缆线路工程施工图预算

1. 已知条件

（1）本工程设计为××市××局基站光缆接入线路单项工程一阶段施工图设计。

（2）本工程施工地点在市区，施工企业距施工现场 20km。

（3）勘察设计费给定为 6000 元。

（4）综合赔补费给定为 3 万元。

（5）设计图纸及说明：

① 移动南山营业厅-花园岗基站光缆线路施工图如图 8-1 所示。

② 沿线敷设光缆型号为 GYTA24 芯光缆。

③ 线路敷设方式是在原有管道的基础上新建杆路，来实现将移动营业厅接入基站。

④ 光缆在移动营业厅成端在光缆终端盒内，光缆在基站成端在光纤配线架上。

⑤ 本工程新立电杆为 7.0m 水泥电杆。

⑥ 土质取定，立电杆与装拉线均按综合土考虑。

⑦ 采用夹板法安装拉线。

⑧ 电杆在每处与电力线近距离交越时，吊线均做 3m 三线保护。

⑨ 吊线的垂度增长长度可以忽略不计，吊线无接头，架空吊线程式为 7/2.2。

⑩ 吊线用三眼双槽夹板做终结。

⑪ 沿线所有人孔均有积水。

⑫ 第 6、15、20 号人孔为接续点，接续点每侧各预留 30m，其他人孔各预留 1m。

（6）光缆标志牌每人孔两块。

（7）光缆自然弯曲系数 0.5%。

（8）主材运距：光缆为 10km 以内，钢材及其他为 1500km 以内，塑料为 500km 以内，水泥及水泥构件为 500km 以内。

（9）本工程立项总投资 10 万元。

（10）本工程不计列可行性研究费、研究试验费、环境影响评价费、劳动安全卫生评价费、引进技术及引进设备其他费、工程保险费、工程招标代理费、专利及专利技术使用费、生产准备及开办费。

（11）本工程主材单价见表 8-12。

表 8-12　　　　　　　　主材单价表

序号	主材名称	规格程式	单位	单价（元）
1	光缆	GYTA-24	m	3.65
2	硅酸盐水泥	C32.5	kg	0.3
3	普通水泥杆	Φ15cm × 7m	根	265
4	水泥拉线盘	LP 500mm × 300mm × 150mm	套	40
5	镀锌钢绞线	7/2.6	kg	5.8
6	镀锌钢绞线	7/2.2	kg	5.8
7	镀锌铁线	Φ1.5mm	kg	6.3
8	镀锌铁线	Φ3.0mm	kg	5.8
9	镀锌铁线	Φ4.0mm	kg	5.8
10	拉线抱箍	D164 50mm × 8mm	套	16.5
11	拉线抱箍	D134 50mm × 5mm	套	11.9
12	地锚铁柄		套	15
13	拉线衬环	5 股（槽宽 21）	个	1.09
14	拉线衬环	7 股（槽宽 22）	个	1.7
15	镀锌穿钉	M12mm × 50mm	副	0.65
16	镀锌穿钉	M12mm × 100mm	副	1.1
17	电缆挂钩	25mm	只	0.2
18	三眼双槽夹板	7.0mm	副	10.5
19	三眼单槽夹板	7.0mm	副	7.8
20	保护软管		m	1.5
21	光缆托板		块	8
22	管材	直	根	22
23	管材	弯	根	22
24	光缆接续器材		套	156
25	光缆成端接头材料		套	156
26	吊线箍		套	32
27	光缆标注牌		块	5
28	硬塑料保护管	V 型（钢绞线上用）	m	15
29	双壁波纹 PVC 塑料管	Φ28mm × 3mm	m	3.8
30	托板塑料垫		块	0.77
31	塑料胶带	PVC 1.5mm × 44mm	盘	2.8
32	聚乙烯塑料管		m	6
33	光缆终端盒		个	50

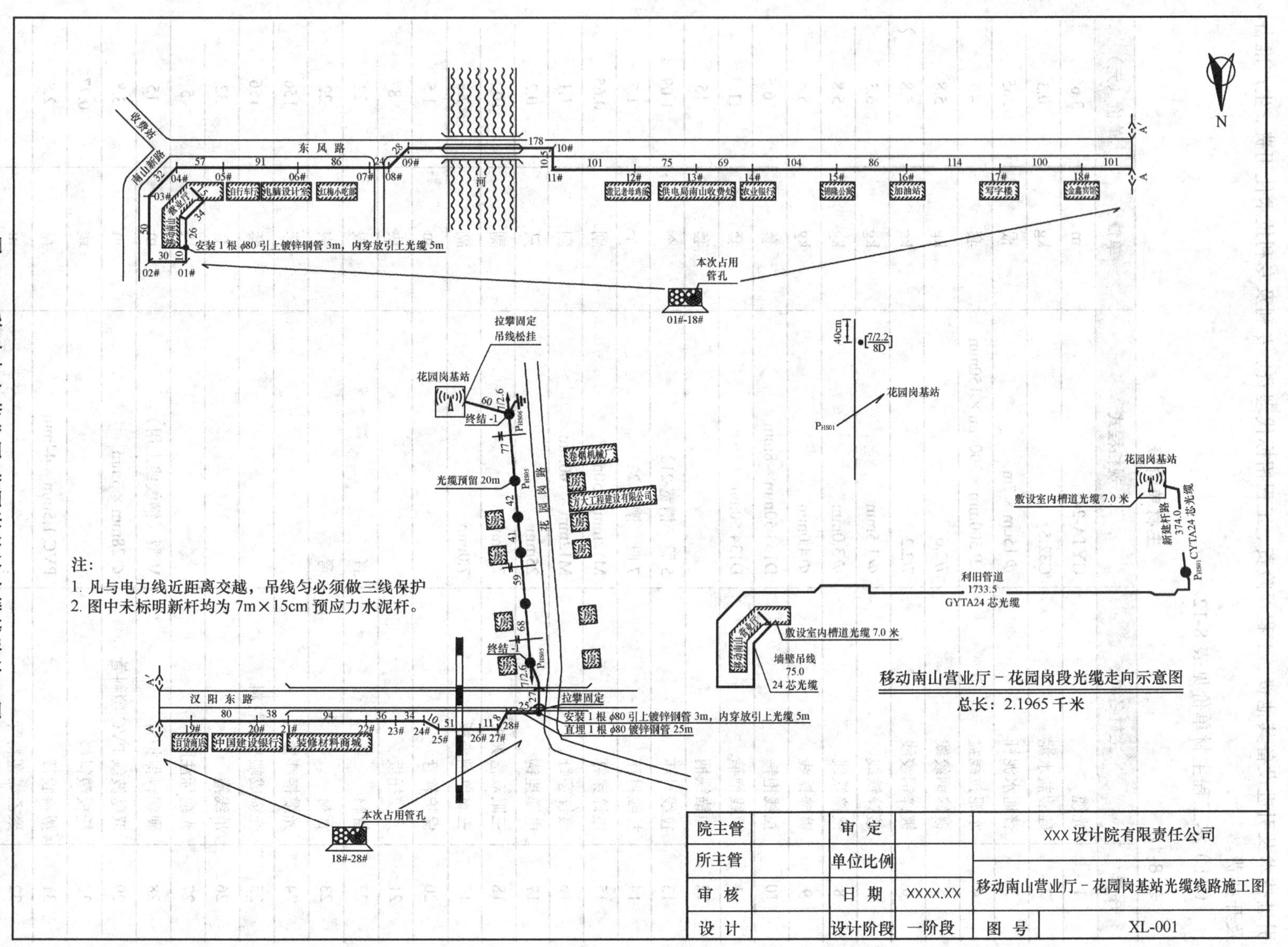

图 8-1　移动南山营业厅-花园岗基站光缆线路施工图

2. 工程量统计

（1）架空光（电）缆工程施工测量（单位：100m）。

数量=路由丈量长度 = (27 + 68 + 59 + 41 + 42 + 77 + 60)÷ 100 = 3.74（100m）

（2）管道光（电）缆工程施工测量（单位：100m）。

数量 = 路由丈量长度 = (10 + 30 + 50 + 32 + 57 + 91 + 86 + 24 + 28 + 178 + 10.5 + 101 + 75 + 69 + 104 + 86 + 114 + 100 + 101 + 80 + 38 + 94 + 36 + 34 + 10 + 51 + 11 + 8 + 25) ÷ 100 = 17.335（100m）

（3）立 9m 以下水泥杆 综合土（单位：根）。

数量 = 6（根）

（4）夹板法装 7/2.6 单股拉线 综合土（单位：条）。

数量 = 2（条）

（5）安装吊线保护装置（单位：m）。

数量 = 3 + 3 + 3 = 9（m）

（6）架设架空光缆 丘陵、城区、水田 36 芯以下（单位：1000m 条）。

数量 = 架空杆路路由丈量长度 × (1 + 0.5%) + 设计预留 = 374 × (1 + 0.5%) + 20 = 395.87 = 0.396（1000m 条）

（7）水泥杆架设 7/2.2 吊线 城区（单位：1000m 条）。

数量 = 路由丈量长度 = (27 + 68 + 59 + 41 + 42 + 77 + 60) ÷ 1000 = 0.374（1000m 条）

（8）布放光（电）缆人孔抽水 积水（单位：个）。

数量 = 28（个）

（9）敷设管道光缆 36 芯以下（单位：1000m 条）。

数量 = 管道光缆丈量长度× (1 + 0.5%) + 设计预留 = 1733.5 × (1 + 0.5%) + 30 × 2 × 3 + 25 = 1947.1675 = 1.974（1000m 条）

（10）安装引上钢管 杆上（单位：根）。

数量 = 2（根）

（11）穿放引上光缆（单位：条）。

数量 = 2（条）

（12）布放槽道光缆（单位：100m 条）。

数量 = 0.14（100m 条）

（13）光缆接续 24 芯以下（单位：头）。

数量 = 3（头）

（14）光缆成端接头（单位：芯）。

数量 = 48（芯）

（15）用户光缆测试 24 芯以下（单位：段）。

数量 = 1（段）

（16）安装光缆终端盒（单位：个）。

数量 = 1（个）

将上述工程量汇总，见表 8-13。

3. 主要材料用量

主要材料用量统计表见表 8-14。

表 8-13　工程量汇总表

序　号	工程量名称	单　位	数　量
1	架空光（电）缆工程施工测量	100m	3.74
2	管道光（电）缆工程施工测量	100m	17.335
3	立 9m 以下水泥杆 综合土	根	6
4	夹板法装 7/2.6 单股拉线 综合土	条	2
5	安装吊线保护装置	m	9
6	架设架空光缆 丘陵、城区、水田 36 芯以下	1000m 条	0.396
7	水泥杆架设 7/2.2 吊线 城区	1000m 条	0.374
8	布放光（电）缆人孔抽水 积水	个	28
9	敷设管道光缆 36 芯以下	1000m 条	1.974
10	安装引上钢管 杆上	根	2
11	穿放引上光缆	条	2
12	布放槽道光缆	100m 条	0.14
13	光缆接续 24 芯以下	头	3
14	光缆成端接头	芯	48
15	用户光缆测试 24 芯以下	段	1
16	安装光缆终端盒	个	1

表 8-14　主要材料用量统计表

序号	项目名称	定额编号	工程量	主材名称	规格型号	单位	主材使用量
1	立 9m 以下水泥杆综合土	TXL3-001	6（根）	水泥电杆	Φ15cm × 7m	根	1.003 × 6 = 6.018
				水泥	C32.5	kg	0.2 × 6 = 1.2
2	夹板法装 7/2.6 单股拉线综合土	TXL3-054	2（条）	镀锌钢绞线	7/2.6	kg	3.8 × 2 = 7.6
				镀锌铁线	Φ1.5mm	kg	0.04 × 2 = 0.08
				镀锌铁线	Φ3.0mm	kg	0.55 × 2 = 1.1
				镀锌铁线	Φ4.0mm	kg	0.22 × 2 = 0.44
				地锚铁柄		套	1.003 × 2 = 2.006
				水泥拉线盘	LP 500mm × 300mm × 150mm	套	1.003 × 2 = 2.006
				三眼双槽夹板	7.0mm	块	2.02 × 2 = 4.04
				拉线衬环	5 股（槽宽 21）	个	2.02 × 2 = 4.04
				拉线抱箍	D164 50mm × 8mm	套	1.01 × 2 = 2.02
3	安装吊线保护装置	TXL3-150	9（m）	保护管	V 型（钢绞线上用）	m	1 × 9 = 9
4	水泥杆架设 7/2.2 吊线城区	TXL3-166	0.374（1000m 条）	镀锌钢绞线	7/2.2	kg	221.27 × 0.374 = 82.75498
				吊线箍		套	25.25 × 0.374 = 9.4435
				镀锌穿钉	M12 × 50mm	副	28.28 × 0.374 = 10.57672
				镀锌穿钉	M12 × 100mm	副	1.01 × 0.374 = 0.37774

续表

序号	项目名称	定额编号	工程量	主材名称	规格型号	单位	主材使用量
4	水泥杆架设 7/2.2 吊线城区	TXL3-166	0.374（1000m 条）	三眼单槽夹板	7.0mm	kg	28.28 × 0.374 = 10.57672
				镀锌铁线	Φ1.5mm	kg	0.1 × 0.374 = 0.0374
				镀锌铁线	Φ3.0mm	kg	1 × 0.374 = 0.374
				镀锌铁线	Φ4.0mm	kg	2 × 0.374 = 0.748
				拉线衬环	7 股（槽宽 22）	个	8.08 × 0.374 = 3.02192
				拉线抱箍	D134 50 × 5mm	套	4.04 × 0.374 = 1.51096
				三眼双槽夹板	7.0mm	块	11.11 × 0.374 = 4.15514
5	架设架空光缆丘陵、城区、水田 36 芯以下	TXL3-181	0.396（1000m 条）	架空光缆	GYTA-24	m	1007 × 0.396 = 398.772
				电缆挂钩	25mm	只	2060 × 0.396 = 815.76
				保护软管		m	25 × 0.396 = 9.9
				镀锌铁线	Φ1.5mm	kg	1.02 × 0.396 = 0.40392
6	敷设管道光缆 36 芯以下	TXL4-010	1.974（1000m 条）	双壁波纹 PVC 塑料管	Φ28 × 3mm	m	26.70 × 1.974 = 52.7058
				塑料胶带	PVC 1.5X44	盘	52 × 1.974 = 102.648
				镀锌铁线	Φ1.5mm	kg	3.05 × 1.974 = 6.0207
				镀锌铁线	Φ4.0mm	kg	20.30 × 1.974 = 40.0722
				光缆	GYTA-24	m	1015 × 1.974 = 2003.61
				光缆托板		块	48.5 × 1.974 = 95.739
				托板塑料垫		块	48.5 × 1.974 = 95.739
7	安装引上钢管杆上	TXL4-041	2（根）	管材	直	根	1 × 2 = 2
				管材	弯	根	1 × 2 = 2
				镀锌铁线	Φ4.0mm	kg	1.2 × 2 = 2.4
8	穿放引上光缆	TXL4-046	2（条）	引上光缆	GYTA-24	m	5 × 2 = 10（按图纸）
				镀锌铁线	Φ1.5mm	kg	0.1 × 2 = 0.2
				聚乙烯塑料管		m	3 × 2 = 6（按图纸）
9	布放槽道光缆	TXL4-061	0.14（100m 条）	槽道光缆	GYTA-24	m	102 × 0.14 = 14.28
10	光缆接续 24 芯以下	TXL5-002	3（头）	光缆接续器材		套	1.01 × 3 = 3.03
11	光缆成端接头	TXL5-015	48（芯）	光缆成端接头材料		套	1.01 × 48 = 48.48
12	安装光缆终端盒	TXL6-039	1（个）	光缆终端盒		只	1 × 1 = 1

4. 施工图预算编制

1）预算编制说明

（1）工程概况。本工程为××市××移动分公司移动南山营业厅-花园岗基站光缆接入线路单项工程一阶段施工图设计，本工程在利用原有管道的基础上新建杆路实现移动营业厅接入基站。工程总共敷设架空光缆 0.396km 条，敷设管道光缆 1.974km 条，新立 6 根 7m 高水泥电杆。工程预算总价值为 94166 元，其中建安费 51002 元，工程建设其他费 39542 元，预备费 3622 元。

工程总工日 257.35，其中技工工日为 114.88，普工工日为 142.47。

（2）预算编制依据。

① 施工图设计图纸及说明。

② 工信部规［2008］75 号文件：《关于发布〈通信建设工程概算、预算编制办法〉及相关定额的通知》。

③ 工信部规［2008］75 号文件：《通信建设工程预算定额》（第四册通信线路工程）。

④ 工信部规［2008］75 号文件：《通信建设工程费用定额》。

⑤ 工信部规［2008］75 号文件：《通信建设工程施工机械、仪器仪表台班定额》。

⑥ 原邮电部（1992）403 号文：《关于发布〈通信行业工程勘察、设计收费工日定额〉的通知》，及附件《通信行业工程勘察、设计收费工日定额》。

⑦ 建设单位与厂家签订的合同。

（3）有关费用及费率的取定。

① 技工单价：48 元/工日；普工单价：19 元/工日。

② 主材运杂费费率取定：光缆按运距 10km 以内取定为 1.0%，塑料按运距 500km 以内取定为 6.5%，钢材及其他按运距 1500km 以内取定为 9.0%。

③ 主材不计采购代理服务费。

④ 其他费用及费率的取定见表 8-15。

表 8-15　　预算有关费用及费率取定表

序号	费用名称	费用取定方法	备　注
1	工程干扰费	技工费 × 6%	施工地区为城区
2	临时设施费	人工费 × 5%	施工现场与企业距离在 35km 内
3	夜间施工增加费	人工费 × 3%	施工地区为城区
4	建设单位管理费	工程立项总投资（总概算）× 1.5%	工程总投资在 1000 万元以下
5	建设工程监理费	建设工程监理费标准值 × 建设工程监理费折扣系数	国家发改委、建设部［2007］670 号文件
6	工程定额测定费	建筑安装工程费 × 0.14%	
7	建设用地及综合赔补费		已知
8	勘察设计费		已知
9	施工队伍调遣费	不计取	施工现场与企业距离在 35km 以内
10	工程质量监督费	工程费 × 0.15% × 0.7	国家发改委、建设部［2001］585 号文件
11	预备费	（工程费+工程建设其他费）× 4%	通信线路工程

⑤ 其他需要说明的问题（略）。

2）预算表格

（1）工程预算表（表一）见表 8-16，表格编号：XL-B1。

（2）建筑安装工程费用概预算表（表二）见表 8-17，表格编号：XL-B2。

（3）建筑安装工程量预算表（表三）甲见表 8-18，表格编号：XL-B3。

（4）建筑安装工程机械使用费预算表（表三）乙见表 8-19，表格编号：XL-B3A。

（5）建筑安装工程仪表使用费预算表（表三）丙见表 8-20，表格编号：XL-B3B。

（6）国内器材预算表（表四）甲（主要材料）见表 8-21，表格编号：XL-B4A-M。

（7）工程建设其他费预算表（表五）甲见表 8-22，表格编号：XL-B5A。

表 8-16

工程预算表（表一）

单项工程名称：移动南山营业厅-花园岗基站光缆接入线路工程　　建设单位名称：××市移动分公司　　表格编号：XL-B1　　第全页

序号	表格编号	费用名称	小心建筑工程费	需要安装的设备费	不需安装的设备、工器具费	建筑安装工程费	其他费用	预备费	总价值	
			（元）						人民币（元）	其中外币（元）
I	II	III	IV	V	VI	VII	VIII	IX	X	XI
1	XL-B2	建筑安装工程费				51002			51002	
2		引进工程设备费								
3		国内设备费								
4		工具、仪器、仪表费								
5		小计（工程费）				51002			51002	
6	XL-B5A	工程建设其他费					39542		39542	
7		引进工程其他费								
8		合计				51002	39542		90544	
9		预备费						3622	3622	
10										
11										
12										
13		总计				51002	39542	3622	94166	
14		生产准备及开办费								
15										
16										

设计负责人：×××　　审核：×××　　编制：×××　　编制日期：××××年×月

表 8-17　　建筑安装工程费用概预算表（表二）

单项工程名称：移动南山营业厅-花园岗基站光缆接入线路工程　　建设单位名称：××市移动分公司　　表格编号：XL-B2　　第全页

代号	费用名称	依据和计算方法	合价（元）	代号	费用名称	依据和计算方法	合价（元）
I	II	III	VI	VII	VIII	IX	XII
	建筑安装工程费		51001.78	12	特殊地区施工增加费	（技工总计+普工总计）×0	
一	直接费		41756.71	13	已完工程及设备保护费		
（一）	直接工程费		38450.64	14	运土费		
1	人工费		8220.92	15	施工队伍调遣费	0×5×2	
（1）	技工费	技工总计×技工单价	5514.08	16	大型施工机械调遣费	单程运价×调遣距离×总吨位×2	223.2
（2）	普工费	普工总计×普工单价	2706.84	二	间接费		5096.98
2	材料费		24682.28	（一）	规费		2630.7
（1）	主要材料费		24608.45	1	工程排污费		
（2）	辅助材料费	主要材料费×0.3%	73.83	2	社会保障费	人工费×26.81%	2204.03
3	机械使用费		1989.12	3	住房公积金	人工费×4.19%	344.46
4	仪表使用费		3558.32	4	危险作业意外伤害保险费	人工费×1%	82.21
（二）	措施费		3306.07	（二）	企业管理费	人工费×30%	2466.28
1	环境保护费	人工费×1.5%	123.31	三	利润	人工费×30%	2466.28
2	文明施工费	人工费×1%	82.21	四	税金	（直接费+间接费+利润）×3.41%	1681.81
3	工地器材搬运费	人工费×5%	411.05				
4	工程干扰费	人工费×6%	493.26				
5	工程点交、场地清理费	人工费×5%	411.05				
6	临时设施费	人工费×5%	411.05				
7	工程车辆使用费	人工费×6%	493.26				
8	夜间施工增加费	人工费×3%	246.63				
9	冬雨季施工增加费	人工费×2%	164.42				
10	生产工具用具使用费	人工费×3%	246.63				
11	施工用水电蒸气费						

设计负责人：×××　　审核：×××　　编制：×××　　编制日期：××××年×月

表 8-18

建筑安装工程量预算表（表三）甲

单项工程名称：移动南山营业厅-花园岗基站光缆接入线路工程　　建设单位名称：××市移动分公司　　表格编号：XL-B3　　第全页

序号	定额编号	工程及项目名称	单位	数量	单位定额值（工日）		合计值（工日）	
					技工	普工	技工	普工
I	II	III	IV	V	VI	VII	VIII	IX
1	TXL1-002	架空光（电）缆工程施工测量	百米	3.74	0.6	0.2	2.24	0.75
2	TXL1-003	管道光（电）缆工程施工测量	百米	17.335	0.5		8.67	
3	TXL3-001	立 9 米以下水泥杆 综合土	根	6	0.61	0.61	4.76	4.76
4	TXL3-054	夹板法装 7/2.6 单股拉线 综合土	条	2	0.84	0.6	1.68	1.2
5	TXL3-150	安装吊线保护装置	米	9	0.05	0.05	0.45	0.45
6	TXL3-181	架设架空光缆 丘陵、城区、水田 36 芯以下	千米条	0.396	16.55	12.79	11.80	9.12
7	TXL3-166	水泥杆架设 7/2.2 吊线 城区	千米条	0.374	8	8.5	2.99	3.18
8	TXL4-006	布放光（电）缆人孔抽水 积水	个	28		1		28
9	TXL4-010	敷设管道光缆 36 芯以下	千米条	1.974	13.66	26.16	48.54	92.95
10	TXL4-041	安装引上钢管 杆上	根	2	0.25	0.25	0.5	0.5
11	TXL4-046	穿放引上光缆	条	2	0.6	0.6	1.2	1.2
12	TXL4-061	布放槽道光缆	百米条	0.14	0.84	0.84	0.21	0.21
13	TXL5-002	光缆接续 24 芯以下	头	3	4.98		14.94	
14	TXL5-015	光缆成端接头	芯	48	0.25		12	
15	TXL5-097	用户光缆测试 24 芯以下	段	1	4.3		4.3	
16	TXL6-039	安装光缆终端盒	个	1	0.6	0.15	0.6	0.15
		默认页合计					114.88	142.47

设计负责人：×××　　审核：×××　　编制：×××　　编制日期：××××年×月

表 8-19

建筑安装工程机械使用费预算表（表三）乙

单项工程名称：移动南山营业厅-花园岗基站光缆接入线路工程　　建设单位名称：××市移动分公司　　表格编号：XL-B3A　　第全页

序号	定额编号	工程及项目名称	单位	数量	机械名称	单位定额值		合价值	
						数量台班	单价（元）	数量台班	合价（元）
Ⅰ	Ⅱ	Ⅲ	Ⅳ	Ⅴ	Ⅵ	Ⅶ	Ⅷ	Ⅸ	Ⅹ
1	TXL3-001	立 9 米以下水泥杆 综合土	根	6	汽车式起重机	0.04	400	0.24	96
2	TXL4-006	布放光（电）缆人孔抽水 积水	个	28	抽水机	0.2	57	5.6	319.2
3	TXL5-015	光缆成端接头	芯	48	光纤熔接机	0.03	168	1.44	241.92
4	TXL5-002	光缆接续 24 芯以下	头	3	光纤熔接机	0.8	168	2.4	403.2
5	TXL5-002	光缆接续 24 芯以下	头	3	汽油发电机	0.4	290	1.2	348
6	TXL5-002	光缆接续 24 芯以下	头	3	光缆接续车	0.8	242	2.4	580.8
		默认页合计							1989.12

设计负责人：×××　　审核：×××　　编制：×××　　编制日期：××××年×月

表 8-20　　建筑安装工程仪表使用费预算表（表三）丙

单项工程名称：移动南山营业厅-花园岗基站光缆接入线路工程　　建设单位名称：××市移动分公司　　表格编号：XL-B3B　　第全页

序号	定额编号	工程及项目名称	单位	数量	仪表名称	单位定额值		合价值	
						数量台班	单价（元）	数量台班	合价（元）
I	II	III	IV	V	VI	VII	VIII	IX	X
1	TXL1-002	架空光（电）缆工程施工测量	百米	3.74	地下管线探测仪	0.05	173	0.187	32.35
2	TXL3-181	架设架空光缆 丘陵、城区、水田	千米条	0.396	光时域反射仪	0.15	306	0.0594	18.18
		36 芯以下							
3	TXL3-181	架设架空光缆 丘陵、城区、水田	千米条	0.396	偏振模色散测试仪	0.15	626	0.0594	37.18
		36 芯以下							
4	TXL4-010	敷设管道光缆 36 芯以下	千米条	1.974	光时域反射仪	0.15	306	0.2961	90.61
5	TXL4-010	敷设管道光缆 36 芯以下	千米条	1.974	偏振模色散测试仪	0.15	626	0.2961	185.36
6	TXL5-015	光缆成端接头	芯	48	光时域反射仪	0.09	306	4.32	1321.92
7	TXL5-097	用户光缆测试 24 芯以下	段	1	光时域反射仪	2.52	306	2.52	771.12
8	TXL5-002	光缆接续 24 芯以下	头	3	光时域反射仪	1.2	306	3.6	1101.6
		默认页合计							3558.32

设计负责人：×××　　审核：×××　　编制：×××　　编制日期：××××年×月

表 8-21

国内器材预算表（表四）甲

（国内主要材料表）

单项工程名称：移动南山营业厅-花园岗基站光缆接入线路工程　　建设单位名称：××市移动分公司　　表格编号：XL-B4A-M　　第 1 页

序号	名　称	规格程式	单　位	数　量	单价（元）	合价（元）	备　注
I	II	III	IV	V	VI	VII	VIII
1	硅酸盐水泥	C32.5	公斤	1.2	0.3	0.36	
2	普通水泥杆	Φ150 × 8.5m	根	6.06	265	1605.9	
3	水泥拉线盘	LP 500 × 300 × 150mm	套	2.02	40	80.8	
4	小计					1687.06	
5	镀锌钢绞线	7/2.6	公斤	7.6	5.8	44.08	
6	镀锌铁线	Φ1.5mm	公斤	6.74	6.3	42.47	
7	镀锌铁线	Φ3.0mm	公斤	1.47	5.8	8.55	
8	镀锌铁线	Φ4.0mm	公斤	43.66	5.8	253.23	
9	拉线抱箍	D164 50 × 8mm	套	2.02	16.5	33.33	
10	拉线衬环	5 股（槽宽 21）	个	4.04	1.09	4.40	
11	三眼双槽夹板	7.0mm	副	8.20	10.5	86.05	
12	镀锌有头穿钉	M12 × 50mm	副	10.58	0.65	6.87	
13	镀锌有头穿钉	M12 × 100mm	副	0.38	1.1	0.42	
14	镀锌钢绞线	7/2.2	公斤	82.75	5.8	479.98	
15	拉线抱箍	D134 50 × 5mm	套	1.51	11.9	17.98	
16	拉线衬环	7 股（槽宽 22）	个	3.02	1.7	5.14	
17	三眼单槽夹板	7.0mm	副	10.58	7.8	82.50	
18	电缆挂钩	25mm	只	815.76	0.2	163.15	
19	光缆托板		块	95.74	8	765.91	
20	光缆标志牌		块	56	5	280	
21	地锚铁柄		套	2.02	15	30.3	
22	保护软管		米	10.08	1.5	15.11	
23	管材	直	根	2.02	22	44.44	
24	管材	弯	根	2.02	22	44.44	
25	光缆接续器材		套	3.03	156	472.68	

设计负责人：×××　　审核：×××　　编制：×××　　编制日期：××××年×月

续表

单项工程名称：移动南山营业厅-花园岗基站光缆接入线路工程　　建设单位名称：××市移动分公司　　表格编号：XL-B4A-M　　第 2 页

序号	名　称	规格程式	单　位	数　量	单价（元）	合价（元）	备　注
I	II	III	IV	V	VI	VII	VIII
26	光缆成端接头材料		套	48.48	156	7562.88	
27	吊线箍		套	9.44	32	302.19	
28	小计					10746.11	
29	硬塑料保护管	V 型（钢绞线上用）	米	9	15	135	
30	双壁波纹 PVC 塑料管	Φ28×3mm	米	52.71	3.8	200.28	
31	托板塑料垫		块	95.74	0.77	73.72	
32	塑料胶带	PVC 1.5X44	盘	102.65	2.8	287.41	
33	聚乙烯塑料管		米	6	6	36	
34	光缆终端盒		个	1	50	50	
35	小计					782.42	
36	光缆	GYTA-24	米	2426.66	3.65	8857.32	
37	小计					8857.32	
38	运杂费（钢材及其他）					967.15	
39	运杂费（塑料及其制品）					50.86	
40	运杂费（水泥及其制品）					455.51	
41	运杂费（光缆）					797.16	
42	采购及保管费					242.8	
43	运输保险费					22.08	
	默认页合计					24608.45	

设计负责人：×××　　审核：×××　　编制：×××　　编制日期：××××年×月

表 8-22

工程建设其他费预算表（表五）甲

单项工程名称：移动南山营业厅-花园岗基站光缆接入线路工程　　建设单位名称：××市移动分公司　　表格编号：XL-B5A　　第全页

序号	费用名称	计算依据和计算方法	金额（元）	备　注
I	II	III	IV	V
1	建设用地及综合赔补费		30000	（已知）
2	建设单位管理费	财建［2002］394 号规定	1500	
3	可行性研究费			
4	研究试验费			
5	勘察设计费		6000	（已知）
6	勘察费			
7	设计费			
8	环境影响评价费			
9	劳动安全卫生评价费			
10	建设工程监理费	发改价格［2007］670 号规定	1407.16	
11	安全生产费	建筑安装工程费×1%	510.02	
12	工程质量监督费	工程费×0.15%×0.7	53.55	
13	工程定额测定费	建筑安装工程费×0.14%	71.4	
14	引进技术及引进设备其他费			
15	工程保险费			
16	工程招标代理费	计价格［2002］1980 号规定		
17	专利及专利技术使用费			
18	生产准备及开办费	0×0		在运营费中列支
19	其他费用			
	总计		39542.13	

设计负责人：×××　　审核：×××　　编制：×××　　编制日期：××××年×月

8.2.2　通信电源设备安装工程施工图预算

1. 已知条件

（1）本工程设计是××站配套电源设备安装工程施工图设计。

（2）本工程类别为四类工程，由三级施工企业施工，施工企业距施工所在地 40km。

（3）勘察设计费根据与建设单位签订合同定为 4000 元。

（4）设计图纸及说明。

① 本工程设计图纸如图 8-2、图 8-3、图 8-4、图 8-5 和图 8-6 所示。

② 本工程安装开关电源 1 架，配置高频开关整流模块 3 块；安装阀控密封铅酸蓄电池组两组，安装方式为双层立式，同侧出线，安装后需要对蓄电池容量进行试验。工程具体设备配置情况见表 8-23。

表 8-23　　工程设备配置表

序号	名　称	单位	数量	型　号	单价（元）
1	开关电源机架	架	1	杭州中恒 IPS80200	5700
2	整流模块	块	3	杭州中恒 NPR48	3700
3	阀控密封铅酸蓄电池（含安装铁架，一端出线）	组	2	双登-48V/300AH	9288
4	交流配电箱（特制，含油机接口，不含电表）	台	1	W650 × D250 × H400	4845
5	防雷器（最大通流量 40kA）	个	1		1550

③ 电缆线计划表见表 8-24。

表 8-24　　电缆线计划表

序号	电缆用途	规格	条数	m/条
1	交流引入电缆至电表箱	RVVZ-4 × 25mm^2	1	50
2	开关电源交流引入电缆	RVVZ-4 × 25mm^2	1	10
3	电池出线	RVVZ-70mm^2	4	12
4	总配线架告警直流电缆	RVVZ-2 × 2.5mm^2	1	12
5	开关电源工作地线	RVVZ-95mm^2	1	6
6	开关电源保护地线	RVVZ-16mm^2	1	6
7	交流配电箱保护地线	RVVZ-16mm^2	1	12
8	总配线架保护地线	RVVZ-50mm^2	1	12
9	电缆走线架保护地线	RVVZ-16mm^2	1	10
10	电池铁架地气引入电缆	RVVZ-16mm^2	1	10
11	新做接地地气引入电缆	RVVZ-95mm^2	1	5

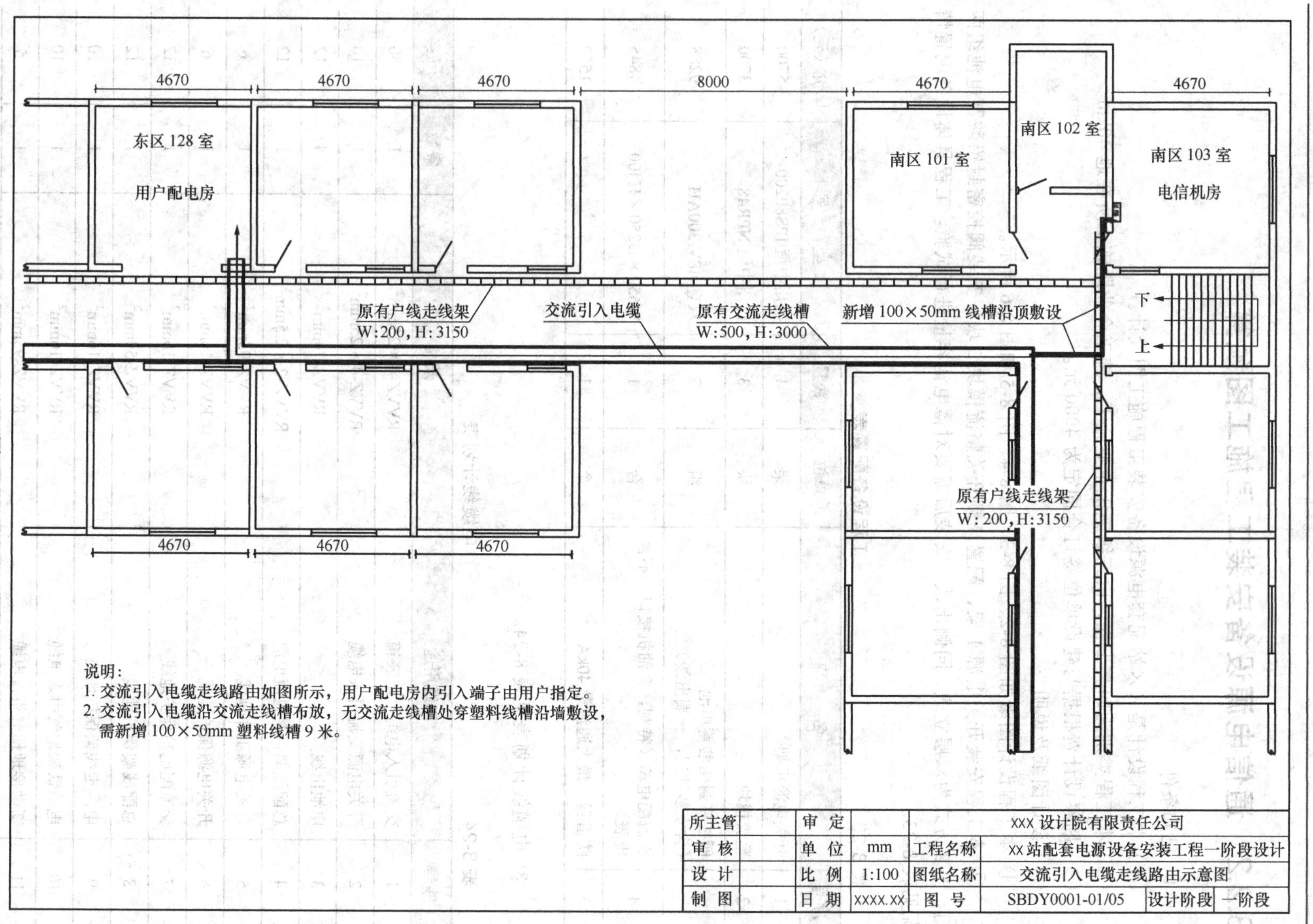

4670
4670
4670
8000
4670
4670
东区 128 室
用户配电房
南区 102 室
南区 101 室
南区 103 室
电信机房
下
上
原有户线走线架
W:200，H:3150
交流引入电缆
原有交流走线槽
W:500，H:3000
新增 100×50mm 线槽沿顶敷设
原有户线走线架
W:200，H:3150
4670
4670
4670
说明：
1. 交流引入电缆走线路由如图所示，用户配电房内引入端子由用户指定。
2. 交流引入电缆沿交流走线槽布放，无交流走线槽处穿塑料线槽沿墙敷设，需新增 100×50mm 塑料线槽 9 米。
所主管
审定
xxx 设计院有限责任公司
审核
单位
mm
工程名称
xx 站配套电源设备安装工程一阶段设计
设计
比例
1:100
图纸名称
交流引入电缆走线路由示意图
制图
日期
xxxx.xx
图号
SBDY0001-01/05
设计阶段
一阶段

图 8-2

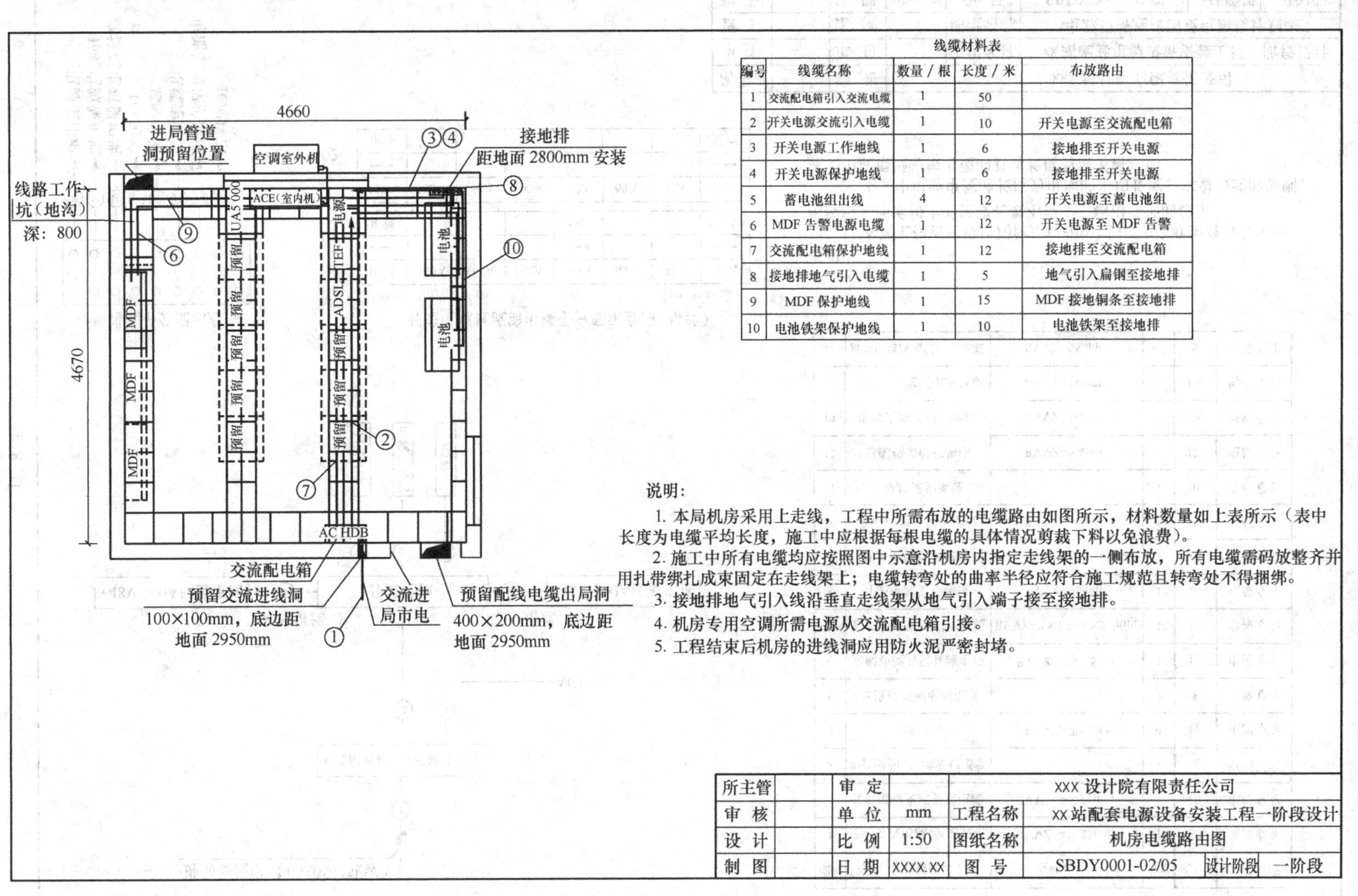

线缆材料表

编号	线缆名称	数量 / 根	长度 / 米	布放路由
1	交流配电箱引入交流电缆	1	50	
2	开关电源交流引入电缆	1	10	开关电源至交流配电箱
3	开关电源工作地线	1	6	接地排至开关电源
4	开关电源保护地线	1	6	接地排至开关电源
5	蓄电池组出线	4	12	开关电源至蓄电池组
6	MDF 告警电源电缆	1	12	开关电源至 MDF 告警
7	交流配电箱保护地线	1	12	接地排至交流配电箱
8	接地排地气引入电缆	1	5	地气引入扁钢至接地排
9	MDF 保护地线	1	15	MDF 接地铜条至接地排
10	电池铁架保护地线	1	10	电池铁架至接地排

说明：

1. 本局机房采用上走线，工程中所需布放的电缆路由如图所示，材料数量如上表所示（表中长度为电缆平均长度，施工中应根据每根电缆的具体情况剪裁下料以免浪费）。
2. 施工中所有电缆均应按照图中示意沿机房内指定走线架的一侧布放，所有电缆需码放整齐并用扎带绑扎成束固定在走线架上；电缆转弯处的曲率半径应符合施工规范且转弯处不得捆绑。
3. 接地排地气引入线沿垂直走线架从地气引入端子接至接地排。
4. 机房专用空调所需电源从交流配电箱引接。
5. 工程结束后机房的进线洞应用防火泥严密封堵。

图 8-3

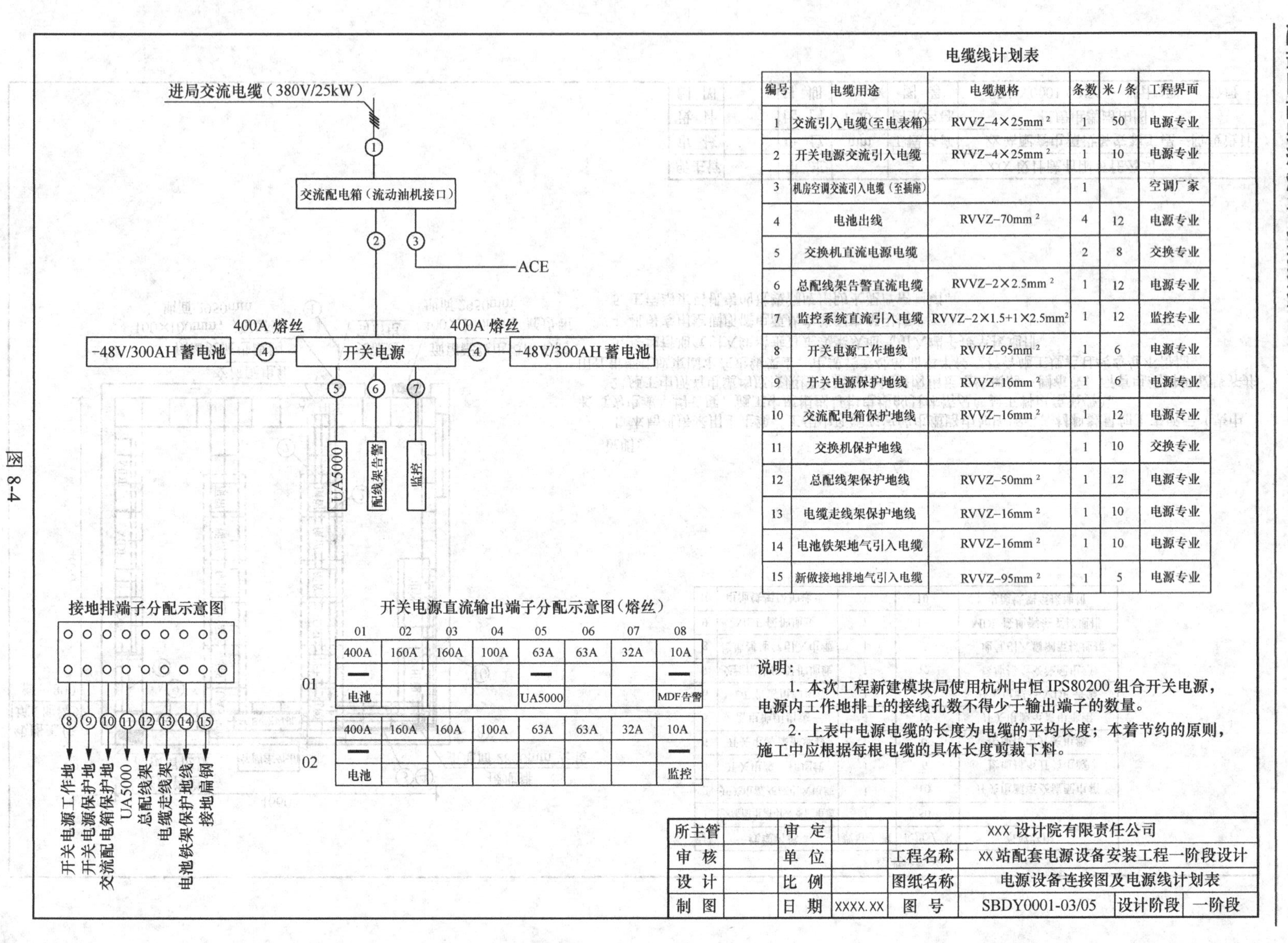

	01	02	03	04	05	06	07	08
01	400A	160A	160A	100A	63A	63A	32A	10A
	—				—			—
	电池				UA5000			MDF告警
02	400A	160A	160A	100A	63A	63A	32A	10A
	—							—
	电池							监控

电缆线计划表

编号	电缆用途	电缆规格	条数	米/条	工程界面
1	交流引入电缆(至电表箱)	RVVZ-4×25mm²	1	50	电源专业
2	开关电源交流引入电缆	RVVZ-4×25mm²	1	10	电源专业
3	机房空调交流引入电缆（至插座）		1		空调厂家
4	电池出线	RVVZ-70mm²	4	12	电源专业
5	交换机直流电源电缆		2	8	交换专业
6	总配线架告警直流电缆	RVVZ-2×2.5mm²	1	12	电源专业
7	监控系统直流引入电缆	RVVZ-2×1.5+1×2.5mm²	1	12	监控专业
8	开关电源工作地线	RVVZ-95mm²	1	6	电源专业
9	开关电源保护地线	RVVZ-16mm²	1	6	电源专业
10	交流配电箱保护地线	RVVZ-16mm²	1	12	电源专业
11	交换机保护地线		1	10	交换专业
12	总配线架保护地线	RVVZ-50mm²	1	12	电源专业
13	电缆走线架保护地线	RVVZ-16mm²	1	10	电源专业
14	电池铁架地气引入电缆	RVVZ-16mm²	1	10	电源专业
15	新做接地排地气引入电缆	RVVZ-95mm²	1	5	电源专业

说明：

1. 本次工程新建模块局使用杭州中恒IPS80200组合开关电源，电源内工作地排上的接线孔数不得少于输出端子的数量。

2. 上表中电源电缆的长度为电缆的平均长度；本着节约的原则，施工中应根据每根电缆的具体长度剪裁下料。

所主管		审 定		XXX设计院有限责任公司			
审 核		单 位		工程名称	XX站配套电源设备安装工程一阶段设计		
设 计		比 例		图纸名称	电源设备连接图及电源线计划表		
制 图		日 期	XXXX.XX	图 号	SBDY0001-03/05	设计阶段	一阶段

图 8-4

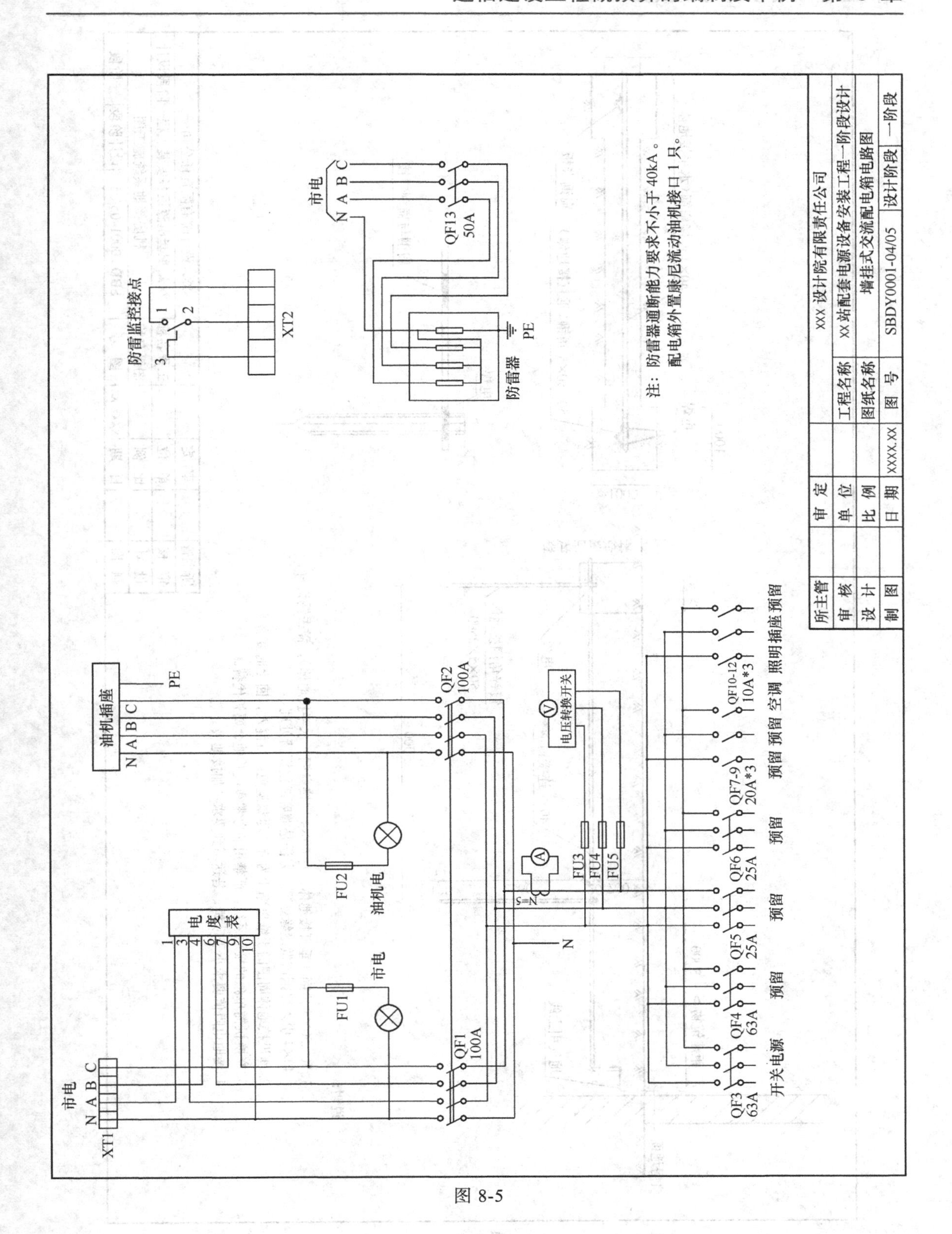
市电
N A B C
XT1
电度表
1
3
4
6
7
9
10
FU1
市电
FU2
油机电
QF1
100A
QF2
100A
油机插座
N A B C
PE
N
FU3
FU4
FU5
电压转换开关
QF3
63A
开关电源
QF4
63A
预留
QF5
25A
预留
QF6
25A
预留
QF7-9
20A*3
预留 预留 预留
QF10-12
10A*3
空调 照明 插座 预留
防雷监控接点
3 1 2
XT2
市电
N A B C
QF13
50A
防雷器
PE
注：防雷器通断能力要求不小于40kA。
配电箱外置康尼流动油机接口1只。
所主管
审核
设计
制图
审定
单位
比例
日期
XXXX.XX
XXX 设计院有限责任公司
工程名称
XX 站配套电源设备安装工程一阶段设计
图纸名称
墙挂式交流配电箱电路图
图号
SBDY0001-04/05
设计阶段
一阶段

图 8-5

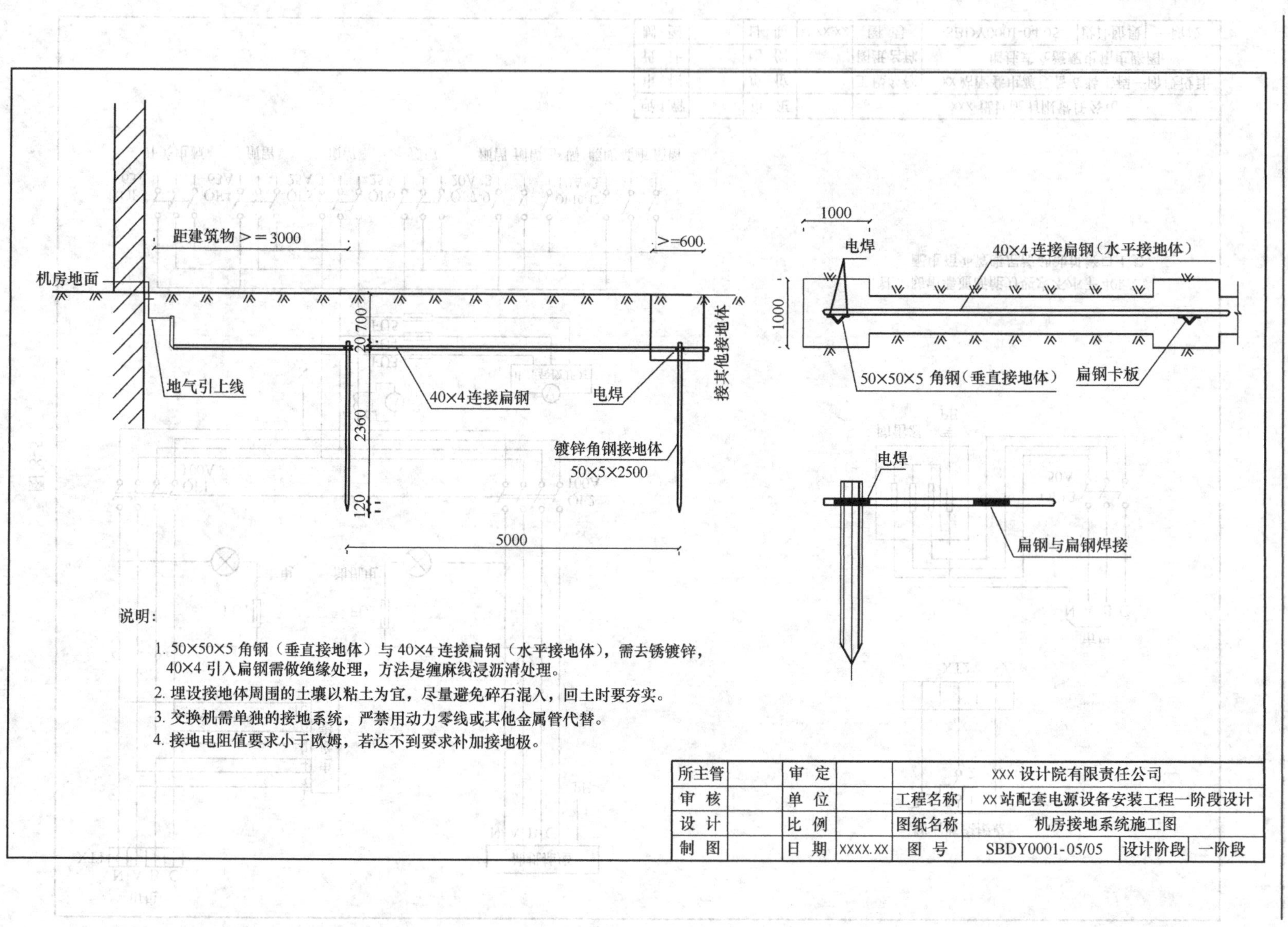
距建筑物＞＝3000
＞=600
机房地面
地气引上线
40×4连接扁钢
电焊
接其他接地体
镀锌角钢接地体
50×5×2500
700
20
2360
120
5000
1000
1000
电焊
40×4 连接扁钢（水平接地体）
50×50×5 角钢（垂直接地体）
扁钢卡板
电焊
扁钢与扁钢焊接
说明：
1. 50×50×5 角钢（垂直接地体）与 40×4 连接扁钢（水平接地体），需去锈镀锌，40×4 引入扁钢需做绝缘处理，方法是缠麻线浸沥清处理。
2. 埋设接地体周围的土壤以粘土为宜，尽量避免碎石混入，回土时要夯实。
3. 交换机需单独的接地系统，严禁用动力零线或其他金属管代替。
4. 接地电阻值要求小于欧姆，若达不到要求补加接地极。
所主管
审定
XXX 设计院有限责任公司
审核
单位
工程名称
XX站配套电源设备安装工程一阶段设计
设计
比例
图纸名称
机房接地系统施工图
制图
日期
XXXX.XX
图号
SBDY0001-05/05
设计阶段
一阶段

图 8-6

④ 本工程直流供电系统由开关电源和阀控式铅酸蓄电池组成，蓄电池采用全浮充供电方式，开关电源架上的整流模块两组蓄电池并联浮充供电。

⑤ 未说明的设备均不考虑。

（5）本工程不计列可行性研究费、研究试验费、环境影响评价费、劳动安全卫生评价费、引进技术及引进设备其他费、工程保险费、工程招标代理费、专利及专利技术使用费、生产准备及开办费。

（6）设备运距、主材运距：电缆运距为 1500km 以内；铁件及其他主材运距为 1000km 以内；设备运距 1500km。

（7）材料价格见表 8-25。

表 8-25　　材料价格表

序号	名　称	规格型号	单位	单价（元）
1	接线端子	Φ5	个	28.5
2	接地母线		m	15
3	塑料线槽	45mm	m	3
4	铜芯聚氯乙烯绝缘聚氯乙烯护套电力电缆电力电缆	RVVZ-16mm²	m	14.2
5	铜芯聚氯乙烯绝缘聚氯乙烯护套电力电缆电力电缆	RVVZ-2 × 2.5mm²	m	5.5
6	铜芯聚氯乙烯绝缘聚氯乙烯护套电力电缆电力电缆	RVVZ-4 × 25m	m	89.9
7	铜芯聚氯乙烯绝缘聚氯乙烯护套电力电缆电力电缆	RVVZ-50mm²	m	40.3
8	铜芯聚氯乙烯绝缘聚氯乙烯护套电力电缆电力电缆	RVVZ-70mm²	m	56.45
9	铜芯聚氯乙烯绝缘聚氯乙烯护套电力电缆电力电缆	RVVZ-95mm²	m	76.48

（8）设计范围与分工。

按照专业划分，本次主要进行电源单项工程设计。电源专业与交换专业的分工以开关电源直流输出端子为界。机房空调交流引入电缆至插座处由空调厂家负责，监控系统的安装与配线由监控专业负责。

本次工程设计的主要内容有：

① 开关电源、蓄电池的配置及安装位置；

② 与设备相关的各种缆线的型号选择、布放路由和连接位置；

③ 各单项工程建设所需的设备、材料及安装工程的预算。

2. 工程量统计

（1）安装 48V 蓄电池组 600Ah 以下：2（组）。

（2）蓄电池补充电：2（组）。

（3）蓄电池容量试验：2（组）。

（4）安装开关电源架 600A 以下：1（架）。

（5）安装高频开关整流模块 50A 以下：3（个）。

（6）开关电源系统调测：1（系统）。

（7）安装墙挂式交、直流配电箱：1（台）。

（8）室内布放电力电缆（单芯）35mm² 以下：3.8（10m/条）。

（9）室内布放电力电缆（双芯）35mm² 以下：1.2（10m/条）。

（10）室内布放电力电缆（四芯）35mm² 以下：6（10m/条）。

（11）室内布放电力电缆（单芯）70mm² 以下：6（10m/条）。

（12）室内布放电力电缆（单芯）120mm² 以下：1.1（10m/条）。

（13）制作安装角钢接地极 硬土：3（根）。

（14）敷设室外接地母线：2.5（10m）。

（15）接地跨接线：0.3（10 处）。

（16）接地网电阻测试：1（组）。

（17）制作安装铜板接地极：1（块）。

（18）开挖管道沟及人（手）孔坑 硬土：0.04（100m³）。

（19）回填土方 夯填原土：0.04（100m³）。

（20）敷设塑料线槽 100 宽以下：0.09（100m）。

将上述工程量汇总，见表 8-26。

表 8-26 工程量汇总表

序号	工程量名称	单位	数量
1	安装 48V 蓄电池组 600Ah 以下	组	2
2	蓄电池补充电	组	2
3	蓄电池容量试验	组	2
4	安装开关电源架 600A 以下	架	1
5	安装高频开关整流模块 50A 以下	个	3
6	开关电源系统调测	系统	1
7	安装墙挂式交、直流配电箱	台	1
8	室内布放电力电缆（单芯）35mm² 以下	10m/条	3.8
9	室内布放电力电缆（双芯）35mm² 以下	10m/条	1.2
10	室内布放电力电缆（四芯）35mm² 以下	10m/条	6
11	室内布放电力电缆（单芯）70mm² 以下	10m/条	6
12	室内布放电力电缆（单芯）120mm² 以下	10m/条	1.1
13	制作安装角钢接地极 硬土	根	3
14	敷设室外接地母线	10m	2.5
15	接地跨接线	10 处	0.3
16	接地网电阻测试	组	1
17	制作安装铜板接地极	块	1

续表

序　号	工程量名称	单　位	数　量
18	开挖管道沟及人（手）孔坑 硬土	$100m^3$	0.04
19	回填土方 夯填原土	$100m^3$	0.04
20	敷设塑料线槽 100 宽以下	100m	0.09

3. 主要材料用量

设备、主要材料用量统计表见表 8-27。

表 8-27　　主要材料统计表

序号	项目名称	定额编号	工程量	主材名称	规格型号	单位	主材使用量
1	室内布放电力电缆（单芯）$35mm^2$以下	TSD4-020	3.8（10m 条）	电力电缆	RVVZ-$16mm^2$	m	10.15 × 3.8 = 38.57
				接线端子	Φ5	个	2.03 × 3.8 = 7.714
2	室内布放电力电缆（双芯）$35mm^2$以下	TSD4-020	1.2（10m 条）	电力电缆	RVVZ-2 × $2.5mm^2$	m	10.15 × 1.2 = 12.18
				接线端子	Φ5	个	2.03 × 1.2 = 2.436
3	室内布放电力电缆（四芯）$35mm^2$以下	TSD4-020	6（10m 条）	电力电缆	RVVZ-4×$25mm^2$	m	10.15 × 6 = 60.9
				接线端子	Φ5	个	2.03 × 6 = 12.18
4	室内布放电力电缆（单芯）$70mm^2$以下	TSD4-021	6（10m 条）	电力电缆	RVVZ-$70mm^2$	m	10.15 × 4.8 = 48.72
				电力电缆	RVVZ-$50mm^2$	m	10.15 × 1.2 = 12.18
				接线端子	Φ5	个	2.03 × 6 = 12.18
5	室内布放电力电缆(单芯)$120mm^2$以下	TSD4-022	1.1（10m 条）	电力电缆	RVVZ-$95mm^2$	m	10.15 × 1.1 = 11.165
				接线端子	Φ5	个	2.03 × 1.1 = 2.233
6	敷设室外接地母线	TSD5-013	2.5（10m）	接地母线		m	10.10 × 2.5 = 25.25
7	敷设塑料线槽 100 宽以下	TXL7-011	0.09（100m）	塑料线槽	45mm	m	105 × 0.09 = 9.45

4. 施工图预算

1）预算编制说明

（1）工程概况。本工程为新建××站配套电源设备安装单项工程，按一阶段设计编制施工图预算。本工程安装开关电源 1 架，配置高频开关整流模块 3 块，安装阀控密封铅酸蓄电池组两组。预算总价值为 80810 元，工程总工日为 113.16 工日。

（2）编制依据。

① 施工图设计图纸及说明。

② 工信部规［2008］75 号文件：《关于发布〈通信建设工程概算、预算编制办法〉及相关定额的通知》。

③ 工信部规［2008］75 号文件：《通信建设工程预算定额》（第一册通信电源设备安装

工程）。

④ 工信部规［2008］75 号文件：《通信建设工程费用定额》。

⑤ 工信部规［2008］75 号文件：《通信建设工程施工机械、仪器仪表台班定额》。

⑥ 原邮电部（1992）403 号文：《关于发布〈通信行业工程勘察、设计收费工日定额〉的通知》，及附件《通信行业工程勘察、设计收费工日定额》。

⑦ 建设单位与厂家签订的合同。

（3）有关费用与费率的取定。

① 技工单价：48 元/工日；普工单价：19 元/工日。

② 施工单位费用见表 8-28。

表 8-28 预算有关费用及费率取定表

序号	费用名称	费用取定方法	备　注
1	临时设施费	人工费× 12%	施工现场与企业距离大于 35km
2	夜间施工增加费	人工费× 2%	施工地区为城区
3	工程定额测定费	建安费× 0.14%	
4	勘察设计费		任务书中给出 4000 元
5	施工队伍调遣费	106 × 5 × 2	施工现场与企业距离大于 35km
6	预备费	（工程费+工程建设其他费）× 3%	通信线路工程

（4）工程技术经济指标分析。

本期工程电源总投资为 80810 元，其中需要安装的设备费为 43200 元，建筑安装工程费为 27472 元，工程建设其他费为 7784 元，预备费为 2354 元。

（5）其他需说明的问题（略）。

2）预算表格

（1）工程预算表（表一）见表 8-29，表格编号：SBDY0001-B1。

（2）建筑安装工程费用概预算表（表二）见表 8-30，表格编号：SBDY0001-B2。

（3）建筑安装工程量预算表（表三）甲见表 8-31，表格编号：SBDY0001-B3。

（4）建筑安装工程机械使用费预算（表三）乙见表 8-32，表格编号：SBDY0001-B3A。

（5）建筑安装工程仪表使用费预算表（表三）丙见表 8-33，表格编号：SBDY0001-B3B。

（6）国内器材预算表（表四）甲（国内需要安装的设备）见表 8-34，表格编号：SBDY0001- B4A-E。

（7）国内器材预算表（表四）甲（国内主要材料）见表 8-35，表格编号：SBDY0001-B4A-M。

（8）工程建设其他费预算表（表五）甲见表 8-36，表格编号：SBDY0001-B5A。

表 8-29　　工程预算表（表一）

单项工程名称：电源设备安装工程　　建设单位名称：中国电信公司××市分公司　　表格编号：SBDY0001-B1　　第全页

序号	表格编号	费用名称	小心建筑工程费	需要安装的设备费	不需安装的设备、工器具费	建筑安装工程费	其他费用	预备费	总价值	
			（元）						人民币（元）	其中外币（ ）
I	II	III	IV	V	VI	VII	VIII	IX	X	XI
1	SBDY0001-B2	建筑安装工程费				27472			27472	
2		引进工程设备费								
3	SBDY0001-B4A-E	国内设备费		43200					43200	
4		工具、仪器、仪表费								
5		小计（工程费）		43200		27472			70672	
6	SBDY0001-B5A	工程建设其他费					7784		7784	
7		引进工程其他费								
8		合计		43200		27472	7784		78456	
9		预备费						2354	2354	
10										
11										
12										
13		总计		43200		27472	7784	2354	80810	
14		生产准备及开办费								
15										
16										

设计负责人：×××　　审核：×××　　编制：×××　　编制日期：××××年×月

表 8-30

建筑安装工程费用概预算表（表二）

单项工程名称：电源设备安装工程　　建设单位名称：中国电信公司××市分公司　　表格编号：SBDY0001-B2　　第全页

代号	费用名称	依据和计算方法	合价（元）	代号	费用名称	依据和计算方法	合价（元）
I	II	III	VI	VII	VIII	IX	XII
	建筑安装工程费		27472.06	12	特殊地区施工增加费	（技工总计＋普工总计）×0	
一	直接费		21667.85	13	已完工程及设备保护费		
（一）	直接工程费		19308.74	14	运土费		
1	人工费		5324.24	15	施工队伍调遣费	106×5×2	1060
（1）	技工费	技工总计×技工单价	5253.79	16	大型施工机械调遣费	单程运价×调遣距离×总吨位×2	
（2）	普工费	普工总计×普工单价	70.45	二	间接费		3301.03
2	材料费		13221.52	（一）	规费		1703.76
（1）	主要材料费		12591.92	1	工程排污费		
（2）	辅助材料费	主要材料费×5%	629.6	2	社会保障费	人工费×26.81%	1427.43
3	机械使用费		17.98	3	住房公积金	人工费×4.19%	223.09
4	仪表使用费		745	4	危险作业意外伤害保险费	人工费×1%	53.24
（二）	措施费		2359.11	（二）	企业管理费	人工费×30%	1597.27
1	环境保护费	人工费×0%		三	利润	人工费×30%	1597.27
2	文明施工费	人工费×1%	53.24	四	税金	（直接费＋间接费＋利润）×3.41%	905.91
3	工地器材搬运费	人工费×1.3%	69.22				
4	工程干扰费	人工费×0%					
5	工程点交、场地清理费	人工费×3.5%	186.35				
6	临时设施费	人工费×12%	638.91				
7	工程车辆使用费	人工费×2.6%	138.43				
8	夜间施工增加费	人工费×2%	106.48				
9	冬雨季施工增加费	人工费×0%					
10	生产工具用具使用费	人工费×2%	106.48				
11	施工用水电蒸气费						

设计负责人：×××　　审核：×××　　编制：×××　　编制日期：××××年×月

表 8-31

建筑安装工程量预算表（表三）甲

单项工程名称：电源设备安装工程　　建设单位名称：中国电信公司××市分公司　　表格编号：SBDY0001-B3　　第全页

序号	定额编号	工程及项目名称	单位	数量	单位定额值（工日）		合计值（工日）	
					技工	普工	技工	普工
I	II	III	IV	V	VI	VII	VIII	IX
1	TSD3-014	安装 48V 蓄电池组 600Ah 以下	组	2	7.92		15.84	
2	TSD3-032	蓄电池补充电	组	2	8		16	
3	TSD3-033	蓄电池容量试验	组	2	18		36	
4	TSD3-062	安装开关电源架 600A 以下	架	1	10.5		10.5	
5	TSD3-060	安装高频开关整流模块 50A 以下	个	3	1.5		4.5	
6	TSD3-065	开关电源系统调测	系统	1	5		5	
7	TSD3-067	安装墙挂式交、直流配电箱	台	1	1.5		1.5	
8	TSD4-020	室内布放电力电缆（单芯） $35mm^2$ 以下	10m 条	3.8	0.25		0.95	
9	TSD4-020	室内布放电力电缆（单芯） $35mm^2$ 以下	10m 条	1.2	0.25		0.45	
10	TSD4-020	室内布放电力电缆（单芯） $35mm^2$ 以下	10m 条	6	0.25		3	
11	TSD4-021	室内布放电力电缆（单芯） $70mm^2$ 以下	10m 条	6	0.36		2.16	
12	TSD4-022	室内布放电力电缆（单芯） $120mm^2$ 以下	10m 条	1.1	0.49		0.54	
13	TSD5-004	制作安装角钢接地极 硬土	根	3	0.37		1.11	
14	TSD5-013	敷设室外接地母线	10m	2.5	3.1		7.75	
15	TSD5-014	接地跨接线	10 处	0.3	1.13		0.34	
16	TSD5-015	接地网电阻测试	组	1	1		1	
17	TSD5-007	制作安装铜板接地极	块	1	2.5		2.5	
18	参 TGD1-016	开挖管道沟及人（手）孔坑 硬土	百立方米	0.04		43		1.72
19	TGD1-023	回填土方 夯填原土	百立方米	0.04		26		1.04
20	TXL7-011	敷设塑料线槽 100 宽以下	百米	0.09	3.51	10.53	0.32	0.95
		默认页合计					109.45	3.71

设计负责人：×××　　审核：×××　　编制：×××　　编制日期：××××年×月

表 8-32　　建筑安装工程机械使用费预算（表三）乙

单项工程名称：电源设备安装工程　　建设单位名称：中国电信公司××市分公司　　表格编号：SBDY0001-B3A　　第全页

序号	定额编号	工程及项目名称	单位	数量	机械名称	单位定额值		合价值	
						数量台班	单价（元）	数量台班	合价（元）
Ⅰ	Ⅱ	Ⅲ	Ⅳ	Ⅴ	Ⅵ	Ⅶ	Ⅷ	Ⅸ	Ⅹ
1	TSD5-004	制作安装角钢接地极 硬土	根	3	交流电焊机	0.05	58	0.15	8.7
2	TSD5-013	敷设室外接地母线	10m	2.5	交流电焊机	0.04	58	0.1	5.8
3	TSD5-014	接地跨接线	10 处	0.3	交流电焊机	0.2	58	0.06	3.48
		默认页合计							17.98

设计负责人：×××　　审核：×××　　编制：×××　　编制日期：××××年×月

表 8-33　　建筑安装工程仪表使用费预算表（表三）丙

单项工程名称：电源设备安装工程　　建设单位名称：中国电信公司××市分公司　　表格编号：SBDY0001-B3B　　第全页

序号	定额编号	工程及项目名称	单位	数量	机械名称	单位定额值		合价值	
						数量台班	单价（元）	数量台班	合价（元）
I	II	III	IV	V	VI	VII	VIII	IX	X
1	TSD5-015	接地网电阻测试	组	1	仪表费基价	250	1	250	250
2	TSD3-033	蓄电池容量试验	组	2	仪表费基价	150	1	300	300
3	TSD3-065	开关电源系统调测	系统	1	仪表费基价	195	1	195	195
		默认页合计							745

设计负责人：×××　　审核：×××　　编制：×××　　编制日期：××××年×月

表 8-34

国内器材预算表（表四）甲

（国内需要安装的设备）

单项工程名称：电源设备安装工程　　建设单位名称：中国电信公司××市分公司　　表格编号：SBDY0001-B4A-E　　第全页

序号	名　称	规格程式	单　位	数　量	单价（元）	合价（元）	备　注
I	II	III	IV	V	VI	VII	VIII
1	开关电源机架	杭州中恒 IPS80200	架	1	5700	5700	
2	整流模块	杭州中恒 NPR48	个	3	3700	11100	
3	密封铅酸蓄电池	双登-48V/300AH	组	2	9288	18576	
4	交流配电箱		台	1	4845	4845	
5	防雷器（最大通流量 40kA）		个	1	1550	1550	
6	小计					41771	
	运杂费					918.96	
	运输保险费					167.08	
	采购及保管费					342.52	
	默认页合计					43199.57	

设计负责人：×××　　审核：×××　　编制：×××　　编制日期：××××年×月

表 8-35

国内器材预算表（表四）甲

（国内主要材料）

单项工程名称：电源设备安装工程　　建设单位名称：中国电信公司××市分公司　　表格编号：SBDY0001-B4A-M　　第全页

序号	名　称	规格程式	单　位	数　量	单价（元）	合价（元）	备　注
Ⅰ	Ⅱ	Ⅲ	Ⅳ	Ⅴ	Ⅵ	Ⅶ	Ⅷ
1	接线端子	Φ5	个	36.74	28.5	1047.18	
2	小计					1047.18	
3	接地母线		m	25.25	15	378.75	
4	小计					378.75	
5	塑料线槽	45mm	M	9.45	3	28.35	
6	小计					28.35	
7	铜芯聚氯乙烯绝缘聚氯乙烯护套电力电缆	RVVZ-16mm^2	m	38.57	14.2	547.69	
8	铜芯聚氯乙烯绝缘聚氯乙烯护套电力电缆	RVVZ-2 × 2.5mm^2	m	12.18	5.5	66.99	
9	铜芯聚氯乙烯绝缘聚氯乙烯护套电力电缆	RVVZ-4 × 25mm^2	m	60.9	89.9	5474.91	
10	铜芯聚氯乙烯绝缘聚氯乙烯护套电力电缆	RVVZ-50mm^2	m	12.18	40.3	490.85	
11	铜芯聚氯乙烯绝缘聚氯乙烯护套电力电缆	RVVZ-70mm^2	m	48.72	56.45	2750.24	
12	铜芯聚氯乙烯绝缘聚氯乙烯护套电力电缆	RVVZ-95mm^2	m	11.17	76.48	853.90	
	小计					10184.58	
	运杂费（电缆）					747.68	
	运杂费（钢材及其他）					75.40	
	运杂费（塑料及其制品）					1.96	
	采购及保管费					116.39	
	运输保险费					11.63	
	默认页合计					12591.92	

设计负责人：×××　　审核：×××　　编制：×××　　编制日期：××××年×月

表 8-36　　工程建设其他费预算表（表五）甲

单项工程名称：电源设备安装工程　　建设单位名称：中国电信公司××市分公司　　表格编号：SBDY0001-B5A　　第全页

序号	费用名称	计算依据和计算方法	金额（元）	备　注
I	II	III	IV	V
1	建设用地及综合赔补费			
2	建设单位管理费	财建［2002］394 号规定	1045.88	
3	可行性研究费			
4	研究试验费			
5	勘察设计费		4000	已知
6	勘察费			
7	设计费			
8	环境影响评价费			
9	劳动安全卫生评价费			
10	建设工程监理费	发改价格［2007］670 号规定	2300.93	
11	安全生产费	建筑安装工程费×1%	274.72	
12	工程质量监督费	工程费×0.25%×0.7	123.68	
13	工程定额测定费	建筑安装工程费×0.14%	38.46	
14	引进技术及引进设备其他费			
15	工程保险费			
16	工程招标代理费	计价格［2002］1980 号规定		
17	专利及专利技术使用费			
18	生产准备及开办费	0×0		在运营费中列支
19	其他费用			
	总计		7783.67	

设计负责人：×××　　审核：×××　　编制：×××　　编制日期：××××年×月

8.3　应用计算机辅助编制概预算

8.3.1　通信工程概预算软件介绍

通信工程概预算编制工作的特点：信息量大、数据结构复杂、信息更改频繁、信息共享等。编制概预算采用传统的手工形式，需要花费大量的时间和脑力劳动去进行分析、计算和汇总，编制效率低而且出错率高，已经满足不了现代通信工程建设和管理的需要。借助于计算机的高速度、高可靠性和高存储能力进行通信工程概预算的编制，可以在减轻概预算人员劳动的基础上提高编制效率。

目前，各设计施工单位所使用的概预算软件没有统一的版本，但都是依据《通信建设工程概算、预算编制办法》（工信部规［2008］75 号）标准，并结合当前通信行业发展现状而研制开发的。本书以某通信工程概预算软件为例进行介绍。

1. 主要特点

（1）Office 2007 风格界面，清新美观。

（2）每个单项概预算一个文件，易于交流及备份。

（3）概预算编制由公式驱动，功能强大。

（4）多个定额标准库，切换方便，满足不同建设方需求。

（5）表三、表四自动生成材料。

（6）表三、表四任意排序。

（7）可定义各计量单位小数位数。

（8）概算、预算、决算一体化集成。

（9）网络版与单机版自由切换。

2. 主要功能

（1）完成单项概预算的编制。

（2）生成项目汇总表。

（3）多个单项概预算的合并。

（4）多个项目概预算费用汇总（可自由定义汇总费用类型）。

（5）从 TeleCAD 中导入工作量。

（6）概预算表格的打印及导出（Excel）。

（7）单项概预算导出至建设方，作为工程决算的基础。

3. 项目管理模块特点及功能

（1）对项目按层次管理。

（2）可以动态设置项目显示的层次及方式。

（3）提供与建设单位项目管理的接口。

（4）可以管理单项概预算及设计图纸。

（5）TeleCAD 光缆设计绘图系统。

4. 功能特色

（1）设计对象构造和管理。

① 自由定制设计对象样式和对应定额。

② 设计元素派生和分类管理。

③ 设计元素可以存在网络数据库中，作为设计标准。

④ 设计元素可以分发为文件，作为外出作业工具。

（2）基于 GIS 系统的 GPS 导入。

① 实现外业和内业的无缝链接。

② 可以实现在共精度地图上进行设计作业。

③ 方便的通道路由检测。

④ 支持批量和精确的光缆路由绘制。

⑤ 不同专业的通道路由自由切换。

⑥ 路由中辅助元素自动绘制和填写。

（3）快速的光缆信息录入。

① 基于已有路由快速铺设光缆。

② 光缆数据自动填写。

③ 光缆接头接续元素的批量生成。

（4）自动生成配盘表。

（5）强大的裁图出图工具。

① 用户定义纸张和出图内容。

② 自由定义的图纸裁切。

③ 完整的图纸元素、图例、图线等。

（6）丰富的专业工具。

① 管道工程剖面图的自动生成和快速调整。

② 管道断面图，人井展开图的自动生成。

③ 杆面图的自动生成。

④ 图纸工作量的自动统计和导出。

⑤ 可扩充的地物绘制工具。

5. 软件的启动和退出

（1）软件的启动。

① 打开 Windows“开始”菜单，选择“程序”，单击“通信工程概预算（客户端）”启动。

② 通过双击 Windows 桌面通信工程概预算（客户端）的快捷方式图标启动。

③ 在资源管理器中启动。

启动后概预算软件界面如图 8-7 所示。

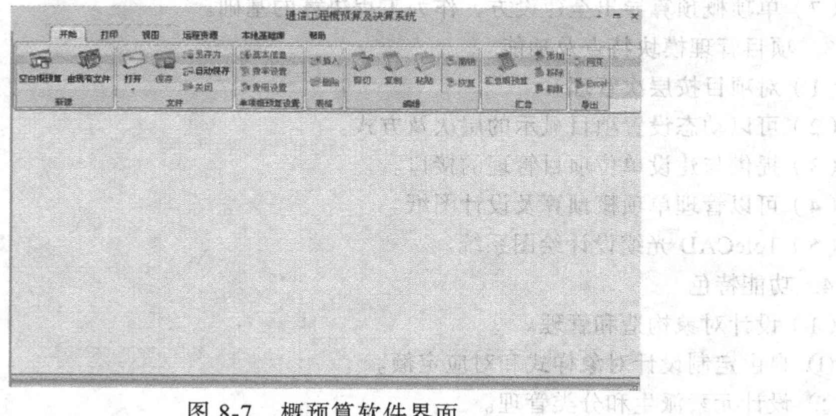

图 8-7　概预算软件界面

（2）软件的退出。

① 按组合键“Alt+F4”。

② 在概预算软件界面菜单中的“文件”下拉菜单中选择“退出”命令。

③ 直接单击概预算软件界面右上角的“×”图标。

8.3.2　使用概预算软件的方法

一个完整的概预算编制过程应由创建一个新项目、设置单项工程信息、录入表格数据、刷新表格数据和输出表格几个步骤来完成。成功启动概预算软件后，依据上述步骤编制概预算文件。

1. 创建一个新项目

新建一个项目，根据需要可以选择以下两种方式：

（1）在标题栏单击“新建空概预算”图标。

（2）在“开始”图标下，单击“空白概预算”，即新建空概预算；若单击“由现有文件”，即可选定现有文件来新建概预算。

2. 设置单项工程信息

（1）编制信息设置。

编制信息设置界面如图 8-8 所示。

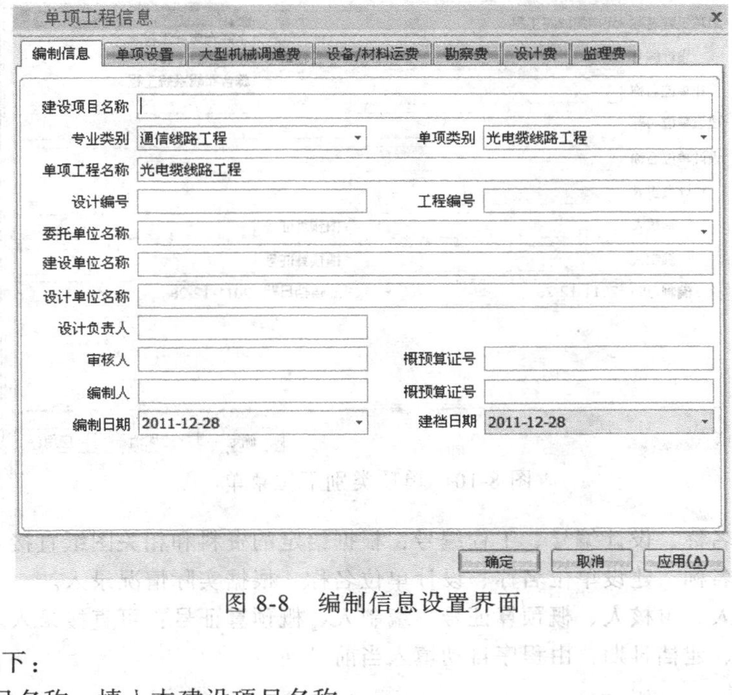

图 8-8　编制信息设置界面

填写说明如下：

① 建设项目名称：填入本建设项目名称。

② 专业类别：单击编辑框边的下拉箭头，在弹出的专业类别下拉菜单（见图 8-9）中选择本单项工程所属的专业类别。

③ 单项类别：选定专业类别后，单击编辑框边的下拉箭头，在弹出的单项类别下拉菜单（见图 8-10）中选择本单项工程所属的专业类别。

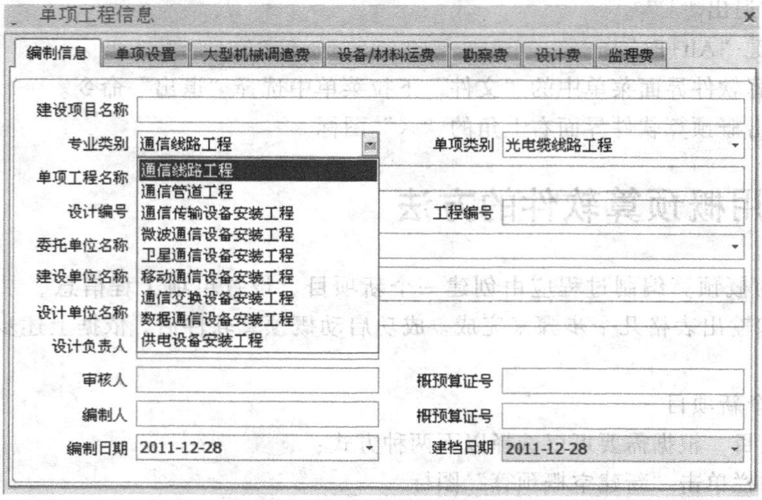

图 8-9　专业类别下拉菜单

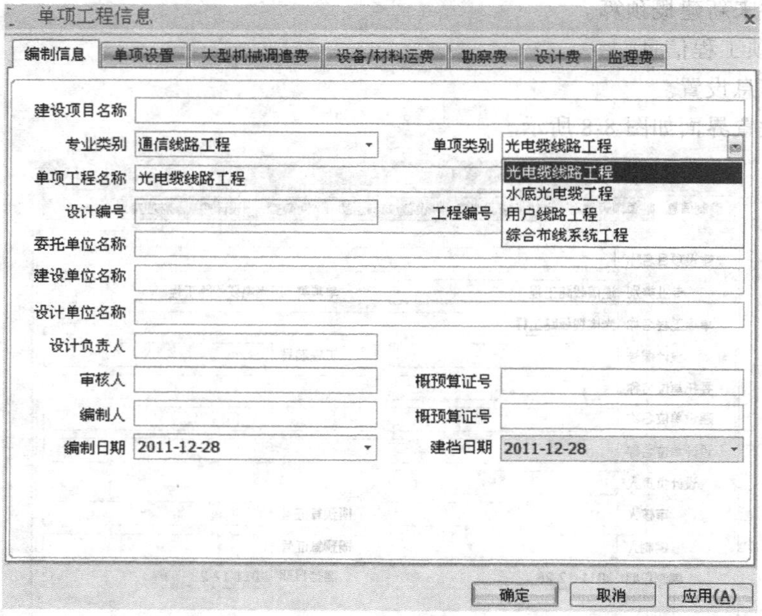

图 8-10　单项类别下拉菜单

④ 单项工程名称、设计编号、工程编号：根据给定的资料和相关图纸直接录入。

⑤ 委托单位名称、建设单位名称、设计单位名称：根据实际情况录入。

⑥ 设计负责人、审核人、概预算证号、编制人、概预算证号：可直接录入。

⑦ 编制日期、建档日期：由程序自动填入当前日期。

（2）单项设置。

信息设置界面如图 8-11 所示。

填写说明如下：

① 工程阶段：单击编辑框边的下拉箭头，在弹出的工程阶段下拉菜单（见图 8-12）中，根据给定的相关资料和图纸确定本概预算文件所对应的工程阶段。

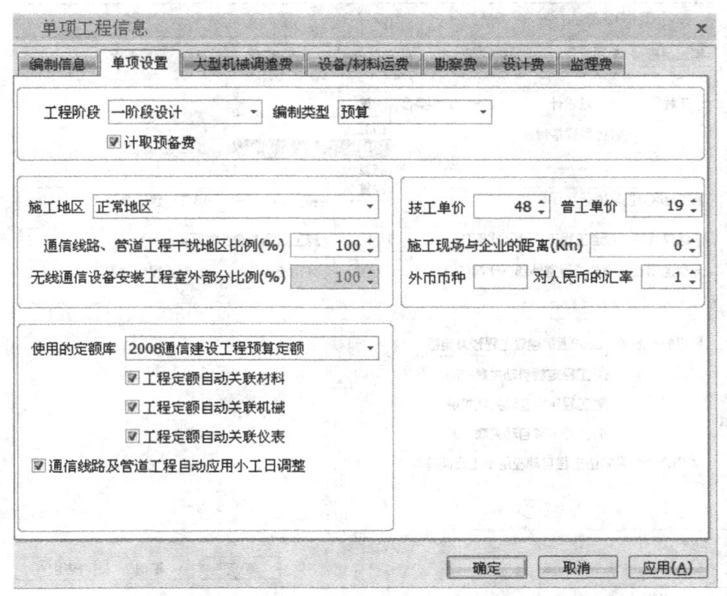

图 8-11　单项工程信息设置界面

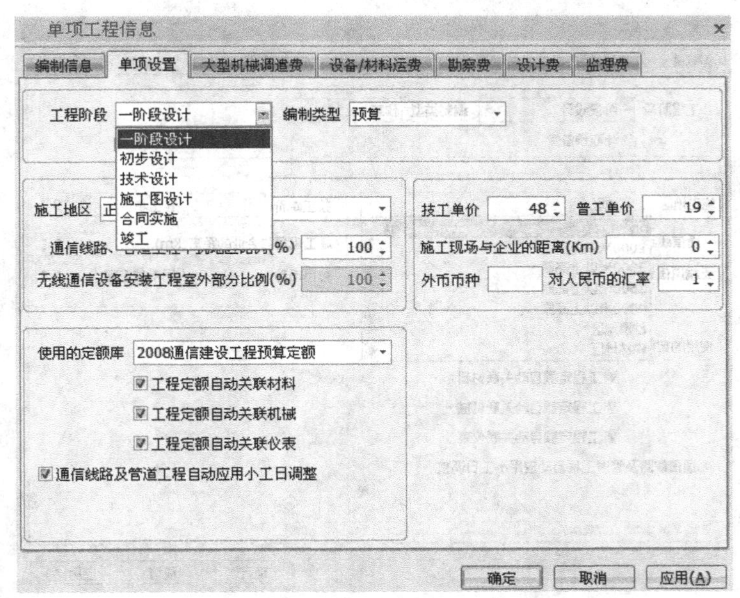

图 8-12　工程阶段下拉菜单

② 编制类型：选定工程阶段后，单击编辑框边的下拉箭头，在弹出的编制类型下拉菜单（见图 8-13）中选定本概预算文件所对应的编制类型。

注意：一旦工程阶段选定，软件将会默认相应的编制类型。例如：工程阶段中选择一阶段设计，则在编制类型中默认编制类型为预算，同时默认计取预备费。

③ 施工地区：单击编辑框边的下拉箭头，在弹出的施工地区下拉菜单（见图 8-14）中选定本单项工程所对应的施工地区。

④ 通信线路、管道工程干扰地区比例：根据前面选定的工程类别及施工地区默认显示，可在对应框中更改。

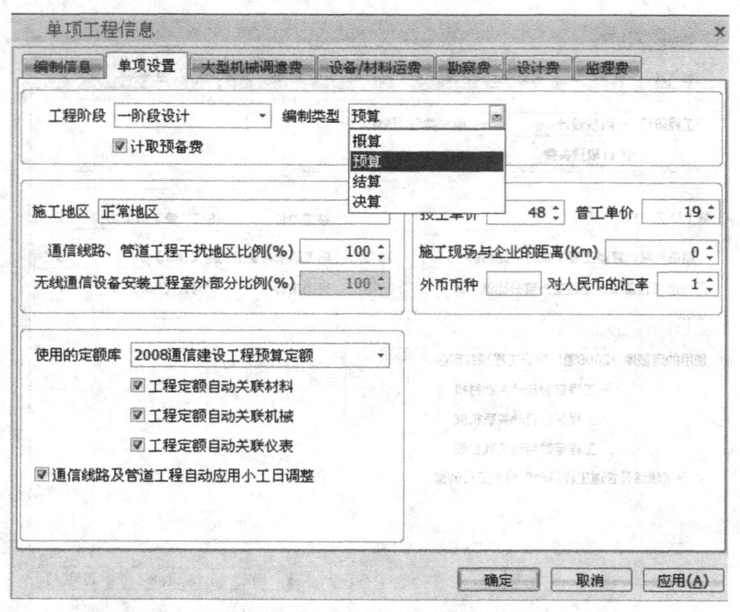

图 8-13 编制类型下拉菜单

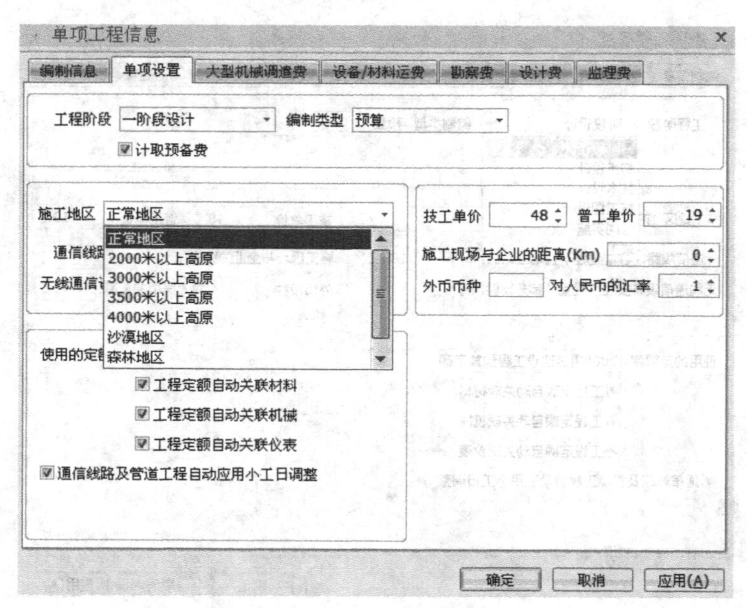

图 8-14 施工地区下拉菜单

⑤ 无线通信设备安装工程室外部分比例：根据前面选定的工程类别及施工地区默认显示，可在对应框中更改。

⑥ 技工单价、普工单价：采用《通信建设工程概算、预算编制办法》及《通信建设工程费用定额》规定的人工费单价。

⑦ 施工现场与企业的距离：根据给定资料与相关图纸据实填写。

⑧ 外币币种、对人民币的汇率：主要针对引进工程而言，据实填写。

⑨ 使用的定额库：默认《2008 通信建设工程预算定额》。

⑩ 工程定额自动关联材料：选择此项，在表三甲中添加定额条目时，系统会自动带入与此

定额相关的主材；

工程定额自动关联机械：选择此项，在表三甲中添加定额条目时，系统会自动带入与此定额相关的机械；

工程定额自动关联仪表：选择此项，在表三甲中添加定额条目时，系统会自动带入与此定额相关的仪表；

通信线路及管道工程自动应用小工日调整：选择此项，通信线路及管道工程工程量在表三甲统计完成后，若总工日小于 100 工日或 250 工日，系统会进行相应调整。

（3）大型机械调遣费。

大型机械调遣费信息设置界面如图 8-15 所示。

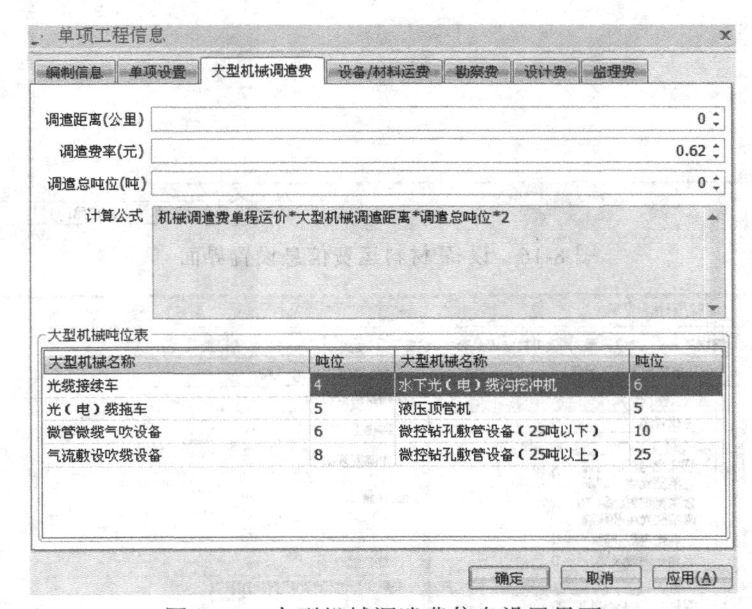

图 8-15　大型机械调遣费信息设置界面

填写说明如下：

① 调遣距离：由单项设置中“施工现场与企业的距离”关联生成。

② 调遣费率：大型施工机械调遣费单程运价为：0.62 元/吨 · 单程公里。

③ 调遣总吨位：根据实际调遣吨位直接输入。

④ 计算公式：根据费用定额规定，系统默认“大型机械调遣费 = 机械调遣费单程运价 × 大型机械调遣费 × 调遣总吨位 × 2”。

⑤ 大型机械吨位表：给定费用定额中 8 种大型机械吨位。

（4）设备/材料运费。

设备/材料运费信息设置界面如图 8-16 所示。

填写说明：根据相关资料及图纸，分别填入不同类别材料和设备的运输距离。

（5）勘察费。

勘察费信息设置界面如图 8-17 所示。

填写说明如下：

① 工程勘察技术工作工程量：根据本单项工程勘察的实际工作量填写。

② 工程勘察实物工作收费：根据本单项工程勘察实际填写。

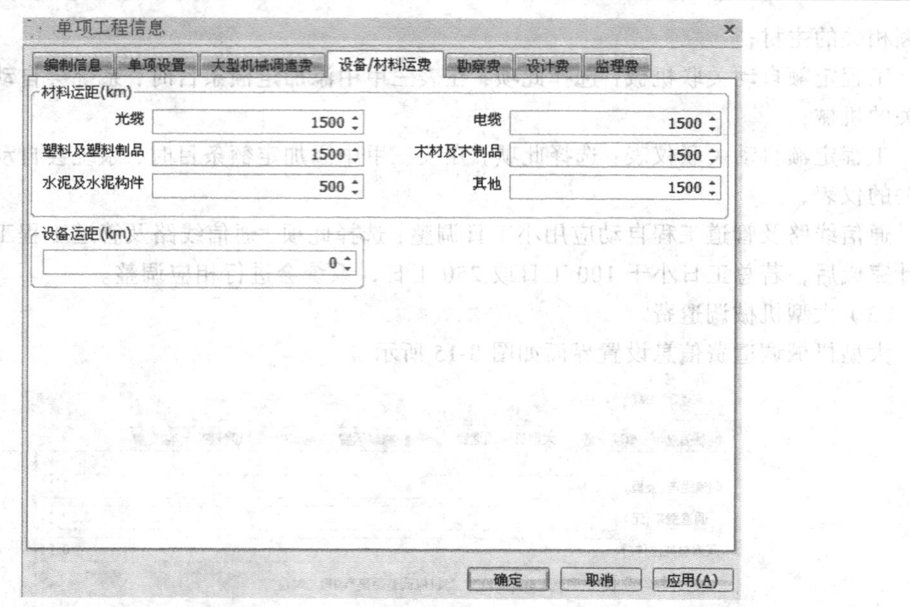

图 8-16　设备/材料运费信息设置界面

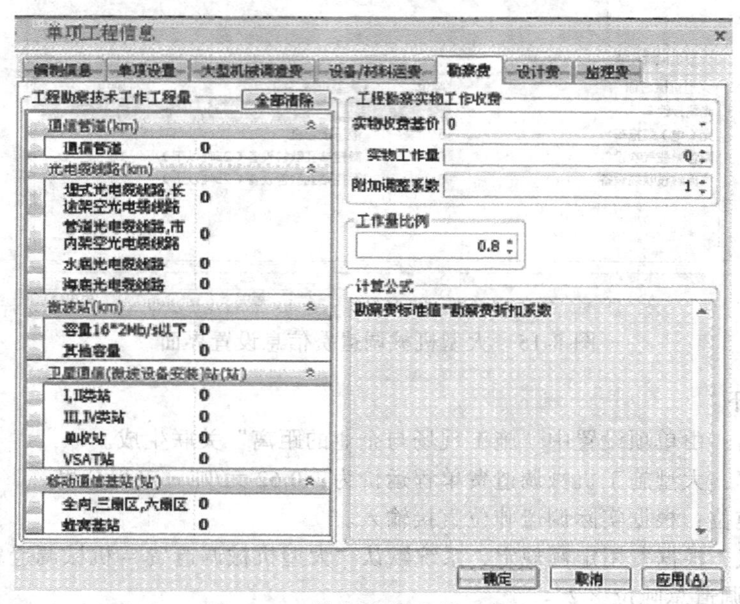

图 8-17　勘察费信息设置界面

③ 工作量比例：当上述选项选定后，软件将根据该单项工程的类型和费用定额规定，给出相应的工作量比例。

④ 计算公式：根据费用定额规定，系统默认“勘察费 = 勘察费标准值 × 勘察费折扣系数”。

（6）设计费。

设计费信息设置界面如图 8-18 所示。

填写说明如下：

① 设计费计算基础：根据费用定额，默认计算基础为工程费+其他费用，根据具体单项工程输入其他费用。

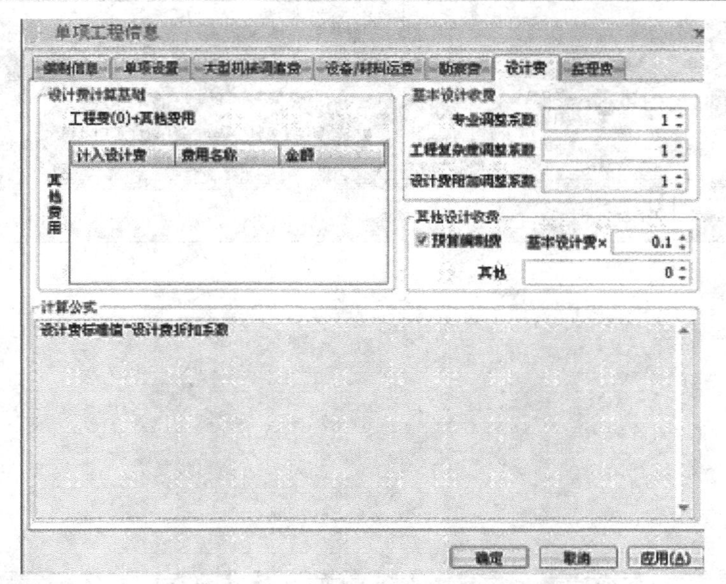

图 8-18　设计费信息设置界面

② 基本设计收费：通信工程专业调整系数为 1.0；工程复杂度调整系数分别为一般（Ⅰ级）0.85、较复杂（Ⅱ）1.0 和复杂（Ⅲ）1.15；设计费附加调整系数范围为 0.8～1.2。根据具体工程填入对应值。

③ 其他设计收费：默认取预算编制费，其费率为 0.1。可根据具体单项工程进行更改。

（7）监理费。

监理费信息设置界面如图 8-19 所示。

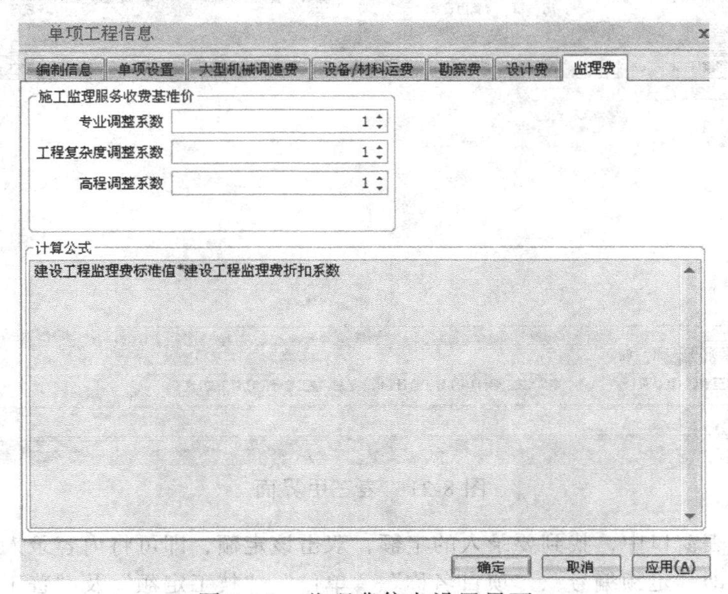

图 8-19　监理费信息设置界面

填写说明：根据具体单项工程，填入对应值即可。

3. 录入表格

表格界面如图 8-20 所示。

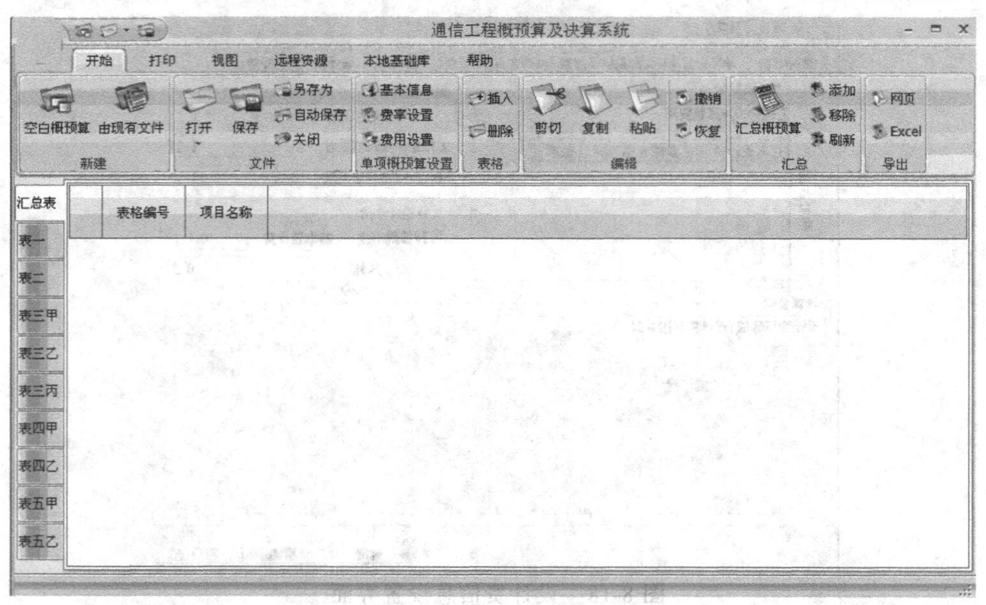

图 8-20　表格界面

（1）录入表三甲数据。

单击图 8-20 界面左侧的表格切换按钮“表三甲”，即进入表三甲界面，如图 8-21 所示。

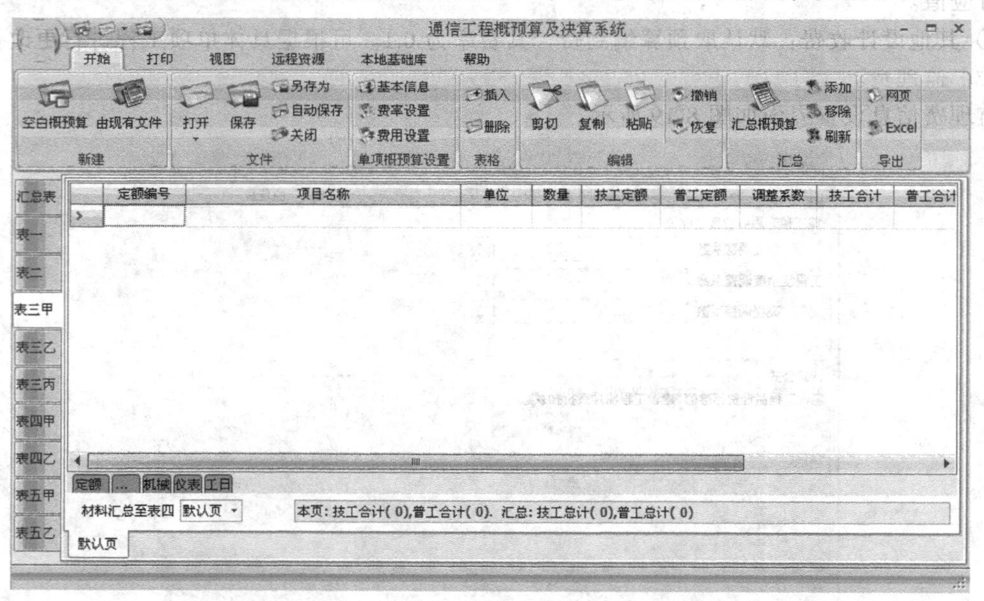

图 8-21　表三甲界面

① 在定额列表窗口中，找到要录入的定额，双击该定额，即可将内容录入表三甲表格中，如图 8-22 所示，即“定额编号”、“项目名称”、“单位”、“技工定额”及“普工定额”将由系统自动输入。此时，将光标移至“数量”一栏，录入本定额条目对应的数量后，“技工合计”、“普工合计”由系统统计显示。

② 单击鼠标右键，选择或“插入”快捷键，即可新建一个记录。

③ 编辑时，直接在表格中修改，系统自动处理修改后的数据。

④ 删除时，选择要删除的记录，单击鼠标右键，选择或“删除”快捷键，即可删除当前记录。

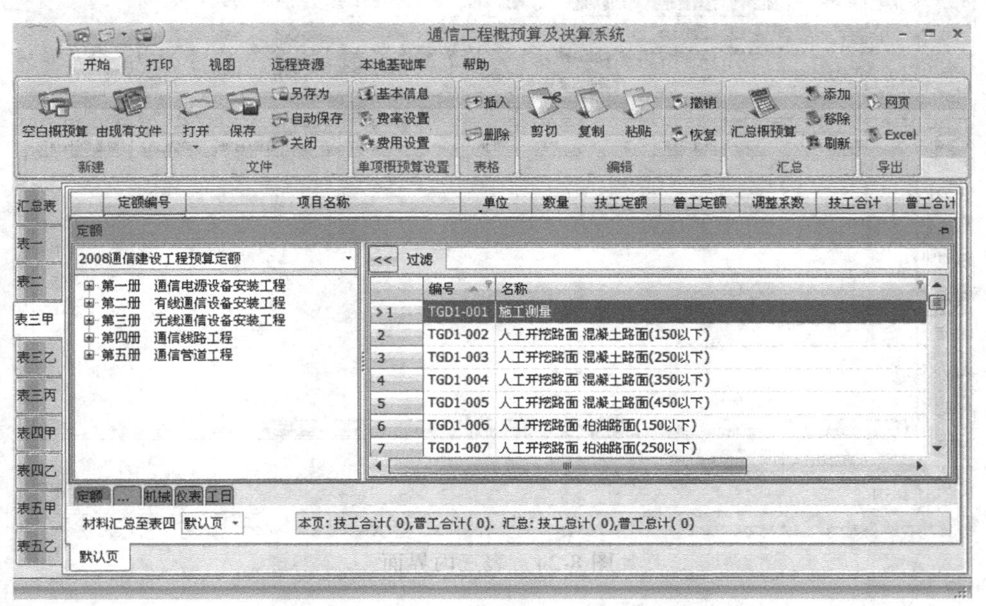

图 8-22　在表三甲中查找定额

（2）录入表三乙数据。

单击图 8-22 界面左侧的表格切换按钮“表三乙”，即进入表三乙界面，如图 8-23 所示。

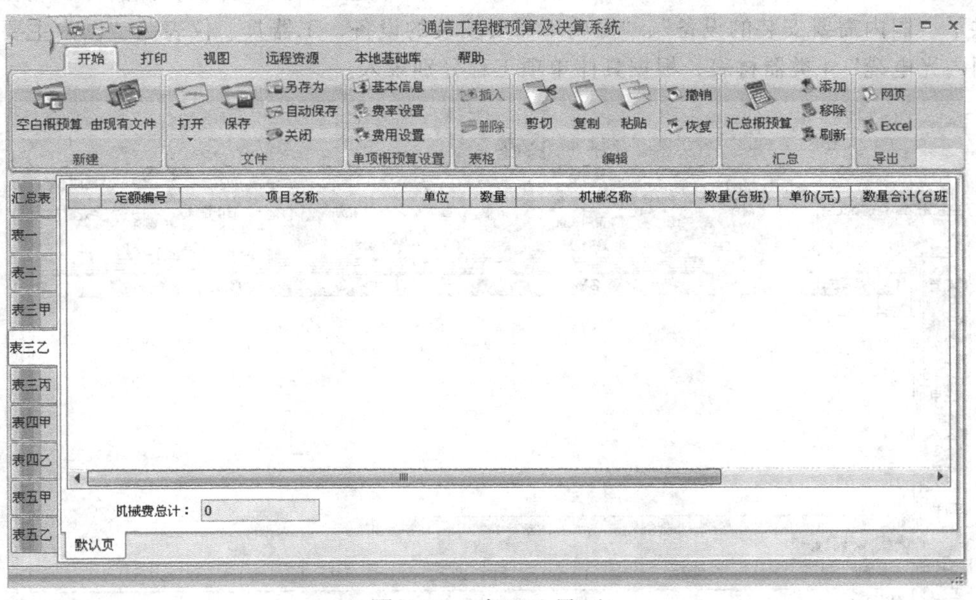

图 8-23　表三乙界面

在“单项设置”中选择“工程定额自动关联机械”项，即在表三甲中添加定额条目时，系统会自动带入与此定额相关的机械。系统自动生成表三乙。

（3）录入表三丙数据。

单击图 8-23 界面左侧的表格切换按钮“表三丙”，即进入表三丙界面，如图 8-24 所示。

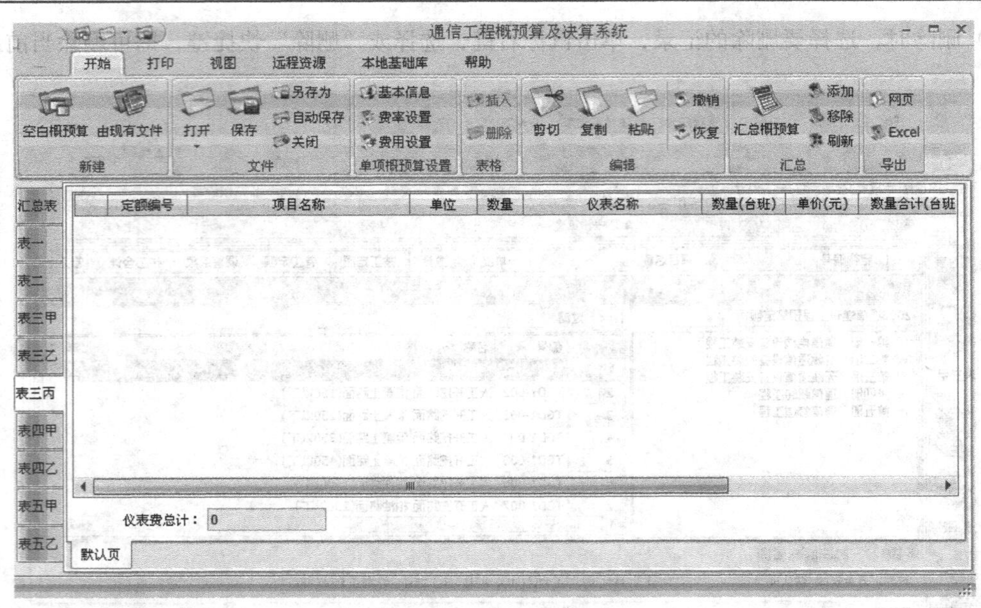

图 8-24　表三丙界面

在“单项设置”中选择“工程定额自动关联仪表”项，即在表三甲中添加定额条目时，系统会自动带入与此定额相关的仪表。系统自动生成表三丙。

（4）录入表四甲数据。

单击图 8-24 界面左侧的表格切换按钮“表四甲”，即进入表四甲界面，如图 8-25 所示。表中提供了“国内需要安装的设备”、“国内不需要安装的设备、工器具、仪表”、“国内主要材料”和“国内光电缆”4 类器材表，根据具体单项工程分别录入。

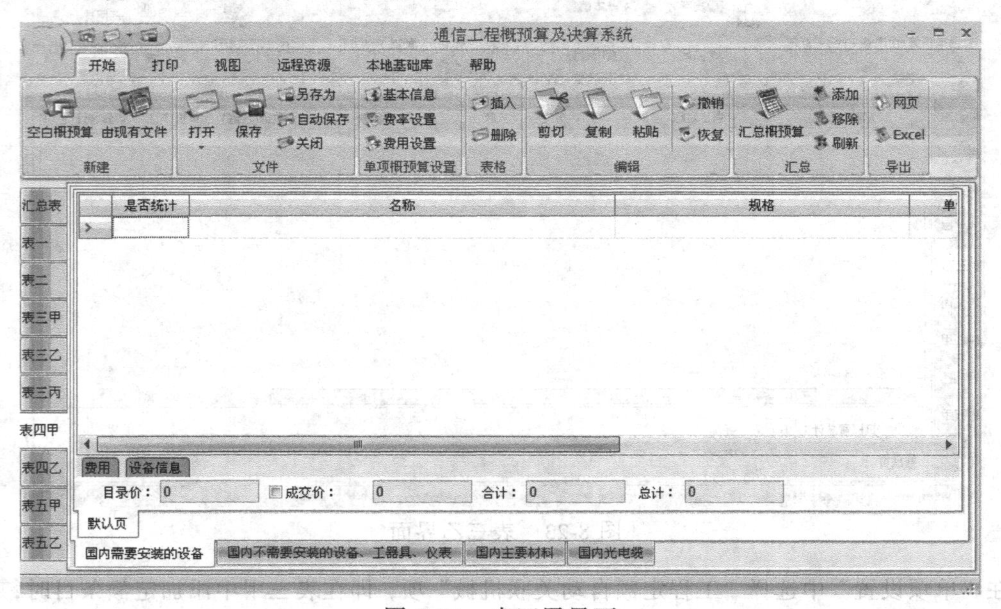

图 8-25　表四甲界面

每类器材表中的费用及设备（材料）信息：系统根据费用定额及“设备/材料运费”设置默认费用取定（见图 8-26）；设备（材料）信息由系统给定的材料库给定选择（见图 8-27）。

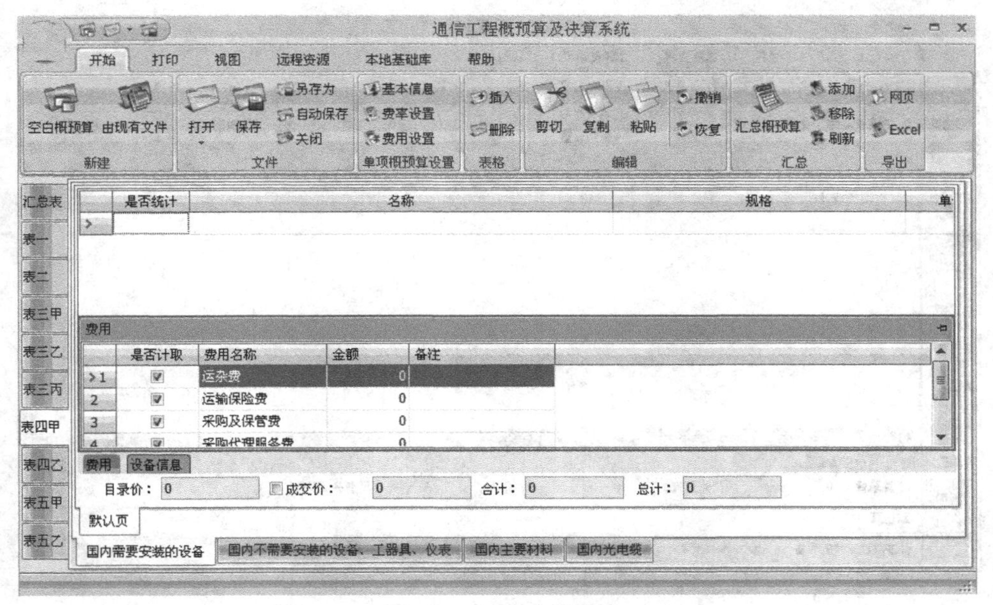

图 8-26　系统费用取定

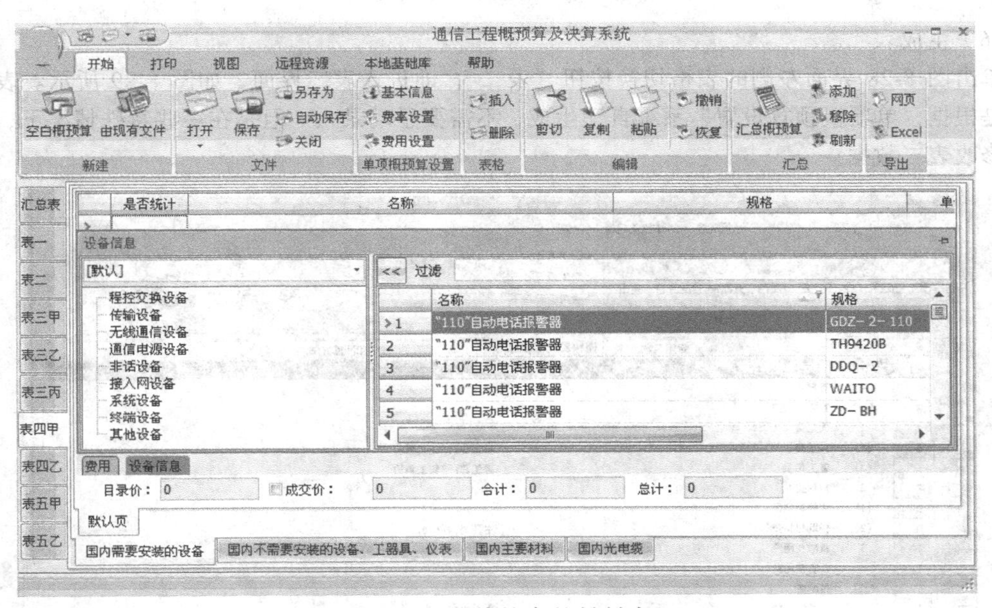

图 8-27　系统给定的材料库

注：① 设备（材料）信息也可在表格中直接录入相关数据。

② 主材可根据在“单项设置”中选择“工程定额自动关联材料”项，即在表三甲中添加定额条目时，系统会自动带入与此定额相关的主材，自动生成“国内主要材料”，但是其中光电缆材料费用必须单独录入，系统不会自动生成。

（5）录入表四乙数据。

单击图 8-27 界面左侧的表格切换按钮“表四乙”，即进入表四乙界面，如图 8-28 所示。表中提供了“引进需要安装的设备”、“引进不需要安装的设备、工器具、仪表”、“引进主要材料”和“引进光电缆”4 类器材表，根据具体单项工程分别录入。操作方法与表四甲类似。

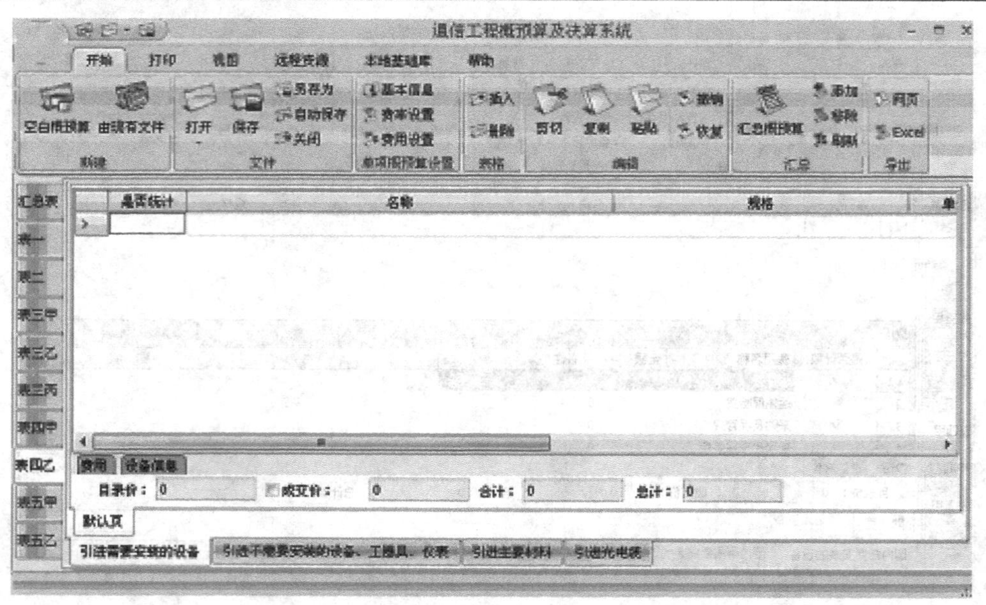

图 8-28　表四乙界面

（6）生成表二。

单击图 8-28 界面左侧的表格切换按钮“表二”，即进入表二界面，如图 8-29 所示。表二的数据是根据“单项概预算设置”系统自动生成，不需要手动录入。但是在一些特殊情况下，可以手动修改表二数据。

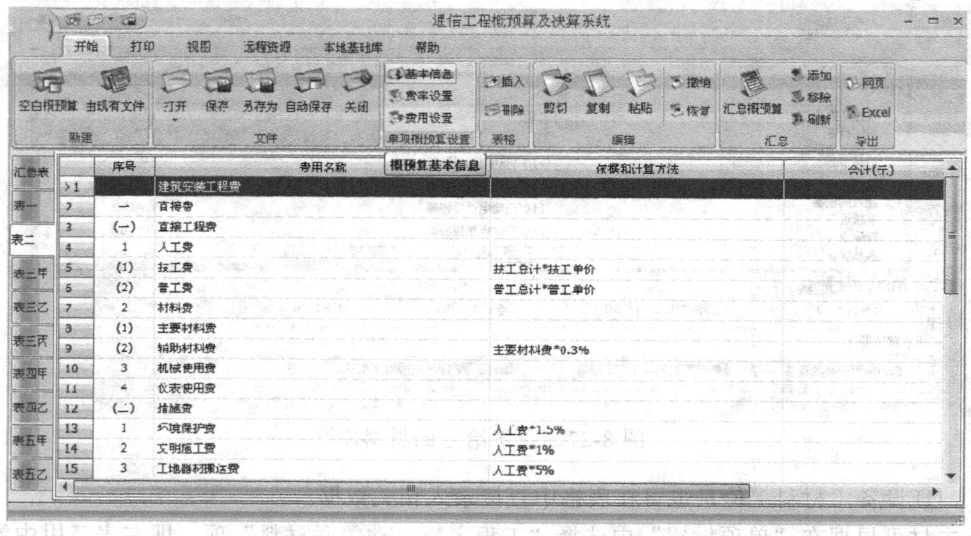

图 8-29　表二界面

（7）生成表五甲数据。

单击图 8-29 界面左侧的表格切换按钮“表五甲”，即进入表五甲界面，如图 8-30 所示。表五甲的数据是根据“单项概预算设置”系统自动生成，不需要手动录入。但是在一些特殊情况下，可以手动修改表五甲数据。更改时，选中所要更改费用所在行，双击“依据和计算方法”对应列，即可进行更改。

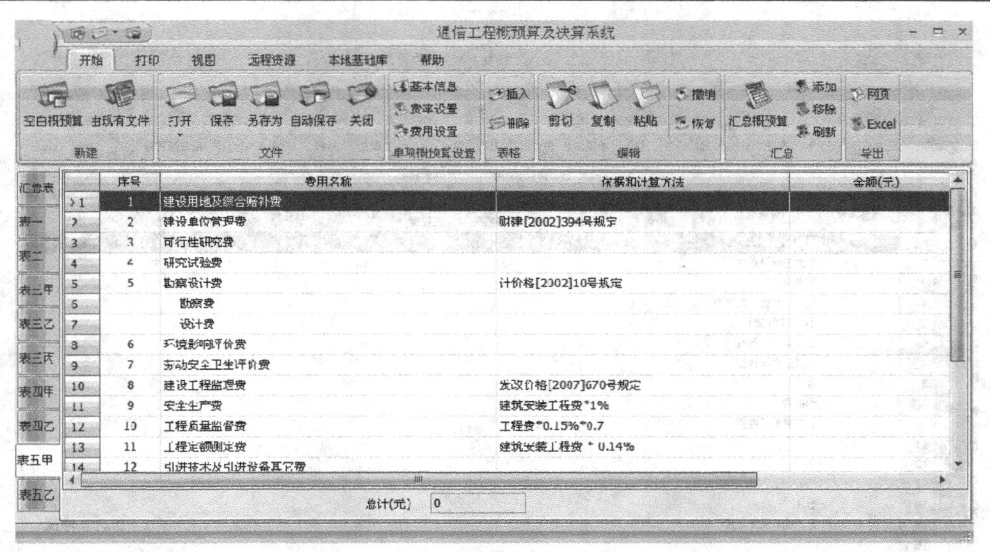

图 8-30　表五甲界面

（8）生成表五乙数据。

单击图 8-30 界面左侧的表格切换按钮“表五乙”，即进入表五乙界面，如图 8-31 所示。表五乙的数据是根据“单项概预算设置”系统自动生成，不需要手动录入。但是在一些特殊情况下，可以手动修改表五甲数据。更改方法参照表五甲。

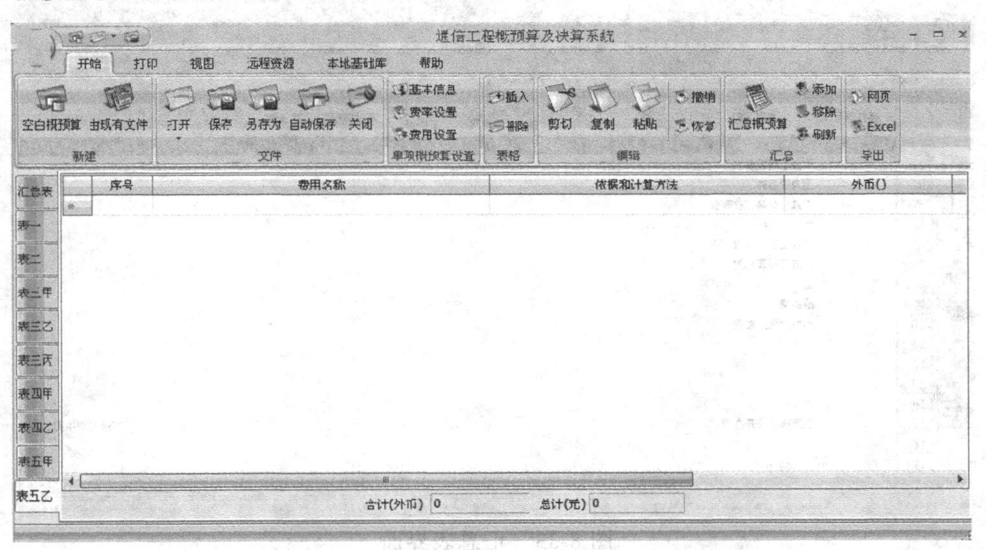

图 8-31　表五乙界面

（9）生成表一数据。

单击图 8-31 界面左侧的表格切换按钮“表一”，即进入表一界面，如图 8-32 所示。表一的数据是由系统自动生成的，不需要手动录入。

（10）汇总表。

单击图 8-32 界面左侧的表格切换按钮“汇总表”，即进入汇总表界面，如图 8-33 所示。汇总表的数据是由系统自动生成的，不需要手动录入。

通信工程概预算及决算系统

开始 打印 视图 远程资源 本地基础库 帮助

空白概预算 自成本文件 | 打开 保存 另存为 自动保存 关闭 | 基本信息 费率设置 费用设置 | 插入 删除 | 剪切 复制 粘贴 撤销 恢复 | 汇总概预算 添加 移除 刷新 | 网页 Excel

新建 | 文件 | 单项概预算设置 | 表格 | 编辑 | 汇总 | 导出

汇总表 表一 表二 表三甲 表三乙 表三丙 表四甲 表四乙 表五甲 表五乙

	表格编号	费用名称	小型建筑工程费	需要安装的设备费	不需要安装的设备、工器具费	建筑安装工程费	其他费用	预备费	总价值人民币(元)	其中外币()	备注
1		建筑安装工程费									
2		引进工程设备费									
3		国内设备费									
4		工具、仪器、仪表费									
5		小计(工程费)									
6		工程建设其他费									
7		引进工程其他费									
8		合计									
9		预备费									
10		小型建筑工程费									
11											
12											
13											
14		总计									
15		生产准备及开办费									在运营费中列支
16											
17											

图 8-32 表一界面

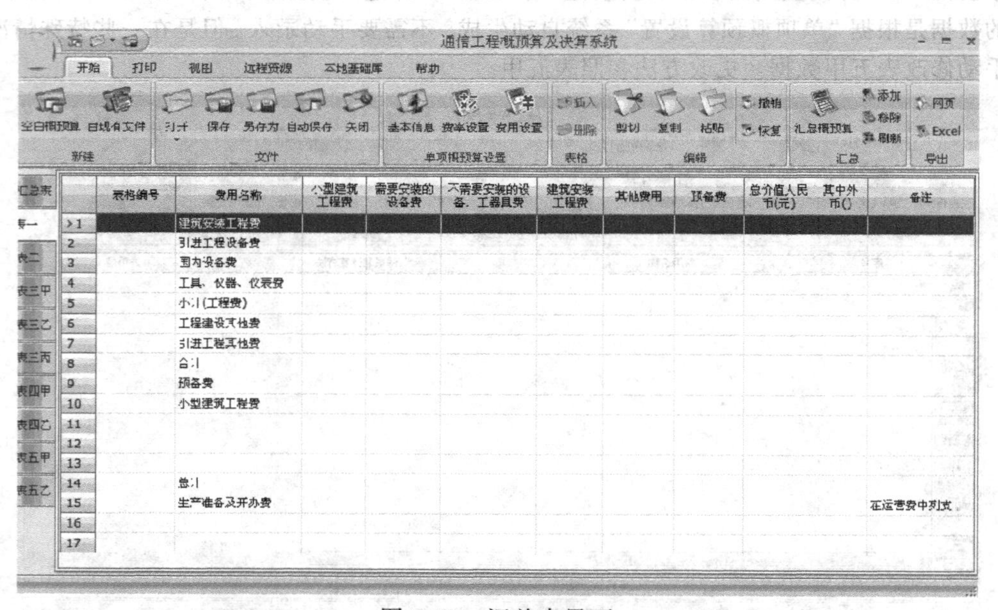

图 8-33 汇总表界面

4. 刷新表格数据

在编辑完各表数据后，由于各表的数据是相互关联的，要正确显示各表数据，则需要刷新。在工具栏中单击“刷新”按钮，系统将会自动计算出当前表的关联数据。

5. 输出表格

在完成各表后，就可以输出表格了。系统提供给了“网页”和“Excel”两种形式的导出形式。在工具栏中“导出”项可根据实际需要，选择合适的形式进行表格导出。

本章小结

（1）通信建设工程概算、预算的编制，应按相应的设计阶段进行。当建设项目采用两阶段设计时，初步设计阶段编制设计概算，施工图设计阶段编制施工图预算。采用一阶段设计时，应编制施工图预算，并列预备费、投资贷款利息等费用。建设项目按三阶段设计时，在技术设计阶段编制修正概算。

（2）设计概算是初步设计文件的重要组成部分。编制设计概算应在投资估算的范围内进行。

施工图预算是施工图设计文件的重要组成部分。编制施工图预算应在批准的设计概算范围内进行。

（3）一个通信建设项目如果由几个设计单位共同设计时，总体设计单位应负责统一概算、预算的编制原则，并汇总建设项目的总概算。分设计单位负责本设计单位所承担的单项工程概算、预算的编制。

（4）通信建设工程概算、预算应按单项工程编制。

（5）通信建设工程概预算文件由编制说明和概预算表组成。编制说明包括：工程概况、概预算总价值；编制依据及采用的取费标准和计算方法的说明；工程技术经济指标分析；其他需要说明的问题。概预算表包括：建设项目总概预算表（汇总表）；工程概预算总表（表一）；建筑安装工程费用概预算表（表二）；建筑安装工程量概预算表（表三）甲；建筑安装工程机械使用费概预算表（表三）乙；建筑安装工程仪器仪表使用费概预算表（表三）丙；国内器材概预算表（表四）甲；引进器材概预算表（表四）乙；工程建设其他费概预算表（表五）甲；引进设备工程建设其他费用概预算表（表五）乙。

（6）通信工程概预算文件编制程序：收集资料，熟悉图纸；计算工程量；套用定额，选用价格；计算各项费用；复核；编写编制说明；审核。

习题与思考题

一、问答题

1. 通信建设工程不同的设计阶段应进行哪些相应的概预算文件的编制？
2. 简述设计概算的编制依据。
3. 简述施工图预算的编制依据。
4. 简述通信建设工程概预算文件组成。

二、选择题

1. 建设项目总概算是根据所包括的（　　）汇总编制而成的。

　A. 单项工程概算　　B. 单位工程概算　　C. 分部工程　　D. 分项工程

2. 一阶段设计编制（　　）。

　A. 概算　　B. 施工图预算（含预算费）

　C. 施工预算　　D. 估算

3. 以下几项内容可组成编制说明的选项有：（　　）。

　A. 工程概况　　B. 编制依据

　C. 投资分析　　D. 投资回报

E. 其他需要说明的问题

4. 表四甲供编制（　　）使用。

A. 国内需要安装的设备　　B. 国内主要材料

C. 国内光电缆　　D. 引进需要安装的设备

三、判断题

1. 预算的组成一般应包括工程费和工程建设其他费。若为一阶段设计时，除工程费和工程建设其他费之外，另外列预备费。（　　）

2. 设计概算的组成，是根据建设规模的大小而确定的，一般由建设项目总概算、单项工程概算组成。（　　）

3. 通信建设工程概、预算，必须由持有勘察设计证书的单位编制，编制人员必须持有通信工程概、预算资格证书。（　　）

4. 概算是施工图设计文件的重要组成部分。在编制概算时，应严格按照批准的可行性研究报告和其他有关文件进行编制。（　　）

5. 初步设计概算和施工图设计预算可不按单项工程编制。（　　）

6. 对于二阶段设计时的施工图预算，虽然初步设计概算中已列有预备费，但二阶段设计预算中还须再列预备费。（　　）

本章实训

1. 实训内容

根据第 2 章所提出的工程背景以及下面给定的已知条件，编制新建基站机房设备安装工程以及新建光缆线路工程施工图预算。

已知条件：

（1）设备预算。

① 本工程为二类工程，承建单位为一级施工企业，施工企业距离所在地 80km。

② 本工程预算包括移动基站、综合机柜、传输设备、电源设备、室内走线架安装及布放，基站天馈线、GPS 天线的安装及布放的费用不在本预算考虑之内。

③ 本工程不计列机房改造费用、空调费用等配套工程费用，由建设单位另行委托相关设计单位设计。

④ 本次机房设备安装由厂家提供调测。

⑤ 工程立项总投资按 1500 万计列。

⑥ 主材运距均按 100km 考虑，设备运距按 500km 考虑。

⑦ 配电箱安装位置已定，外电引入交流配电箱的工程设计，由电力设计单位负责设计。

⑧ 线缆在进入设备或网络柜中设备互联的长度统一取定为 1m。

⑨ 传输设备、ODF 框及 DDF 单元放置于综合柜中。

⑩ 本工程中所有设备、材料单价均由某市移动公司提供。

⑪ 工程计列零星材料费一套 1000 元，包括地线排、铜接线端子、扎带等辅助材料。

（2）线路预算。

① 本工程施工企业距离所在地 80km。

② 本工程预算包括光缆在杆路及管道中的布放。

③ 主材运距：光缆 500km 以内，钢材其他 1500km 以内，塑料 500km 以内。

④ 综合赔补费给定为 3 万元。

⑤ 勘察设计费给定为 6000 元。

⑥ 本工程立项总投资 10 万元。

2. 实训目的

（1）熟悉预算文件的组成和编制方法。

（2）理清预算表格的编制顺序。

（3）掌握预算定额的套用方法，并根据已知条件能正确套用工程的相关定额及其计费标准。

（4）掌握编制预算文件的 5 种 8 张表格的统计及填表方法。

3. 实训要求

（1）预算编制要严格遵照 2008 版通信定额标准文件进行，包括：

①《通信建设工程概算、预算编制办法》；

②《通信建设工程费用定额》；

③《通信建设工程施工机械、仪器仪表台班定额》；

④《通信建设工程预算定额》（第一册通信电源设备安装工程、第三册无线通信设备安装工程、第四册通信线路工程）。

（2）将预算结果正确填写在标准的预算表格中。

（3）利用概预算软件对上述工程进行预算编制，比较两者结果有无差别。

（4）编写预算说明。

第9章

通信工程设计实例

9.1 通信线路工程设计实例

××市移动分公司新建基站接入光缆线路工程

一阶段设计

设计编号：JZXL0001

建设单位：中国移动公司××分公司

项目编号：×××××

设计单位：××设计院

××设计院有限责任公司

××××年××月

××市移动分公司新建基站接入光缆线路工程

一阶段设计

院　　　　　长：×××

院 总 工 程 师：×××

项 目 总负责人：×××

单项设计负责人：×××

预算审核人：×××　　证号：×××××

预算编制人：×××　　证号：×××××

目　　录（略）

一、设计说明

1 概述

本设计为中国移动××分公司新建基站接入光缆线路工程一阶段设计。

1.1 工程概况

经过前期工程的建设，××市移动分公司本地传输网络已初具规模，基本形成了一个覆盖较为完善，层次清晰、结构合理的光传输网络。随着新建基站站址的确定与移动业务的发展，部分地段光缆的需求已不能满足新增基站接入需要，为解决新建基站的传输问题，××市移动分公司决定进行新建基站传输接入光缆线路工程的建设。

本工程主要解决××地区增加 2 个新建基站的传输接入问题。共需新建 16 芯架空光缆 5.651 千米，新建 16 芯管道光缆 0.278 千米，其中新建杆路 1.795 千米。

本工程光缆均采用无铜导线、全填充型非铠光缆，不采用充气维护方式，缆内光纤符合 ITU-TG.652B 建议。

1.2 设计依据

（1）中国移动××分公司××××年×月印发的“关于委托进行××分公司新建基站接入光缆线路工程设计的函”。

（2）中国移动××分公司提供的资料。

（3）我院工程技术人员现场查勘的资料。

（4）原信息产业部关于光缆线路建设的有关规范和要求。

（5）中华人民共和国工程建设标准强制性条文（信息工程部分）。

1.3 设计内容和范围

1.3.1 设计内容

（1）沿线各种光缆线路安装、接续、敷设及线路保护设计。

（2）本光缆线路沿途所需新建杆路的安装设计。

（3）基站引入的安装设计。

1.3.2 设计范围及分工

本设计与传输网设备单项工程的分界面为以基站内光电合架为分界点，光电合架及以外两局间的光缆线路建设由本设计负责。

1.4 主要工程量

本工程需技工 309.73 工日，普工 151.36 工日，主要工程量见表 9-1。

表 9-1　　主要工作量表

序　号	项 目 名 称	单　位	数　量
1	管道光缆工程施工测量	100m	2.78
2	架空光（电）缆工程施工测量	100m	56.86
3	立 9m 以下水泥杆（综合土）	根	38
4	装 7/2.2 单股拉线（综合土）	条	2
5	装 7/2.6 单股拉线（综合土）	条	10
6	装撑杆（综合土）	根	1

续表

序　　号	项 目 名 称	单　　位	数　　量
7	城区架设 7/2.2 吊线	1000m 条	2.01
8	架设架空光缆（丘陵、水田、市区）36 芯以下	1000m 条	5.651
9	敷设管道光缆（36 芯以下）	1000m 条	0.278
10	架设钉固式墙壁光缆	100m 条	0.35
11	布放室内槽道光缆	100m 条	0.7
12	市话光缆接续（24 芯以下）	头	20
13	市话光缆成端接头	芯	32
14	市话光缆中继段测试（24 芯以下）	中继段	1

1.5 工程投资及技术经济指标

本工程预算总投资为 179495 元，预算投资的单位工程造价指标和每千米造价指标见表 9-2。

表 9-2　　　　工程投资及单位造价表

序　　号	项 目 名 称	单　　位	指　　标
1	工程规模	千米	6.034
		芯千米	96.544
2	工程总投资	元	179495
3	单位造价	元/千米	29747
		元/芯千米	1859

经分析，本册设计经济技术指标属正常范围。

2 建设方案

2.1 现状及分析

经过前期工程建设，××市移动分公司本地传输网络已初具规模。目前接入层已形成可覆盖城区主要干道及各乡镇的环网，但接入环普遍存在环路大、物理路由长、环上节点多的问题，对网络安全造成很大的隐患。随着××市移动业务的发展及新建基站站址的确定，部分地段光缆的需求已不能满足新增基站接入需要，为解决新建基站的传输问题，××市移动分公司决定进行新建基站传输接入光缆线路工程的建设。

2.2 组网原则

结合××市传输网现状及地形、地貌的实际情况，从通信网“完整性、统一性、先进性和经济、高效、安全”出发，本期工程的组网及建设原则确定如下：

（1）逻辑网与物理网应同步考虑进行，两者互相协调，在确定了逻辑网络的结构的同时确定光缆网络和管道网的结构和路由。

（2）光缆路由应采用最短最优物理路由，尽量利用原有传输资源。

（3）城区及县城内光缆以管道敷设方式为主，郊县以杆路敷设方式为主。

2.3 建设方案

本工程在××市共新增 2 个基站，它们将就近接入本地传输网中来。共需新建 16 芯光缆 5.964 千米，其中新建杆路 1.795 千米。本工程光缆城区主要采用管道方式敷设，郊区采用架空方式敷设，各段具体建设情况见光缆线路施工图。

2.4 光缆路由方案

2.4.1 工程沿线自然地貌

本工程施工地区地理环境优越，地势平坦，土地肥沃，物产丰富。工程沿线地势为平原地带，河塘沟渠纵横密布，气候四季分明，雨量丰沛，水陆交通便捷，公路四通八达。工程沿线交通便利，除梅雨季节外均可施工，特别是深秋和冬季，气候干燥，河水及田间作物较少，更便于施工作业。

2.4.2 路由选择原则

路由的选择应考虑路由的短捷、安全、稳定，沿靠主要县乡镇公路，可实施性强，施工方便，节省投资。

2.4.3 纤芯容量

根据省公司光缆缆芯的建设原则，纤芯容量的选用应兼顾合理性与经济性，应既能满足当前的需要，也需有一定的余量以适应将来的发展。本工程所属地区属郊县，根据以上原则决定采用16芯光缆。

2.5 线路衰耗限值及传输指标预算

（1）光缆衰耗限值（见表9-3）。

表9-3　单位长度光缆衰耗指标

窗　口	1310nm 波长	1550nm 波长
纤芯类型	G.652	G.652
衰耗指标（dB/km）	0.36	0.23
接头损耗（dB/个）	0.08	0.08
活接头损耗（dB/个）	0.5	0.5

（2）传输指标核算。

根据目前使用的155Mbit/s以下设备技术指标，衰减限制的中继距离比色散限制的中继距离要短，系统的中继段长度主要由衰减限值决定。如果按最坏值法计算再生中继段长，各档光功率预算见表9-4。

表9-4　光功率预算表

应用分类代码	S-1.1	L-1.1	L-16.2
最小平均发送光功率（dBm）	−15	−5	−2
最小接收灵敏度（dBm）（BER≤10−12）	−28	−34	−28
最小过载点（dBm）	−8	−10	−9
光通道代价（dB）	1	1	2
光缆富余度（dB）	2	3	3
活接头损耗（dB）	1	1	1
实际光纤衰减（包括接头）	0.40dB/km	0.40dB/km	0.27dB/km
容许的最大中继段长度（km）	22.5	60	74

本工程新建光缆线路站间距离均小于20km，可以满足155Mbit/s层面上的无中继要求。

2.6 光缆端别的确定

本工程光缆端别按以下原则确定：

（1）如果光缆成环，以交换局或传输中心为基点作为 A 端，远端为 B 端，按从北向南、从东向西顺时针方向。

（2）如果光缆不成环，近端作为 A 端，远端为 B 端，按从北向南、从东向西顺时针方向。

（3）分歧光缆的端别应服从主干光缆的端别。

2.7 终端设备选择

本期工程基站内各配 2 个 24 芯 ODF 模块。

3　主要设计指标和施工要求

3.1 光纤光缆的主要技术标准

3.1.1 光纤

本工程所需光缆中纤芯应满足表 9-5 的技术指标要求。

表 9-5　纤芯应满足的技术指标要求

参数		指标
		使用 ITU-T G.652B 所推荐的单模光纤
模场直径	标称值	8.8～9.5μm 之间取一定值
	偏　差	不超过 ±0.5μm
包层直径	标称值	125μm
	偏　差	不超过 ±1.0μm
模场同心度偏差		不超过 0.5μm
包层不圆度		小于 2%
截止波长		λ_{cc}≤1260nm
光纤衰减常数	1310nm 波长	最大值为 0.36dB/km 在 1288～1339nm 波长范围内，任一波长上光纤的衰减系数与 1310nm 波长上的衰减系数相比，其差值不超过 0.03dB/km
	1550nm 波长	最大值为 0.23dB/km 在 1480～1580nm 波长范围内，任一波长上光纤的衰减系数与 1550nm 波长上的衰减系数相比，其差值不超过 0.03dB/km
光纤色散	1310nm 波长	1300～1339nm 范围内不大于 3.5ps/nm・km，1271～1360nm 范围内不大于 5.3ps/nm・km
	1550nm 波长	不大于 18ps/nm・km
光纤零色散波长范围为		1300～1324nm
最大零色散斜率		0.093ps/（nm^2・km）
偏振模色散系数		0.2ps/$km^{1/2}$・nm
弯曲特性（以 30mm 的弯曲半径松绕 100 圈后）		衰减增加值应小于 0.05dB

3.1.2 光缆

（1）结构。

缆芯为层绞式松套管结构，缆芯内（包括松套管内）应全部充油膏。

（2）色谱。

为了便于识别，光纤和松套管必须有色谱标志，投标方应提供具体的色谱排列。用于识别的色标应鲜明，在安装或运行中可能遇到的温度下不褪色、不迁染到相邻的其他光缆元件上，并应透明。每盘光缆两端分别有端别识别标志。

（3）护层。

金属加强型光缆：聚乙烯内护套＋双面涂塑铝带（钢带）＋聚乙烯外护层。

非金属加强型光缆：中心加强件＋聚酯带＋聚乙烯外护层。

（4）机械性能。

光缆在承受规范所允许的拉伸力和允许的压扁力的情况下，在受力解除后，所有光纤的衰减均不应有变化。光缆允许拉伸力和允许压扁力见表 9-6。

表 9-6　光缆的机械性能要求

光缆类型	允许拉伸力（N）		允许压扁力（N/100mm）	
	短暂拉伸力	长期拉伸力	短期压扁力	长期压扁力
管道光缆	≥1500	≥600	≥1000	≥300
架空光缆	≥1500	≥600	≥1000	≥300

（5）光缆允许的曲率半径。

敷设中受力时光缆允许的曲率半径为光缆外径的 20 倍，敷设固定后不受力时光缆允许的曲率半径为光缆外径的 10 倍。在上述条件下，光缆各项性能均无影响。

（6）光缆温度特性。

光缆环境温度要求：工作时为−30℃～+70℃；敷设时为−15℃～+60℃；运输、储存时为−50℃～+70℃。

（7）光缆渗水性能：符合 IEC794—1—F5B 规定，在光缆全截面上进行。

（8）光缆外护层绝缘电阻，即外护层内铠装层与大地间电阻，在光缆浸水 24 小时后测试，不小于 2000MΩ · km（直流 500V 测试）。

（9）介电强度。

外护层内铠装与大地间：在光缆浸水 24 小时后测试，不小于直流 15kV 2 分钟。

外护层内铠装与金属加强芯间：不小于直流 20kV 5 秒钟，符合 ITU—TK.25 规定。

（10）火花试验。

光缆外护层经受至少交流有效值 8kV 或直流 12kV 的火花试验电压。

（11）光缆预期使用寿命。

光缆预期使用寿命不小于 25 年。

（12）光缆外护层上以 1m 间隔印出以下内容：纵长米、光纤数量和类型、制造厂家、制造年份，以上标志在光缆使用寿命期间内应是永久和清晰的。尺码的精确度应优于每 100m ± 0.2m。

3.2 光缆接头盒主要技术要求

本工程采用的光缆接头盒应该满足 YD/T 814—1996《光缆接头盒》要求以及最新升级版本要求。

3.3 施工测量及路由复测

（1）在开工前，施工单位应按照施工图核对路由走向、敷设位置及接续点环境是否安全可靠、便于施工、维护，为光缆配盘、分屯以及敷设提供必要的资料。如环境变化必须对施工图进行修改时，属小范围的修改，由施工单位提出具体意见经建设单位同意确定，并在竣工资料中注明。属较大范围的变动，如改变敷设方式，改变路由应做实地勘查，做出比较方案报原批准单位批准。

（2）光缆配盘。

施工前，应根据复测路由计算出光缆敷设总长度以及光纤全程传输质量要求，进行光缆配盘。光缆应尽量做到整盘敷设，以减少中间接头，在工程施工过程中，可结合工程建设情况灵活选用不同盘长的光缆及组合中间截断所剩余的光缆，靠设备侧的第 1、2 段光缆的长度尽量大于 1km。

3.4 光缆敷设安装及技术要求

3.4.1 光缆敷设的一般规定

（1）光缆的弯曲半径应不小于光缆外径的 10 倍，施工过程中应不小于 20 倍。

（2）布放光缆的牵引力不应超过光缆允许张力的 80%，瞬间最大牵引力不得超过允许张力的 100%。主要牵引力应加在光缆的加强芯上。

（3）为防止在牵引过程中扭转损伤光缆，牵引端头与牵引索之间应加入转环。

（4）布放光缆时，光缆必须由缆盘上方放出，并保持松弛弧形。光缆布放过程中应无扭转，严禁打小圈、浪涌等现象发生。

（5）光缆布放完毕，应检查光纤是否良好。光缆端头应做密封防潮处理，不得进水。

（6）进局光缆管孔应做防水封堵。

3.4.2 局内光缆的敷设安装要求

（1）局内光缆应布放在走线架或槽道上，由于路由复杂，宜采用人工布放方式。布放时，上下楼道及每个拐弯处应设专人，按统一指挥牵引，牵引中保持光缆呈松弛状态，严禁出现打小圈和死弯。

（2）用尼龙扎带绑扎牢固并挂上小标志牌以便识别。

（3）光缆在进线室内应选择安全的位置，当处于易受外界损伤的位置时，应采取保护措施。

（4）光缆经由走线架、拐弯点的前、后应予绑扎。上下走道或爬墙的绑扎部位应垫胶管，避免光缆受侧压。

（5）光缆在中心机房内应注意做好防火措施，光缆在进线室内应当用防火材料进行防护。

3.4.3 架空光缆的敷设安装要求

（1）新立杆路的技术要求。

本工程新立电杆原则上采用梢径为 15cm，1/75 锥形预应力水泥杆，基本杆高为 8m。特殊地段的电杆程式见相关施工图（见图 9-1）。新立杆埋深具体要求见表 9-7。

表 9-7 新立杆埋深要求

杆高（梢径 15cm）	埋深（m）			
	普通土	硬土	水田、湿地	石质
8m	1.5	1.4	1.6	1.2
9m	1.6	1.5	1.7	1.4
10m	1.7	1.6	1.8	1.6
12m	2.1	2.0	2.2	2.0

在河岸塘边缺土的电杆，应做石护墩保护，在路边易受车辆碰撞的杆应做护杆桩。

（2）本工程吊线采用 7/2.2 镀锌钢绞线，吊线采用吊线箍进行固定，挂钩采用 25mm 塑托挂钩。

（3）光缆挂钩的卡挂间距为 50cm，允许偏差应不大于±3cm。挂钩在吊线上的搭扣方向应一致，挂钩托板齐全。

（4）本工程架空光缆距其他物体的水平、垂直、交越时的净距限制见表 9-8 和表 9-9。

表 9-8　　杆路与其他设施的最小水平净距表

名　称	最小净距（m）	备　注
消火栓	1.0	指消火栓与电杆间的距离
地下管、缆线	0.5～1.0	包括通信管道、缆线与电杆间的距离
火车铁轨	地面杆高的 4/3	
地面上已有其他杆路	其他杆高的 4/3	
人行道边石	0.5	
市区树木	0.5	缆线到树干的水平距离
郊区树木	2.0	缆线到树干的水平距离
房屋建筑	2.0	缆线到房屋建筑的水平距离

表 9-9　　架空光缆与其他设施、树木最小垂直净距表

序号	间距说明	最小净距（m）	交越角度
1	光缆距地面		
	一般地区	3	
	特殊地区（在不妨碍交通和线路安全的前提下）	2.5	
	市区（人行道上）	4.5	
	高杆农作物地段	4.5	
2	光缆距路面		
	跨越公路及市区街道	5.5	
	跨越通车的野外大路及市区巷弄	5	
3	光缆距铁路		
	跨越铁路（距轨面）	7.5	
	跨越电气化铁路	一般不允许	≥45°
	平行间距	30	
4	光缆距树枝		
	在市区：平行间距	1.25	
	垂直间距	1	
	在郊区：平行及垂直间距	2	
5	光缆距房屋		
	跨越平顶房屋	1.5	
	跨越人字屋脊	0.6	
6	光缆距建筑物的平行间距	2	
7	与其他架空通信缆线交越时	0.6	≥30°
8	与架空电力线交越时	1	≥30°
9	跨越河流		

续表

序号	间距说明	最小净距（m）	交越角度
9	不通航的河流，光缆距最高洪水位的垂直间距	2	
	通航的河流，光缆距最高通航水位的船桅的最高点	1	
10	消火栓	1	
11	光缆沿街道架设时，电杆距人行道边石	0.5	
12	与其他架空通信缆线平行时	不宜小于 4/3 杆高	

（5）拉线及吊线辅助装置。

拉线、吊线辅助装置及吊线接头，本工程上把采用夹板法制作，下把采用另缠法制作，吊线接头采用夹板法制作。

① 线路偏转转角小于 30° 时，拉线与吊线程式相同。线路偏转转角在 30°～60° 时，拉线大于吊线一个程式。

② 线路偏转转角大于 60° 时，分设顶头拉线。顶头拉线采用比吊线规格大一级的钢绞线。

③ 直线段每隔 1.6km 左右，做四方拉，吊线作双向假终结。

④ 角深大于 5m 的角杆，吊线坡度变更超过杆距的 5%，小于 10%，吊线应做仰、俯角辅助装置，杆路距离大于 90m 的杆，设吊线辅助装置。上述拉线、吊线辅助装置及吊线接头，原则上采用夹板法制作。

⑤ 在无法设拉线的地点，可改用撑杆加固。在采用撑杆时，应考虑电杆受力处的抗弯力，角深超过 5m 时，电杆强度应比一般杆增强一级，并应使角深不超过 10m。撑杆的距高比一般采用 0.6，撑杆的梢径应不小于连接处电杆直径的 4/5。

⑥ 电杆埋深不够及松土地段、土质松软地段角深大于 5m 的角杆、终端杆、分线杆、跨越杆、长档距杆、飞线杆的杆底均应加底盘等加固装置。

（6）根据当地情况，本设计按中负荷区考虑架空光缆的吊线垂度，见表 9-10。

表 9-10　　吊线垂度表

吊线原始垂度（吊线程式：7/2.2　基础应力=29）							加挂光缆最大垂度（cm）
气温 挡距	-10℃	0℃	10℃	20℃	30℃	40℃	
40	7.62	8.55	10.74	11.27	13.32	16.01	45.67
50	12.0	13.46	15.30	17.66	20.73	24.78	66.18
60	17.43	19.55	22.18	25.50	29.72	35.05	89.02
70	23.98	26.86	30.40	34.31	40.28	48.92	113.92
80	31.7	35.46	40.03	45.61	52.34	60.30	140.70
90	40.65	45.39	51.09	57.91	65.94	75.16	169.22
100	50.91	56.73	63.63	71.72	81.04	91.40	190.30

3.4.4 引上光缆的敷设安装要求

本工程穿放引上光缆是利用原有引上杆的引上钢管做保护管，引上钢管内已穿放好 4 根 28/32mm 聚乙烯不同颜色子管，本工程引上光缆穿放在蓝色子管内，子管应延伸至光缆吊线下 50cm 处并绑扎在电杆上，顶部应做好封堵。

3.5 光纤与光缆的接续要求

（1）光缆接头应尽量避免在转弯、桥梁等不稳定地段及交通要道口设置。

（2）光纤接续采用熔接法，每个接头熔接衰减平均值不应大于 0.08dB（OTDR 双向测试，取平均值）。

（3）光缆接续必须认真执行操作工艺的要求，光缆各连接部位及工具、材料应保持清洁，确保接续质量和密封效果。

（4）光纤接续严禁用刀片去除一次涂层或用火焰法制备端面。对填充型光缆，接续时应采用专用清洁剂去除填充物，禁止用汽油清洁，应根据接头套管的工艺尺寸要求开剥光缆外护层，不得损伤光纤。

（5）光缆接续应连续作业，以确保接续质量，当日确实无法完成的光缆接头应采取措施，不得让光缆受潮。

（6）每个接头处，光缆均应留有一定的余量，以备日后维修或第二次接续使用。

（7）光缆接头两侧的光缆金属构件均不连通，同侧的金属构件相互间也不连通，均按电气断开处理。在各局站内，光缆金属构件间均应互相连通并接机架保护地。

（8）光缆与设备的连接采用活接头方式，活接头插入衰耗要求 0.5dB，缆间接续采用固定熔接方式接头。

（9）光缆接头盒在人（手）孔内宜安装在常年积水水位以上的位置，采用保护托架或其他方法承托。

3.6 光缆的预留处理

本设计考虑光缆在下列情况应作预留，预留光缆应盘扎成直径为 0.6m 的圈挂固在相对安全地方。

（1）光缆接头每侧预留 15～30m。光缆在引上、跨越障碍时也应预留 6～10m。余缆需盘成 60cm 直径的缆圈，并绑在电缆托架或加固在井壁、引上杆路等适当位置。

（2）对于有进线室的局所，光缆进出局所时在进线室进行预留，余留长度不大于 40m；对于无进线室的局所，光缆余留在局前第二个人井内，余长为 15～30m，基站的引接架空光缆可以预留在末端杆上，预留长度为 20m，绕圈直径为 50cm。

（3）光缆穿越河流、跨越桥梁、穿越公路等特殊地段，每处应预留 5～30m 光缆。

（4）本工程架空光缆根据沿线杆路路由地理情况，每根杆上做 40cm 光缆小预留，每隔 500m 处预留长度一般为 6～10m，管道光缆在每个人（手）孔中的预留长度为 0.5～1.0m。

3.7 光缆线路防护

3.7.1 光缆线路的防强电

（1）有金属构件的无金属线对光缆线路受强电线路危险影响允许标准应符合下列规定：

① 强电线路故障状态时，光缆金属构件上的感应纵向电动势或地电位升应不大于光缆绝缘外护层介质强度的 60%。

② 强电线路正常运行状态时，光缆金属构件上的感应纵向电动势应不大于 60V。

（2）在选择光缆路由时，应与现在强电线路保持一定的隔距，当与之接近时，在光缆金属构件上产生的危险影响不应超过容许值。

（3）光缆线路与强电线路交越时，宜垂直通过，在困难情况下，其交越角度应不小于 45°，同时应将交越处作绝缘处理。本工程采用电力保护管保护，且保护套管超出电力线两侧各大于 2m。

（4）本设计选用光缆为无铜导线、塑料外护套耐压强度为 15kV 的光缆，并将各单盘光缆的金属构件在接头处作电气断开，将强电影响的积累段限制在单盘光缆的制造长度内。光缆沿线不接地，仅在各局房内接地。

（5）架空线路与电力线路和设备交越时，应做好绝缘处理，其最小净距见表 9-11。

表 9-11　　架空线路与电力线路和设备交越的最小净距

其他电气设备名称	最小垂直净距		备　注
	架空电力线有防雷保护设备	架空电力线路无防雷保护设备	
10kV 以下电力线	2.0	4.0	最高缆线到电力线条
35kV 至 110kV 电力线	3.0	5.0	最高缆线到电力线条
100kV 至 154kV 电力线	4.0	6.0	最高缆线到电力线条
154kV 至 220kV 电力线	4.0	6.0	最高缆线到电力线条
供电线接户线	0.6		最高缆线到电力线条
霓虹灯及其铁架	1.6		最高缆线到电力线条
电车滑接线	1.25		最高缆线到电力线条

（6）在与强电线路平行地段进行光缆施工或检修时，应将光缆内的金属构件作临时接地。

（7）当上述措施无法满足安全要求时，可增加光缆绝缘外护层的介质强度，采用非金属加强芯或无金属构件的光缆。

3.7.2 光缆线路的防雷

（1）除各局站外，沿线光缆的金属构件均不接地。

（2）光缆的金属构件，在接头处不作电气连通，各金属构件间也不作电气连通。

（3）进局光缆的金属加强芯及其他金属构件在 ODF 架光缆加强芯固定点用 16mm^2 的多股铜芯线引接至 ODF 架接地排，再用 35mm^2 的多股铜芯线引接至局房架接地排。

（4）本工程考虑终端杆、引入杆、角杆、分线杆、跨越杆等，直线线路每隔 5～10 根电杆，与 10kV 以上强电线交越时的两侧电杆应做避雷线一处，当吊线与拉线同设时，吊线应该与拉线之间设有绝缘装置。

（5）装有拉线的电杆可以利用拉线入地。拉线与吊线之间必须做绝缘处理，其避雷线用 4.0 铁线制作。无拉线的电杆用 4.0 的铁线将避雷线绑扎在电杆外部，然后利用地气棒直接入地。

（6）防雷接地做好后，应对接地电阻进行测试，接地电阻值应达到表 9-12 要求，如达不到，应采用更换地气棒等方法降低接地电阻的值，使其达到要求。

表 9-12　　防雷保护接地装置接地电阻值表

土壤电阻率（Ω · m）	接地电阻（Ω）
100 以下	≤5
101～500	≤10
501～1000	≤20
1000 以上	适当放宽

（7）钢绞线吊线可视为光缆防电、防雷的良导体，本期工程吊线每隔 1000m 要求做直埋式

地线，每 20 挡电杆、12m 以上电杆以及终结杆、终端杆均要求做直埋式地线，拉线与直埋接地线同设时，必须做好绝缘处理。

吊线接地做好后，应对接地电阻进行测试，接地电阻值应达到表 9-13 要求。

表 9-13　　架空吊线接地电阻表

土壤电阻率（Ω·m）	土　　质	接地电阻（Ω）
100 以下	黑土地、泥炭黄土地、砂质粘土地	≤20
101～300	夹砂土地	≤30
301～500	砂土地	≤35
501 以上	石地	≤45

3.7.3 光缆的防蚀、防潮

对本次工程使用的光缆，其外护套为 PE 塑料，具有良好的防腐蚀性能。光缆缆芯设有防潮层并填充油膏，故本设计不另外考虑其他的防蚀、防潮措施。为避免光缆塑料外护套在施工过程中局部受损伤，以至形成透潮进水的隐患，施工中要特别注意保护光缆塑料外套的完好性。

3.7.4 光缆的防鼠

鼠类的危害主要发生于管道光缆，但管道光缆均敷设于子管中，且两端均进行封堵措施，故不再考虑外加防护措施。

3.7.5 其他防护

对架空光缆，若光缆紧靠树木等物体，有可能磨损时，在光缆与其他物体接触的部分，应用 PVC 管进行保护，如靠近房屋，应包套石棉管或包扎石棉带进行保护。

3.8 光缆线路的标示要求

本工程编号以交换传输中心为近端，按从北向南、从东向西顺时针方向，从 01 开始分段编号，也可以从布放光缆的 A 端开始编号，B 端结束。

（1）标示部位。

① 各局（站）内进线室、走线架、机房 ODF 架、局（站）外光缆引上点。

② 管道内光缆及管道接头盒上。

（2）标示方式。

① 局（站）内重点位置均应附挂规格统一的标志牌。

② 标志牌采用白底蓝字，仿宋字样字体大小适当，达到醒目、美观、位准的要求。

③ 标志牌标示格式：（移动标志图标）“中国移动”＋光缆起端的局名称—光缆末端的局名称＋本工程建设年份＋人手孔井号。

3.9 应遵循的规范标准

（1）本地电话网用户线路工程设计规范（YD5006—2005）。

（2）《中华人民共和国工程建设标准强制性条文（信息工程部分）》。

（3）其他需要说明的有关问题。

① 在开工前，施工单位应对运到工地的光缆、器材的规格、程式进行数量清点和外观检查，对光缆、连接器（活接头）等还应进行光学特性、电特性的测试，并应做好记录。对不符合要求的光缆、器材不得使用。

② 在开工前，施工单位应对本次工程涉及的各基站间光纤传输指标进行测量，并做好记录；等待工程完工后，再次进行指标测量，对比两次测量结果。

③ 基站割接时，需要与各个部门配合同时进行，且不可采用违反操作规程的施工手段盲目割接，中断用户通信。割接前，应以书面形式通知建设单位，待取得建设单位确认时，方可进行施工。

二、预算

1 预算说明

1.1 概述

本预算为××市移动分公司新建基站接入光缆线路工程的预算，工程总投资为 193694 元，其中建筑安装工程费为 146881 元，工程建设其他费为 39363 元，预备费为 7450 元。

1.2 预算编制依据

（1）工信部规［2008］75 号文件：关于发布《通信建设工程概算、预算编制办法》及相关定额的通知。

（2）工信部规［2008］75 号文件：《通信建设工程预算定额》（第四册通信线路工程）。

（3）工信部规［2008］75 号文件：《通信建设工程费用定额》。

（4）工信部规［2008］75 号文件：《通信建设工程施工机械、仪器仪表台班定额》。

（5）原邮电部（1992）403 号文："关于发布《通信行业工程勘察、设计收费工日定额》的通知"，及附件《通信行业工程勘察、设计收费工日定额》。

（6）财政部国家税务总局文，财税［2003］16："财政部 国家税务总局关于营业税若干问题的通知"。

（7）××市移动公司提供的主材单价表及赔补费率。

1.3 有关单价、费率及费用的取定说明

（1）本预算中由建设单位提供的主材单价由建设方提供，其他材料单价参照相关近期竣工的工程计取。

（2）施工队伍调遣费按施工企业基地距工程所在地平均距离 50km 计列。

（3）本工程只计取施工及保修阶段监理费，按工程费的 3%计列。

（4）本工程建设用地及综合赔补费按每杆路千米 4000 元计取。

2 预算表格

（1）工程预算表（表一）见表 9-14，表格编号：JZXL0001-B1

（2）建筑安装工程费用概预算表（表二）见表 9-15，表格编号：JZXL0001-B2

（3）建筑安装工程量预算表（表三）甲见表 9-16，表格编号：JZXL0001-B3

（4）建筑安装工程机械使用费预算表（表三）乙见表 9-17，表格编号：JZXL0001-B3A

（5）建筑安装工程仪表使用费预算表（表三）丙见表 9-18，表格编号：JZXL0001-B3B

（6）国内器材预算表（表四）甲（国内主要材料）见表 9-19，表格编号：JZXL0001-B4A-M

（7）工程建设其他费预算表（表五）见表 9-20，表格编号：JZXL0001-B5A

三、图纸（见图 9-1）

表 9-14

工程预算表（表一）

单项工程名称：新建基站接入光缆线路工程　　建设单位名称：中国移动公司××市分公司　　表格编号：JZXL0001-B1　　第全页

序号	表格编号	费用名称	小心建筑工程费	需要安装的设备费	不需安装的设备、工器具费	建筑安装工程费	其他费用	预备费	总价值	
			（元）						人民币（元）	其中外币（　）
I	II	III	IV	V	VI	VII	VIII	IX	X	XI
1	JZXL0001-B2	建筑安装工程费				146881			146881	
2		引进工程设备费								
3		国内设备费								
4		工具、仪器、仪表费								
5		小计（工程费）				146881			146881	
6	JZXL0001-B5A	工程建设其他费					39363		39363	
7		引进工程其他费								
8		合计				146881	39363		186244	
9		预备费						7450	7450	
10										
11										
12										
13		总计				146881	39363	7450	193694	
14		生产准备及开办费								
15										
16										

设计负责人：×××　　审核：×××　　编制：×××　　编制日期：××××年×月

表 9-15　　建筑安装工程费用概预算表（表二）

单项工程名称：新建基站接入光缆线路工程　　建设单位名称：中国移动公司××市分公司　　表格编号：JZXL0001-B2　　第全页

代号	费用名称	依据和计算方法	合价（元）	代号	费用名称	依据和计算方法	合价（元）
Ⅰ	Ⅱ	Ⅲ	Ⅵ	Ⅶ	Ⅷ	Ⅸ	Ⅻ
	建筑安装工程费		146880.84	12	特殊地区施工增加费	（技工总计＋普工总计）×0	
一	直接费		125713.72	13	已完工程及设备保护费		
（一）	直接工程费		116554.91	14	运土费		
1	人工费		17743.09	15	施工队伍调遣费	106×5×2	1060
（1）	技工费	技工总计×技工单价	14867.26	16	大型施工机械调遣费	单程运价×调遣距离×总吨位×2	558
（2）	普工费	普工总计×普工单价	2875.83	二	间接费		11000.72
2	材料费		78140.35	（一）	规费		5677.79
（1）	主要材料费		77906.63	1	工程排污费		
（2）	辅助材料费	主要材料费×0.3%	233.72	2	社会保障费	人工费×26.81%	4756.92
3	机械使用费		9726.28	3	住房公积金	人工费×4.19%	743.44
4	仪表使用费		10945.19	4	危险作业意外伤害保险费	人工费×1%	177.43
（二）	措施费		9158.81	（二）	企业管理费	人工费×30%	5322.93
1	环境保护费	人工费×1.5%	266.15	三	利润	人工费×30%	5322.93
2	文明施工费	人工费×1%	177.43	四	税金	（直接费＋间接费＋计划利润）×3.41%	4843.47
3	工地器材搬运费	人工费×5%	887.15				
4	工程干扰费	人工费×6%	1064.59				
5	工程点交、场地清理费	人工费×5%	887.15				
6	临时设施费	人工费×10%	1774.31				
7	工程车辆使用费	人工费×6%	1064.59				
8	夜间施工增加费	人工费×3%	532.29				
9	冬雨季施工增加费	人工费×2%	354.86				
10	生产工具用具使用费	人工费×3%	532.29				
11	施工用水电蒸气费						

设计负责人：×××　　审核：×××　　编制：×××　　编制日期：××××年×月

表 9-16

建筑安装工程量预算表（表三）甲

单项工程名称：新建基站接入光缆线路工程　　建设单位名称：中国移动公司××市分公司　　表格编号：JZXL0001-B3　　第全页

序号	定额编号	工程及项目名称	单位	数量	单位定额值（工日）		合计值（工日）	
					技工	普工	技工	普工
I	II	III	IV	V	VI	VII	VIII	IX
1	TXL1-003	管道光（电）缆工程施工测量	百米	2.78	0.5		1.39	
2	TXL1-002	架空光（电）缆工程施工测量	百米	56.86	0.6	0.2	34.12	11.37
3	TXL3-001	立 9 米以下水泥杆 综合土	根	38	0.61	0.61	23.18	23.18
4	TXL3-048	装水泥撑杆 综合土	根	1	0.62	0.62	0.62	0.62
5	TXL3-051	夹板法装 7/2.2 单股拉线 综合土	条	2	0.78	0.6	1.56	1.2
6	TXL3-054	夹板法装 7/2.6 单股拉线 综合土	条	10	0.84	0.6	8.4	6
7	TXL3-143	安装拉线警示保护管	处	15	0.2	0.2	3	3
8	TXL3-146	电杆地线 拉线式	条	10	0.07		0.7	
9	TXL3-147	电杆地线 直埋式	条	5	0.18	0.18	0.9	0.9
10	TXL3-166	水泥杆架设 7/2.2 吊线 城区	千米条	2.01	8	8.5	16.08	17.09
11	TXL3-181	架设架空光缆 丘陵、城区、水田 36 芯以下	千米条	5.651	16.55	12.79	93.52	72.28
12	TXL4-010	敷设管道光缆 36 芯以下	千米条	0.278	13.66	26.16	3.80	7.27
13	TXL4-046	穿放引上光缆	条	2	0.6	0.6	1.2	1.2
14	TXL4-006	布放光（电）缆人孔抽水 积水	个	5		1		5
15	TXL4-050	架设钉固式墙壁光缆	百米条	0.35	3.34	3.33	1.17	1.17
16	TXL4-061	布放槽道光缆	百米条	0.7	0.84	0.84	0.59	0.59
17	TXL5-002	光缆接续 24 芯以下	头	20	4.98		99.6	
18	TXL5-015	光缆成端接头	芯	32	0.25		8	
19	TXL5-039	40 千米以上中继段光缆测试 24 芯以下	中继段	1	11.76		11.76	
20	TXL2-124	铺管保护 铺钢管	米	5	0.03	0.1	0.15	0.5
		默认页合计					309.73	151.36

设计负责人：×××　　审核：×××　　编制：×××　　编制日期：××××年×月

表 9-17　　建筑安装工程机械使用费预算表（表三）乙

单项工程名称：新建基站接入光缆线路工程　　建设单位名称：中国移动公司××市分公司　　表格编号：JZXL0001-B3A　　第全页

序号	定额编号	工程及项目名称	单位	数量	机械名称	单位定额值		合价值	
						数量台班	单价（元）	数量台班	合价（元）
Ⅰ	Ⅱ	Ⅲ	Ⅳ	Ⅴ	Ⅵ	Ⅶ	Ⅷ	Ⅸ	Ⅹ
1	TXL3-001	立 9 米以下水泥杆 综合土	根	38	汽车式起重机	0.04	400	1.52	608
2	TXL3-048	装水泥撑杆 综合土	根	1	汽车式起重机	0.05	400	0.05	20
3	TXL4-006	布放光（电）缆人孔抽水 积水	个	5	抽水机	0.2	57	1	57
4	TXL5-002	光缆接续 24 芯以下	头	20	光纤熔接机	0.8	168	16	2688
5	TXL5-002	光缆接续 24 芯以下	头	20	汽油发电机	0.4	290	8	2320
6	TXL5-002	光缆接续 24 芯以下	头	20	光缆接续车	0.8	242	16	3872
7	TXL5-015	光缆成端接头	芯	32	光纤熔接机	0.03	168	0.96	161.28
		默认页合计							9726.28

设计负责人：×××　　审核：×××　　编制：×××　　编制日期：××××年×月

表 9-18 建筑安装工程仪表使用费预算表（表三）丙

单项工程名称：新建基站接入光缆线路工程　　建设单位名称：中国移动公司××市分公司　　表格编号：JZXL0001-B3B　　第全页

序号	定额编号	工程及项目名称	单位	数量	仪表名称	单位定额值		合价值	
						数量台班	单价（元）	数量台班	合价（元）
Ⅰ	Ⅱ	Ⅲ	Ⅳ	Ⅴ	Ⅵ	Ⅶ	Ⅷ	Ⅸ	Ⅹ
1	TXL1-002	架空光（电）缆工程施工测量	百米	56.86	地下管线探测仪	0.05	173	2.843	491.84
2	TXL3-181	架设架空光缆 丘陵、城区、水田（36 芯以下）	千米条	5.651	光时域反射仪	0.15	306	0.84765	259.38
3	TXL3-181	架设架空光缆 丘陵、城区、水田（36 芯以下）	千米条	5.651	偏振模色散测试仪	0.15	626	0.84765	530.63
4	TXL4-010	敷设管道光缆 36 芯以下	千米条	0.278	光时域反射仪	0.15	306	0.0417	12.76
5	TXL4-010	敷设管道光缆 36 芯以下	千米条	0.278	偏振模色散测试仪	0.15	626	0.0417	26.10
6	TXL5-002	光缆接续 24 芯以下	头	20	光时域反射仪	1.2	306	24	7344
7	TXL5-015	光缆成端接头	芯	32	光时域反射仪	0.05	306	1.6	489.6
8	TXL5-039	40 千米以上中继段光缆测试（24 芯以下）	中继段	1	稳定光源	1.68	72	1.68	120.96
9	TXL5-039	40 千米以上中继段光缆测试（24 芯以下）	中继段	1	光功率计	1.68	62	1.68	104.16
10	TXL5-039	40 千米以上中继段光缆测试（24 芯以下）	中继段	1	光时域反射仪	1.68	306	1.68	514.08
11	TXL5-039	40 千米以上中继段光缆测试（24 芯以下）	中继段	1	偏振模色散测试仪	1.68	626	1.68	1051.68
		默认页合计							10945.19

设计负责人：×××　　审核：×××　　编制：×××　　编制日期：××××年×月

表 9-19

国内器材预算表（表四）甲

（国内主要材料）

单项工程名称：新建基站接入光缆线路工程　　建设单位名称：中国移动公司××市分公司　　表格编号：JZXL0001-B4A-M　　第1页

序号	名　称	规格程式	单　位	数　量	单价（元）	合价（元）	备　注
I	II	III	IV	V	VI	VII	VIII
1	光缆	16 芯 G.662B	m	5.93	4000	23716	
2	双头尾纤	G.662B，FC/PC，5m	根	40	80	3200	
3	小计					26916	
4	硅酸盐水泥	C32.5	kg	7.6	0.3	2.28	
5	水泥卡盘	KP 600mm × 300mm × 200mm	块	1.01	14.62	14.77	
6	水泥拉线盘	LP 500mm × 300mm × 150mm	套	12.12	40	484.8	
7	水泥电杆	15cm × 8m	根	39.12	300	11735.1	
8	小计					12236.95	
9	拉线抱箍	D124 50mm × 5mm	套	2.02	9.5	19.19	
10	卡盘抱箍	D 400mm × 16mm	套	1.01	2.5	2.53	
11	镀锌钢绞线	7/2.2	kg	450.79	5.8	2,614.60	
12	镀锌铁线	Φ1.5mm	kg	7.45	6.3	46.95	
13	镀锌铁线	Φ3.0mm	kg	8.11	5.8	47.04	
14	镀锌铁线	Φ4.0mm	kg	21.80	5.8	126.46	
15	拉线抱箍	D164 50mm × 8mm	套	12.12	16.5	199.98	
16	地锚铁柄		套	12.12	18.5	224.22	
17	拉线衬环	3 股（槽宽 16）	个	4.04	0.75	3.03	
18	三眼双槽夹板	7.0mm	副	46.57	10.5	489.00	
19	镀锌钢绞线	7/2.6	kg	38	5.8	220.4	
20	拉线衬环	5 股（槽宽 21）	个	20.2	1.09	22.02	
21	拉线警示管		套	15.15	10.5	159.08	
22	保安地器棒		根	5.05	12	60.6	
23	单眼地线夹板	7.0mm	副	5	3.15	15.75	
24	吊线担		根	50.75	7.8	395.85	
25	吊线箍		套	50.75	7.8	395.85	
26	镀锌有头穿钉	M12mm × 50mm	副	56.84	0.65	36.95	
27	镀锌有头穿钉	M12mm × 100mm	副	2.03	1.1	2.23	

设计负责人：×××　　审核：×××　　编制：×××　　编制日期：××××年×月

续表

单项工程名称：新建基站接入光缆线路工程　　建设单位名称：中国移动公司××市分公司　　表格编号：JZXL0001-B4A-M　　第2页

序号	名　称	规格程式	单　位	数　量	单价（元）	合价（元）	备　注
I	II	III	IV	V	VI	VII	VIII
28	吊线压板	（带穿钉）	副	50.75	5.53	280.66	
29	拉线抱箍	D134 50mm × 5mm	套	8.12	11.9	96.63	
30	拉线衬环	7股（槽宽22）	个	16.24	1.7	27.61	
31	三眼单槽夹板	7.0mm	副	56.84	7.8	443.37	
32	保护软管		m	141.28	7.5	1059.6	
33	电缆挂钩	25mm	只	11641.06	0.2	2,328.21	
34	光缆托板		块	13.48	8	107.86	
35	电缆卡子	#14	套	72.1	0.3	21.63	
36	光缆接续器材		套	52.52	32	1680.64	
37	镀锌焊接钢管	Φ50,2"	m	5.05	24.55	123.98	
38	双吊线抱箍（带穿钉）	D184	套	5	22	110	
39	光缆标志牌		块	240	3	720	
40	小计					12081.92	
41	双壁波纹PVC塑料管	Φ28 × 3mm	m	7.42	3.8	28.21	
42	托板塑料垫		块	13.48	0.77	10.38	
43	套管		个	0.85	13	11.05	
44	塑料胶带	PVC 1.5 × 44	盘	14.46	2.8	40.48	
45	三线保护管		m	150	5	750	
46	拉线警示管		套	15.15	15	227.25	
47	光缆接头盒	24芯	套	20	600	12000	
48	ODF模块	24芯	套	4	1200	4800	
49	小计					17867.36	
50	运杂费（光缆）					2422.44	
51	运杂费（钢材及其他）					1087.37	

设计负责人：×××　　审核：×××　　编制：×××　　编制日期：××××年×月

续表

单项工程名称：新建基站接入光缆线路工程　　建设单位名称：中国移动公司××市分公司　　表格编号：JZXL0001-B4A-M　　第 3 页

序号	名　称	规格程式	单　位	数　量	单价（元）	合价（元）	备　注
Ⅰ	Ⅱ	Ⅲ	Ⅳ	Ⅴ	Ⅵ	Ⅶ	Ⅷ
52	运杂费（塑料及其制品）					1161.38	
53	运杂费（水泥及其制品）					3303.98	
54	运输保险费					69.10	
						760.13	
	默认页合计					77906.63	

设计负责人：×××　　审核：×××　　编制：×××　　编制日期：××××年×月

表 9-20

光缆线路工程表五

工程建设其他费预算表（表五）

单项工程名称：新建基站接入光缆线路工程　　建设单位名称：中国移动公司××市分公司　　表格编号：JZXL0001-B5A　　第全页

序号	费用名称	计算依据和计算方法	金额（元）	备　注
I	II	III	IV	V
1	建设用地及综合赔补费	4000 × 1.795	7180	每杆路公里 4000 元
2	建设单位管理费	财建［2002］394 号规定	2067.59	
3	可行性研究费			
4	研究试验费			
5	勘察设计费	计价格［2002］10 号规定	11940.33	
6	勘察费		6140.75	
7	设计费		5799.58	
8	环境影响评价费			
9	劳动安全卫生评价费			
10	建设工程监理费	工程费 × 3%	4406.43	
11	安全生产费	建筑安装工程费 × 1%	1468.81	
12	工程质量监督费	工程费 × 0.15% × 0.7	154.22	
13	工程定额测定费	建筑安装工程费 × 0.14%	205.63	
14	引进技术及引进设备其他费			
15	工程保险费			
16	工程招标代理费	计价格［2002］1980 号规定		
17	专利及专利技术使用费			
18	生产准备及开办费	0 × 0		在运营费中列支
19	其他费用			
	总计		39363.34	

设计负责人：×××　　审核：×××　　编制：×××　　编制日期：××××年×月

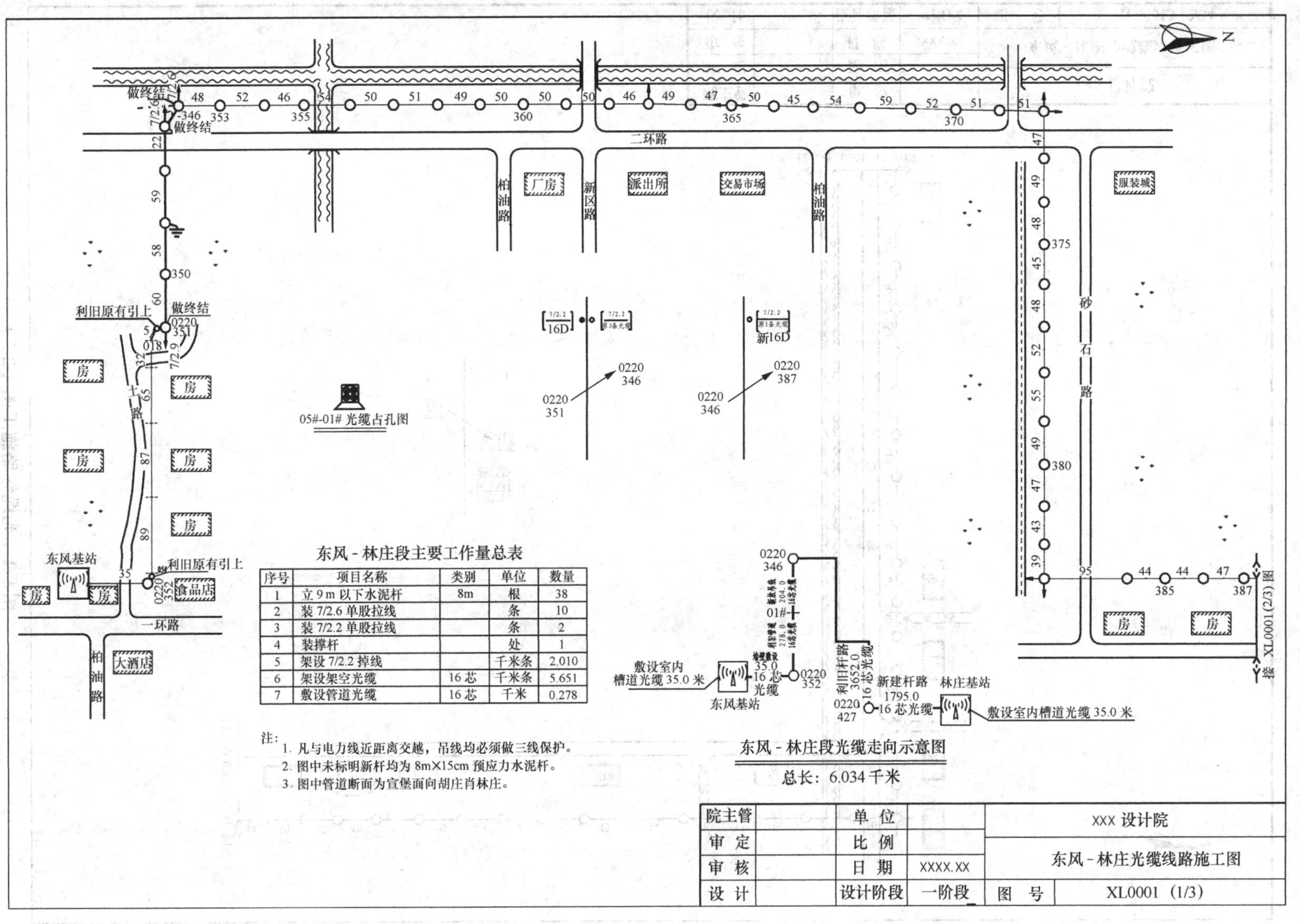

图 9-1　光缆线路施工图（1/3）

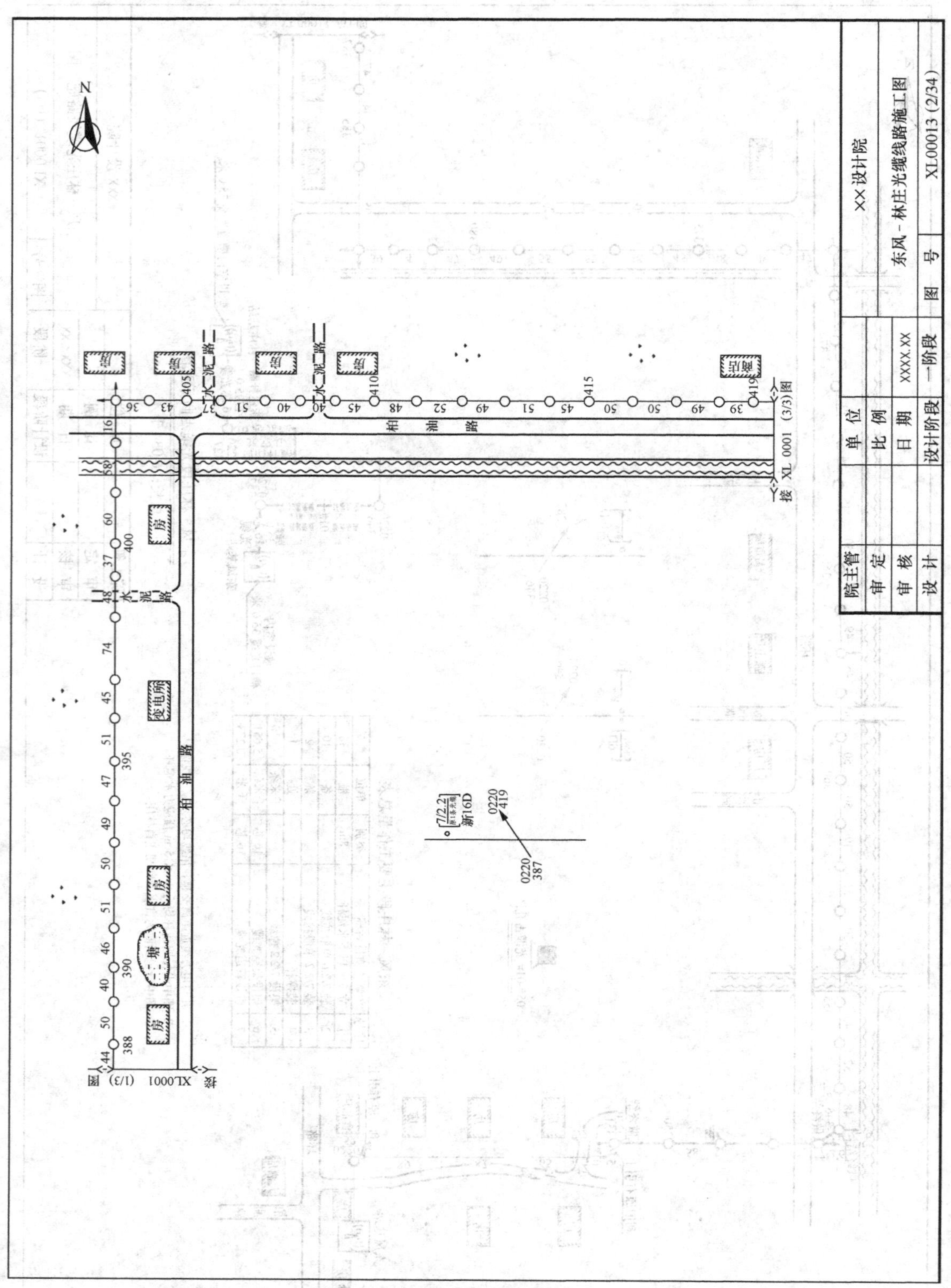

图 9-1　光缆线路施工图（2/3）

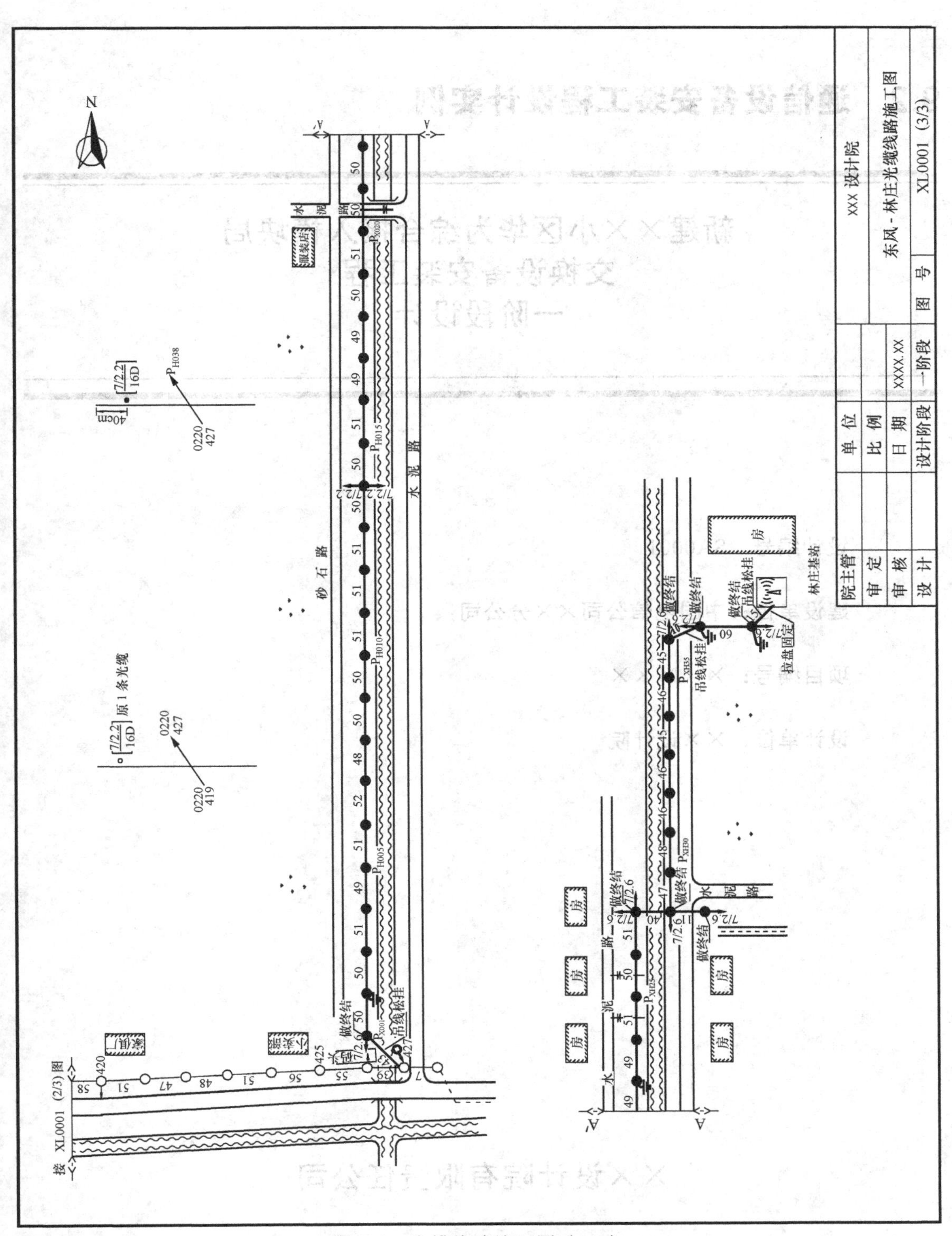

图 9-1　光缆线路施工图（3/3）

9.2 通信设备安装工程设计实例

新建××小区华为综合接入模块局
交换设备安装工程
一阶段设计

设计编号：SA0001

建设单位：中国电信公司××分公司

项目编号：×××××

设计单位：××设计院

××设计院有限责任公司

××××年×月

新建××小区华为综合接入模块局
交换设备安装工程
一阶段设计

院　　　　　长：×××

院 总 工 程 师：×××

项 目 总负责人：×××

单项设计负责人：×××

预算审核人：××× 证号：通信（概）字××××××

预算编制人：××× 证号：通信（概）字××××××

目　录（略）

一、设计说明

本设计为新建××小区华为综合接入模块局交换设备安装工程一阶段设计。

1 概述

1.1 设计依据

（1）中国电信公司××分公司资源调配投资中心 0001 号设计任务书。

（2）原信息产业部《固定电话交换设备安装工程设计规范》（YD/T5076—2005）。

（3）原邮电部标准《通信设备安装抗震设计规范》（YD5059—98）。

（4）中华人民共和国《工程建设标准强制性条文（信息工程部分）》（建标〔2000〕259 号）。

（5）中国电信公司××分公司提供的××小区模块局设备报价书。

（6）中国电信公司××分公司提供的配套设备框架协议。

（7）设计人员现场勘察资料。

1.2 本期工程概况

本工程为新建××小区华为综合接入模块局交换设备安装工程，地点在××市临河大道一层办公房 103 室，室内面积约为 22m^2。本期交换安装容量为深圳华为 UA5000 综合接入设备 1000 线，实配 32 线模拟用户板 16 块，母局为西山华为 C&C08 端局。

本工程以专业划分为交换、电源空调、监控 3 个单项工程，分为两套文本，交换一本，电源空调、监控一本，为一阶段设计，本册为交换单项设计文本。

1.3 设计的主要内容

交换设备、配线架的安装调测。

交换设备相关的各种缆线的布放路由和连接位置。

交换设备单项工程建设所需的设备、材料、工具、仪表及安装工程的预算。

1.4 设计分工

交换专业与电源专业的分工以开关电源直流输出端子为界；与传输专业的分工以集装架（IEF）交换设备 2M 电缆的接入点为界，交换设备的数字中继端口至 DDF 条端口之间的同轴电缆布放由交换设计负责；与线路专业的分工以 MDF 横列端子板为界，交换设备至 MDF 横列端子板之间的用户电缆布放由交换设计负责。

1.5 机房环境及土建工艺要求

（1）机房需单独埋设一组接地系统，并用 40 × 4 的镀锌扁钢引入机房，接地电阻值要求小于 3Ω。

（2）机房所需交流电源容量为 380V/25kW，由本楼内交流配电房引接一路 380V 稳定交流市电至机房交流配电箱，用户配电房内引入端子由用户指定，交流引入电缆线径应不小于 RVVZ-4 × 25。

（3）机房承重要求达到 6.0kN/m^2，电池组下要求达到 10kN/m^2。墙壁及顶用水泥抹平，并用白色防水乳胶漆涂刷，地面铺设地砖。

（4）机房要求达到二级防火标准，特别要注意防水、防潮、防火、防盗、防鼠。机房内不做吊顶，不能有任何水管、排污管等穿过机房，机房内严禁有滴漏水现象发生。机房温度要求：18～28℃，相对湿度要求：40%～70%。

（5）机房门洞尺寸为 W：960，H：2100，需安装防盗防火智能封闭铁门。

1.6 中继方式

××小区模块局为市话模块局，按照××市本地网组网原则，应挂在母局西山华为 C&C08 端局下，模块局至市话局的来、去话务量均由母局汇接，本次工程模块局至母局之间开通 8 个 2Mbit/s 数字中继系统，详见××小区模块局中继方式图。

1.7 信令方式及同步方式

局间信令方式：采用交换机内部信令。

网同步方式：采用等级主从同步方式，模块局为第四级，同步于母局。

1.8 编号计划

××市本地网为等位制拨号，号长 8 位，根据市话本地网号码资源分配原则，本模块局利用新分配的用户号码段，为：85457000-85457999。

1.9 计费方式

采用复式计费方式，本局是模块局，其计费由母局承担。收费标准及特种业务号码、长途呼叫拨号均按国家规定执行。

2 设备配置

2.1 模块局交换设备

本期工程交换机采用深圳华为公司提供的 UA5000G 型综合接入设备。本期配置交换机架 1 架，32 线模拟用户板 16 块，RSU4 中继板 2 块，配置 32 对用户电缆 29 条，16 芯中继电缆 1 条。

2.2 配线架

综合考虑今后的发展、机房层高和线路专业的需求等因素，本模块局配线架选用普天 JPX01 型 2000 回线单面配线架 1 架（特制），配置 JPX01 型 128 回线测试接线排 8 块，JPX01 型 100 回线保安接线排 10 块，P01D 型保安单元 550 个，见表 9-21。

表 9-21 配线架的选用及配置

生产厂家	型号	回线数	单/双	架数	横列端子板已安装块数	本次需安装端子板数	下次可安装端子板数
普天	JPX01	2000L	单面	1	0	8	8

3 机房布置

机房内设备位置安排见××小区机房设备平面布置图，机房内所有电缆全部采用走线架上走线方式。

4 主要工作量

本工程主要工程量见表 9-22。

表 9-22 主要工程量表

序　号	工作项目	单　位	数　量	备　注
1	安装调测交换设备	架	1	
2	安装总配线架	架	1	
3	布放用户电缆	条	29	12m/条
4	布放中继电缆	条	1	10m/条
5	布放电力电缆	m	26	
6	安装测试接线排	块	8	

5　维护人员计划

按照现行维护体制的要求，模块局机房实行无人值守。

6 需要说明的问题

6.1 话务量的计算

由于本次工程为新建市话模块局，交换设备配置按合同要求，设计中不再对话务量进行计算。

6.2 抗震说明

××市为 7 度地震烈度，根据有关抗震文件精神，为了保证机房设备安装牢固，通信安全可靠，在机架安装时，应采取必要的加固措施，各机架顶部安装应采取由上梁、柱、连固铁、列间撑铁、旁侧撑铁和斜撑组成的加固连接网，构件之间应按有关规定连接牢固，使之成为一个整体，各机架底部需对机架底座固定，机架底座对地面固定。向立柱或梁等加固时，应采取绝缘措施，防止通过加固件或走线架与柱内或梁内钢筋连通。

6.3 接地说明

机房内通信设备及其供电设备正常不带电的金属部分、进局电缆的保安装置接地端以及电缆的金属护套均应作保护接地，保护地线的长度不得大于 30m。保护地从机房内的接地汇集铜排上引入，引入时防止通过布线引入机架的随机接地。本次工程提供的接地电阻值要求≤3Ω。

6.4 电缆布放说明

模块局的电缆布放采用上走线方式，具体布放要求如下：

（1）布放电缆时，不得损伤导线绝缘层，电缆的布放必须便于维护，并考虑将来扩容的需要。放线过程中，应注意不要将电缆拉得过紧，同时还应考虑到相关电缆插头的安装位置。

（2）在铺设电缆时，每条电缆应有明确编号，以便于检查和连接，电缆标签应贴于电缆两端的明显处且不易脱落。

（3）电源电缆与信号电缆应分开布放，不得发生交越。电缆在机架内布放时，应分开绑扎，分别在机架两侧固定架的内部布放，并绑扎于固定架外侧内沿，各固定架均需绑扎，扎线扣应位于固定架外侧。不在走线槽内布放的电源电缆需穿塑料套管保护。

（4）布放电源电缆和接地线时，应先测量好所需电源电缆长度，并预留足够的长度，以防实际布放时长度不够。如在布放过程中发现长度不够，应停止施工，重新换电缆布放，不得在电缆中间做接头或焊点。

（5）所有电缆均需码放整齐，绑扎带按类绑扎成束。电缆转弯处需均匀圆滑，弯弧外部应保持成垂直或者水平方向成直线。用户电缆转弯处的最大弯曲半径应该大于 100mm，同轴电缆转弯半径不得小于 40mm，电缆转弯处均不得捆扎。

6.5 标签

中继电缆在 DDF 机架端口处应贴上标签，注明 2Mbit/s 数字中继系统在交换设备上的机架号、机框号及板位号。MDF 测试接线排上应贴上标签，标明用户编号和类型。走线架安装完毕，应在走线架侧面贴标签，标明走线架类别。

二、预算

1 预算说明

1.1 概述

本工程为新建××小区华为综合接入模块局交换设备安装工程，属新建工程。工程预算总投资为 145534 元，其中需要安装的设备费为 106564 元，安装工程费为 19405 元，工程建设其他费为 13359 元，预备费为 4239 元。

1.2 预算编制依据

（1）工信部规［2008］75 号文件：关于发布《通信建设工程概算、预算编制办法》及相关定额的通知。

（2）工信部规［2008］75 号文件：《通信建设工程预算定额》（第二册有线通信设备安装工程）。

（3）工信部规［2008］75 号文件：《通信建设工程费用定额》。

（4）工信部规［2008］75 号文件：《通信建设工程施工机械、仪器仪表台班定额》。

（5）原邮电部（1992）403 号文："关于发布《通信行业工程勘察、设计收费工日定额》的通知"，及附件《通信行业工程勘察、设计收费工日定额》。

（6）财政部国家税务总局文，财税［2003］16："财政部 国家税务总局关于营业税若干问题的通知"。

（7）××市电信公司提供的主材单价表及赔补费率。

（8）××市电信公司下发的《关于贯彻执行省公司设计、施工企业入围通知文件的意见》。

2 预算表格

（1）工程预算表（表一）见表 9-23，表格编号：SA0001-B1。

（2）建筑安装工程费用概预算表（表二）见表 9-24，表格编号：SA0001-B2。

（3）建筑安装工程量预算表（表三）甲见表 9-25，表格编号：SA0001-B3。

（4）建筑安装工程仪表使用费预算表（表三）丙见表 9-26，表格编号：SA0001-B3B。

（5）国内器材预算表（表四）甲（国内需要安装设备）见表 9-27，表格编号：SA0001-B4A-E。

（6）国内器材预算表（表四）甲（国内不需要安装设备）见表 9-28，表格编号：SA0001-B4A-T。

（7）国内器材预算表（表四）甲（国内主要材料）见表 9-29，表格编号：SA0001-B4A-M。

（8）工程建设其他费预算表（表五）甲见表 9-30，表格编号：SA0001-B5A。

三、图纸

本设计共有图纸 8 张，如图 9-2～图 9-9 所示。

表 9-23

工程预算表（表一）

单项工程名称：通信交换设备安装工程　　建设单位名称：中国电信公司××市分公司　　表格编号：SA0001-B1　　第全页

序号	表格编号	费用名称	小心建筑工程费	需要安装的设备费	不需安装的设备、工器具费	建筑安装工程费	其他费用	预备费	总价值	
			（元）						人民币（元）	其中外币（ ）
I	II	III	IV	V	VI	VII	VIII	IX	X	XI
1	SA0001-B2	建筑安装工程费				19405			19405	
2		引进工程设备费								
3	SA0001-B4A-E	国内设备费		106564					106564	
4	SA0001-B4A-T	工具、仪器、仪表费			1967				1967	
5		小计（工程费）		106564	1967	19405			127936	
6	SA0001-B5A	工程建设其他费					13359		13359	
7		引进工程其他费								
8		合计		106564	1967	19405	13359		141295	
9		预备费						4239	4239	
10										
11										
12										
13		总计		106564	1967	19405	13359	4239	145534	
14		生产准备及开办费								
15										
16										

设计负责人：×××　　审核：×××　　编制：×××　　编制日期：××××年×月

表 9-24　　建筑安装工程费用概预算表（表二）

单项工程名称：通信交换设备安装工程　　建设单位名称：中国电信公司××市分公司　　表格编号：SA0001-B2　　第全页

代号	费用名称	依据和计算方法	合价（元）	代号	费用名称	依据和计算方法	合价（元）
Ⅰ	Ⅱ	Ⅲ	Ⅵ	Ⅶ	Ⅷ	Ⅸ	Ⅻ
	建筑安装工程费		19404.6	12	特殊地区施工增加费	（技工总计+普工总计）×0	
一	直接费		15305.13	13	已完工程及设备保护费		
（一）	直接工程费		12582.59	14	运土费		
1	人工费		3760.42	15	施工队伍调遣费	0×5×2	
（1）	技工费	技工总计×技工单价	3760.42	16	大型施工机械调遣费	单程运价×调遣距离×总吨位×2	
（2）	普工费	普工总计×普工单价		二	间接费		2331.46
2	材料费		8790.12	（一）	规费		1203.33
（1）	主要材料费		8534.1	1	工程排污费		
（2）	辅助材料费	主要材料费×3%	256.02	2	社会保障费	人工费×26.81%	1008.17
3	机械使用费			3	住房公积金	人工费×4.19%	157.56
4	仪表使用费		32.05	4	危险作业意外伤害保险费	人工费×1%	37.6
（二）	措施费		2722.54	（二）	企业管理费	人工费×30%	1128.13
1	环境保护费	人工费×0%		三	利润	人工费×30%	1128.13
2	文明施工费	人工费×1%	37.6	四	税金	（直接费+间接费+利润）×3.41%	639.88
3	工地器材搬运费	人工费×1.3%	48.89				
4	工程干扰费	人工费×0%					
5	工程点交、场地清理费	人工费×3.5%	131.61				
6	临时设施费	人工费×60%	2256.25				
7	工程车辆使用费	人工费×2.6%	97.77				
8	夜间施工增加费	人工费×2%	75.21				
9	冬雨季施工增加费	人工费×0%					
10	生产工具用具使用费	人工费×2%	75.21				
11	施工用水电蒸气费						

设计负责人：×××　　审核：×××　　编制：×××　　编制日期：××××年×月

表 9-25

建筑安装工程量预算表（表三）甲

单项工程名称：通信交换设备安装工程　　建设单位名称：中国电信公司××市分公司　　表格编号：SA0001-B3　　第全页

序号	定额编号	工程及项目名称	单位	数量	单位定额值（工日）		合计值（工日）	
					技工	普工	技工	普工
I	II	III	IV	V	VI	VII	VIII	IX
1	TSY3-001	安装交换设备	架	1	10		10	
2	TSY3-011	市话交换设备硬件测试 用户线	千门	0.512	10		5.12	
3	TSY3-014	市话交换设备软件调测 用户线	千门	0.512	20		10.24	
4	TSD4-020	室内布放电力电缆（单芯） 35mm^{2}以下	10 米条	2.6	0.25		0.65	
5	TSY1-046	放绑 SYV 类射频同轴电缆 单芯	百米条	0.1	1.5		0.15	
6	TSY1-054	编扎、焊（绕卡）接局用音频电缆 128 芯以下	条	29	1.45		42.05	
7	TSY1-060	编扎、焊（绕卡）接 SYV 类射频同轴电缆	芯条	16	0.12		1.92	
8	TSY1-042	放绑局用音频电缆 24 芯以上	百米条	3.48	1.9		6.61	
9	TSY1-032	安装试线排	块	8	0.2		1.6	
		默认页合计					78.34	

设计负责人：×××　　审核：×××　　编制：×××　　编制日期：××××年×月

表 9-26　　建筑安装工程仪表使用费预算表（表三）丙

单项工程名称：通信交换设备安装工程　　建设单位名称：中国电信公司××市分公司　　表格编号：SA0001-B3B　　第全页

序号	定额编号	工程及项目名称	单位	数量	仪表名称	单位定额值		合价值	
						数量台班	单价（元）	数量台班	合价（元）
Ⅰ	Ⅱ	Ⅲ	Ⅳ	Ⅴ	Ⅵ	Ⅶ	Ⅷ	Ⅸ	Ⅹ
1	TSY3-011	市话交换设备硬件测试 用户线	千门	0.512	用户模拟呼叫器	0.1	626	0.0512	32.05
		默认页合计							32.05

设计负责人：×××　　审核：×××　　编制：×××　　编制日期：××××年×月

表 9-27

国内器材预算表（表四）甲

（国内需要安装设备）

单项工程名称：通信交换设备安装工程　　建设单位名称：中国电信公司××市分公司　　表格编号：SA0001-B4A-E　　第 1 页

序号	名　称	规格程式	单位	数量	单价（元）	合价（元）	备　注
I	II	III	IV	V	VI	VII	VIII
1	（一）UA5000						
2	1、窄带主设备						
3	环境监控盒		个	1	1232.24	1232.24	
4	直流配电盒		个	1	913.02	913.02	
5	HB 主框装配组件		套	1	2347.56	2347.56	
6	二次电源板	H6-PWX2	块	2	3452.29	6904.58	
7	8 路远供数字用户板	CB-DSL-PF	块	1	5408.58	5408.58	
8	32 路 48V 模拟用户板	CC-ASL-32L	块	16	4004.65	64074.4	
9	后维护主框 HW 转接板	H6-HWCB	块	1	798.63	798.63	
10	2.2m 后维护总装机柜（直流）		架	1	3682.44	3682.44	
11	用户电路测试板	H6-TSSB	块	1	2071.37	2071.37	
12	小计					87432.82	
13	2．其他设备						
14	C&C08 交换机电源分线盒	C8-DBOX-5	个	1	418.88	418.88	
15	小计					418.88	
16	（二）总配线架	1000W × 300D × 2200H					
		（特制）					
17	2000L 卡接式单面总配线架（特制）	普天 JPX01 型-2000L	架	1	3200	3200	
18	测试接线排（128 回线）	普天 JPX01 型-128L	块	8	336	2688	
19	保安接线排（100 回线）	普天 JPX01 型-100L	块	10	410	4100	
20	保安单元	普天 P01D	个	530	9.5	5035	
21	总告警		只	1	55	55	
22	列告警		只	2	55	110	
23	小计					15188	
24							

设计负责人：×××　　审核：×××　　编制：×××　　编制日期：××××年×月

续表

单项工程名称：通信交换设备安装工程　　　建设单位名称：中国电信公司××市分公司　　　表格编号：SA0001-B4A-E　　　第 2 页

序号	名　称	规格程式	单　位	数　量	单价（元）	合价（元）	备　注
I	II	III	IV	V	VI	VII	VIII
1	运杂费					2266.87	
2	运输保险费					412.16	
3	采购及保管费					844.93	
	默认页合计					106563.66	

设计负责人：×××　　　审核：×××　　　编制：×××　　　编制日期：××××年×月

表 9-28

国内器材预算表（表四）甲

（国内不需要安装设备）

单项工程名称：通信交换设备安装工程　　建设单位名称：中国电信公司××市分公司　　表格编号：SA0001-B4A-T　　第全页

序号	名　称	规格程式	单　位	数　量	单价（元）	合价（元）	备　注
I	II	III	IV	V	VI	VII	VIII
1	接线工具	KJ13	把	2	120	240	
2	梯凳	普天	只	1	820	820	
3	手提式气体灭火器		个	3	270	810	
4	机房用温湿度计		个	1	40	40	
5	小计					1910	
6	运杂费					42.02	
7	运输保险费					7.64	
8	采购及保管费					7.83	
	默认页合计					1967.49	

设计负责人：×××　审核：×××　编制：×××　编制日期：××××年×月

表 9-29 国内器材预算表（表四）甲

（国内主要材料）

单项工程名称：通信交换设备安装工程　　建设单位名称：中国电信公司××市分公司　　表格编号：SA0001-B4A-M　　第全页

序号	名　称	规格程式	单位	数量	单价（元）	合价（元）	备　注
I	II	III	IV	V	VI	VII	VIII
1	接线端子	$\Phi 5$	个	5.28	28.5	150.42	
2	2 米以内螺杆吊挂		套	4	128	512	
3	龙门支撑	1 米以内对机架	付	3	190	570	
4	三角支撑	W：200	套	2	45	90	
5	三角支撑	W：400	套	4	50	200	
6	向墙支撑	W：200	套	7	21	147	
7	向墙支撑	W：400	套	11	30	330	
8	走线架	W：200	m	24	65	1560	
9	走线架	W：400	m	39	75	2925	
10	走线架安装配套材料		套	1	1266.8	1266.8	
11	小计					7751.22	
12	中继电缆-负 45 度-20m-75ohm-8E1-2.2mm	SS-DL-8E1-75-20	根	1	277.79	277.79	
13	用户电缆-16 路用户板-20m-0.4mm-64 芯		根	1	131.19	131.19	
14	用户电缆-32 路用户板-20m-0.4mm-64 芯		根	28	131.88	3692.64	
15	小计					4101.62	
16	运杂费（电缆）					369.15	
17	运杂费（钢材及其他）					697.61	
18	运输保险费					11.85	
19	采购及保管费					118.53	
	默认页合计					8534.10	

设计负责人：×××　　审核：×××　　编制：×××　　编制日期：××××年×月

表 9-30

工程建设其他费预算表（表五）甲

单项工程名称：通信交换设备安装工程　　建设单位名称：中国电信公司××市分公司　　表格编号：SA0001-B5A　　第全页

序号	费用名称	计算依据和计算方法	金额（元）	备　注
I	II	III	IV	V
1	建设用地及综合赔补费			
2	建设单位管理费	财建［2002］394 号规定	1986.78	
3	可行性研究费			
4	研究试验费			
5	勘察设计费	计价格［2002］10 号规定	6556.37	
6	勘察费			
7	设计费			
8	环境影响评价费			
9	劳动安全卫生评价费			
10	建设工程监理费	发改价格［2007］670 号规定	4370.92	
11	安全生产费	建筑安装工程费 × 1%	194.05	
12	工程质量监督费	工程费 × 0.25% × 0.7	223.89	
13	工程定额测定费	建筑安装工程费 × 0.14%	27.17	
14	引进技术及引进设备其他费			
15	工程保险费			
16	工程招标代理费	计价格［2002］1980 号规定		
17	专利及专利技术使用费			
18	生产准备及开办费	0 × 0		在运营费中列支
19	其他费用			
	总计		13359.18	

设计负责人：×××　　审核：×××　　编制：×××　　编制日期：××××年×月

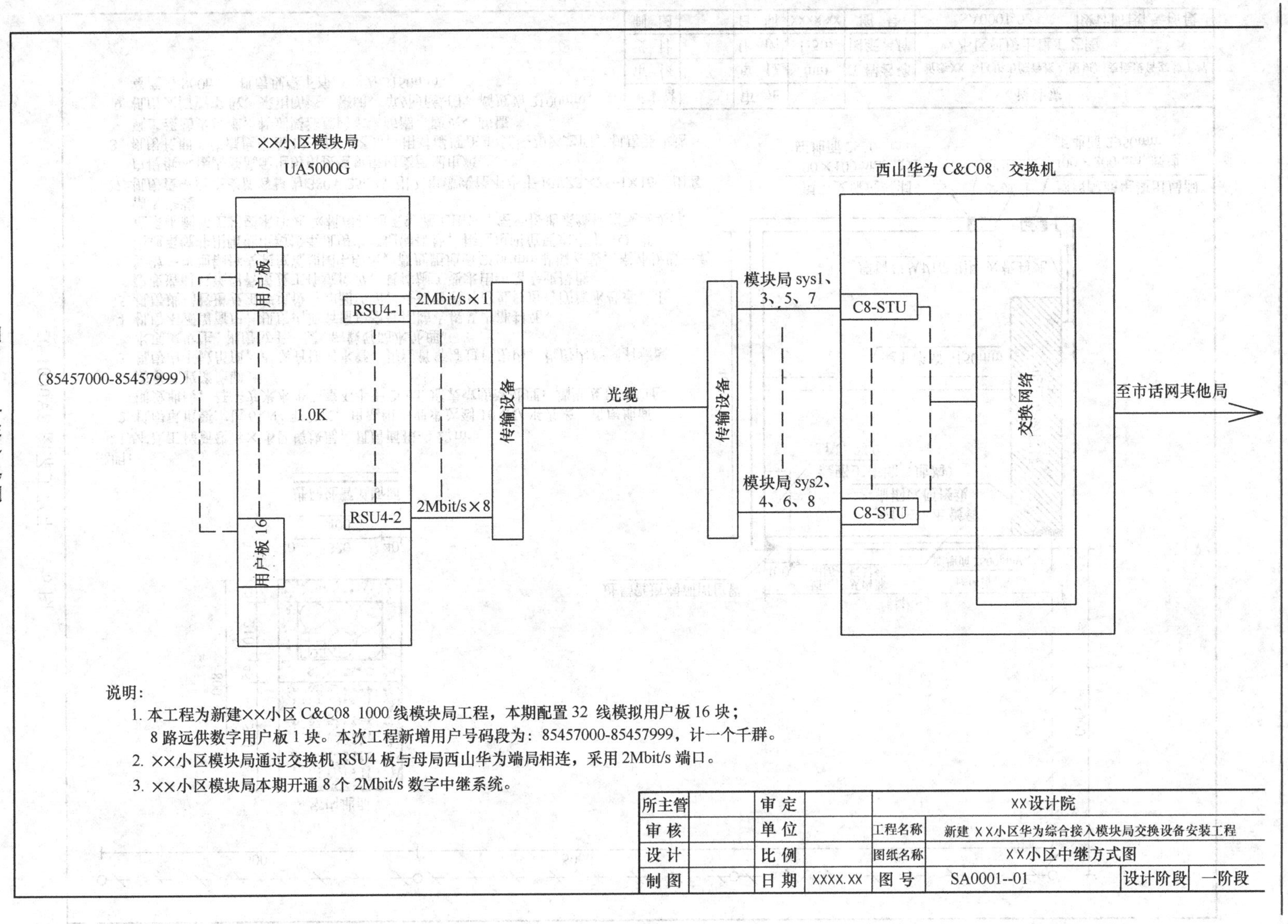

图 9-2 中继方式图 SA0001-01

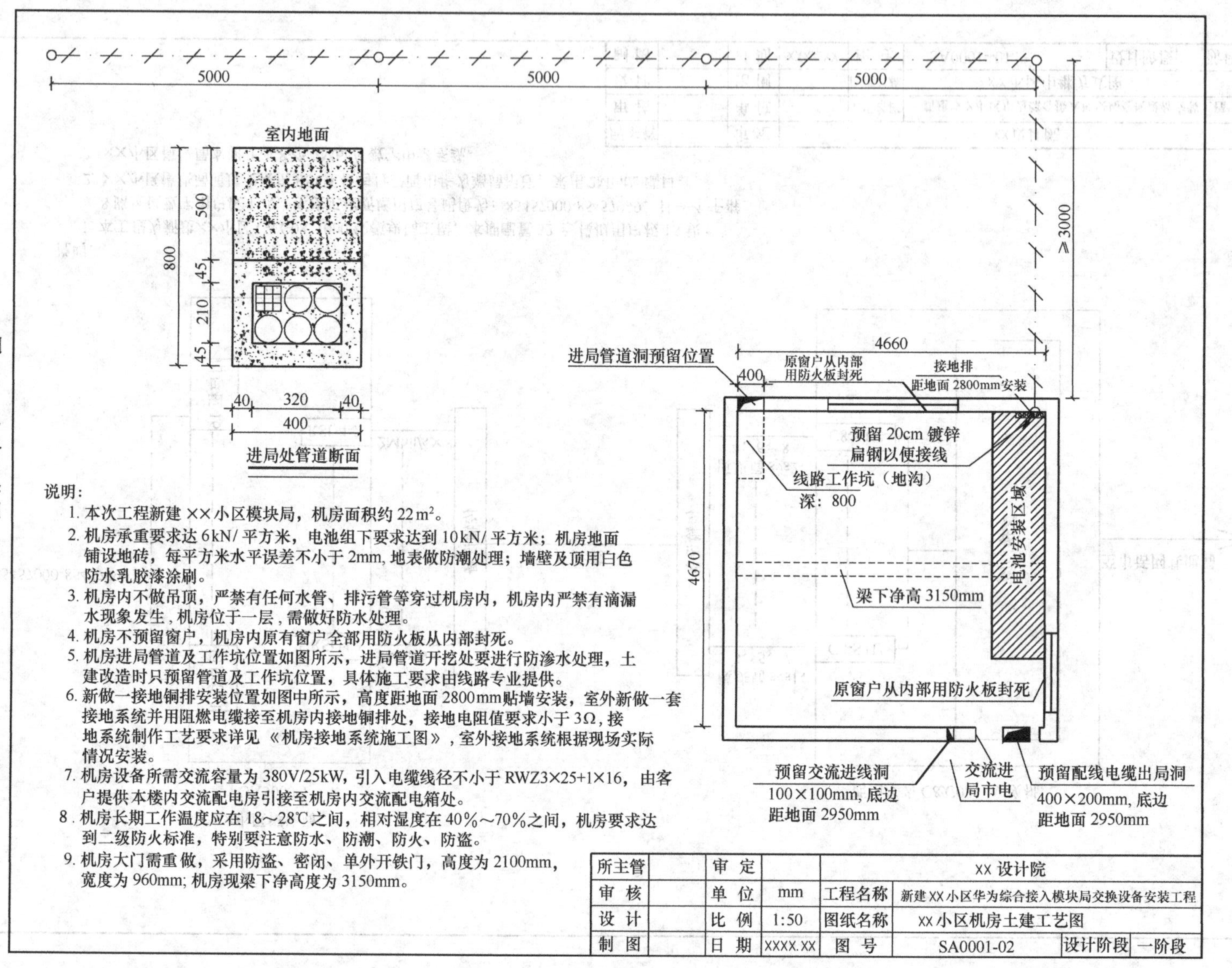

5000
5000
5000
≥3000
室内地面
800
500
45
210
45
40
320
40
400
进局处管道断面
进局管道洞预留位置
4660
400
原窗户从内部
用防火板封死
接地排
距地面 2800mm安装
预留 20cm 镀锌
扁钢以便接线
线路工作坑（地沟）
深：800
电池安装区域
4670
梁下净高 3150mm
原窗户从内部用防火板封死
预留交流进线洞
100×100mm, 底边
距地面 2950mm
交流进
局市电
预留配线电缆出局洞
400×200mm, 底边
距地面 2950mm
说明：
1. 本次工程新建 ××小区模块局，机房面积约 22 m²。
2. 机房承重要求达 6kN/ 平方米，电池组下要求达到 10kN/ 平方米；机房地面铺设地砖，每平方米水平误差不小于 2mm, 地表做防潮处理；墙壁及顶用白色防水乳胶漆涂刷。
3. 机房内不做吊顶，严禁有任何水管、排污管等穿过机房内，机房内严禁有滴漏水现象发生，机房位于一层，需做好防水处理。
4. 机房不预留窗户，机房内原有窗户全部用防火板从内部封死。
5. 机房进局管道及工作坑位置如图所示，进局管道开挖处要进行防渗水处理，土建改造时只预留管道及工作坑位置，具体施工要求由线路专业提供。
6. 新做一接地铜排安装位置如图中所示，高度距地面 2800mm贴墙安装，室外新做一套接地系统并用阻燃电缆接至机房内接地铜排处，接地电阻值要求小于 3Ω，接地系统制作工艺要求详见《机房接地系统施工图》，室外接地系统根据现场实际情况安装。
7. 机房设备所需交流容量为 380V/25kW，引入电缆线径不小于 RWZ3×25+1×16，由客户提供本楼内交流配电房引接至机房内交流配电箱处。
8. 机房长期工作温度应在 18～28℃之间，相对湿度在 40%～70%之间，机房要求达到二级防火标准，特别要注意防水、防潮、防火、防盗。
9. 机房大门需重做，采用防盗、密闭、单外开铁门，高度为 2100mm，宽度为 960mm; 机房现梁下净高度为 3150mm。
所主管
审 定
XX 设计院
审 核
单 位
mm
工程名称
新建 XX 小区华为综合接入模块局交换设备安装工程
设 计
比 例
1:50
图纸名称
XX 小区机房土建工艺图
制 图
日 期
XXXX.XX
图 号
SA0001-02
设计阶段
一阶段

图 9-3 土建工艺图 SA0001-02

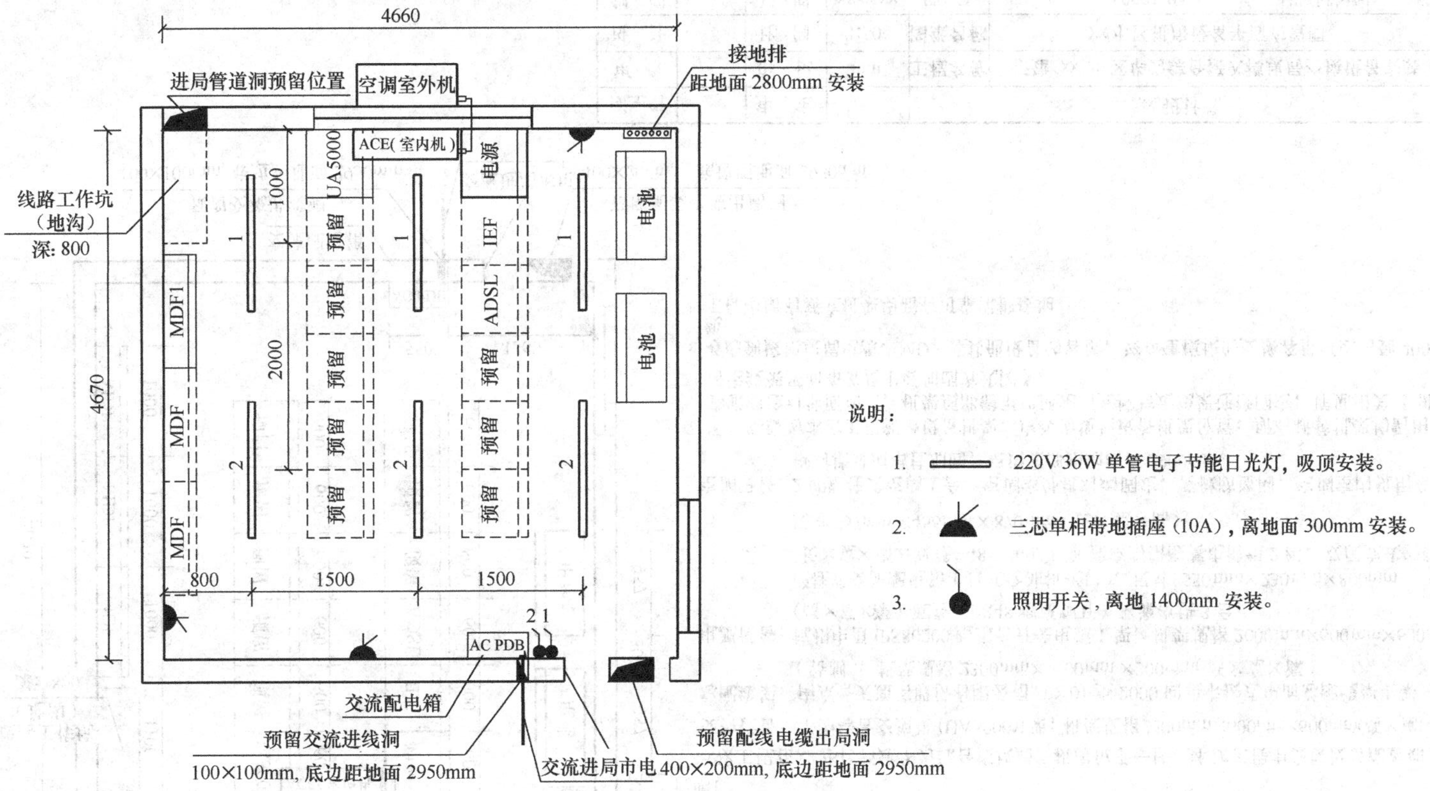

所主管		审 定		xx 设计院			
审 核		单 位	mm	工程名称	新建 xx 小区华为综合接入模块局交换设备安装工程		
设 计		比 例	1:50	图纸名称	xx 小区机房照明、插座要求图		
制 图		日 期	XXXX.XX	图 号	SA0001-03	设计阶段	一阶段

1. 220V 36W 单管电子节能日光灯，吸顶安装。
2. 三芯单相带地插座（10A），离地面 300mm 安装。
3. 照明开关，离地 1400mm 安装。

空调室外机
ACE(室内机)

图 9-4 照明插座要求图 SA0001-03

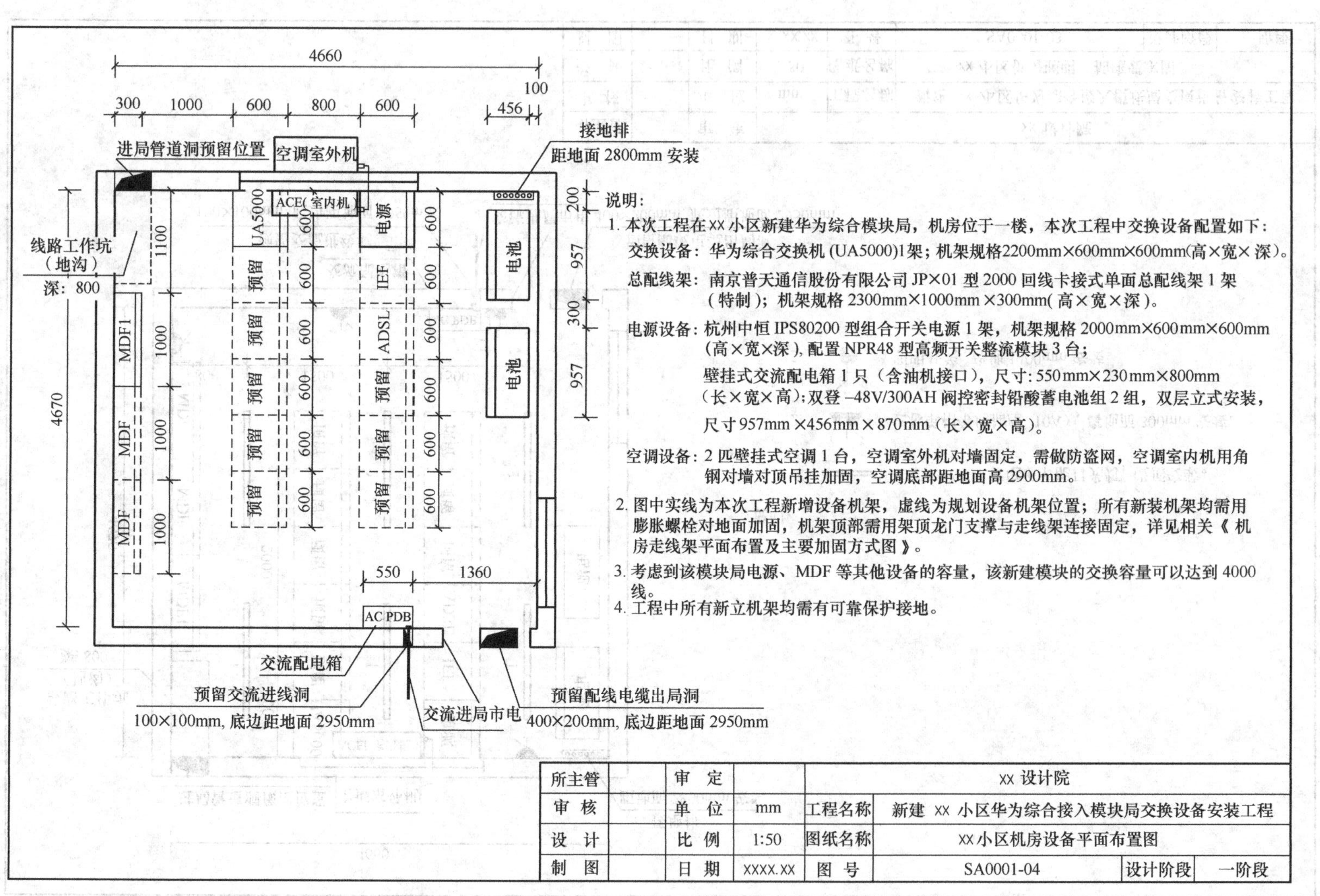

图 9-5 机房平面布置图 SA0001-04

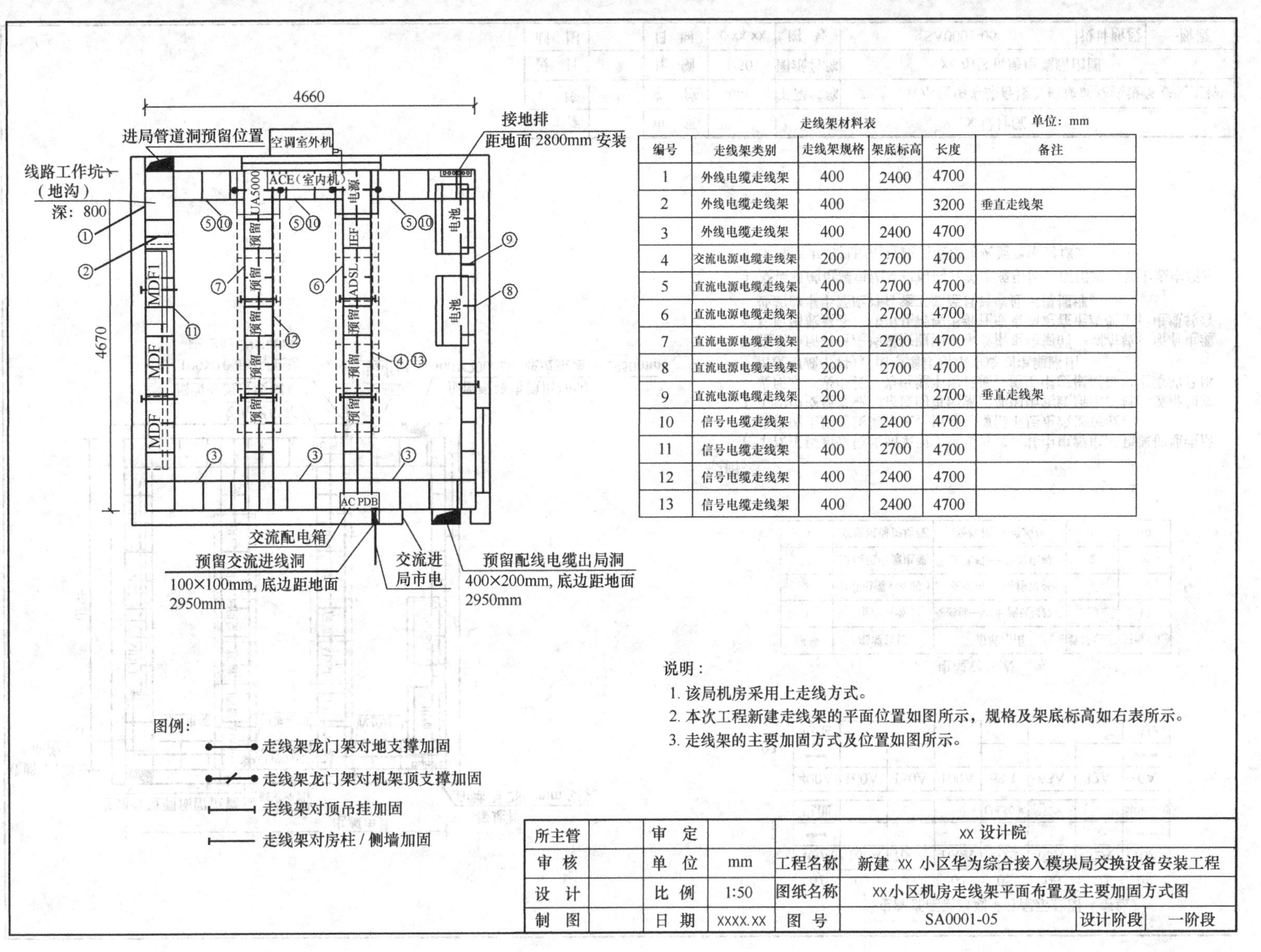

走线架材料表

单位：mm

编号	走线架类别	走线架规格	架底标高	长度	备注
1	外线电缆走线架	400	2400	4700	
2	外线电缆走线架	400		3200	垂直走线架
3	外线电缆走线架	400	2400	4700	
4	交流电源电缆走线架	200	2700	4700	
5	直流电源电缆走线架	400	2700	4700	
6	直流电源电缆走线架	200	2700	4700	
7	直流电源电缆走线架	200	2700	4700	
8	直流电源电缆走线架	200	2700	4700	
9	直流电源电缆走线架	200		2700	垂直走线架
10	信号电缆走线架	400	2400	4700	
11	信号电缆走线架	400	2700	4700	
12	信号电缆走线架	400	2400	4700	
13	信号电缆走线架	400	2400	4700	

说明：

1. 该局机房采用上走线方式。
2. 本次工程新建走线架的平面位置如图所示，规格及架底标高如右表所示。
3. 走线架的主要加固方式及位置如图所示。

所主管		审定		XX 设计院		
审核		单位	mm	工程名称	新建 XX 小区华为综合接入模块局交换设备安装工程	
设计		比例	1:50	图纸名称	XX小区机房走线架平面布置及主要加固方式图	
制图		日期	XXXX.XX	图号	SA0001-05	设计阶段　一阶段

图 9-6　走线架及加固图 SA0001-05

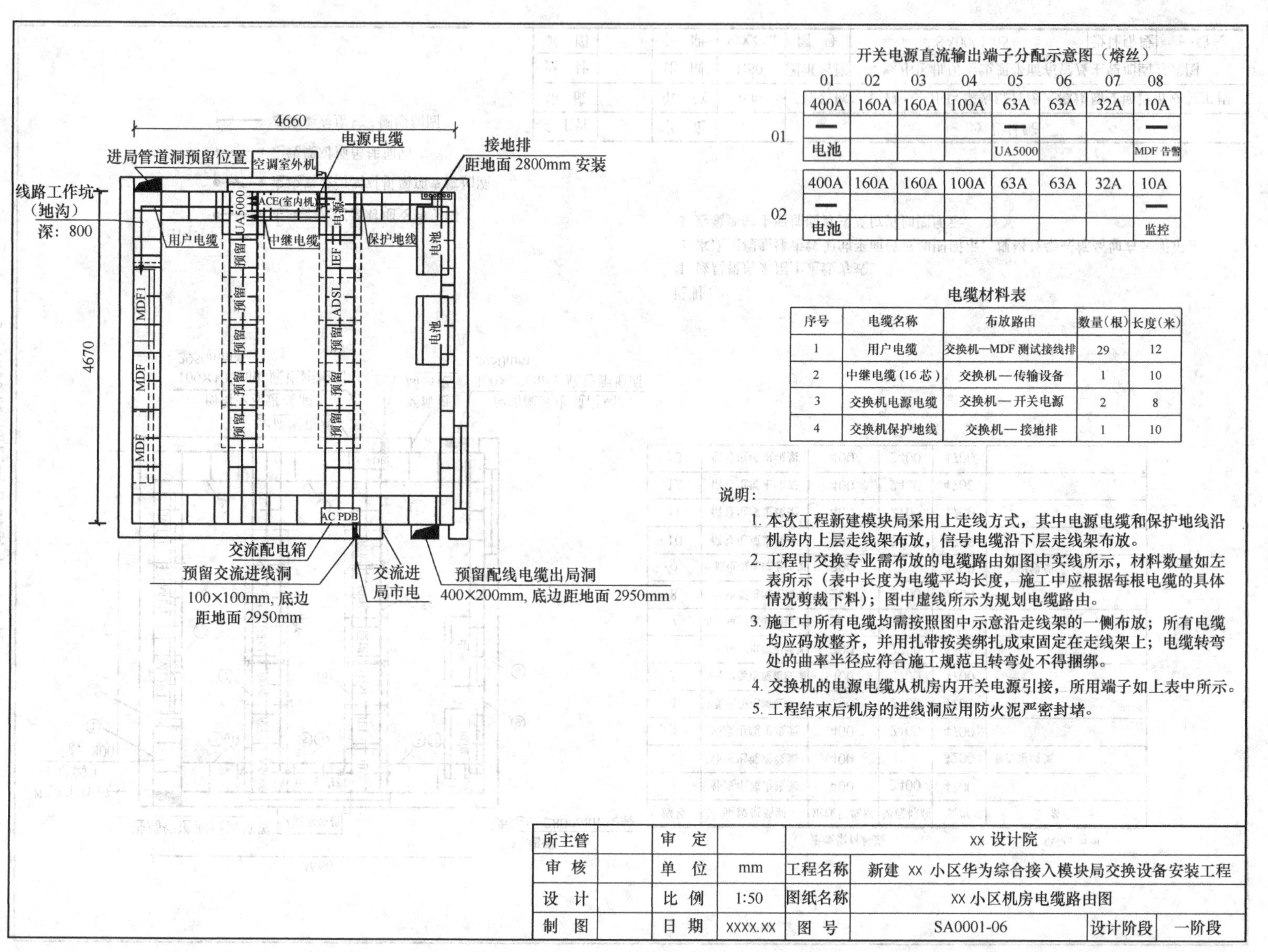

开关电源直流输出端子分配示意图（熔丝）

	01	02	03	04	05	06	07	08
01	400A	160A	160A	100A	63A	63A	32A	10A
	—				—			—
	电池				UA5000			MDF 告警
02	400A	160A	160A	100A	63A	63A	32A	10A
	—							—
	电池							监控

电缆材料表

序号	电缆名称	布放路由	数量（根）	长度（米）
1	用户电缆	交换机—MDF 测试接线排	29	12
2	中继电缆（16 芯）	交换机—传输设备	1	10
3	交换机电源电缆	交换机—开关电源	2	8
4	交换机保护地线	交换机—接地排	1	10

图 9-7 路由图 SA0001-06

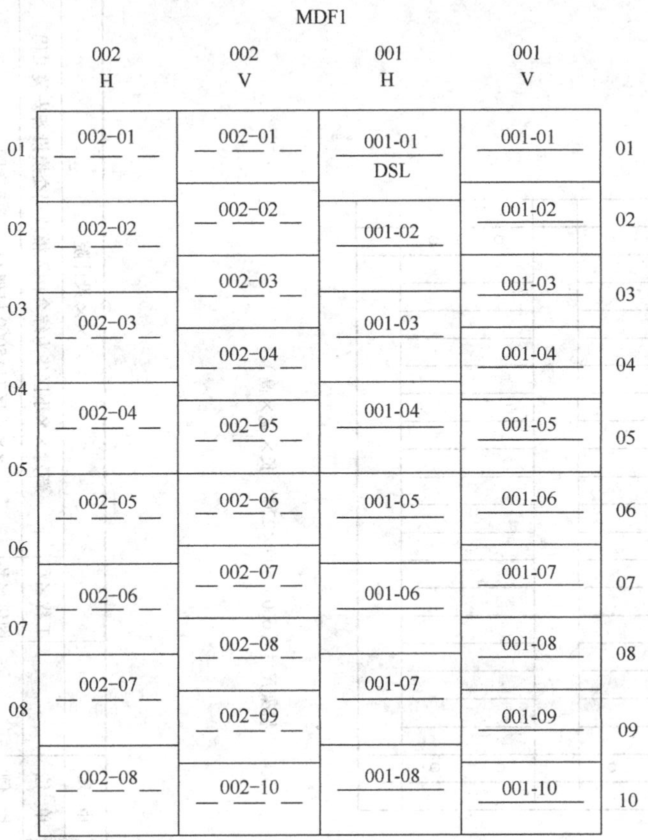

MDF1

002 H	002 V	001 H	001 V
002-01	002-01	001-01 DSL	001-01
002-02	002-02	001-02	001-02
002-03	002-03	001-03	001-03
002-04	002-04	001-04	001-04
002-05	002-05	001-05	001-05
002-06	002-06	001-06	001-06
002-07	002-07	001-07	001-07
002-08	002-08	001-08	001-08
	002-09		001-09
	002-10		001-10

00	08	16	24	32	40	48	56	64	72	80	88	96	104	112	120
01	–	–	–	–	–	–	–	–	–	–	–	–	–	–	121
02	–	–	–	–	–	–	–	–	–	–	–	–	–	–	122
03	–	–	–	–	–	–	–	–	–	–	–	–	–	–	123
04	–	–	–	–	–	–	–	–	–	–	–	–	–	–	124
05	–	–	–	–	–	–	–	–	–	–	–	–	–	–	125
06	–	–	–	–	–	–	–	–	–	–	–	–	–	–	126
07	15	23	31	39	47	55	63	71	79	87	95	103	111	119	127

横列端子排测试器序号

说明：

1. 本期工程新装模拟用户 1000 线，用户编号为：85457000-85457999，面对配线架横列，用户号码从右向左从上向下排列。
2. 本局新立南京普天 JPX01 单面 2000L 配线架（两直两横）1 架，尺寸：1000×300×2300（长 × 宽 × 高），新增普天 JPX01 型（128L）测试接线排 8 块，JPX01 型（100L）保安接线排 10 块，POID 型保安单元 550 只。
3. 图中细实线为本次工程新装，虚线为待装。

所主管		审 定		XX 设计院			
审 核		单 位	mm	工程名称	新建 XX 小区华为综合接入模块局交换设备安装工程		
设 计		比 例		图纸名称	XX 小区 MDF 横列端子分配示意图		
制 图		日 期	XXXX.XX	图 号	SA0001-07	设计阶段	一阶段

图 9-8 MDF 端子分配示意图 SA0001-07

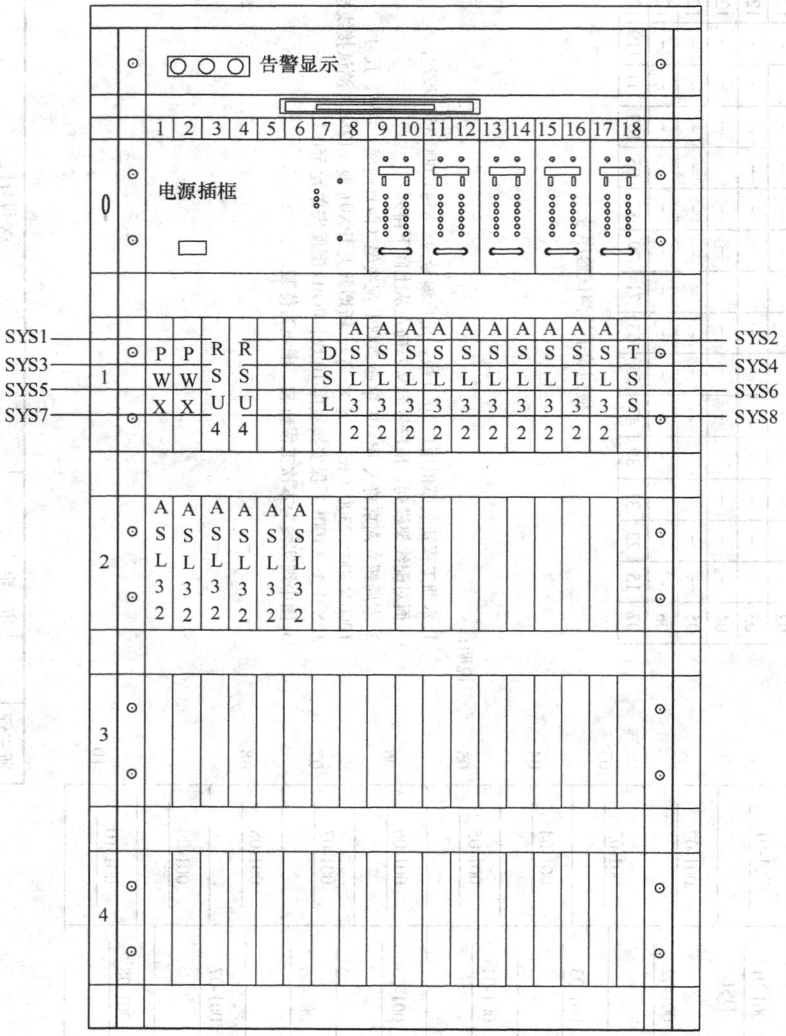

说明：机架尺寸为600×600×2200（长×宽×高）。

所主管		审 定		××设计院			
审 核		单 位		工程名称	新建××小区华为综合接入模块局交换设备安装工程		
设 计		比 例		图纸名称	××小区 UA5000 机架 O 面板示意图		
制 图		日 期	XXXX.XX	图 号	SA0001-08	设计阶段	一阶段

图 9-9 面板示意图 SA0001-08

附录 1

通信工程制图中常用图形符号

表 1　　符号要素

序　　号	图形符号	说　　明
1		元件、装置、功能单元、基本轮廓线 注：填入或加上适当的符号或代号于轮廓符号内，以表示元件、装置或功能
2	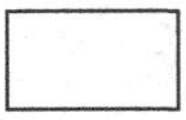	
3		
4		元件、装置、功能单元辅助轮廓线
5		
6	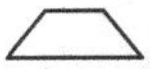	
7	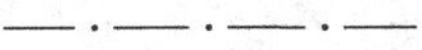	边界线
8		屏蔽（护罩）

表 2　　常用器件符号

序　　号	图形符号	说　　明
1		接地的一般符号
2		无噪声接地（抗干扰接地）
3		保护接地
4		接机壳或底板
5		等电位

续表

序　　号	图形符号	说　　明
6		故障（用以表示假定故障位置）
7		闪络击穿
8	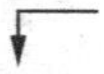	动触电（如滑动触点）
9		测试点指示
10		模拟信号识别符
11		数字信号识别符
12		接头，边界点（如导线的连接）
13		端子
14		可拆端卸的端子
15		电磁传播
16 17 18	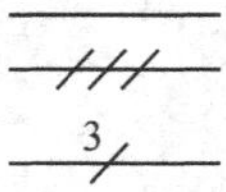 3	连接，群连接 如导线、电缆、线路、传输通道等（注：当和单线表示一组连接时，连接数量可用斜线个数表示，或用一根斜线加数字表示。如为3个连接，则图中用3条连接线表示）
19 20	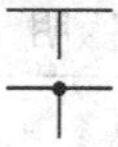	T形连接
21 22		双T形连接
23		跨越
24	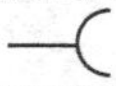	插座（内孔）或插座的一个极
25		插头（突头的）或插头的一个极
26		插座和插头

表3　　　　通信局站符号

序　　号	图形符号	说　　明
1 2 3	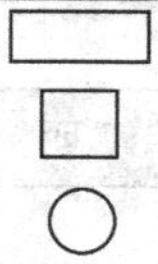	通信局、所、站、台的一般符号 注：1．必要时，可根据建筑物的形状绘制 2．圆形符号一般表示小型从属站 3．可以加注文字符号来表示不同的等级、规模、用途及局号等
4	 RSU	远端模块局
5	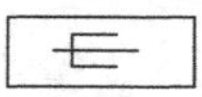	有线终端站 注：可以加文字符号表示不同站的规模、型式（下同）
6	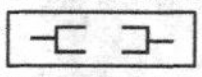	有线转接站
7	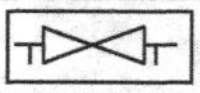	有线分路站

续表

序　　号	图形符号	说　　明
8		有线有人增音站
9		有线广播站
10	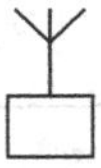	无线通信局站的一般符号
11	 MSC	移动通信局站，移动通信交换局
12	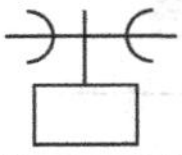	微波通信中间站
13	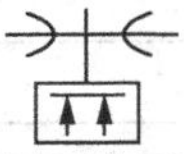	微波通信分路站
14	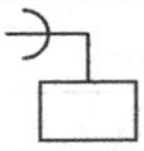	微波通信终端站

表 4　　　　　　　　　　　机房建筑与设施符号

序　　号	图形符号	说　　明
1		屏、盘、架的一般符号
2 3	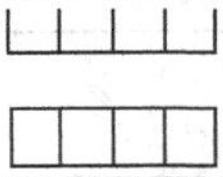	列架的一般符号
4	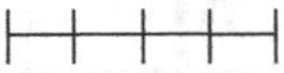	带机墩的机架及列架
5	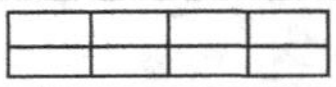	双面列架
6	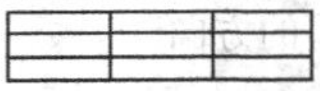	总配线架
7	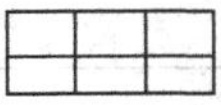	中间配线架一般符号（可在图中标注如下字符具体表示：DDF—数字配线架；ODF—光配线架；VDF—单频配线架；IDF—中间配线架）
8	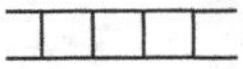	走线架、电缆走道
9		电缆槽道（架顶）
10 11	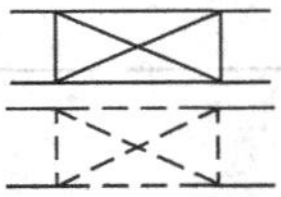	走线槽（地面）（实线—明槽，虚线—暗槽）
12		墙、隔断的一般表示方法
13		可见检查孔
14		不可见检查孔
15		方形孔洞

续表

序　号	图形符号	说　明
16		圆形孔洞
17	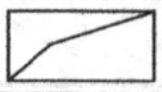	方形坑槽
18		圆形坑槽
19		墙预留洞
20	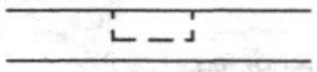	墙预留槽
21		空门洞
22		单扇门
23	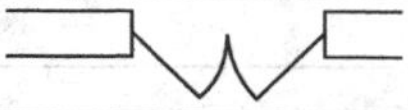	双扇门
24	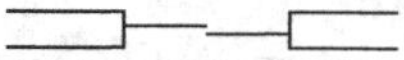	推拉门
25	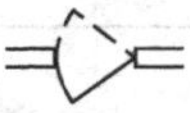	单扇双面弹簧门
26	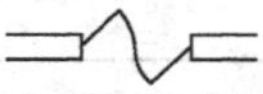	双扇双面弹簧门
27		单层固定窗
28	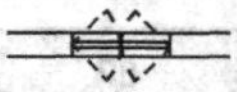	双层内外开平开窗
29	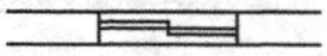	推拉窗
30	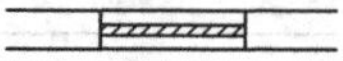	百页窗
31		电梯
32	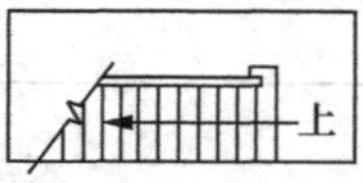 上	楼梯 注：应标明楼梯上（或下）的方向
33	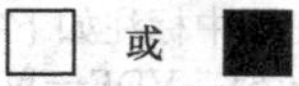 或	房柱
34	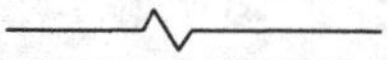	折断线
35		波浪线
36	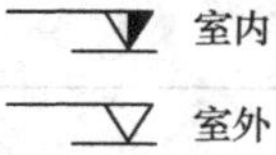 室内 室外	标高

表 5　　交换系统符号

序　号	图形符号	说　明
1	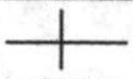	连接级的一般符号
2	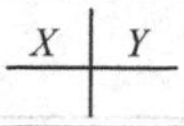 X Y	有 X 条入线和 Y 条出线的连接级
3	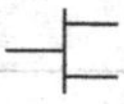	有一群入线和两群出线的连接级 注：每群的线数可用数字标在相关的线条上

续表

序　　号	图形符号	说　　明
4	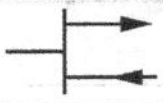	连接一个双向中继线和两个方向相反的单向中继线群的连接级
5	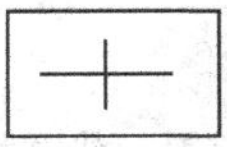	自动交换设备 注：可在方框符号中加注文字符号表示其规格型式，例如加注： SPC—程控交换机 PAC—分组交换机
6	 STP	信令转接点 注：当需要区分高、低级时，可分别用 HSTP 和 LSTP 表示
7	SP	信令点
8	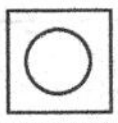 STP/SP	综合信令转接点 注：当需要区分高、低级时，可分别用 HSTP/SP 和 LSTP/SP 表示

表 6　　天线及无线电传输符号

序　　号	图形符号	说　　明
1		天线的一般符号
2	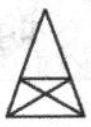	天线塔的一般符号
3	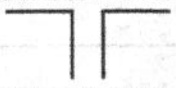	偶极子天线
4	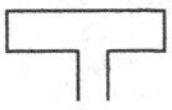	折叠偶极子天线
5	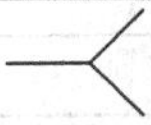	喇叭天线或喇叭馈线
6	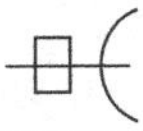	矩形波导馈电的抛物面天线
7	V+S+F+… 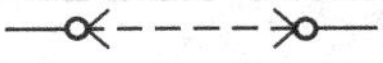	无线传输电路 注：如需要表示业务种类，可在虚线上方加注如下字符 V—视频通道（电视）　F—电话 T—电报和数据传输　S—声道
8	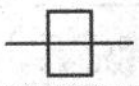	矩形波导
9		圆形波导
10		同轴波导
11		软波导
12	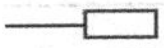	匹配终端，匹配负载

表 7　　通信线路符号

序　　号	图形符号	说　　明
1		通信线路的一般符号
2	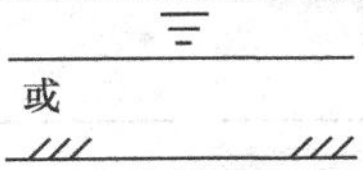 或	直埋线路

续表

序　　号	图形符号	说　　明
3		水下线路、海底线路
4	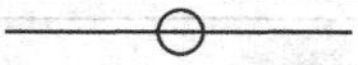	架空线路
5	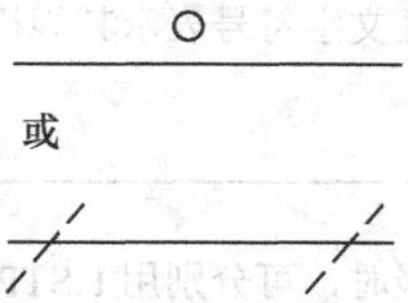 或	管道线路 注：管道数量、应用的管孔位置、截面尺寸或其他特征（如管孔排列形式）可标注在管道线路的上方，虚斜线可作为人（手）孔的简易画法
6	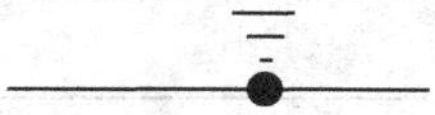	直埋线路接头连接点
7	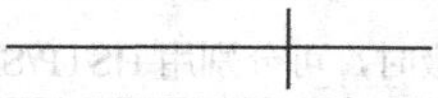	线路中的充气或注油堵头
8		具有旁路的充气或注油堵头的线路
9		通信线路上直流供电

表 8　　光缆符号

序　　号	图形符号	说　　明
1		光纤或光缆的一般符号
2	 a/b	光缆参数标注 a——光缆芯数 b——光缆长度
3		永久接头
4	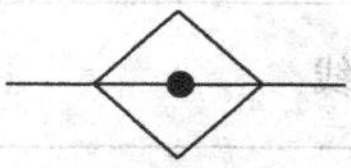	可拆卸固定接头
5	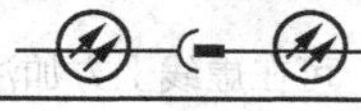	光连接器（插头-插座）

表 9　　通信杆路符号

序　　号	图形符号	说　　明
1		电杆的一般符号
2		单接杆
3		品接杆
4	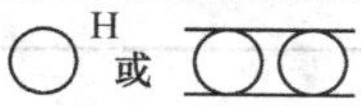 H 或	H 型杆
5	 L	L 型杆
6	 A	A 型杆
7	 Δ	三角杆

续表

序 号	图形符号	说 明
8		四角杆（井形杆）
9		带撑杆的电杆
10		带撑杆拉线的电杆
11		引上杆
12		通信电杆上装设避雷线
13		通信电杆上装设带有火花间隙的避雷线
14	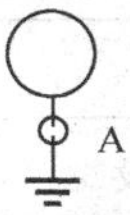	通信电杆上装设放电器
15		电杆保护用围桩
16	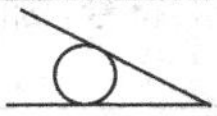	分水桩
17	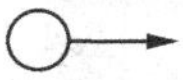	单方拉线
18		双方拉线
19	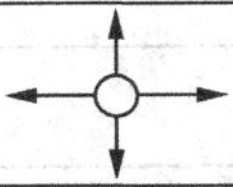	四方拉线
20	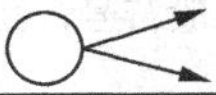	有 V 型拉线的电杆
21	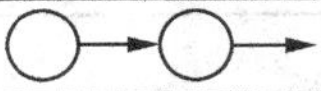	有高桩拉线的电杆
22		横木或卡盘

表 10 通信管道人手孔符号

序 号	图形符号	说 明
1		直通型人孔
2	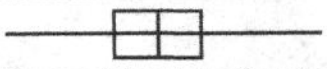	手孔
3	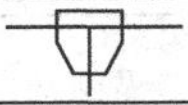	局前人孔
4	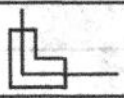	直角人孔
5	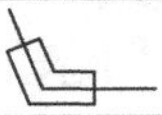	斜通型人孔
6	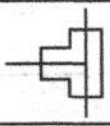	分歧人孔
7	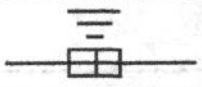	埋式手孔
8	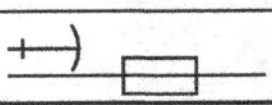	有防蠕动装置的人孔

表 11　　线路设施与分线设备符号

序　号	图形符号	说　明
1	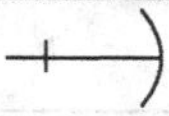	防电缆、光缆蠕动装置
2		线路集中器
3		电杆上的线路集中器
4		埋式光缆、电缆铺砖、铺水泥盖板保护
5		埋式光缆、电缆穿管保护
6		埋式光缆、电缆上方敷设排流线
7	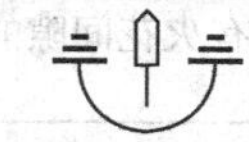	埋式电缆旁边敷设防雷消弧线
8		光缆、电缆预留
9		光缆、电缆蛇形敷设
10	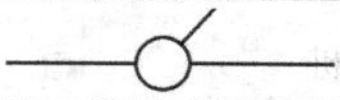	电缆充气点
11	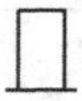	直埋线路标石的一般符号，加注 V 表示气门标石，加注 M 表示监测标石
12	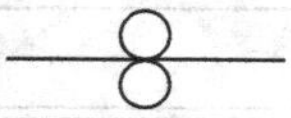	光缆、电缆盘留
13	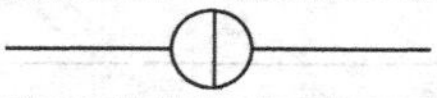	电缆气闭套管
14	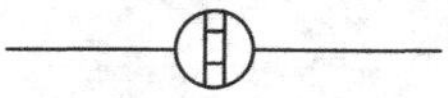	电缆绝缘套管
15		地上防风雨罩的一般符号，其内可安放增音机、电话机等设备
16		通信电缆转接房
17	 或 	单杆及双杆水线标牌
18	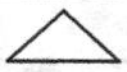	电缆交接间
19		架空交接箱
20		落地交接箱
21		壁龛交接箱
22	 简化形 	分线盒
23		室内分线盒
24		室外分线盒

续表

序　号	图形符号	说　明
25	简化形	分线箱
26	简化形 W	壁龛分线箱

表 12　地形图常用符号

序　号	图形符号	说　明
1		房屋
2		窑洞
3		石油井
4		油库
5		矿井
6		高压线，电力线
7		果园
8		独立树木
9		树林
10		草地
11		灌木丛
12		旱田
13		稻田
14		铁路
15		火车站
16		公路
17		人行桥

续表

序　号	图形符号	说　明
18	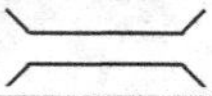	车行桥
19	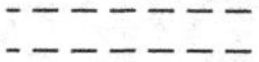	乡村路
20		人行小路
21	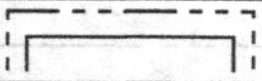	围墙
22	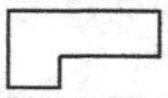	房屋
23	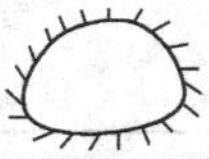	高地
24	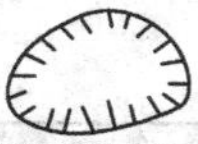	洼地
25	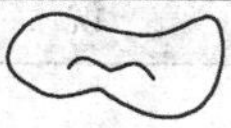	池塘，湖泊
26	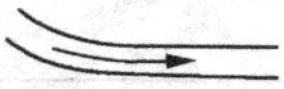	河流
27	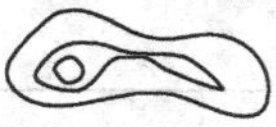	山脉等高线
28	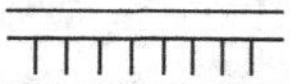	堤坝（挡水坝）
29		坟
30	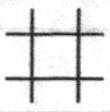	水井
31		芦苇区
32	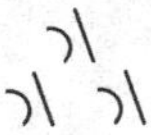	竹林
33		塔
34	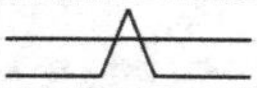	水闸
35	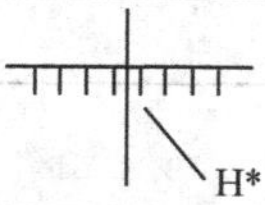 H*	护坡或护坎 注：*号用护坡尺寸或坎高（m）代替
36		城墙
37		水准点
38	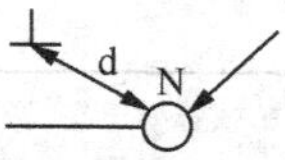 d N	线路与标志物的关系 N—线路转点编号或桩号 d—线路与标志物的距离
39	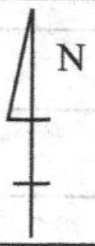 N	指北标志
40	 接×××图	接图号标志

续表

序　　号	图形符号	说　　明
41	—<—>——<—>— A　A	图内接断开线标志
42	N2 N1 N3 N4	相邻图纸位置表示法 其中：N1、N2、N3、N4 为相邻图纸的编号，中间黑框为本图位置
43	├─┤•├─┤•├─┤•├─┤	国界
44	—•—•—•—	省界
45	----------	地区界

参考文献

[1] 杨光，杜庆波. 通信工程制图与概预算. 西安：西安电子科技大学出版社，2008
[2] 于润伟. 通信建设工程概预算. 北京：化学工业出版社，2011
[3] 刘强，等. 通信管道与线路工程设计（第 2 版）. 北京：国防工业出版社，2009
[4] 程毅. 光缆通信工程设计、施工与维护. 北京：机械工业出版社，2010
[5] 张航东，尹晓霞，邵明伟. 通信管线工程施工与监理，北京：人民邮电出版社，2009
[6] 陈昌海. 通信电缆线路. 北京：人民邮电出版社，2005
[7] 丁龙刚. 通信工程施工与监理. 北京：电子工业出版社，2006
[8] 刘强，段景汉. 通信光缆线路工程与维护. 西安：西安电子科技大学出版社，2003
[9] 谢桂月. 有线传输通信工程设计. 北京：人民邮电出版社，2010
[10] 裴昌幸. 通信工程设计与案例（第 2 版）. 北京：电子工业出版社，2011
[11] 李波，解文博，解相吾. 通信工程设计制图. 北京：电子工业出版社，2011
[12] 信息产业部综合规划司编. 通信工程制图与图形符号（YD/T5015-2006）. 北京：北京邮电大学出版社，2006
[13] 张正禄. 工程测量学. 武汉：武汉大学出版社，2005
[14] 工业和信息化部通信工程定额监制中心编著. 通信建设工程概预算管理与实务. 北京：人民邮电出版社，2011
[15] 胡伍生，潘庆林. 建筑工程测量. 北京：高等教育出版社，2009
[16] 尹树华，张引发. 光纤通信工程与工程管理. 北京：人民邮电出版社，2005
[17] 于润伟. 通信工程管理. 北京：机械工业出版社，2011
[18] 邓铁军. 工程建设项目管理. 武汉：武汉大学出版社，2009
[19] 国家标准，通信建设工程预算定额 第一册 通信电源设备安装工程，2008
[20] 国家标准，通信建设工程预算定额 第二册 有线通信设备安装工程，2008
[21] 国家标准，通信建设工程预算定额 第四册 通信线路工程，2008

[22] 国家标准，通信建设工程施工机械、仪表台班定额，2008
[23] 国家标准，通信建设工程概算、预算编制办法及费用定额，2008
[24] 国家发展计划委员会、建设部. 工程勘察设计收费标准. 北京：中国物价出版社，2002
[25] 信息产业部综合规划司编. 通信工程制图与图形符号（YD/T5015—2006）. 北京：北京邮电大学出版社，2006
[26] 信息产业部综合规划司编. 本地通信线路工程设计规范（YD5137—2005）. 北京：北京邮电大学出版社，2006
[27] 信息产业部综合规划司编. 固定电话交换设备安装工程设计规范（YD/T5076—2005）. 北京：北京邮电大学出版社，2006
[28] 信息产业部综合规划司编. 电信专用房屋设计规范（YD/T5003—2005）. 北京：北京邮电大学出版社，2006
[29] 信息产业部综合规划司编. 电信设备安装抗震设计规范（YD5059—2005）. 北京：北京邮电大学出版社，2006
[30] 信息产业部综合规划司编. 通信电源设备安装工程设计规范（YD/T5040—2005）. 北京：北京邮电大学出版社，2006